U0227969

现代水声技术与应用丛书
杨德森 主编

贝叶斯压缩水下阵列信号处理

郭企嘉 著

科 学 出 版 社
北 京

内 容 简 介

本书以水下阵列信号高分辨处理方法为主题，从波束形成模型、求解方法和性能分析等方面系统地介绍了近年来贝叶斯压缩感知技术在水声阵列信号处理中的应用。全书共7章，包括矩阵和贝叶斯理论基础、阵列信号处理基础、压缩波束形成、贝叶斯压缩波束形成基础、贝叶斯压缩波束形成快速实现、贝叶斯压缩波束形成与稀疏表示以及动态系统求解与非迭代贝叶斯压缩波束形成。

本书可供水声工程、电子信息和信号处理等专业研究人员和技术人员阅读，也可供理工科高等院校相关专业高年级本科生和研究生参考。

图书在版编目(CIP)数据

贝叶斯压缩水下阵列信号处理 / 郭企嘉著. -- 北京 : 科学出版社, 2025. 3. --（现代水声技术与应用丛书 / 杨德森主编）. -- ISBN 978-7-03-080348-1

Ⅰ. TN929. 3

中国国家版本馆 CIP 数据核字第 202494D11W 号

责任编辑：王喜军　赵微微 / 责任校对：王　瑞

责任印制：徐晓晨 / 封面设计：无极书装

科 学 出 版 社 出版

北京东黄城根北街 16 号

邮政编码：100717

http://www.sciencep.com

三河市春园印刷有限公司印刷

科学出版社发行　各地新华书店经销

*

2025 年 3 月第　一　版　开本：720 × 1000　1/16

2025 年 3 月第一次印刷　印张：17

字数：343 000

定价：158.00 元

（如有印装质量问题，我社负责调换）

“现代水声技术与应用丛书”
编 委 会

丛 书 序

海洋面积约占地球表面积的三分之二，但人类已探索的海洋面积仅占海洋总面积的百分之五左右。由于缺乏水下获取信息的手段，海洋深处对我们来说几乎是黑暗、深邃和未知的。

新时代实施海洋强国战略、提高海洋资源开发能力、保护海洋生态环境、发展海洋科学技术、维护国家海洋权益，都离不开水声科学技术。同时，我国海岸线漫长，沿海大型城市和军事要地众多，这都对水声科学技术及其应用的快速发展提出了更高要求。

海洋强国，必兴水声。声波是迄今水下远程无线传递信息唯一有效的载体。水声技术利用声波实现水下探测、通信、定位等功能，相当于水下装备的眼睛、耳朵、嘴巴，是海洋资源勘探开发、海军舰船探测定位、水下兵器跟踪导引的必备技术，是关心海洋、认知海洋、经略海洋无可替代的手段，在各国海洋经济、军事发展中占有战略地位。

从 1953 年中国人民解放军军事工程学院（即“哈军工”）创建全国首个声呐专业开始，经过数十年的发展，我国已建成了由一大批高校、科研院所和企业构成的水声教学、科研和生产体系。然而，我国的水声基础研究、技术研发、水声装备等与海洋科技发达的国家相比还存在较大差距，需要国家持续投入更多的资源，需要更多的有志青年投入水声事业当中，实现水声技术从跟跑到并跑再到领跑，不断为海洋强国发展注入新动力。

水声之兴，关键在人。水声科学技术是融合了多学科的声机电信息一体化的高科技领域。目前，我国水声专业人才只有万余人，现有人员规模和培养规模远不能满足行业需求，水声专业人才严重短缺。

人才培养，著书为纲。书是人类进步的阶梯。推进水声领域高层次人才培养从而支撑学科的高质量发展是本丛书编撰的目的之一。本丛书由哈尔滨工程大学水声工程学院发起，与国内相关水声技术优势单位合作，汇聚教学科研方面的精英力量，共同撰写。丛书内容全面、叙述精准、深入浅出、图文并茂，基本涵盖了现代水声科学技术与应用的知识框架、技术体系、最新科研成果及未来发展方向，包括矢量声学、水声信号处理、目标识别、侦察、探测、通信、水下对抗、传感器及声系统、计量与测试技术、海洋水声环境、海洋噪声和混响、海洋生物声学、极地声学等。本丛书的出版可谓应运而生、恰逢其时，相信会对推动我国水声事业的发展发挥重要作用，为海洋强国战略的实施做出新的贡献。

在此，向 60 多年来为我国水声事业奋斗、耕耘的教育科研工作者表示深深的敬意！向参与本丛书编撰、出版的组织者和作者表示由衷的感谢！

中国工程院院士　杨德森

2018 年 11 月

自　　序

21世纪以来，陆地资源日益紧张，海洋资源与领土保护引起世界各国的重视。作为应用非常普遍的水下声学探测设备，主动多波束声呐能够同时获取目标的距离、方位和目标强度信息，根据探测需求，采用高频探测信号和大孔径接收技术获得高分辨率。多波束声呐以波束形成为基础，通过角度分辨率实现多目标区分和高精细度目标重构，是声呐后处理中目标检测、参数估计和分类识别的重要依据。因此，阵列信号高分辨处理方法一直是研究热点。

考虑远场声传播和目标散射的情况下，波束形成可以通过快速傅里叶变换高效实现，但是存在分辨率较低、旁瓣水平高、图像动态范围小和目标估计精度低等问题。空间谱估计方法能够明显改善传统波束形成方法的性能缺陷，随着信号处理器计算能力的不断提升和对更高成像性能需求的增加，空间谱估计技术目前已经具备声呐系统线上实现的可行性。相关著作和教材目前已经十分普遍并被广泛采用。

近年，最初诞生于信息采样和恢复领域的压缩感知技术逐渐受到重视并广泛应用于多个科学领域，其优势在于能够通过求解线性模型实现高分辨率目标重构。压缩感知技术主要应用条件包括目标的稀疏性和线性模型求解恰好与声呐波束形成模型及其应用吻合。此后，大量的报道将压缩感知与波束形成模型相结合以提高估计性能，逐渐形成具有机器学习特征的压缩波束形成理论和融合了贝叶斯理论的贝叶斯压缩波束形成理论。经过充分的数值仿真和实验验证，贝叶斯压缩波束形成在波达角估计精度、声源功率估计准确度、图像抗噪能力和稳定性等方面比空间谱估计具有显著的优势，同时能够给出估计的不确定度。尽管贝叶斯压缩阵列信号处理方法已经形成独立的估计体系，并在水声、雷达和医学等应用领域产生深远影响，但是至成稿时间为止尚未出现具有代表性的、系统深入的学术著作。

本书作者长期从事声呐技术和阵列信号处理研究，尤其在水下高分辨成像、目标参数估计和贝叶斯压缩感知方法研究方面具有一定积累并取得了研究成果。本书是作者在高分辨阵列信号处理和贝叶斯压缩波束形成领域多年来的技术成果系统性沉淀，同时囊括了模型分析、理论基础和应用考虑。第 1 章主要介绍全书采用的代数方法和统计学工具，包括矩阵计算、范数定义、常用概率密度分布和贝叶斯估计理论基础；第 2 章从声学物理模型出发，给出水下应用中采用的阵列信号模型，从线性模型求解和空间谱估计角度给出常规波束形成处理方法；第 3 章以线性波束形成模型为基础，结合压缩感知理论，介绍压缩波束形成的基本原理和实现方法，通过数值仿真验证估计性能；第 4 章从贝叶斯估计理论入手，将压缩波束形成分为第一类固定先验和第二类经验先验的最大似然估计，并介绍三种常用的经验先验超参数学习方法，对比两类方法给出理论上的性能讨论。第 5～7 章是贝叶斯压缩波束形成的最新实现方法和针对特定水下应用的改进手段：第 5 章考虑迭代计算中矩阵求逆的计算量问题，提出四种避免矩阵求逆并实现快速收敛的方法；第 6 章针对水下环境的复杂性和目标的非稀疏问题，介绍基于稀疏表示方法的处理方式；第 7 章考虑到迭代计算引入的计算量大和迭代次数的不确定性，将动态系统求解方法即卡尔曼滤波平滑结合贝叶斯压缩感知方法，形成一类独特的、应用于缓变目标的非迭代实现方法，进一步推动贝叶斯压缩波束形成在水下系统中的线上应用。

本书得到哈尔滨工程大学水声工程学院周天教授的大力支持，他提出了很多宝贵的意见，在此表示衷心的感谢。此外，在本书撰写过程中，辛志男、杨偲昀、谢可安等几位研究生在资料整理等方面给予了支持帮助，在此一并表示感谢。

本书的研究工作得到了基础加强计划技术领域基金项目（项目代码：2022-JCJQ-JJ-0387）、国防科技创新特区基金项目（项目代码：KY10500230009）和国家自然科学基金项目（项目编号：52371348，52001097）的支持，在此表示特别感谢。

由于作者水平有限，书中难免有不妥之处，敬请读者批评指正。

作　者

2024 年 4 月 7 日

目　录

第1章　矩阵和贝叶斯理论基础

在水下成像和目标波达角度（direction of arrival，DOA）估计中，涉及线性模型或方程的求解，因此相关理论必然用到线性代数、矩阵运算等数学基础；信息采集系统具有不确定性，同时水下环境存在混响、噪声、声速曲线弯曲和多径干扰等标准声信号传播模型难以兼顾的因素，形成扰动导致求解偏差。另外，线性回归模型的解常常存在不唯一性，估计方法必须以某种准则为前提，以降低模型对扰动的敏感性，继而提高稳定性。最后，为了应用相关准则或引入先验信息，需要以贝叶斯理论为工具寻求求解思路。本章介绍本书将用到的矩阵运算、范数空间和贝叶斯理论相关数学基础，方便后续章节的理论阐述。

1.1　标量、矢量与矩阵计算法则

1.1.1　定义

定义 1.1　令复标量 $a_i \in \mathbb{C}^1 (i = 1, 2, \cdots, M)$，其中 $\mathbb{C}^M$ 表示 M 维复空间，则序列

$$\boldsymbol{a} = \begin{bmatrix} a_1 \\ a_2 \\ \vdots \\ a_M \end{bmatrix} = [a_1 \quad a_2 \quad \cdots \quad a_M]^{\mathrm{T}} \in \mathbb{C}^M \tag{1.1}$$

定义为 M 维复矢量或复向量。其中，上角标 T 表示转置。需要强调，在本书中，矢量均指列矢量，表示行矢量时以矢量转置形式表达。

定义 1.2　复数矩阵 $\boldsymbol{A} \in \mathbb{C}^{M\times N}$ 表示为

$$\boldsymbol{A} = \begin{bmatrix} a_{11} & a_{12} & \cdots & a_{1N} \\ a_{21} & a_{22} & \cdots & a_{2N} \\ \vdots & \vdots & & \vdots \\ a_{M1} & a_{M2} & \cdots & a_{MN} \end{bmatrix} = [\boldsymbol{a}_1 \quad \boldsymbol{a}_2 \quad \cdots \quad \boldsymbol{a}_N] \in \mathbb{C}^{M\times N} \tag{1.2}$$

其中，$a_{ij} \in \mathbb{C}^1$ 为矩阵 $\boldsymbol{A}$ 中第 i 行、第 j 列位置的元素，$i = 1, 2, \cdots, M$ ，$j = 1, 2, \cdots, N$ 。可见，矩阵可以用 N 个 M 维矢量表示，并以 $\boldsymbol{a}_j$ 指代矩阵 $\boldsymbol{A}$ 中第 j 列矢量。

注意，在本书中，以小写斜体字母指代标量，如 a、b、x；以小写斜体加粗字母指代矢量或向量，如 $\boldsymbol{a}$、$\boldsymbol{x}$；以大写斜体加粗字母指代矩阵，如 $\boldsymbol{A}$。在矩阵符号算子的规定上，上角标 H 表示共轭转置，因此对于实数矩阵 $\boldsymbol{A}\in\mathbb{R}^{M\times N}$，$\boldsymbol{A}^{\mathrm{T}}=\boldsymbol{A}^{\mathrm{H}}$；矩阵 $\boldsymbol{A}$ 的行列式表示为 $\det(\boldsymbol{A})$或$|\boldsymbol{A}|$；对于可逆阵，以 $\boldsymbol{A}^{-1}$ 表示矩阵 $\boldsymbol{A}$ 的逆矩阵，以 $\boldsymbol{A}^{\dagger}$表示矩阵 $\boldsymbol{A}$ 的伪逆矩阵；矩阵的秩表示为 $\mathrm{rank}(\boldsymbol{A})$。

在贝叶斯推理中，常用到与矩阵求逆相关的两个广泛使用的重要结论，这里不加证明地给出。

引理 1.1（矩阵求逆引理） 存在如下等式：

$$(\boldsymbol{A}+\boldsymbol{BCD})^{-1}=\boldsymbol{A}^{-1}-\boldsymbol{A}^{-1}\boldsymbol{B}(\boldsymbol{DA}^{-1}\boldsymbol{B}+\boldsymbol{C}^{-1})^{-1}\boldsymbol{DA}^{-1} \tag{1.3}$$

其中，矩阵 $\boldsymbol{A}\in\mathbb{C}^{N\times N}$ 和 $\boldsymbol{C}\in\mathbb{C}^{M\times M}$ 为可逆阵，矩阵 $\boldsymbol{B}\in\mathbb{C}^{N\times M}$， $\boldsymbol{D}\in\mathbb{C}^{M\times N}$ 。

命题 1.1（矩阵分块求逆法） 设矩阵 $\boldsymbol{A}\in\mathbb{C}^{N\times N}$ 为 N 阶非奇异方阵，而且 $\boldsymbol{A}$ 的分块矩阵

$$\boldsymbol{A}=\begin{bmatrix}\boldsymbol{A}_{11} & \boldsymbol{A}_{12}\\ \boldsymbol{A}_{21} & \boldsymbol{A}_{22}\end{bmatrix} \tag{1.4}$$

中 $\boldsymbol{A}_{11}$ 和 $\boldsymbol{A}_{22}$ 分别为 N_1 和 N_2 阶非奇异阵，$N=N_1+N_2$。则

$$\boldsymbol{A}^{-1}=\begin{bmatrix}(\boldsymbol{A}_{11}-\boldsymbol{A}_{12}\boldsymbol{A}_{22}^{-1}\boldsymbol{A}_{21})^{-1} & -\boldsymbol{A}_{11}^{-1}\boldsymbol{A}_{12}(\boldsymbol{A}_{22}-\boldsymbol{A}_{21}\boldsymbol{A}_{11}^{-1}\boldsymbol{A}_{12})^{-1}\\ -\boldsymbol{A}_{22}^{-1}\boldsymbol{A}_{21}(\boldsymbol{A}_{11}-\boldsymbol{A}_{12}\boldsymbol{A}_{22}^{-1}\boldsymbol{A}_{21})^{-1} & (\boldsymbol{A}_{22}-\boldsymbol{A}_{21}\boldsymbol{A}_{11}^{-1}\boldsymbol{A}_{12})^{-1}\end{bmatrix} \tag{1.5}$$

此外，在以矩阵为基础的概率密度分布函数中，常常需要用到矩阵的迹，以 $\mathrm{tr}(\boldsymbol{A})$来表示矩阵 $\boldsymbol{A}$ 的迹。与之相关的性质包括

$$\mathrm{tr}(\boldsymbol{A})=\mathrm{tr}(\boldsymbol{A}^{\mathrm{T}}) \tag{1.6}$$

$$\mathrm{tr}(\boldsymbol{ABC})=\mathrm{tr}(\boldsymbol{BCA})=\mathrm{tr}(\boldsymbol{CAB}) \tag{1.7}$$

还常通过下述性质化简 1-秩矩阵的迹为标量表达，即

$$\mathrm{tr}(\boldsymbol{xy}^{\mathrm{T}})=\mathrm{tr}(\boldsymbol{y}^{\mathrm{T}}\boldsymbol{x})=\boldsymbol{y}^{\mathrm{T}}\boldsymbol{x} \tag{1.8}$$

其中，$\boldsymbol{x}$ 和 $\boldsymbol{y}$ 均为 N 维矢量。

1.1.2 矩阵微分

在数学中，矩阵微分定义在特定的矩阵空间上，通过计算单个函数对多个变量的偏导数，或多元函数对单个变量的偏导数，其中往往将矢量或矩阵视为单个实体以简化运算。在随机过程中，矩阵微分法是计算最优估计量的必备技能，尤其是高维度信号。典型的应用包括卡尔曼滤波、维纳滤波、期望最大化（expectation maximization，EM）算法等。

本节的内容包括实数域和复数域两部分。首先在实数域中，考虑一种基本情况，假设矢量 $\boldsymbol{y}\in\mathbb{R}^{M}$ 可以写成矢量 $\boldsymbol{x}\in\mathbb{R}^{N}$ 的函数，即

$$\boldsymbol{y}=\boldsymbol{f}(\boldsymbol{x}) \tag{1.9}$$

则 $\boldsymbol{y}$ 相对于 $\boldsymbol{x}$ 的一阶导数可以写成

$$\frac{\partial \boldsymbol{y}}{\partial \boldsymbol{x}}=\begin{bmatrix} \frac{\partial y_1}{\partial x_1} & \frac{\partial y_1}{\partial x_2} & \cdots & \frac{\partial y_1}{\partial x_N} \\ \frac{\partial y_2}{\partial x_1} & \frac{\partial y_2}{\partial x_2} & \cdots & \frac{\partial y_2}{\partial x_N} \\ \vdots & \vdots & & \vdots \\ \frac{\partial y_M}{\partial x_1} & \frac{\partial y_M}{\partial x_2} & \cdots & \frac{\partial y_M}{\partial x_N} \end{bmatrix} \tag{1.10}$$

该矩阵又称为函数或变换 $\boldsymbol{f}$ 的雅可比矩阵。注意到，两个矢量之间的导数为矩阵，当自变量 $\boldsymbol{x}$ 退化为标量时，输出导数为矢量；当因变量 $\boldsymbol{y}$ 退化为标量时，输出导数为行矢量。

以此为依据，容易给出一些常用的公式列表，如表 1.1 所示。

表 1.1　常用公式 1

条件	表达式	结果
$\boldsymbol{a}$ 为常矢量	$\frac{\partial \boldsymbol{a}}{\partial \boldsymbol{x}}$	$\boldsymbol{0}$
$\boldsymbol{A}$ 为常数阵	$\frac{\partial \boldsymbol{A}\boldsymbol{x}}{\partial \boldsymbol{x}}$	$\boldsymbol{A}$
$\boldsymbol{A}$ 为常数阵	$\frac{\partial \boldsymbol{x}^{\mathrm{T}}\boldsymbol{A}}{\partial \boldsymbol{x}}$	$\boldsymbol{A}^{\mathrm{T}}$
$\boldsymbol{A}$ 为常数方阵	$\frac{\partial \boldsymbol{x}^{\mathrm{T}}\boldsymbol{A}\boldsymbol{x}}{\partial \boldsymbol{x}}$	$\boldsymbol{x}^{\mathrm{T}}(\boldsymbol{A}+\boldsymbol{A}^{\mathrm{T}})$

表 1.1 中，多数等式可以根据式（1.10）直接证明，这里仅以下述等式为例给出证明过程。输出为标量的二次式为

$$\alpha=\boldsymbol{x}^{\mathrm{T}}\boldsymbol{A}\boldsymbol{x} \tag{1.11}$$

写成展开式表达为

$$\alpha=\sum_{j=1}^{N}\sum_{i=1}^{N}a_{ij}x_i x_j \tag{1.12}$$

取 α 对第 k 个元素 x_k 的导数，$k=1,2,\cdots,N$，得到

$$\frac{\partial \alpha}{\partial x_k}=\sum_{j=1}^{N}a_{kj}x_j+\sum_{i=1}^{N}a_{ik}x_i \tag{1.13}$$

结果为

$$\frac{\partial \alpha}{\partial \boldsymbol{x}} = \boldsymbol{x}^{\mathrm{T}}\boldsymbol{A}^{\mathrm{T}} + \boldsymbol{x}^{\mathrm{T}}\boldsymbol{A} = \boldsymbol{x}^{\mathrm{T}}(\boldsymbol{A}^{\mathrm{T}} + \boldsymbol{A}) \tag{1.14}$$

得证。

除了表 1.1 中所列项目之外，尚有一些有用的结论结合表 1.1 能够灵活处理我们遇到的矩阵求导问题。

结论 1.1　假设矩阵 $\boldsymbol{A}$ 与矢量 $\boldsymbol{x}$ 和 $\boldsymbol{z}$ 均无关，有

$$\boldsymbol{y} = \boldsymbol{A}\boldsymbol{x}，\quad \frac{\partial \boldsymbol{y}}{\partial \boldsymbol{z}} = \boldsymbol{A}\frac{\partial \boldsymbol{x}}{\partial \boldsymbol{z}} \tag{1.15}$$

（1）$\alpha = \boldsymbol{y}^{\mathrm{T}}\boldsymbol{x}$，在矢量空间中也可以等效于矢量 $\boldsymbol{y}$ 和 $\boldsymbol{x}$ 的内积，若 $\boldsymbol{y}$ 和 $\boldsymbol{x}$ 均与矢量 $\boldsymbol{z}$ 有关，则

$$\frac{\partial \alpha}{\partial \boldsymbol{z}} = \boldsymbol{x}^{\mathrm{T}}\frac{\partial \boldsymbol{y}}{\partial \boldsymbol{z}} + \boldsymbol{y}^{\mathrm{T}}\frac{\partial \boldsymbol{x}}{\partial \boldsymbol{z}} \tag{1.16}$$

（2）通过式（1.11）来定义标量α，其中 $\boldsymbol{x}$ 为矢量 $\boldsymbol{z}$ 的函数，$\boldsymbol{A}$ 与 $\boldsymbol{z}$ 无关，则

$$\frac{\partial \alpha}{\partial \boldsymbol{z}} = \boldsymbol{x}^{\mathrm{T}}(\boldsymbol{A}^{\mathrm{T}} + \boldsymbol{A})\frac{\partial \boldsymbol{x}}{\partial \boldsymbol{z}} \tag{1.17}$$

类似地，以式（1.10）为基础，可以将矢量-矢量导数扩展到矩阵-标量的导数，写成

$$\frac{\partial \boldsymbol{A}}{\partial \alpha} = \begin{bmatrix} \dfrac{\partial a_{11}}{\partial \alpha} & \dfrac{\partial a_{12}}{\partial \alpha} & \cdots & \dfrac{\partial a_{1N}}{\partial \alpha} \\ \dfrac{\partial a_{21}}{\partial \alpha} & \dfrac{\partial a_{22}}{\partial \alpha} & \cdots & \dfrac{\partial a_{2N}}{\partial \alpha} \\ \vdots & \vdots & & \vdots \\ \dfrac{\partial a_{M1}}{\partial \alpha} & \dfrac{\partial a_{M2}}{\partial \alpha} & \cdots & \dfrac{\partial a_{MN}}{\partial \alpha} \end{bmatrix} \tag{1.18}$$

以此为基础，我们给出矩阵的逆矩阵-标量的求导公式如下：

$$\frac{\partial \boldsymbol{A}^{-1}}{\partial \alpha} = -\boldsymbol{A}^{-1}\frac{\partial \boldsymbol{A}}{\partial \alpha}\boldsymbol{A}^{-1} \tag{1.19}$$

对式（1.19）给出简单证明。可逆方阵 $\boldsymbol{A}$ 满足 $\boldsymbol{A}^{-1}\boldsymbol{A} = \boldsymbol{I}$，其中 $\boldsymbol{I}$ 为单位阵，在等式两侧分别对α求导得到

$$\boldsymbol{A}^{-1}\frac{\partial \boldsymbol{A}}{\partial \alpha} + \frac{\partial \boldsymbol{A}^{-1}}{\partial \alpha}\boldsymbol{A} = 0 \tag{1.20}$$

整理得到式（1.19），得证。

下面考虑标量-矩阵求导方法。设 f 为矩阵 $\boldsymbol{X}$ 的标量函数，根据式（1.18）需要 f 对 $\boldsymbol{X}$ 逐元素求导并排列成与 $\boldsymbol{X}$ 尺寸相同的矩阵，称为定义法求导。显然，定义法求导的复杂性更高，实际应用中并不实用，而且没有用到求导的基本原则，

即将自变量本身看成一个实体，无论是矢量还是矩阵。为了贯彻这种思路，先给出如下等式：

$$\frac{\partial \mathrm{tr}(\boldsymbol{g}(\boldsymbol{X}))}{\partial \boldsymbol{X}}=\frac{\mathrm{d}\boldsymbol{g}(\boldsymbol{X})}{\mathrm{d}\boldsymbol{X}} \tag{1.21}$$

结合表 1.2 中的矩阵求导常用公式，能够完成绝大部分矩阵求导任务。

表 1.2　常用公式 2

条件	表达式	结果
$\boldsymbol{A}$ 为常数阵	$\frac{\partial \mathrm{tr}(\boldsymbol{AX})}{\partial \boldsymbol{X}}=\frac{\partial \mathrm{tr}(\boldsymbol{XA})}{\partial \boldsymbol{X}}$	$\boldsymbol{A}$
$\boldsymbol{A}$ 为常数阵	$\frac{\partial \mathrm{tr}(\boldsymbol{X}^{\mathrm{T}}\boldsymbol{AX})}{\partial \boldsymbol{X}}$	$\boldsymbol{X}^{\mathrm{T}}(\boldsymbol{A}+\boldsymbol{A}^{\mathrm{T}})$
—	$\frac{\partial \ln\lvert\boldsymbol{X}\rvert}{\partial \boldsymbol{X}}$	$\boldsymbol{X}^{-1}$
$\boldsymbol{A}$ 为常数阵	$\frac{\partial \mathrm{tr}(\boldsymbol{X}^{-1}\boldsymbol{A})}{\partial \boldsymbol{X}}$	$-\boldsymbol{X}^{-1}\boldsymbol{AX}^{-1}$

最后考虑复数域矩阵求导方法。下面从复数标量情况入手，任何复数 $z\in\mathbb{C}^1$ 及其共轭 $z^*\in\mathbb{C}^1$ 可以表示为实部和虚部形式：

$$z=x+\mathrm{j}y \tag{1.22}$$

$$z^*=x-\mathrm{j}y \tag{1.23}$$

其中，j 为虚数单位，即 $\mathrm{j}=\sqrt{-1}$ 。于是其实部 $x\in\mathbb{R}^1$ 与虚部 $y\in\mathbb{R}^1$ 可以分别表示为

$$x=\frac{z+z^*}{2} \tag{1.24}$$

$$y=\frac{z-z^*}{2\mathrm{j}} \tag{1.25}$$

结合式（1.22）～式（1.25）得到如下微分关系[1]：

$$\mathrm{d}z=\mathrm{d}x+\mathrm{j}\mathrm{d}y \tag{1.26}$$

$$\mathrm{d}z^*=\mathrm{d}x-\mathrm{j}\mathrm{d}y \tag{1.27}$$

$$\mathrm{d}x=\frac{\mathrm{d}z+\mathrm{d}z^*}{2} \tag{1.28}$$

$$\mathrm{d}y=\frac{\mathrm{d}z-\mathrm{d}z^*}{2\mathrm{j}} \tag{1.29}$$

从而得到$(\mathrm{d}z)^* = \mathrm{d}z^*$。考虑任意标量复函数$f:\mathbb{C}\times\mathbb{C}\to\mathbb{C}$，写成$f(z,z^*)$，即将$z$和$z^*$视为两个复数变量，两个变量同时为实数$x$和$y$的函数，于是同理$f$也可以视为$x$和$y$的函数。于是$f$的微分可以表示为

$$\mathrm{d}f = \frac{\partial f}{\partial x}\mathrm{d}x + \frac{\partial f}{\partial y}\mathrm{d}y \tag{1.30}$$

将式（1.28）和式（1.29）代入式（1.30），得到

$$\begin{aligned}\mathrm{d}f &= \frac{1}{2}\left(\frac{\partial f}{\partial x} - \mathrm{j}\frac{\partial f}{\partial y}\right)\mathrm{d}z + \frac{1}{2}\left(\frac{\partial f}{\partial x} + \mathrm{j}\frac{\partial f}{\partial y}\right)\mathrm{d}z^* \\ &= \frac{\partial f}{\partial z}\mathrm{d}z + \frac{\partial f}{\partial z^*}\mathrm{d}z^*\end{aligned} \tag{1.31}$$

因此可以将上述关系扩展到矩阵复函数$\boldsymbol{F}$: $\mathbb{C}^{N\times Q}\times\mathbb{C}^{N\times Q}\to\mathbb{C}^{M\times P}$，即将$\boldsymbol{F}(\boldsymbol{Z})$当成$\boldsymbol{F}(\boldsymbol{Z},\boldsymbol{Z}^*)$来处理，其中$\boldsymbol{Z}$和$\boldsymbol{Z}^*$视为两个独立的自变量。

1.2 矢量和矩阵的范数

1.2.1 矢量的范数

从定义上，范数可以视为从实数或复矢量空间到非负实标量的函数，在几何表达上可以看成位置矢量到原点的距离。范数服从三角不等式，只有在原点处为零。几何上最常用的欧氏范数定义为矢量到原点的欧氏距离。具体地说，定义在矢量空间$\mathbb{X}^N\subset\mathbb{C}^N$的范数为实函数$p$: $\mathbb{X}^N\to\mathbb{R}$，常以符号记为$p(\boldsymbol{x})=\|\boldsymbol{x}\|$，对于复矢量$\boldsymbol{x},\boldsymbol{y}\in\mathbb{X}^N$，满足下述范数公理[2]。

（1）非负性：$\|\boldsymbol{x}\|\geqslant 0$，当且仅当$\boldsymbol{x}=\boldsymbol{0}$时取等号。

（2）齐次性：对于任意复标量c，有$\|c\boldsymbol{x}\|=|c|\|\boldsymbol{x}\|$。

（3）三角不等式：$\|\boldsymbol{x}+\boldsymbol{y}\|\leqslant\|\boldsymbol{x}\|+\|\boldsymbol{y}\|$。

显然，上述公理是将标量的模值直接扩展到矢量空间的情况，对于标量x必有$\|x\|=|x|$。因此，在规定矢量范数之前，先引入矢量内积的定义。

定义 1.3 两个维度相同的复矢量$\boldsymbol{x},\boldsymbol{y}\in\mathbb{C}^N$，其内积定义为

$$\langle\boldsymbol{x},\boldsymbol{y}\rangle=\boldsymbol{x}^{\mathrm{H}}\boldsymbol{y} \tag{1.32}$$

类似于范数定义，内积也是输出为标量的函数，并且当两个矢量为实矢量时，共轭转置退化为转置。在某些情况下，内积也定义为矢量点积，并且当两个矢量内积等于0时，二者满足正交关系。于是可以直接定义复矢量欧氏范数[3]。

定义 1.4　欧氏范数定义为

$$\|\boldsymbol{x}\|_2 = \sqrt{\boldsymbol{x}^{\mathrm{H}}\boldsymbol{x}} = \sqrt{\langle \boldsymbol{x}, \boldsymbol{x} \rangle} \tag{1.33}$$

也称为$\mathcal{L}_2$范数。从表达式上，欧氏范数给出了矢量 $\boldsymbol{x}$ 与原点间的欧氏距离，这也是范数名的由来。

定义 1.5　曼哈顿（Taxicab）范数定义为

$$\|\boldsymbol{x}\|_1 = \sum_{i=1}^{N} |x_i| \tag{1.34}$$

也称为$\mathcal{L}_1$范数。

定义 1.6　$\mathcal{L}_p$范数定义为

$$\|\boldsymbol{x}\|_p = \left(\sum_{i=1}^{N} |x_i|^p \right)^{\frac{1}{p}} \tag{1.35}$$

其中，$0<p<1$。可见，$\mathcal{L}_p$范数是$\mathcal{L}_1$范数和$\mathcal{L}_2$范数的一般化形式，当 $p=2$ 时，退化为欧氏范数；当 $p=1$ 时，退化为 Taxicab 范数。

定义 1.7　无穷范数定义为

$$\|\boldsymbol{x}\|_\infty = \max\left(|x_1|, |x_2|, \cdots, |x_N|\right) \tag{1.36}$$

也称为$\mathcal{L}_\infty$范数。

定义 1.8　$\mathcal{L}_0$范数定义为

$$\|\boldsymbol{x}\|_0 = \sum_{i=1}^{N} |x_i|^0 \tag{1.37}$$

这里我们定义 $0^0=0$。因此，$\mathcal{L}_0$范数实际上是统计矢量 $\boldsymbol{x}$ 中非零元素的个数。同时注意到，式（1.37）并不满足齐次性，因此严格意义上说，$\mathcal{L}_0$范数并不算范数，但是很多情况下仍然把它归纳到范数中去，这是因为我们在讨论稀疏性时关心的$\mathcal{L}_0$范数恰恰需要同其他范数建立联系，完成近似求解。

下面从平面几何角度探讨几种范数在表达矢量特征时的具体差别。在二维实矢量域中，考虑 $p=0, 1, 2, \infty$四种范数情况，如图 1.1 所示。其中，纵轴和横轴分别表示两个分量 x_1 和 x_2，图中表示的是$\|\boldsymbol{x}\|=1$的情况。在欧氏范数中，描述为一个单位圆；在 Taxicab 范数中，为正方形；在无穷范数中，为矩形，有趣的是，三者的关系是，Taxicab 范数为欧氏范数圆的内接四边形，而无穷范数为欧氏范数圆的外切四边形。$\mathcal{L}_0$范数不同于其他几种情况，在二维矢量域中，只能取到三个离散值，即 0, 1, 2。对于单位范数值，只可能存在两种情况，即 $x_1=0$ 或者 $x_2=0$，如图 1.1（a）所示，几种范数的独特形式导致它们在描述更

高维度矢量时，稀疏度各有不同，这一点需要结合保真项或线性模型约束具体讨论。

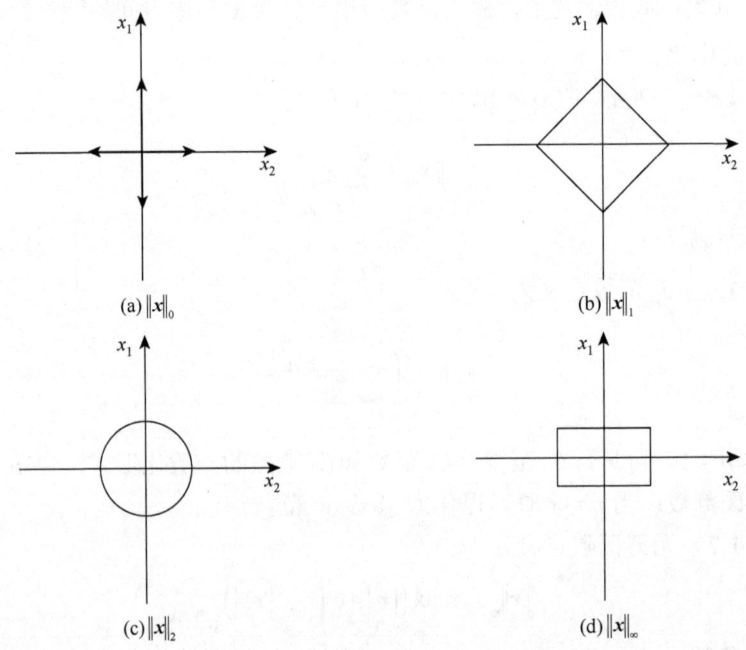

图 1.1　二维实数域四种范数的几何表示

1.2.2　矩阵的范数

在处理多快拍信号源问题时，描述信号源的似然、先验概率密度函数时，需要用到矩阵范数的定义和部分性质。在本节中给出相关讨论。考虑到矢量范数的定义可以由标量的模值扩展而来，矩阵的范数也可以参考矢量范数的定义和性质。矩阵范数也需要满足矩阵范数公理：定义在复数矩阵空间$\mathbb{K}^{M\times N}\subset\mathbb{C}^{M\times N}$的范数为实函数 $p:\mathbb{K}^{M\times N}\to\mathbb{R}$，常以符号记为$p(\boldsymbol{X})=\|\boldsymbol{X}\|$，对于复矩阵 $\boldsymbol{A},\boldsymbol{B}\in\mathbb{K}^{M\times N}$满足下述公理。

（1）非负性：$\|\boldsymbol{A}\|\geqslant 0$，当且仅当$\boldsymbol{A}=\boldsymbol{0}$时取等号。

（2）齐次性：对于任意复标量 c，有$\|c\boldsymbol{A}\|=|c|\|\boldsymbol{A}\|$。

（3）三角不等式：$\|\boldsymbol{A}+\boldsymbol{B}\|\leqslant\|\boldsymbol{A}\|+\|\boldsymbol{B}\|$。

满足上述公理的矩阵范数定义方式分为两类：一类直接沿用矩阵为实体并参照矢量范数定义，称为矩阵算子范数；另一类直接照搬矢量范数的形式，对矩阵各元素采取对应操作，称为逐元素矩阵范数。

定义 1.9（矩阵算子范数）　假设矢量范数$\|\cdot\|_\alpha$和$\|\cdot\|_\beta$分别定义在矢量空间$\mathbb{K}^M$和$\mathbb{K}^N$上，矩阵$\boldsymbol{A}\in\mathbb{C}^{M\times N}$作为线性算子将矢量从空间$\mathbb{K}^N$映射到$\mathbb{K}^M$上，定义算子范数为

$$\|\boldsymbol{A}\|_{\alpha,\beta}=\sup\left\{\frac{\|\boldsymbol{A}\boldsymbol{x}\|_\beta}{\|\boldsymbol{x}\|_\alpha}:\boldsymbol{x}\in\mathbb{K}^N,\boldsymbol{x}\neq\boldsymbol{0}\right\} \tag{1.38}$$

如果将$\mathcal{L}_p$范数同时应用于矢量空间$\mathbb{K}^M$和$\mathbb{K}^N$上，算子范数可以进一步简化定义为

$$\|\boldsymbol{A}\|_p=\sup_{x\neq 0}\frac{\|\boldsymbol{A}\boldsymbol{x}\|_p}{\|\boldsymbol{x}\|_p} \tag{1.39}$$

并由此可以演化出常用的几种算子范数：

$$\|\boldsymbol{A}\|_1=\max_{1\leqslant j\leqslant N}\sum_{i=1}^{M}|a_{ij}| \tag{1.40}$$

$$\|\boldsymbol{A}\|_\infty=\max_{1\leqslant i\leqslant M}\sum_{j=1}^{N}|a_{ij}| \tag{1.41}$$

可见，矩阵的$\mathcal{L}_1$范数和无穷范数分别对应了$\boldsymbol{A}$的各列和各行模值求和的最大值。

矩阵的$\mathcal{L}_2$范数也称为谱范数（spectral norm），定义为矩阵$\boldsymbol{A}$的最大奇异值，表示为

$$\|\boldsymbol{A}\|_2=\sqrt{\lambda_{\max}(\boldsymbol{A}^{\mathrm{H}}\boldsymbol{A})} \tag{1.42}$$

其中，$\lambda_{\max}(\cdot)$为最大特征值。

定义 1.10（逐元素矩阵范数）　任意矩阵$\boldsymbol{A}\in\mathbb{C}^{M\times N}$的$(p, q)$-范数定义为

$$\|\boldsymbol{A}\|_{p,q}=\left(\sum_{i=1}^{M}\|\boldsymbol{a}_{i\cdot}\|_p^q\right)^{1/q} \tag{1.43}$$

也称为$\mathcal{L}_{p,q}$范数。其中，$\boldsymbol{a}_{i\cdot}$表示$\boldsymbol{A}$的第i行。例如，矩阵$\boldsymbol{A}$的(2, 1)-范数定义为

$$\|\boldsymbol{A}\|_{2,1}=\sum_{i=1}^{M}\|\boldsymbol{a}_{i\cdot}\|_2=\sum_{i=1}^{M}\left(\sum_{j=1}^{N}|a_{ij}|^2\right)^{\frac{1}{2}} \tag{1.44}$$

矩阵的$\mathcal{L}_{p,q}$范数在稀疏编码和字典学习中经常采用。

特别地，当$p=q=2$时，矩阵的(2, 2)-范数又被称为 Frobenius 范数，在矩阵的各种分布中经常采用，表示为

$$\|\boldsymbol{A}\|_F=\sqrt{\sum_{j=1}^{N}\sum_{i=1}^{M}|a_{ij}|^2}=\mathrm{tr}(\boldsymbol{A}^{\mathrm{H}}\boldsymbol{A}) \tag{1.45}$$

1.3 贝叶斯方法

贝叶斯方法是一种统计推理方法，原理是充分利用所有证据或信息，采用贝叶斯定理来更新条件概率，以此为依据应用于选择决断、解释分析、特征提取或回归预测。贝叶斯方法是数理统计中的一种重要技术，目前广泛应用于科学、工程、哲学、医学、体育和法律等诸多领域。

贝叶斯方法的目的是提供一种数学机制，可用于系统建模，并将系统的不确定性考虑在内，并根据合理的原则做出决定。该机制包括概率分布和概率演算规则两种重要工具。与简单的频率统计分析相比，贝叶斯方法的不同之处在于，在贝叶斯方法中，某事件的概率并不意味着该事件在无限次试验中的比例，而是该事件在一次试验中的不确定性。由于贝叶斯推理中的模型是按照概率分布来表述的，概率论中的概率公理和计算规则也适用于贝叶斯方法。按照本书的思路，先给出常用的概率密度分布函数，再讨论贝叶斯方法应用的演算规则。

1.3.1 复高斯分布

在具体了解贝叶斯方法之前，先考虑几种常用的概率密度分布函数。高斯分布作为一种最重要的分布类型，我们需要从矩阵、矢量和标量三个维度对它进行详细说明。

1. 矩阵高斯分布

复数矩阵变量 $\boldsymbol{X}\in\mathbb{C}^{M\times N}$ 满足高斯分布，记为 $\boldsymbol{X}\sim\mathcal{CN}(\boldsymbol{M},\boldsymbol{U},\boldsymbol{V})$，这里字母$\mathcal{C}$表示复数，$\mathcal{N}$表示正态分布，相应的概率密度函数的表达式为

$$
\begin{aligned}
p(\boldsymbol{X}|\boldsymbol{M},\boldsymbol{U},\boldsymbol{V}) &= \frac{1}{(2\pi)^{MN/2}|\boldsymbol{V}|^{M/2}|\boldsymbol{U}|^{N/2}} \\
&\quad\times\exp\left(-\frac{1}{2}\mathrm{tr}[\boldsymbol{V}^{-1}(\boldsymbol{X}-\boldsymbol{M})^{\mathrm{H}}\boldsymbol{U}^{-1}(\boldsymbol{X}-\boldsymbol{M})]\right)
\end{aligned}
\tag{1.46}
$$

其中，$\boldsymbol{M}\in\mathbb{C}^{M\times N}$ 为均值矩阵；$\boldsymbol{U}\in\mathbb{R}^{M\times M}$ 为行协方差矩阵；$\boldsymbol{V}\in\mathbb{R}^{N\times N}$ 为列协方差矩阵。

因此得到下述统计信息[4]：期望为 $E[\boldsymbol{X}]=\boldsymbol{M}$；二阶期望为 $E[(\boldsymbol{X}-\boldsymbol{M})\cdot(\boldsymbol{X}-\boldsymbol{M})^{\mathrm{H}}]=\boldsymbol{U}\mathrm{tr}(\boldsymbol{V})$ 和 $E[(\boldsymbol{X}-\boldsymbol{M})^{\mathrm{H}}(\boldsymbol{X}-\boldsymbol{M})]=\boldsymbol{V}\mathrm{tr}(\boldsymbol{U})$。

显然，矩阵高斯分布的概率密度函数通过期望和二阶期望可以直接定义。为此，考虑两常数阵 $\boldsymbol{D}\in\mathbb{C}^{K\times M}$ 和 $\boldsymbol{C}\in\mathbb{C}^{N\times P}$，代入上述期望定义得到两组情况。

（1）矩阵变量 $\boldsymbol{DX}$ 的期望：

$$E[\boldsymbol{DX}] = \boldsymbol{DM} \tag{1.47}$$

$$E[(\boldsymbol{DX}-\boldsymbol{DM})(\boldsymbol{DX}-\boldsymbol{DM})^{\mathrm{H}}] = \boldsymbol{DUD}^{\mathrm{H}}\mathrm{tr}(\boldsymbol{V}) \tag{1.48}$$

（2）矩阵变量 $\boldsymbol{XC}$ 的期望：

$$E[\boldsymbol{XC}] = \boldsymbol{MC} \tag{1.49}$$

$$E[(\boldsymbol{XC}-\boldsymbol{MC})^{\mathrm{H}}(\boldsymbol{XC}-\boldsymbol{MC})] = \boldsymbol{C}^{\mathrm{H}}\boldsymbol{VC}\mathrm{tr}(\boldsymbol{U}) \tag{1.50}$$

于是可以得到，经过矩阵线性变换的变量 $\boldsymbol{DXC}\sim\mathcal{CN}(\boldsymbol{DMC},\ \boldsymbol{DUD}^{\mathrm{H}},\ \boldsymbol{C}^{\mathrm{H}}\boldsymbol{VC})$。这一点可以通过定义理解，$\boldsymbol{U}$ 对应行协方差矩阵，而变换矩阵 $\boldsymbol{D}$ 作用于 $\boldsymbol{X}$ 的行维度，因此直接影响 $\boldsymbol{U}$ 的表达；同理，变换矩阵 $\boldsymbol{C}$ 作用于 $\boldsymbol{X}$ 的列维度，因此直接影响列协方差矩阵 $\boldsymbol{V}$。

以矩阵变量线性变换分布为基础，给出下述两个常用结论：

$$E[\boldsymbol{XAX}^{\mathrm{H}}] = \boldsymbol{U}\mathrm{tr}(\boldsymbol{A}^{\mathrm{H}}\boldsymbol{V}) + \boldsymbol{MAM}^{\mathrm{H}} \tag{1.51}$$

$$E[\boldsymbol{X}^{\mathrm{H}}\boldsymbol{BX}] = \boldsymbol{V}\mathrm{tr}(\boldsymbol{UB}^{\mathrm{H}}) + \boldsymbol{M}^{\mathrm{H}}\boldsymbol{BM} \tag{1.52}$$

当涉及多快拍信号源的概率密度分布时，通常采用以单快拍信号源为一个矢量，各快拍之间相互独立的假设，即矩阵变量 $\boldsymbol{X}$ 各列之间相互独立，反映在式（1.46）中，列协方差矩阵 $\boldsymbol{V}=\boldsymbol{I}$。此时，式（1.46）退化为

$$p(\boldsymbol{X}|\boldsymbol{M},\boldsymbol{U}) = \frac{1}{(2\pi)^{MN/2}|\boldsymbol{U}|^{N/2}}\exp\left(-\frac{1}{2}\mathrm{tr}[(\boldsymbol{X}-\boldsymbol{M})^{\mathrm{H}}\boldsymbol{U}^{-1}(\boldsymbol{X}-\boldsymbol{M})]\right) \tag{1.53}$$

因此后文有时简化记为 $\boldsymbol{X}\sim\mathcal{CN}(\boldsymbol{M},\boldsymbol{U})$。最后，给出产生符合 $\boldsymbol{X}\sim\mathcal{CN}(\boldsymbol{M},\boldsymbol{U},\boldsymbol{V})$分布的矩阵变量样本的方法。原理是，当矩阵变量各元素相互独立时（包括行和列），通过标量高斯分布产生下述标准正态分布：

$$\boldsymbol{S}\sim\mathcal{CN}(\boldsymbol{0},\boldsymbol{I},\boldsymbol{I}) \tag{1.54}$$

根据变量的线性变换关系，产生

$$\boldsymbol{X} = \boldsymbol{M} + \boldsymbol{ASB} \tag{1.55}$$

其中，$\boldsymbol{U}=\boldsymbol{AA}^{\mathrm{H}}$，$\boldsymbol{V}=\boldsymbol{B}^{\mathrm{H}}\boldsymbol{B}$，由 $\boldsymbol{U}$ 和 $\boldsymbol{V}$ 产生的对应矩阵 $\boldsymbol{A}$ 和 $\boldsymbol{B}$ 可以通过楚列斯基（Cholesky）分解。

2. 矢量高斯分布

矢量高斯分布也称为多元变量正态分布，可以视为矩阵高斯分布的退化（$N=1$），或单变量高斯分布的扩展。在贝叶斯压缩波束形成方法中，用于描述单快拍信号源矢量的先验分布，也用于阵列采样中的似然函数，是本书的重要基础。

假设 M 维复矢量变量 $\boldsymbol{x}\in\mathbb{C}^M$ 满足高斯分布，记为 $\boldsymbol{x}\sim\mathcal{CN}(\boldsymbol{\mu},\boldsymbol{\Sigma})$。注意到，这里采用的标记方式与矩阵高斯分布是一致的，但是二者能够保证不混淆，因为变量和均值的维度截然不同。概率密度函数的表达式为[5]

$$p(\boldsymbol{x}|\boldsymbol{\mu},\boldsymbol{\Sigma})=\frac{1}{(2\pi)^{M/2}|\boldsymbol{\Sigma}|^{1/2}}\exp\left(-\frac{1}{2}(\boldsymbol{x}-\boldsymbol{\mu})^{\mathrm{H}}\boldsymbol{\Sigma}^{-1}(\boldsymbol{x}-\boldsymbol{\mu})\right) \tag{1.56}$$

均值也称为期望，$E[\boldsymbol{x}]=\boldsymbol{\mu}$，可以进一步表示为

$$E[x_i]=\mu_i \tag{1.57}$$

其中，$i=1,2,\cdots,M$。

协方差矩阵：$\Sigma_{ij}=E[(x_i-\mu_i)^*(x_j-\mu_j)]$，$1\leqslant i,j\leqslant M$，并且$\boldsymbol{\Sigma}$满足正定性。可见，协方差矩阵表征了各元素之间的相关性，当协方差矩阵为对角阵时，即非对角元素均为 0，意味着各元素之间相互独立。参考标量高斯分布中方差与不确定度之间的互逆关系，定义$\boldsymbol{\Sigma}^{-1}$为精度矩阵。写成整体形式为

$$E[(\boldsymbol{x}-\boldsymbol{\mu})(\boldsymbol{x}-\boldsymbol{\mu})^{\mathrm{H}}]=\boldsymbol{\Sigma} \tag{1.58}$$

下面讨论线性变换下变量的分布情况。假设变量 $\boldsymbol{x}\sim\mathcal{CN}(\boldsymbol{\mu},\boldsymbol{\Sigma})$，通过仿射变换引入新变量：

$$\boldsymbol{y}=\boldsymbol{A}\boldsymbol{x}+\boldsymbol{b} \tag{1.59}$$

其中，变换矩阵 $\boldsymbol{A}\in\mathbb{C}^{M\times N}$ 为常数阵，矢量 $\boldsymbol{b}\in\mathbb{C}^N$ 也与变量 $\boldsymbol{x}$ 无关，则根据变换关系得到

$$E[\boldsymbol{y}]=\boldsymbol{A}\boldsymbol{\mu}+\boldsymbol{b} \tag{1.60}$$

$$E[(\boldsymbol{y}-E[\boldsymbol{y}])(\boldsymbol{y}-E[\boldsymbol{y}])^{\mathrm{H}}]=\boldsymbol{A}\boldsymbol{\Sigma}\boldsymbol{A}^{\mathrm{H}} \tag{1.61}$$

即 $\boldsymbol{y}\sim\mathcal{CN}(\boldsymbol{A}\boldsymbol{\mu}+\boldsymbol{b},\boldsymbol{A}\boldsymbol{\Sigma}\boldsymbol{A}^{\mathrm{H}})$。

上述变换关系广泛应用于贝叶斯理论中。

另一个例子是内积的变换。假设变量 $\boldsymbol{x}\sim\mathcal{CN}(\boldsymbol{\mu},\boldsymbol{\Sigma})$，通过内积变换引入新变量：

$$y=\langle\boldsymbol{b},\boldsymbol{x}\rangle=\boldsymbol{b}^{\mathrm{H}}\boldsymbol{x} \tag{1.62}$$

根据内积的定义，式（1.62）可以转换为式（1.59）的线性方程表达处理，因此得到均值和二阶中心矩：

$$E[\boldsymbol{y}]=\boldsymbol{b}^{\mathrm{H}}\boldsymbol{\mu} \tag{1.63}$$

$$E[(\boldsymbol{y}-E[\boldsymbol{y}])(\boldsymbol{y}-E[\boldsymbol{y}])^{\mathrm{H}}]=\boldsymbol{b}^{\mathrm{H}}\boldsymbol{\Sigma}\boldsymbol{b} \tag{1.64}$$

利用矢量高斯分布的概率密度函数式（1.56）可以实现变量统计参数的估计。假设采样得到 $\boldsymbol{x}_i\in\mathbb{C}^M$ $(i=1,2,\cdots,K)$，在估计得到均值$\boldsymbol{\mu}$以后，通过最大似然准则（1.3.2 节将详细描述其原理），得到协方差矩阵估计方法为

$$\hat{\boldsymbol{\Sigma}} = \frac{1}{K}\sum_{i=1}^{K}(\boldsymbol{x}_i - \boldsymbol{\mu})(\boldsymbol{x}_i - \boldsymbol{\mu})^{\mathrm{H}} \tag{1.65}$$

而无偏估计的期望满足

$$E[\hat{\boldsymbol{\Sigma}}] = \frac{K-1}{K}\boldsymbol{\Sigma} \tag{1.66}$$

将式（1.66）代入式（1.65），得到协方差矩阵的无偏估计方法：

$$\hat{\boldsymbol{\Sigma}} = \frac{1}{K-1}\sum_{i=1}^{K}(\boldsymbol{x}_i - \boldsymbol{\mu})(\boldsymbol{x}_i - \boldsymbol{\mu})^{\mathrm{H}} \tag{1.67}$$

参考矩阵高斯分布的采样方法，给出矢量高斯分布的采样方法如下。

首先产生各元素相互独立的标准正态分布采样点：

$$\boldsymbol{s} \sim \mathcal{CN}(\boldsymbol{0}, \boldsymbol{I}),\ \boldsymbol{s} \in \mathbb{C}^M \tag{1.68}$$

这一步可通过标量高斯分布的采样方法直接实现。然后通过仿射变换即可得到满足 $\boldsymbol{x} \sim \mathcal{CN}(\boldsymbol{\mu}, \boldsymbol{\Sigma})$分布的采样点，即

$$\boldsymbol{x} = \boldsymbol{A}\boldsymbol{s} + \boldsymbol{\mu} \tag{1.69}$$

其中，矩阵 $\boldsymbol{A}$ 满足$\boldsymbol{\Sigma} = \boldsymbol{A}\boldsymbol{A}^{\mathrm{H}}$，并可以通过 Cholesky 分解得到。

由于标量高斯分布的相关性质可以通过矢量高斯分布退化得到（令 $M = 1$），因此本节不再对其进行单独讨论。此外，涉及伽马分布、Student-t 分布等变量统计特性，由于关联性有限，在需要时一并介绍。

1.3.2　贝叶斯定理应用

贝叶斯模型包含参数信息的先验分布（prior distribution）和从参数到测量值的随机映射的测量模型。我们利用贝叶斯定理作为基本规则，可以从观测值推断出参数的估计结果。以观测值为条件的参数概率分布称为后验分布（posterior distribution），表示综合使用观测值和模型中的所有信息，表达参数的状态分布。预测后验分布（predictive posterior distribution）是指当使用了观测值和模型中的所有信息时，尚未观测到的、新的测量值分布。

1. 先验分布

先验信息由主观经验构成，基于对有关参数值及其可能性的了解，取得观测值之前的参数分布假设[6]。先验分布对先验信息的数学表达为 $p(\boldsymbol{x}|\boldsymbol{\alpha})$：$\boldsymbol{x} \in \mathbb{C}^M$ 为参数变量，矢量$\boldsymbol{\alpha}$称为超参数，用条件概率密度函数控制参数变量的先验分布。其中$\boldsymbol{\alpha}$可能是实数或复数矢量。常用的条件先验分布有杰弗里斯（Jeffreys）先验、高斯分布等。

2. 似然分布

真实参数和测量值之间往往存在因果关系，但需要引入不确定性，典型的是有噪声的关系，这种关系的数学建模称为测量模型。进一步，根据测量模型中具有不确定性变量的概率分布特征，我们可以给出测量数据在参数变量条件下的分布，对应概率密度函数称为似然分布，由于似然分布也可以视为参数变量的函数，因此有时也称为似然函数，写成

$$L(\boldsymbol{x};\boldsymbol{y})=p\left(\boldsymbol{y}\middle|\boldsymbol{x}\right) \tag{1.70}$$

其中，$\boldsymbol{y}\in\mathbb{C}^N$ 为测量值。写成函数 $L(\boldsymbol{x};\boldsymbol{y})$的原因是，当考虑最大似然函数为估计准则时，$\boldsymbol{x}$ 为估计变量。

3. 后验分布

后验分布是关于参数变量的条件分布，它表示得到观测值 $\boldsymbol{y}$ 后我们所持有的信息，需要同时考虑先验分布特征。这一步是贝叶斯方法的核心，根据贝叶斯定理[7]，得到后验概率密度：

$$\begin{aligned}p\left(\boldsymbol{x}\middle|\boldsymbol{y},\boldsymbol{\alpha}\right)&=\frac{p(\boldsymbol{x},\boldsymbol{y},\boldsymbol{\alpha})}{p(\boldsymbol{y},\boldsymbol{\alpha})}=\frac{p\left(\boldsymbol{y}\middle|\boldsymbol{x};\boldsymbol{\alpha}\right)p(\boldsymbol{x},\boldsymbol{\alpha})}{p\left(\boldsymbol{y};\boldsymbol{\alpha}\right)p\left(\boldsymbol{\alpha}\right)}\\&=\frac{p\left(\boldsymbol{y}\middle|\boldsymbol{x};\boldsymbol{\alpha}\right)p\left(\boldsymbol{x};\boldsymbol{\alpha}\right)}{p\left(\boldsymbol{y};\boldsymbol{\alpha}\right)}\propto p\left(\boldsymbol{y}\middle|\boldsymbol{x};\boldsymbol{\alpha}\right)p\left(\boldsymbol{x};\boldsymbol{\alpha}\right)\end{aligned} \tag{1.71}$$

我们得到的结论是，后验概率密度正比于先验分布与似然分布的乘积。注意到，这里之所以可以直接使用正比符号，是由于分母概率密度为分子的归一化：

$$p\left(\boldsymbol{y};\boldsymbol{\alpha}\right)=\int p\left(\boldsymbol{y}\middle|\boldsymbol{x};\boldsymbol{\alpha}\right)p\left(\boldsymbol{x};\boldsymbol{\alpha}\right)\mathrm{d}\boldsymbol{x} \tag{1.72}$$

有些研究通常也将用于归一化的概率密度函数 $p\left(\boldsymbol{y};\boldsymbol{\alpha}\right)$ 称为证据（evidence）。因此，式（1.71）也可以表述为，后验概率密度等于先验分布乘以似然分布除以证据。

4. 预测后验分布

预测后验分布描述了一个新的测量数据的分布，通过后验概率密度的边缘分布计算：

$$p\left(\tilde{y}\middle|\boldsymbol{y};\boldsymbol{\alpha}\right)=\int p\left(\boldsymbol{x}\middle|\boldsymbol{y};\boldsymbol{\alpha}\right)p\left(\boldsymbol{y}\middle|\boldsymbol{x}\right)\mathrm{d}\boldsymbol{x} \tag{1.73}$$

其中，$\tilde{y}$ 表示通过预测得到的新数据点。可以理解为，在获得一系列观测值 $\boldsymbol{y}$ 后，

预测后验分布可用于预测尚未观测到的新的观测值。这样，我们就建立起了贝叶斯模型的主要构成要素。那么如何应用它解决问题呢？想象一个跟踪的应用场景（可能是水下或者其他情况），待估计的参数变量是目标的动态状态序列，其中状态包含位置和速度，测量模型可以是通过雷达或声呐测量得到的带有噪声的距离和方向等。在这样的实例中，我们就可以根据观测信息来推测目标运动状态。

贝叶斯理论使用预测后验分布来进行预测推理，即预测一个新的未测量数据点的分布。也就是说，不是一个固定的点作为预测值，而是返回一个可能点的分布。这样做的好处是，能得到所使用参数的整个后验分布，当然需要相应的先验和似然分布支撑。相比之下，频率统计中的预测通常局限于寻找参数的最优点估计，例如，将最大似然估计（maximum likelihood estimate，MLE）或最大后验（maximum a posteriori，MAP）估计代入分布的公式。此时感兴趣的可能只是峰值点，而非整个分布。

1.3.3　最大似然估计

在统计学中，MLE 是在给定测量数据的情况下，对假设概率分布的参数进行估计的一种方法。这是通过最大化似然函数来实现的[8]，从而在假设的统计模型下，测量数据是可能性最大的。参数空间中使似然函数最大化的点称为 MLE 或极大似然，MLE 逻辑思想既直观又灵活，已成为统计推断的主要手段。

相比于 MAP 估计，MLE 能够依赖的仅有观测模型。将一组测量数据建模为一个未知联合概率分布的随机样本，该分布用一组参数表示，写成一个矢量为

$$\boldsymbol{x}=[x_1\quad x_2\quad \cdots\quad x_M]^{\mathrm{T}} \tag{1.74}$$

该联合概率分布以一个参数族的函数表示为

$$\left\{f(\cdot,\boldsymbol{x})\,\middle|\,\boldsymbol{x}\in\mathcal{Q}\right\} \tag{1.75}$$

其中，$\mathcal{Q}$为参数空间，通常为有限维度欧氏空间的子集。

给定测量数据 $\boldsymbol{y}$ 后，联合概率密度函数可以表示为

$$L(\boldsymbol{x};\boldsymbol{y})=f(\boldsymbol{y},\boldsymbol{x}) \tag{1.76}$$

称为似然函数，通过优化似然函数获取参数的最大似然估计。有时，对于独立同分布的随机变量，或多个独立的测量数据，可以将似然函数写成各单变量概率密度函数的乘积，即

$$f(\boldsymbol{y},\boldsymbol{x})=\prod_{j=1}^{N}f_j(y_j,\boldsymbol{x}) \tag{1.77}$$

MLE 的目标是确定测量数据具有最高联合概率的参数，或者说找到在参数空间上使似然函数最大化的参数值，表示为

$$\hat{\boldsymbol{x}}_{\text{MLE}} = \arg\max_{x \in \Theta} L(\boldsymbol{x}; \boldsymbol{y}) \tag{1.78}$$

由式（1.78）估计得到的参数 $\hat{\boldsymbol{x}}_{\text{MLE}}$ 称为最大似然估计器。在实际应用中，为了使用方便，采用自然对数对似然函数进行处理，称为对数似然：

$$\ell(\boldsymbol{x}; \boldsymbol{y}) = \ln L(\boldsymbol{x}; \boldsymbol{y}) \tag{1.79}$$

这里使用对数似然代替似然，是由于对数本身为单调函数，且对数似然的最大值与似然函数的最大值一定对应相同的参数 $\boldsymbol{x}$，即不会影响估计结果[9]；但是从计算上，由于常见的似然函数为自然指数函数族，所以对数计算能够方便处理。若 $\ell(\boldsymbol{x}; \boldsymbol{y})$ 在 $\boldsymbol{x} \in \mathcal{Q}$是可微的，则对数似然函数的最大值（或最小值）一定满足

$$\frac{\partial \ell(\boldsymbol{x}; \boldsymbol{y})}{\partial \boldsymbol{x}} = 0 \tag{1.80}$$

称式（1.80）为似然方程。用该方程结合矢量求解法则，求解能够得到最大似然估计值。然而，有时该方程并不能给出显式的解，需要借助数值方法求解优化问题。另外，究竟式（1.80）对应的是最大值还是最小值，需要通过二阶导数或黑塞（Hessian）矩阵的正定性来判断。

例 1.1 根据采样样本 $x_1, x_2, \cdots, x_M$ 利用 MLE 原理估计实标量高斯分布的均值 μ和标准差σ参数，概率密度函数为

$$f\left(x \middle| \mu; \sigma^2\right) = \frac{1}{\sqrt{2\pi}\sigma} \exp\left(-\frac{(x-\mu)^2}{2\sigma^2}\right) \tag{1.81}$$

解 本例中包含两个待估计标量参数均值μ和标准差σ，二者相互独立处理；又考虑到数据样本之间也满足相互独立，同时利用式（1.77）和式（1.79），得到对数似然函数

$$\begin{aligned} \ell(\mu, \sigma) &= \sum_{i=1}^{M} \left(-\ln\sigma - \frac{1}{2\sigma^2}(x_i - \mu)^2 \right) \\ &= -M \ln\sigma - \frac{1}{2\sigma^2} \sum_{i=1}^{M} (x_i - \mu)^2 \end{aligned} \tag{1.82}$$

其中忽略了与似然函数最大化无关的常数项，因为建立似然方程时取导数也会消去无关项。根据式（1.80）得到

$$\frac{\partial \ell(\mu, \sigma)}{\partial \mu} = \frac{1}{\sigma^2} \sum_{i=1}^{M} (x_i - \mu) = 0 \tag{1.83}$$

$$\frac{\partial \ell(\mu, \sigma)}{\partial \sigma} = -\frac{M}{\sigma} + \sigma^{-3} \sum_{i=1}^{M} (x_i - \mu)^2 = 0 \tag{1.84}$$

求解得到

$$\hat{\mu} = \hat{x} = \frac{1}{M}\sum_{i=1}^{M} x_i \tag{1.85}$$

$$\hat{\sigma} = \sqrt{\frac{1}{M}\sum_{i=1}^{M}(x_i - \hat{x})^2} \tag{1.86}$$

上述高斯分布的矢量参数估计已经在式（1.65）～式（1.67）中讨论过，这里通过标量高斯分布的参数估计给出更详细的讨论，容易扩展到更高的维度应用。

1.3.4　最大后验估计

MAP 估计与我们迄今为止学习的估计技术，如 MLE，有很大的不同，因为 MAP 估计允许我们将先验知识纳入估计结果中。根据贝叶斯定理，我们在理论上也明确了怎样建立这一过程。下面通过一个简单的示例说明。

利用 MAP 思想解决典型的抛硬币问题。假设以硬币出现正/反面的概率作为未知参数，只需要把该参数当成一个连续随机变量 $x\in[0, 1]$，正面出现的概率必定在 0 和 1 之间。在 MLE 中我们把它当成一个固定的未知量来估计。在没有做抛硬币实验的情况下，我们没有任何数据，但是可以给出两个合理的概率密度函数假设。

（1）满足 Beta(1, 1)分布。如图 1.2（a）所示，该分布等同于变量 x 在连续区间[0, 1]是均匀分布的，也称为无信息分布，实际上相当于无先验知识。

（2）我们对结果的公平性有所认知，因此知道抛硬币的实验中，贝塔（Beta）分布的两个参数一般有 $\alpha = \beta$。具体地说，我们预计能够看到 20 次实验中可能出现 10 次正面和 10 次反面，即满足先验 Beta(11, 11)，其先验分布的概率密度函数曲线如图 1.2（b）所示。可见，与 Beta(1, 1)分布相比，分布已经更接近理论上抛硬币结果的常识，即发生某面朝上的概率接近 0.5。

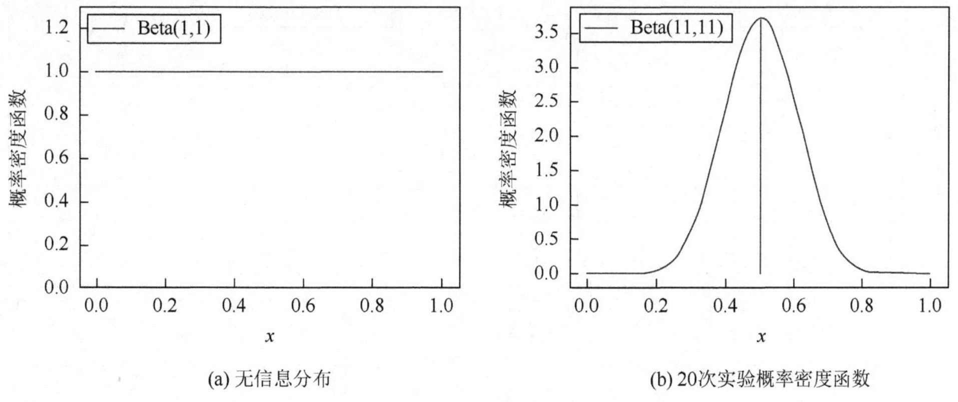

(a) 无信息分布　　(b) 20次实验概率密度函数

图 1.2　先验分布概率密度

Beta 分布是定义在区间[0, 1]上的连续概率分布一族，包含两个参数表征形状的正实数，表示为α和β。Beta 分布经常应用于对随机变量分布于有限间隔长度的情况建模，其概率密度函数为

$$\begin{aligned}p(x;\alpha,\beta) &= \frac{x^{\alpha-1}(1-x)^{\beta-1}}{\int_0^1 u^{\alpha-1}(1-u)^{\beta-1}\mathrm{d}u} \\ &= \frac{\Gamma(\alpha+\beta)}{\Gamma(\alpha)\Gamma(\beta)}x^{\alpha-1}(1-x)^{\beta-1} \\ &= \frac{1}{B(\alpha,\beta)}x^{\alpha-1}(1-x)^{\beta-1}\end{aligned} \tag{1.87}$$

其中，$\Gamma(\cdot)$为伽马函数，函数 $B(\alpha, \beta)$为归一化函数，目的是使上述概率密度函数满足归一化要求。对以α和β为参数变量的 Beta 分布，记为 $x\sim\text{Beta}(\alpha, \beta)$。在描述抛硬币问题时，显然参数$\alpha-1$ 和$\beta-1$ 分别表示抛出正面或反面的次数。

下面通过实验给出似然分布。通过观测 $N=30$ 次的抛硬币实验，得到的结果是 25 次正面朝上、5 次背面朝上，意味着似然分布 $\boldsymbol{y}|x\sim\text{Beta}(26, 6)$。结合我们的先验知识和数据来创建一个后验概率分布。

（1）对于先验满足 $x\sim\text{Beta}(1, 1)$的情况，即在未提供任何先验信息的情况下，后验分布与似然分布相同，即 $x|\boldsymbol{y}\sim\text{Beta}(26, 6)$，函数曲线如图 1.3（a）所示。

（2）对于先验满足 $x\sim\text{Beta}(11, 11)$的情况，后验分布得到 $x|\boldsymbol{y}\sim\text{Beta}(36, 16)$，函数曲线如图 1.3（b）所示，表示我们进行的实验预期是共看到 35 次正面朝上、15 次背面朝上。

这里通过图 1.3 来说明 MAP 估计的原则为，找到后验分布曲线最大值所对应的变量值，在文献中也称为后验分布的模态（mode），作为 MAP 估计对参量 x 的估计结果。

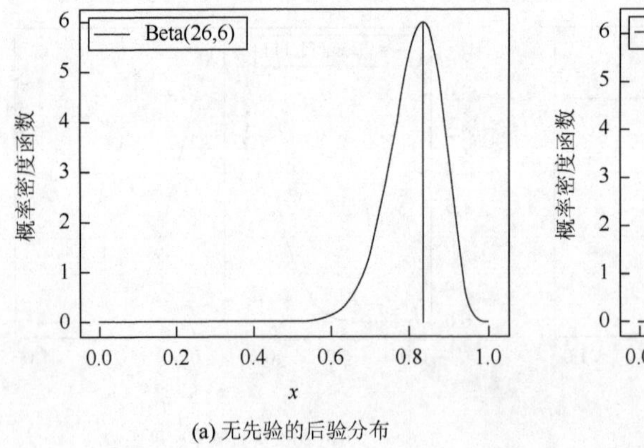

(a) 无先验的后验分布

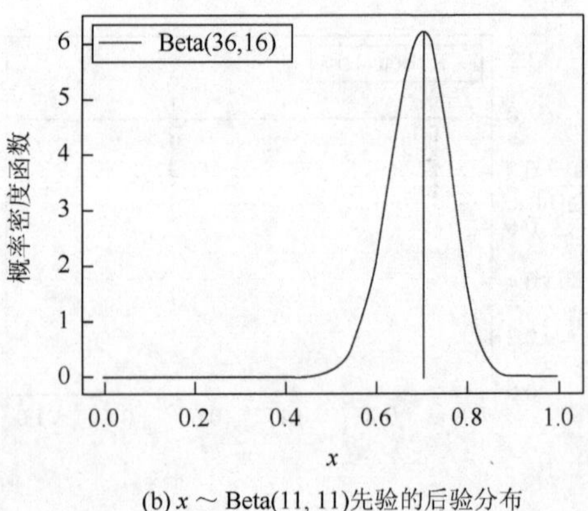

(b) $x\sim\text{Beta}(11, 11)$先验的后验分布

图 1.3　后验分布概率密度

（1）在图 1.3（a）中，后验分布模态对应了

$$\hat{\theta}_{\mathrm{MAP}}=\frac{25}{30}=0.83 \tag{1.88}$$

显然，这个结果与 $\hat{\theta}_{\mathrm{MLE}}$ 的结果一致，这是因为先验分布为无信息分布，并未改变似然分布的结果。

（2）在图 1.3（b）中，后验分布模态对应了

$$\hat{\theta}_{\mathrm{MAP}}=\frac{35}{50}=0.70 \tag{1.89}$$

现在我们可以看到 MAP 估计背后的过程和思想：原本我们对未知参数有一个先验知识，在观察了数据之后，我们更新了先验分布并取我们认为最有可能的值（即后验分布模态），最终的估计部分取决于我们选择的先验分布。

具体到方法推导，实际上在式（1.71）已经给出，只是加入了先验超参数，为了使结果更具有一般性，并将参数和观测量扩展到矢量维度，采用贝叶斯定理得到常见的后验分布：

$$p\left(\boldsymbol{x}\middle|\boldsymbol{y}\right)=\frac{p\left(\boldsymbol{y}\middle|\boldsymbol{x}\right)p(\boldsymbol{x})}{p(\boldsymbol{y})}\propto p\left(\boldsymbol{y}\middle|\boldsymbol{x}\right)p(\boldsymbol{x}) \tag{1.90}$$

其中

$$p(\boldsymbol{y})=\int p\left(\boldsymbol{y}\middle|\boldsymbol{x}\right)p(\boldsymbol{x})\mathrm{d}\boldsymbol{x} \tag{1.91}$$

MAP 估计的目的就是找到后验分布 $p(\boldsymbol{x}|\boldsymbol{y})$的模态，即

$$\hat{\boldsymbol{x}}_{\mathrm{MAP}}=\arg\max_{\boldsymbol{x}\in\Theta} p\left(\boldsymbol{x}\middle|\boldsymbol{y}\right)=\arg\max_{\boldsymbol{x}\in\Theta} p\left(\boldsymbol{y}\middle|\boldsymbol{x}\right)p(\boldsymbol{x}) \tag{1.92}$$

在式（1.92）中，优化对象从后验分布直接转化为先验分布与似然函数的乘积，这是由于式（1.90）中的分母与优化变量 $\boldsymbol{x}$ 无关。

参数 MAP 估计的实现算法主要包括如下几种方式。

（1）解析法：后验分布的模态能够以闭合形式给出，使用解析法的前提是采用共轭先验，详细的关系将在 1.3.5 节给出。

（2）数值法：当采用求极值点的方式获得 MAP 估计存在困难时，通过共轭梯度法或牛顿法等数值优化实现。这通常需要一阶或二阶导数，这些导数至少需要用解析法或数值法计算。

（3）EM 算法：该方法可以视为 MAP 估计的近似，其优势在于并不需要使用后验概率密度的导数。

（4）蒙特卡罗采样法：不要求后验分布是解析的，但是采样点数决定了算法的精度，而且受先验和似然分布的特征影响较大。

MAP 估计是贝叶斯估计的一种特殊情况，在性能上存在一定限制，并不能完全代表贝叶斯方法[10]。MAP 估计的目标是求后验分布模态，是一种点估计方法，

而贝叶斯方法的特点是使用分布来描述数据和完成推断。因此，贝叶斯方法倾向于输出后验均值或中值，并给出可信区间和不确定度。在某些模型中，如混合模型，后验可能是多模态的。尽管根据 MAP 估计原则应该选择最高模态，但是并不总是可行的，这也是 MAP 估计的困难之一。

最后，我们以高斯分布均值 MAP 估计为例，对比 MLE 的结果分析其实现方法。

例 1.2 假设我们得到独立同分布的采样样本 $x_1, x_2, \cdots, x_M$ 满足分布$\mathcal{N}(\mu, \sigma^2)$，均值$\mu$满足先验分布$\mathcal{N}(\mu_0, \sigma_0^2)$，这里正态分布是其本身的共轭分布，此时后验分布具有解析形式。根据 MAP 估计准则，优化函数为

$$p(\mu)p\left(\boldsymbol{x}|\mu\right)=\frac{1}{\sqrt{2\pi}\sigma_0}\exp\left(-\frac{(\mu-\mu_0)^2}{2\sigma_0^2}\right)\prod_{j=1}^{M}\frac{1}{\sqrt{2\pi}\sigma}\exp\left(-\frac{(x_j-\mu)^2}{2\sigma^2}\right) \tag{1.93}$$

因此，我们需要求解下述优化问题：

$$\arg\min_{x\in\Theta}\sum_{j=1}^{M}\frac{(x_j-\mu)^2}{\sigma^2}+\frac{(\mu-\mu_0)^2}{\sigma_0^2} \tag{1.94}$$

得到参数μ的 MAP 估计输出：

$$\hat{\mu}_{\text{MAP}}=\frac{\sigma_0^2\sum_{j=1}^{M}x_j+\sigma^2\mu_0}{\sigma_0^2 M+\sigma^2} \tag{1.95}$$

可见与 MLE 的结果式（1.85）相比，μ的 MAP 估计正好是先验均值和后验均值在各自方差加权下的插值；当先验 $\sigma_0^2\to\infty$ 时，即不确定性达到极限对应无信息分布时，$\hat{\mu}_{\text{MAP}}\to\hat{\mu}_{\text{MLE}}$。

在实际应用中，几乎所有用于机器学习的复杂贝叶斯模型，后验分布 $p(\boldsymbol{x}|\boldsymbol{y}, \boldsymbol{\alpha})$ 难以得到具有解析形式的分布。在这种情况下，我们需要采用近似技术。但是在本书涉及的稀疏贝叶斯学习方法中，力图通过设计恰当的贝叶斯层次结构模型保证各环节概率密度函数具有解析结构，这就涉及共轭先验分布的要求。

1.3.5 共轭先验

在贝叶斯理论中，如果后验概率分布 $p(\boldsymbol{x}|\boldsymbol{y})$与先验概率分布 $p(\boldsymbol{x})$处于同一概率分布族中，则将后验概率分布和先验概率分布称为共轭分布，先验概率称为似然函数的共轭先验[6]。共轭先验能够提供代数上的便利，它保证了后验分布具有闭合表达式，否则我们可能必须借助数值计算，这一点在我们进行参数学习时是非常不利的，尤其涉及高实时性要求的水下阵列信号处理需求时。此外，通过似然函数更新先验分布时，通过参数调节可以提供更符合直觉的共轭先验。

假设一个离散随机变量 s 表示在 n 次伯努利试验中的成功次数，其成功率用 $q\in[0, 1]$表示。该随机变量 s 服从二项分布，具有下述概率质量函数形式：

$$p(s)=\binom{n}{s}q^{s}(1-q)^{n-s} \tag{1.96}$$

其中，Beta 分布以成功率 q 为变量，并作为上述二项分布的先验分布，参考式（1.87），其概率密度函数为

$$p(q;\alpha,\beta)=\frac{1}{B(\alpha,\beta)}q^{\alpha-1}(1-q)^{\beta-1} \tag{1.97}$$

在这种情况下，α和β被称为超参数（先验分布的参数），以区别于基础模型或似然函数中的参数（这里是 q）。超参数的维数比原始分布的参数的维数大 1，这是共轭先验的一个典型特征，也适用于矢量值参数和矩阵值参数。

下面我们对该变量进行抽样，假设得到 s 次成功和 $f=n-s$ 次失败，得到似然函数：

$$p\left(s,f\middle|q=x\right)=\binom{s+f}{s}x^{s}(1-x)^{f} \tag{1.98}$$

变量 q 的先验分布满足

$$p(q=x;\alpha,\beta)=\frac{1}{B(\alpha,\beta)}x^{\alpha-1}(1-x)^{\beta-1} \tag{1.99}$$

根据贝叶斯定理，得到后验分布：

$$\begin{aligned}p\left(q=x\middle|s,f\right)&=\frac{p\left(s,f\middle|x\right)p(x;\alpha,\beta)}{\int_0^1 p\left(s,f\middle|u\right)p(u;\alpha,\beta)\mathrm{d}u}\\&=\frac{\binom{s+f}{s}x^{s+\alpha-1}(1-x)^{f+\beta-1}\Big/B(\alpha,\beta)}{\int_0^1\binom{s+f}{s}u^{s+\alpha-1}(1-u)^{f+\beta-1}\Big/B(\alpha,\beta)\mathrm{d}u}\\&=\frac{x^{s+\alpha-1}(1-x)^{f+\beta-1}}{B(s+\alpha,f+\beta)}\end{aligned} \tag{1.100}$$

可见，后验分布满足 $q|s,f\sim\mathrm{Beta}(s+\alpha,f+\beta)$对应了另一个 Beta 分布。在 1.3.4 节的投硬币实验中，已经隐含表达了上述共轭分布关系，而且 Beta 分布的形状参数恰好与投掷次数相对应，这也意味着后验分布可以用作更多样本的先验，超参数只是简单地添加额外的信息。

此外，我们发现在引入共轭先验分布时，往往能够通过贝叶斯定理的分子项给出我们所需要的基本参数，如式（1.100）中，只考虑分子项得到

$$
\begin{aligned}
p\left(q=x \middle| s,f\right) &\propto p\left(s,f \middle| x\right)p(x;\alpha,\beta) \\
&\propto \binom{s+f}{s} x^{s+\alpha-1}(1-x)^{f+\beta-1} \Big/ B(\alpha,\beta) \\
&\propto x^{s+\alpha-1}(1-x)^{f+\beta-1}
\end{aligned} \tag{1.101}
$$

其中，得到变量 x 的有关项满足了 Beta 分布的基本形式，因为式（1.100）中的函数 $B(s+\alpha, f+\beta)$也仅仅起到概率密度函数归一化的作用，与变量 x 本身无关，此时不但规避了烦琐的积分运算，还能直接提取需要的形状参量 $s+\alpha$和 $f+\beta$，满足后验分布计算的基本要求。该方法在变分法稀疏贝叶斯学习中反复使用，这里有必要掌握。

在本书中，我们将发现最常见和使用的具有共轭先验关系的分布集中于指数族分布。换句话说，若似然概率属于指数族并且存在共轭先验，那么该共轭先验通常也是指数族。我们直接给出矢量变量 $\boldsymbol{x}\in\mathbb{R}^M$ 的指数族分布的一般形式：

$$
p\left(\boldsymbol{x} \middle| \boldsymbol{\theta}\right) = h(\boldsymbol{x})\exp(\boldsymbol{\eta}(\boldsymbol{\theta})\cdot \boldsymbol{t}(\boldsymbol{x}) - A(\boldsymbol{\theta})) \tag{1.102}
$$

或者

$$
p\left(\boldsymbol{x} \middle| \boldsymbol{\theta}\right) = h(\boldsymbol{x})g(\boldsymbol{\theta})\exp(\boldsymbol{\eta}(\boldsymbol{\theta})\cdot \boldsymbol{t}(\boldsymbol{x})) \tag{1.103}
$$

其中，用到点积等效于内积的定义，即

$$
\boldsymbol{\eta}(\boldsymbol{\theta})\cdot \boldsymbol{t}(\boldsymbol{x}) = \langle \boldsymbol{\eta}(\boldsymbol{\theta}), \boldsymbol{t}(\boldsymbol{x})\rangle = \sum_{i=1}^{s} \eta_i(\boldsymbol{\theta}) t_i(\boldsymbol{x}) \tag{1.104}
$$

并且有参数 $\boldsymbol{\theta}\in\mathbb{R}^s$，与矢量函数 $\boldsymbol{\eta}(\boldsymbol{\theta})$、$\boldsymbol{t}(\boldsymbol{x})$的维度相等，并且函数 $g(\boldsymbol{\theta})$的主要作用为概率密度函数的归一化，所以

$$
A(\boldsymbol{\theta}) = \ln\left(\int_x h(\boldsymbol{x})\exp(\boldsymbol{\eta}(\boldsymbol{\theta})\cdot \boldsymbol{t}(\boldsymbol{x}))\mathrm{d}\boldsymbol{x}\right) \tag{1.105}
$$

例如，高斯分布满足指数分布的一般形式，考虑最简单的标量情况，并假设均值和方差为未知参量，根据标量高斯分布的概率密度函数表达式：

$$
f(x;\mu,\sigma) = \frac{1}{\sqrt{2\pi}\sigma}\exp\left(-\frac{(x-\mu)^2}{2\sigma^2}\right) \tag{1.106}
$$

比对指数族分布的一般形式（1.102），得到各函数的定义：

$$
\boldsymbol{\eta}(\mu,\sigma) = \left[\frac{\mu}{\sigma^2}, -\frac{1}{2\sigma^2}\right] \tag{1.107}
$$

$$
h(x) = \frac{1}{\sqrt{2\pi}} \tag{1.108}
$$

$$
\boldsymbol{T}(x) = [x, x^2] \tag{1.109}
$$

$$
A(\mu,\sigma) = \frac{\mu^2}{2\sigma^2} + \ln|\sigma| \tag{1.110}
$$

需要注意的是，我们常用的几种具有共轭关系的分布函数都属于指数族分布，包括高斯分布（矩阵、矢量和标量变量）、伽马分布、Beta 分布、威沙特（Wishart）分布和逆 Wishart 分布。

总结可能用到的连续变量似然分布和共轭先验以及后验分布如表 1.3 所示。

表 1.3　常用共轭关系分布函数对照表

似然分布	参数	共轭先验、超参数	后验超参数
标量高斯分布（方差σ^2已知）	均值μ	标量高斯分布 μ_0、σ_0^2	$\dfrac{\sigma_0^2\sum_{j=1}^{M}x_j+\sigma^2\mu_0}{\sigma_0^2M+\sigma^2}$，$\left(\dfrac{1}{\sigma_0^2}+\dfrac{M}{\sigma^2}\right)^{-1}$
标量高斯分布（均值μ已知）	精度 $\tau=\sigma^{-2}$	$\Gamma(\alpha,\beta)$	$\alpha+\dfrac{M}{2}$，$\beta+\dfrac{1}{2}\sum_{j=1}^{M}(x_j-\mu)^2$
矢量高斯分布（协方差矩阵$\boldsymbol{\Sigma}$已知）	均值$\boldsymbol{\mu}$	标量高斯分布 $\boldsymbol{\mu}_0$、$\boldsymbol{\Sigma}_0$	$(\boldsymbol{\Sigma}_0^{-1}+M\boldsymbol{\Sigma}^{-1})^{-1}\left(\boldsymbol{\Sigma}_0^{-1}\boldsymbol{\mu}_0+M\boldsymbol{\Sigma}^{-1}\sum_{j=1}^{M}\boldsymbol{x}_j\right)$，$(\boldsymbol{\Sigma}_0^{-1}+M\boldsymbol{\Sigma}^{-1})^{-1}$
矢量高斯分布（均值$\boldsymbol{\mu}$已知）	精度矩阵$\boldsymbol{\Lambda}$	Wishart 分布 $\boldsymbol{V}$、n	$M+n$，$\left(\boldsymbol{V}^{-1}+\sum_{j=1}^{M}(\boldsymbol{x}_j-\boldsymbol{\mu})(\boldsymbol{x}_j-\boldsymbol{\mu})^{\mathrm{T}}\right)^{-1}$

最后，给出 Wishart 分布的相关说明。首先应当明确，Wishart 分布是卡方分布的多维度的推广，在多维度统计协方差矩阵的估计中具有重要意义。由表 1.3 可知，Wishart 分布是矢量高斯分布的逆协方差矩阵（精度矩阵$\boldsymbol{\Lambda}$）的共轭先验。假设矩阵变量$\boldsymbol{X}\in\mathbb{R}^{M\times M}$为对称、正定矩阵，满足尺度矩阵为$\boldsymbol{V}$、自由度为$n$的 Wishart 分布，记为$\boldsymbol{X}\sim W(\boldsymbol{V},n)$，其概率密度函数表达式为

$$p(\boldsymbol{X};\boldsymbol{V},n)=\frac{1}{2^{\frac{nM}{2}}\left|\boldsymbol{V}\right|^{\frac{n}{2}}\Gamma_M\left(\dfrac{n}{2}\right)}\left|\boldsymbol{X}\right|^{\frac{n-M-1}{2}}\exp\left(-\frac{1}{2}\mathrm{tr}(\boldsymbol{V}^{-1}\boldsymbol{X})\right) \tag{1.111}$$

其中，尺度矩阵$\boldsymbol{V}\in\mathbb{R}^{M\times M}$同为对称、正定矩阵，并且自由度满足$n\geqslant M$；$\Gamma_M$为矢量伽马函数，定义为

$$\Gamma_M\left(\frac{n}{2}\right)=\pi^{\frac{M(M-1)}{4}}\prod_{j=1}^{M}\Gamma\left(\frac{n}{2}-\frac{j-1}{2}\right) \tag{1.112}$$

注意到，式（1.111）所定义的 Wishart 分布仅对对称、正定变量矩阵定义，否则对应的概率密度定义为 0。其期望矩阵和协方差矩阵分别为

$$E(\boldsymbol{X})=n\boldsymbol{V} \tag{1.113}$$

$$\mathrm{Var}(X_{ij})=n\left(v_{ij}^2+v_{ii}v_{jj}\right) \tag{1.114}$$

参 考 文 献

[1] Hjørungnes A. Complex-Valued Matrix Derivatives-with Applications in Signal Processing and Communications[M]. Cambridge：Cambridge University Press，2011.

[2] Pugh C C，Pugh C. Real Mathematical Analysis[M]. New York：Springer，2002.

[3] Horn R A，Johnson C R. Matrix Analysis[M]. Cambridge：Cambridge University Press，2012.

[4] Gupta A K，Nagar D K. Matrix Variate Distributions[M]. New York：Chapman and Hall/CRC，2000.

[5] Prince S J. Computer Vision：Models，Learning，and Inference[M]. Cambridge：Cambridge University Press，2012.

[6] Gelman A，Carlin J B，Stern H S，et al. Bayesian Data Analysis[M]. New York：Chapman and Hall，1995.

[7] Davies P. Kendall's Advanced Theory of Statistics. Volume 1. Distribution Theory[M]. Hoboken：Wiley Online Library，1988.

[8] Rossi R J. Mathematical Statistics：An Introduction to Likelihood Based Inference[M]. Hoboken：John Wiley & Sons，2018.

[9] Darnell A C. Economic statistics and econometrics[M]//Creedy J，O'Brien D P. Economic Analysis in Historical Perspective. Amsterdam：Elsevier，1984：152-185.

[10] Bassett R，Deride J. Maximum a posteriori estimators as a limit of Bayes estimators[J]. Mathematical Programming，2019，174（1）：129-144.

第 2 章　阵列信号处理基础

2.1　声波辐射与阵列信号模型

2.1.1　声传播与平面波

在无黏滞性、静止理想介质流体中，声波方程的微分形式为[1]

$$\frac{\mathrm{d}\rho}{\mathrm{d}t} = -\nabla \cdot (\rho \boldsymbol{v}) + \rho w \tag{2.1}$$

$$\rho \frac{\mathrm{d}\boldsymbol{v}}{\mathrm{d}t} + (\rho \boldsymbol{v}) \cdot \nabla \boldsymbol{v} + \nabla p - \boldsymbol{f} = 0 \tag{2.2}$$

$$p = f(\rho) \tag{2.3}$$

其中，p 为声压；ρ为介质密度；$\boldsymbol{v}$ 为介质流速；作为声源作用表征的物理量 w 为介质单位体积注入速度；$\boldsymbol{f}$为体积外力。

对于小振幅声波，略去方程中的高阶项，给出线性化的声波方程如下：

$$\frac{\mathrm{d}\rho}{\mathrm{d}t} = -\rho_0 \nabla \cdot \boldsymbol{v} + \rho_0 w \tag{2.4}$$

$$\rho_0 \frac{\mathrm{d}\boldsymbol{v}}{\mathrm{d}t} = -\nabla p + \boldsymbol{f} \tag{2.5}$$

$$p = c_0^2 \rho \tag{2.6}$$

其中，式（2.4）为线性化的连续性方程，只保留了常数项 ρ_0；式（2.5）为线性化的运动方程，式（2.6）为线性化的物态方程，表明声压和介质密度成正比。利用上述线性化的方程组，容易得到标量声压所满足的有源声波方程：

$$\frac{1}{c_0^2} \frac{\mathrm{d}^2 p}{\mathrm{d}t^2} = \nabla^2 p - \nabla \cdot \boldsymbol{f} + \rho_0 \frac{\mathrm{d}w}{\mathrm{d}t} \tag{2.7}$$

其中，声源项由体积外力和介质注入加速度构成，在基阵信号讨论中，很少直接以物理驱动进行讨论，但是这里的 c_0 具有实际的物理意义，即在均匀介质中声波的传播速度，本书相关的实验中，常常取声波在 20℃水中的传播速度，约为1480m/s。在无源区域，得到线性化的声波方程：

$$\frac{1}{c_0^2} \frac{\mathrm{d}^2 p}{\mathrm{d}t^2} = \nabla^2 p \tag{2.8}$$

式（2.7）和式（2.8）称为时域瞬态声波方程。我们注意到，对于阵列信号，在进行波束形成或脉冲压缩时，最常遇到的两种信号波形为脉冲连续波和线性调频信号，其中前者的主要谱线集中于极窄的频带内，此时适用于频域处理方法，而这一类方法的基础就是稳态声波方程，以时间简谐振动的声波为分析对象，呈正弦或余弦变化。研究这类方程，其工程意义不仅在于窄带信号，任意的时变场在一定的条件下可通过傅里叶分析方法展开为不同频率的时谐场的叠加。对一个复杂的宽带信号，我们可以通过傅里叶分析将信号展开为多个频率分量，然后利用稳态声波方程分别独立地分析场分量，最后通过拟傅里叶变换将各频率上的场分量再变换到时域上，从而实现宽带声波的分析。这种方法是所有频域方法的基础。

在详细说明稳态声波方程之前，我们先简要介绍时间简谐振动的声信号的复数域处理基础。假设 $A(\boldsymbol{r}, t)$是一个以角频率ω随时间 t 做正弦变化的标量场，这里我们分析的是声压，它与时间的关系可以表示为[2]

$$p(\boldsymbol{r},t) = p_0 \cos(\omega t + \phi(\boldsymbol{r})) \tag{2.9}$$

其中，p_0 为振幅；$\phi(\boldsymbol{r})$为与位置矢量有关的相位因子，代表在相应空间位置上的相位，并且显然$\phi(\boldsymbol{r})$与时间无关，与时谐场有关时间的相位 ωt 和$\phi(\boldsymbol{r})$可以截然分开，这一点是复数域分析的基础。

根据欧拉公式有

$$\begin{aligned} p(\boldsymbol{r},t) &= p_0 \cos(\omega t + \phi(\boldsymbol{r})) \\ &= \mathrm{Re}\left[p_0 \mathrm{e}^{\mathrm{j}(\omega t + \phi(\boldsymbol{r}))} \right] \\ &= \mathrm{Re}[\dot{p}(\boldsymbol{r}) \mathrm{e}^{\mathrm{j}\omega t}] \end{aligned} \tag{2.10}$$

其中，

$$\dot{p}(\boldsymbol{r}) = p_0 \mathrm{e}^{\mathrm{j}\phi(\boldsymbol{r})} \tag{2.11}$$

函数 $\dot{p}$ 为复数域振幅，简称为复振幅，包含空间相位，并与时间相位以自然指数乘法的方式分开，对于时谐场我们通常只关心空间相位，这个分离过程亦可理解为信号解调过程。

对简谐场引入复数域处理的优势包括但不限于下述性质。

性质 2.1 对于式（2.10）规定的时谐场，若 $f(t) = -\dfrac{\partial p}{\partial t}$，则 $f(t)$也为同频率时谐场，并且有 $\dot{f} = -\mathrm{j}\omega \dot{p}$，其中 $\dot{f}$ 和 $\dot{p}$ 分别为瞬时信号 f 和 p 的复振幅。

证明 容易证明，当 p 为时谐场时，显然 $f(t)$也为时谐场，而且与 p 具有相同频率。将 $f(t) = -\dfrac{\partial p}{\partial t}$ 表示为复数域形式的方程为

$$\mathrm{Re}[\dot{f}\mathrm{e}^{\mathrm{j}\omega t}] = -\frac{\partial}{\partial t}\mathrm{Re}[\dot{p}\mathrm{e}^{\mathrm{j}\omega t}] \tag{2.12}$$

将时间求导算子与 Re 交换次序，得

$$\mathrm{Re}[\dot{f}\mathrm{e}^{\mathrm{j}\omega t}] = \mathrm{Re}\left[-\frac{\partial}{\partial t}(\dot{p}\mathrm{e}^{\mathrm{j}\omega t})\right] = \mathrm{Re}[-\mathrm{j}\omega\dot{p}\mathrm{e}^{\mathrm{j}\omega t}] \tag{2.13}$$

只要消去上述 Re 算子就能得到我们需要的结论 $\dot{f} = -\mathrm{j}\omega\dot{p}$，所以我们只需证明 Re 算子是能够被消去的，方法是只要证明

$$\mathrm{Re}[\dot{f}] = \mathrm{Re}[-\mathrm{j}\omega\dot{p}] \tag{2.14}$$

和

$$\mathrm{Im}[\dot{f}] = \mathrm{Im}[-\mathrm{j}\omega\dot{p}] \tag{2.15}$$

即可。

将 $t=0$ 代入式（2.13），得到 $\mathrm{Re}[\dot{f}] = \mathrm{Re}[-\mathrm{j}\omega\dot{p}]$；将 $\omega t = \pi/2$ 代入式（2.13），得到 $\mathrm{Im}[\dot{f}] = \mathrm{Im}[-\mathrm{j}\omega\dot{p}]$，得证。

从形式上讲，只要用 $\mathrm{j}\omega$ 代替微分算子 $\frac{\partial}{\partial t}$，就可以把时谐声压信号的瞬时方程转换为复数域方程，实际上就是频域声压信号表达的稳态方程。在复数振幅表示法中，表征时谐声压信号的点标记在单频稳态系统或上下文无歧义时予以省略，后文也将采用这一原则。

对于时谐声压，将体积外力和介质注入加速度两种声源变换到时谐复数域形式，具有如下形式：

$$\boldsymbol{f}(\boldsymbol{r},t) = \mathrm{Re}[\boldsymbol{F}(\boldsymbol{r})\exp(\mathrm{j}\omega t)] \tag{2.16}$$

和

$$w(\boldsymbol{r},t) = \mathrm{Re}[W(\boldsymbol{r})\exp(\mathrm{j}\omega t)] \tag{2.17}$$

复数域声压信号为

$$p(\boldsymbol{r},t) = \mathrm{Re}[P(\boldsymbol{r})\exp(\mathrm{j}\omega t)] \tag{2.18}$$

其中，$w(\boldsymbol{r}, t)$为 $W(\boldsymbol{r})$的瞬时域表达；$p(\boldsymbol{r}, t)$为 $P(\boldsymbol{r})$的瞬时域表达。

将式（2.16）～式（2.18）代入瞬态有源声波方程式（2.7），得到复数域稳态方程如下：

$$\nabla^2 P + k^2 P = \nabla\cdot\boldsymbol{F} + \mathrm{j}\omega\rho_0 W \tag{2.19}$$

其中，引入波数 $k = \omega/c_0$，其物理含义将在稍后讲解。同理容易得到稳态的无源声波方程，也称为亥姆霍兹（Helmholtz）方程：

$$\nabla^2 P + k^2 P = 0 \tag{2.20}$$

下面我们以稳态声波方程为基础讨论均匀平面声波信号在无界均匀介质中的传播规律。这里平面声波指的是空间分布上波阵面为平面的声波，或者说等相位面为平面。在无界空间中，平面声波的等相位面是无限大的。在三维直角坐标系中分析，假设均匀平面声波沿 z 轴传播，则声压只是 z 的函数，均与 x 和 y 无关，即

$$\frac{\partial P}{\partial x}=\frac{\partial P}{\partial y}=0 \tag{2.21}$$

基于上述假设，无源区的齐次 Helmholtz 方程可以化简为

$$\frac{\mathrm{d}^2 P}{\mathrm{d}z^2}+k^2 P=0 \tag{2.22}$$

上述方程具有解析解：$P(z)=P_0\mathrm{e}^{-\mathrm{j}kz}+P_1\mathrm{e}^{\mathrm{j}kz}$。其中第一项为

$$P_0(z)=P_0\mathrm{e}^{-\mathrm{j}kz}=|P_0|\mathrm{e}^{\mathrm{j}\phi_0}\mathrm{e}^{-\mathrm{j}kz} \tag{2.23}$$

对应的瞬时表达式为

$$P_0(z,t)=|P_0|\cos(\omega t-kz+\phi_0) \tag{2.24}$$

如果我们定义等相位面的运动方向为波的传播方向，那么这里声压相位 $\varphi=\omega t-kz+\phi_0$，随着时间 t 的增大，只有使得 z 增大才能保持相位不变，因此等相位面的运动方向是沿着 z 的正方向，或者说沿 $+z$ 方向。因此，$P_0\mathrm{e}^{-\mathrm{j}kz}$ 表示沿 $+z$ 方向传播的声波。另外，需要注意，如果我们重新定义时间因子为 $\mathrm{e}^{-\mathrm{j}\omega t}$，则传播方向的分析恰恰相反。

利用同样的方式分析，解的第二项为

$$P_1(z)=P_1\mathrm{e}^{\mathrm{j}kz}=|P_1|\mathrm{e}^{\mathrm{j}\phi_1}\mathrm{e}^{\mathrm{j}kz} \tag{2.25}$$

对应的瞬时表达式为

$$P_1(z,t)=|P_1|\cos(\omega t+kz+\phi_1) \tag{2.26}$$

可见，解的第二项表示沿 $-z$ 方向传播的声波。考虑到实际应用中，在均匀介质中声波的辐射方向是固定的，我们不妨只取沿 $+z$ 方向传播的声波。在式（2.23）中，分析相位部分发现，除了初始相位 ϕ_0，另外两项分别与时间 t 和空间位置 z 有关，并且不存在时间、空间交叉项，因此这里的平面声波在时间和空间上都具有周期性，通过下述物理量来描述。

（1）角频率、周期和频率。

角频率 ω：表示单位时间内的相位变化，单位为 rad/s。

周期 T：表示时间相位变化 2π 的时间间隔，$T=\dfrac{2\pi}{\omega}$，单位为 s。

频率 f：$f=\dfrac{1}{T}=\dfrac{\omega}{2\pi}$，单位为 Hz。

以上三个参数都是描述在空间固定位置上，声压场随时间的周期性振荡，因此它们表征了“时间上”的周期性。三个参数实际上具有等价性。

（2）波长和波数。

在任意固定时刻，声波在传播方向上，即 z 方向呈周期性变化。因此，这类参数描述了声压场在空间上的周期性。

波长 λ：空间相位差为 2π 的两个波阵面的间距为

$$k\lambda = 2\pi \Rightarrow \lambda = \frac{2\pi}{k} \tag{2.27}$$

波数 k：表示声波传播单位距离的相位变化 $k = \frac{2\pi}{\lambda}$，单位为rad/m，k 的大小等于空间距离 2π 内所包含的波长数目，因此称为波数。

（3）相速（波速）。

相速 c_0：声波等相位面在空间中的移动速度。

取相位 $\omega t - kz =$ 常数，两边取微分 $\omega\,\mathrm{d}t - k\mathrm{d}z = 0$，得到平面波的相速为

$$c_0 = \frac{\mathrm{d}z}{\mathrm{d}t} = \frac{\omega}{k} = \lambda f \tag{2.28}$$

2.1.2　点源辐射与格林方程

1. 球坐标系中声波方程的解

为方便讨论，将原波动方程重新写出：

$$\nabla^2 p = \frac{1}{c_0^2}\frac{\mathrm{d}^2 p}{\mathrm{d}t^2} \tag{2.29}$$

方程的求解坐标系只影响方程左边的结果，即拉普拉斯运算的结果。这里直接给出在球坐标系中拉普拉斯运算的表达式：

$$\nabla^2 = \frac{1}{r^2}\frac{\partial}{\partial r}\left(r^2\frac{\partial}{\partial r}\right) + \frac{1}{r^2\sin\theta}\frac{\partial}{\partial\theta}\left(\sin\theta\frac{\partial}{\partial\theta}\right) + \frac{1}{r^2\sin^2\theta}\frac{\partial^2}{\partial\phi^2} \tag{2.30}$$

类似于标量场的达朗贝尔方程，点源产生的声场具有球对称性，因为点源本身也具有对称性，即 p 只与位矢 $\boldsymbol{r}$ 和时间 t 有关，将式（2.30）代入式（2.29），得到

$$\frac{1}{r^2}\frac{\partial}{\partial r}\left(r^2\frac{\partial p}{\partial r}\right) = \frac{1}{c_0^2}\frac{\mathrm{d}^2 p}{\mathrm{d}t^2} \tag{2.31}$$

参考达朗贝尔方程的标量场与距离成反比，假设声压具有下述形式：

$$p = \frac{\varphi(r,t)}{r} \tag{2.32}$$

将式（2.32）代入式（2.31）得到

$$\frac{\partial^2\varphi}{\partial r^2} - \frac{1}{c_0^2}\frac{\partial^2\varphi}{\partial t^2} = 0 \tag{2.33}$$

式（2.33）具有如下通解形式：

$$\varphi(r,t) = \varphi_1\left(t - \frac{r}{c_0}\right) + \varphi_2\left(t + \frac{r}{c_0}\right) \tag{2.34}$$

将式（2.34）代入式（2.32）得到

$$p = \frac{\varphi(r,t)}{r} = \frac{1}{r}\varphi_1\left(t - \frac{r}{c_0}\right) + \frac{1}{r}\varphi_2\left(t + \frac{r}{c_0}\right) \tag{2.35}$$

其中，第一项表示从原点向外辐射出去的声波；第二项表示从远处向原点汇聚的声波，而函数φ_1和φ_2满足何种形式，与声源的具体形式和激励方式有关。

2. 格林函数

下面我们选择一种最简单的激励方式讨论声场的分布情况，显然最简单的场源是冲激函数声源。首先将有源声波方程式（2.7）改写成如下形式：

$$\nabla^2 p - \frac{1}{c^2}\frac{\mathrm{d}^2 p}{\mathrm{d}t^2} = -f(\boldsymbol{r},t) \tag{2.36}$$

即由体积外力和介质注入加速度构成的声源等效为一个总的声源函数 $f(\boldsymbol{r},t)$，当声源函数为冲激函数时，有

$$f(\boldsymbol{r},t) = \delta(t)\delta(\boldsymbol{r}) \tag{2.37}$$

考虑到声波方程对时间和空间具有平移不变性，声源中心可以进一步一般化为

$$f(\boldsymbol{r},t) = \delta(t-t')\delta(\boldsymbol{r}-\boldsymbol{r}') \tag{2.38}$$

式（2.38）的声源表达式表明，声源中心位于位矢 $\boldsymbol{r}'$处，起始时间为 $t=t'$。将式（2.38）代入式（2.36），得到

$$\nabla^2 p - \frac{1}{c^2}\frac{\mathrm{d}^2 p}{\mathrm{d}t^2} = -\delta(t-t')\delta(\boldsymbol{r}-\boldsymbol{r}') \tag{2.39}$$

该方程的解即达朗贝尔算子的格林函数，表示为[3]

$$p \to g(\boldsymbol{r},\boldsymbol{r}',t,t') = \frac{\delta\left(t - t' - \dfrac{|\boldsymbol{r}-\boldsymbol{r}'|}{c}\right)}{4\pi|\boldsymbol{r}-\boldsymbol{r}'|} \tag{2.40}$$

类似地，可以得到稳态格林函数的形式：

$$\nabla^2 P + k^2 P = -\delta(\boldsymbol{r}-\boldsymbol{r}') \tag{2.41}$$

格林方程的解为

$$P \to G(\boldsymbol{r},\boldsymbol{r}') = \frac{\exp\left(-\mathrm{j}k|\boldsymbol{r}-\boldsymbol{r}'|\right)}{4\pi|\boldsymbol{r}-\boldsymbol{r}'|} \tag{2.42}$$

运用格林函数法能够较为方便地根据声源分布特征，通过积分计算声压结果。根据冲激函数的特性有

$$f(\boldsymbol{r}',t) = \int_{t'}\iiint_{\boldsymbol{r}'} f(\boldsymbol{r}',t')\delta(t-t')\delta(\boldsymbol{r}-\boldsymbol{r}')\mathrm{d}\boldsymbol{r}'\mathrm{d}t' \tag{2.43}$$

根据叠加原理，由声源$f(\boldsymbol{r},t)$产生的声压分布可以通过式（2.44）计算：

$$p(\boldsymbol{r},t)=\int_{t'}\iiint_{\boldsymbol{r}'}f(\boldsymbol{r}',t')\frac{\delta\left(t-t'-\dfrac{|\boldsymbol{r}-\boldsymbol{r}'|}{c}\right)}{4\pi|\boldsymbol{r}-\boldsymbol{r}'|}\mathrm{d}\boldsymbol{r}'\mathrm{d}t'$$

$$=\iiint_{\boldsymbol{r}'}\frac{f\left(\boldsymbol{r}',t-\dfrac{|\boldsymbol{r}-\boldsymbol{r}'|}{c}\right)}{4\pi|\boldsymbol{r}-\boldsymbol{r}'|}\mathrm{d}\boldsymbol{r}' \tag{2.44}$$

式（2.44）给出了声源与声压场之间的重要关系：声源 $f(\boldsymbol{r}',t')$分布的各点在声源分布外空间某一位置 $\boldsymbol{r}$ 上产生的声压值是声源波形的时间延迟叠加，并且幅值与距离成反比。另外需要注意，这是在无界空间的结果，对有界情况还需考虑边界条件，但是在本书讨论的阵列信号处理中已然足够。

最后，分析稳态条件下的声压计算方法。声源满足

$$F(\boldsymbol{r})=\iiint_{\boldsymbol{r}'}F(\boldsymbol{r}')\delta(\boldsymbol{r}-\boldsymbol{r}')\mathrm{d}\boldsymbol{r}' \tag{2.45}$$

根据叠加原理得到稳态波动方程的解为

$$P(\boldsymbol{r})=\iiint_{\boldsymbol{r}'}F(\boldsymbol{r}')G(\boldsymbol{r},\boldsymbol{r}')\mathrm{d}\boldsymbol{r}'$$

$$=\iiint_{\boldsymbol{r}'}F(\boldsymbol{r}')\frac{\exp\left(-\mathrm{j}k|\boldsymbol{r}-\boldsymbol{r}'|\right)}{4\pi|\boldsymbol{r}-\boldsymbol{r}'|}\mathrm{d}\boldsymbol{r}' \tag{2.46}$$

由式（2.46）可见，空间中位置 $\boldsymbol{r}$ 处的声压值为声源各点的加权叠加，包括相位上存在与距离成正比的延迟，幅值上存在与距离成反比的衰减。

2.1.3　阵列信号模型

至此，通过引入格林函数，我们已经建立起声源分布与无源区域声压分布之间的定量关系，分别为瞬时表达式（2.44）和稳态的波数域表达式（2.46），它们分别构建了在阵列信号处理中时域波束形成和频域波束形成的物理基础和数学模型依据。

常见的声呐探测系统包括主动和被动两种方式，其中前者同时包含发射阵列和接收阵列，后者只包含接收阵列，但是目前在水下波束形成方法讨论中，二者是通用的。这是因为，常规主动声呐方案采用发射和接收正交排布的阵列，发射阵列采用相控阵，用于在该维度上提高声源级或辐射声能量；接收阵列并行接收，波束形成主要用于在该维度上提高角度分辨力。因此，发射阵元之间并不存在分集问题，当然也不需要分集处理，这一点使得接收阵列波束形成的结果在所有方向上具有相同的附加相位，从幅值上看并不影响 DOA 或幅值估计结果。

因此，尽管从声信号传播角度主动声呐多了恒定的附加相位，但对结果没有影响，我们只考虑接收阵列的工作方式，其工作原理如图 2.1 所示。

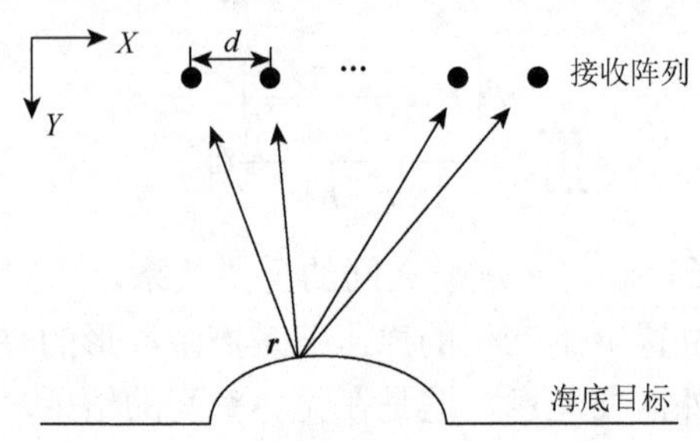

图 2.1　海底目标探测原理图

这里引入了下述假设。

（1）被动声呐接收阵列接收主动声源信号；主动声呐接收阵列记录目标反射回波，但是进行处理时视为由目标本身辐射信号。

（2）接收换能器具有全向性，即来自各个方向的声源信号均可以被接收到。

（3）忽略由球面波辐射引起的几何衰减，即式（2.44）和式（2.46）中与距离成反比的幅值衰减。

假设系统包含 N 个均匀排布的接收阵元，阵元之间的间距为 d，海底目标的散射点位置矢量表示为 $\boldsymbol{r}$，阵列中心位置设为坐标原点，根据式（2.46）并基于上述假设，第 n 个接收阵元记录的回波在频域表示为

$$S_n(f)=\int_{\boldsymbol{r}} s(\boldsymbol{r},f)\exp(-\mathrm{j}2\pi f\tau_n(\boldsymbol{r}))\mathrm{d}\boldsymbol{r} \tag{2.47}$$

其中，f 为信号的载波频率；$s(\boldsymbol{r},f)$为散射点的目标强度，是待重构的主要参数，理论上与频率和位置矢量有关，但实际上隐含了与散射体的材质、形状等物理特征的关系；或者可以简单认为，$s(\boldsymbol{r},f)$是在 $\boldsymbol{r}$ 位置处待重构的目标源/声源信号。以此为依据可以判断目标源的 DOA。目标点和接收阵元之间的单程时延为

$$\tau_n(\boldsymbol{r})=-\frac{|\boldsymbol{r}|}{c}\left(\sqrt{1+\frac{n^2d^2}{|\boldsymbol{r}|^2}-\frac{2nd\sin\theta}{|\boldsymbol{r}|}}-1\right)\approx\frac{nd}{c}\sin\theta-\frac{n^2d^2}{2c|\boldsymbol{r}|}\cos^2\theta \tag{2.48}$$

其中，θ为距离目标与阵元之间的矢量与阵列法向矢量的夹角，公式中采用了菲涅耳（Fresnel）近似；不失一般性地，假设 N 为偶数，则 $n=-N/2+1,\cdots,N/2$；c 为声信号在水下的传播速度，在本书中认为其是常量；$|\boldsymbol{r}|$是目标点位置与阵列中心的单程距离，此处认为阵列中心为原点。

目前在阵列信号处理中，常用的近似主要有以下两种。

（1）考虑聚焦参考距离为 r_0，并且对式（2.48）的二次方项做近似 $\theta=0°$，即假设散射点集中于阵列中心附近，则

$$\tau_n(\theta)\approx\frac{nd}{c}\sin\theta-\frac{n^2d^2}{2cr_0} \tag{2.49}$$

（2）完全忽略二次方项，只保留式（2.49）中的一阶近似，即

$$\tau_n(\theta)\approx\frac{nd}{c}\sin\theta \tag{2.50}$$

显然，式（2.49）具有稍高的精度，但是式（2.50）能够建立起快速傅里叶变换关系，更有利于快速实现，因此应用更为广泛，在本书中采用式（2.50）近似。将式（2.50）代入式（2.47）并忽略雅可比行列式，转换到关于角度 θ 的积分：

$$S_n(f)=\int_\theta s(\theta,f)\exp(-\mathrm{j}2\pi f\tau_n(\theta))\mathrm{d}\theta \tag{2.51}$$

当采用窄带信号，如单频脉冲信号作为探测信号时，假设工作频率为 f_0，则只考虑频率成分 f_0，并对式（2.51）两端进行傅里叶逆变换，得到时间域窄带信号的波束形成模型：

$$S_n(t)=\int_\theta s(\theta,t-\tau_n(\theta))\mathrm{d}\theta \tag{2.52}$$

在工程应用中，以 N 个接收通道的数据来估计信号源分布 $s(\theta,t)$，如果直接采用原始的积分式（2.51）或式（2.52），显然无法给出解析解。广泛采用的办法是，将积分离散化并构建线性方程组求解。最简单的冲激函数离散方法为：对 θ 均匀离散为 $\theta_i\in(\theta_{\text{start}},\Delta\theta,\theta_{\text{end}})$，其中下标 start 表示起始量，end 表示终止量，$\Delta\theta$ 表示采样间隔，采样点数分别为 M，则 $s(\theta,f)$ 被离散划分为一维网格 $\boldsymbol{x}\in\mathbb{C}^M$；测量数据 $S_n(f)$ 为 N 个接收通道接收到的频域信号，在相应频率一次测量的结果用 $\boldsymbol{y}\in\mathbb{C}^N$ 表示。相位项 $\exp(-\mathrm{j}2\pi f\tau_n(\theta))$ 构建了阵列流形矩阵，该线性模型离散化后对应矩阵 $\boldsymbol{A}\in\mathbb{C}^{N\times M}$，其第 n 行、第 m 列元素可表示为

$$a_{nm}=\exp\left(-\mathrm{j}2\pi f\frac{nd}{c}\sin\theta_m\right) \tag{2.53}$$

经过上述数据离散，可以根据处理方式分为两种情况讨论。

（1）单快拍模型。

单快拍模型也称为单次测量模型，实际上相当于完成一次测量得到数据 $\boldsymbol{y}$，即开始进行处理，并将波束形成后的结果输出。如此按测量时序，我们就能够不断完成模型的求解。此时我们暂不讨论具体方法，只涉及建模和处理方式。

显然，我们能够得到的单快拍模型为

$$\boldsymbol{y}=\boldsymbol{A}\boldsymbol{x}+\boldsymbol{n} \tag{2.54}$$

其中，$\boldsymbol{n}$ 为加性噪声，根据其服从的分布方式规定了似然函数。一般来说，我们的工作就是在已知测量数据 $\boldsymbol{y}$ 和具体阵列对应的流形矩阵 $\boldsymbol{A}$ 的情况下，对离散化的声源信号 $\boldsymbol{x}$ 进行估计或计算。

（2）多快拍模型。

多快拍模型，也称为多次测量模型，在进行波束形成求解时，同时处理多个快拍的数据。假设接收到 L 次测量数据，根据求解方法的不同，输出的波束形成结果可能是矢量（$L=1$）或矩阵（L 个声源估计量 $\boldsymbol{x}_1, \boldsymbol{x}_2, \cdots, \boldsymbol{x}_L$）。参考单快拍模型式（2.54），实际上相当于求解线性方程，根据其特征，存在种类丰富的求解器可供选用。因此为了直接适配现有求解器，有时希望把多快拍模型转化为式（2.54）形式求解，这就形成了第一种多快拍线性模型的构建方法：将待计算的声源信号写成矩阵形式 $\boldsymbol{X}\in\mathbb{C}^{M\times L}$，然后按列重排为一维矢量 $\boldsymbol{x}_s\in\mathbb{C}^{ML\times 1}$。具体地说：

$$\boldsymbol{X}=\left[\boldsymbol{x}_1, \boldsymbol{x}_2, \cdots, \boldsymbol{x}_L\right]\xrightarrow{\text{按列重排}}\boldsymbol{x}_s=\begin{bmatrix}\boldsymbol{x}_1\\ \boldsymbol{x}_2\\ \vdots\\ \boldsymbol{x}_L\end{bmatrix} \tag{2.55}$$

其中，$\boldsymbol{x}_i (i=1,2,\cdots,L)$ 为 $\boldsymbol{X}\in\mathbb{C}^{M\times L}$ 的列矢量。按照同样方式，将多次测量数据 $\boldsymbol{y}_1, \boldsymbol{y}_2, \cdots, \boldsymbol{y}_L$ 写成矩阵形式并按列重排为

$$\boldsymbol{Y}=\left[\boldsymbol{y}_1, \boldsymbol{y}_2, \cdots, \boldsymbol{y}_L\right]\xrightarrow{\text{按列重排}}\boldsymbol{y}_s=\begin{bmatrix}\boldsymbol{y}_1\\ \boldsymbol{y}_2\\ \vdots\\ \boldsymbol{y}_L\end{bmatrix} \tag{2.56}$$

其中，测量数据矩阵 $\boldsymbol{Y}\in\mathbb{C}^{N\times L}$ 按列重排为一维矢量 $\boldsymbol{y}_s\in\mathbb{C}^{NL\times 1}$。最后，由于流形矩阵 $\boldsymbol{A}$ 只与阵列和波长有关，在按这种方式构建模型时，需要在对角线复制 L 次以获得新的流形矩阵，即

$$\boldsymbol{A}_s=\begin{bmatrix}\boldsymbol{A} & & & \\ & \boldsymbol{A} & & \\ & & \ddots & \\ & & & \boldsymbol{A}\end{bmatrix} \tag{2.57}$$

于是 $\boldsymbol{A}_s\in\mathbb{C}^{NL\times ML}$。我们得到重排后的模型为

$$\boldsymbol{y}_s=\boldsymbol{A}_s\boldsymbol{x}_s+\boldsymbol{n}_s \rightarrow \begin{bmatrix}\boldsymbol{y}_1\\ \boldsymbol{y}_2\\ \vdots\\ \boldsymbol{y}_L\end{bmatrix}=\begin{bmatrix}\boldsymbol{A} & & & \\ & \boldsymbol{A} & & \\ & & \ddots & \\ & & & \boldsymbol{A}\end{bmatrix}\begin{bmatrix}\boldsymbol{x}_1\\ \boldsymbol{x}_2\\ \vdots\\ \boldsymbol{x}_L\end{bmatrix}+\boldsymbol{n}_s \tag{2.58}$$

影响模型占用内存和运算效率的关键是测量矩阵的大小。例如，采样阵列包含 $N = 128$ 个阵元，各阵元单快拍采样点数为 $L = 1024$，假设成像区域划分方位角方向 $M = 256$（在波束形成模型中，也称为预成波束数目，即预先划分的波束角度数目），则对于按照式（2.58）重排后的多快拍模型，测量矩阵是尺寸为$(NL)\times(ML) = 131072\times262144$ 的二维复矩阵，对双精度浮点型数据大约需要内存 512GB，显然这对于大多数线上系统是难以负担的。这就需要用到更经常采用的第二种多快拍模型，直接应用声源信号和测量数据的二维矩阵，并考虑到各快拍之间是相互独立的，得到

$$\boldsymbol{Y} = \boldsymbol{A}\boldsymbol{X} + \boldsymbol{N} \Leftrightarrow [\boldsymbol{y}_1, \boldsymbol{y}_2, \cdots, \boldsymbol{y}_L] = \boldsymbol{A}[\boldsymbol{x}_1, \boldsymbol{x}_2, \cdots, \boldsymbol{x}_L] + \boldsymbol{N} \tag{2.59}$$

其中，$\boldsymbol{N}$ 为噪声矩阵，根据矩阵概率密度分布确定似然函数。考虑同样条件下的多快拍模型，测量矩阵的尺寸只有 $N\times M$，占用内存约 500KB，是可以实时存储调用的，计算效率也高得多，因此我们可能没办法直接使用单快拍模型现成的求解器，要重新开发基于模型式（2.59）的求解方法。

2.2 阵列波束形成

2.2.1 线性方程求解与波束形成

在 2.1.3 节中，我们根据声波信号传播模型得到波束形成待求解的两个线性模型，分别是单快拍模型式（2.54）和多快拍模型式（2.59），这两种模型涉及的信号估计角度在 $\theta_i \in (\theta_{\text{start}}, \Delta\theta, \theta_{\text{end}})$的节点上，工程应用中，也称为预成波束，每个波束对应一个方向节点，因此这两种模型也是基于网格的波束形成方法。从表面上看，我们只需要对两种模型进行求解即可达成波束形成的任务，但实际上并非这么简单，但是我们不妨从这一点入手，讨论波束形成的传统实现方法及与一般模型求解的差别。

1. 最小二乘估计

我们将单快拍模型式（2.54）转换成无噪声的方程组求解，即

$$\boldsymbol{y} = \boldsymbol{A}\boldsymbol{x} \tag{2.60}$$

根据测量矩阵式（2.53），N 表示阵列的阵元数目，M 表示预成波束数目，直觉上看 M 越大，角度划分越细，求解精度应该越高。尽管实际情况不完全是这样（压缩波束形成方法的预成波束数目确定是有限制的，具体原则将在第 3 章详细说明），但是一般有 $N<M$，这种情况我们得到的线性方程组未知数大于方程数，式（2.60）称为欠定方程组，显然该方程组的解不唯一。因此我们需要通

过施加某种准则使得方程组的解具有唯一性，最小二乘估计解是线性函数 $\boldsymbol{Ax}$ 对数据 $\boldsymbol{y}$ 的最小二乘逼近，相当于求解下述最小化问题：

$$\hat{\boldsymbol{x}} = \arg\min_{\boldsymbol{x}} \|\boldsymbol{y} - \boldsymbol{Ax}\|_2^2 \tag{2.61}$$

对应代价函数为欧氏距离的平方，即

$$\begin{aligned} L(\boldsymbol{x}) &= \|\boldsymbol{y} - \boldsymbol{Ax}\|_2^2 \\ &= (\boldsymbol{y} - \boldsymbol{Ax})^{\mathrm{H}}(\boldsymbol{y} - \boldsymbol{Ax}) \\ &= \boldsymbol{y}^{\mathrm{H}}\boldsymbol{y} - \boldsymbol{y}^{\mathrm{H}}\boldsymbol{Ax} - \boldsymbol{x}^{\mathrm{H}}\boldsymbol{A}^{\mathrm{H}}\boldsymbol{y} + \boldsymbol{x}^{\mathrm{H}}\boldsymbol{A}^{\mathrm{H}}\boldsymbol{Ax} \end{aligned} \tag{2.62}$$

显然，代价函数具有二次方形式，为凸函数，全局最优解即极点位置，于是计算代价函数式（2.62）相对于 $\boldsymbol{x}^{\mathrm{H}}$ 导数有

$$\frac{\mathrm{d}L(\boldsymbol{x})}{\mathrm{d}\boldsymbol{x}^{\mathrm{H}}} = \boldsymbol{A}^{\mathrm{H}}\boldsymbol{Ax} - \boldsymbol{A}^{\mathrm{H}}\boldsymbol{y} \tag{2.63}$$

设置导数为 $\boldsymbol{0}$ 求解极点

$$\boldsymbol{A}^{\mathrm{H}}\boldsymbol{Ax} - \boldsymbol{A}^{\mathrm{H}}\boldsymbol{y} = \boldsymbol{0} \tag{2.64}$$

得到

$$\hat{\boldsymbol{x}}_{\mathrm{MSE}} = (\boldsymbol{A}^{\mathrm{H}}\boldsymbol{A})^{-1}\boldsymbol{A}^{\mathrm{H}}\boldsymbol{y} \tag{2.65}$$

式（2.65）称为单快拍模型的最小二乘估计（least squares estimation，LSE）。然而，上述估计方式存在严重的问题，$\boldsymbol{A}^{\mathrm{H}}\boldsymbol{A}$ 通常是不可逆的。因为对于测量矩阵 $\boldsymbol{A} \in \mathbb{C}^{N\times M}$，$N < M$，所以 $\boldsymbol{A}$ 的秩 $\mathrm{rank}(\boldsymbol{A}) = N$，同时有 $\mathrm{rank}(\boldsymbol{A}^{\mathrm{H}}\boldsymbol{A}) = N$，矩阵 $\boldsymbol{A}^{\mathrm{H}}\boldsymbol{A} \in \mathbb{C}^{M\times M}$ 不满秩，因此不可逆。一种补救方法是，通过加上一个对角阵来降低矩阵 $\boldsymbol{A}^{\mathrm{H}}\boldsymbol{A}$ 的条件数，即

$$\hat{\boldsymbol{x}} = (\boldsymbol{A}^{\mathrm{H}}\boldsymbol{A} + \lambda\boldsymbol{I})^{-1}\boldsymbol{A}^{\mathrm{H}}\boldsymbol{y} \tag{2.66}$$

其中，参数 $\lambda > 0$ 是需要人为调控的，该值越大求解越稳定，该值越小求解精度越高，因此需要平衡考虑取值。显然，估计公式可以视为以下约束优化问题的解：

$$\begin{aligned} &\hat{\boldsymbol{x}} = \arg\min_{\boldsymbol{x}} \|\boldsymbol{y} - \boldsymbol{Ax}\|_2^2 \\ &\text{s.t. } \|\boldsymbol{x}\|_2^2 = \mathrm{const} \end{aligned} \tag{2.67}$$

其中，const 为任意常数。根据拉格朗日乘子法，引入拉格朗日乘子 λ，并将约束优化问题等效为无约束问题：

$$\hat{\boldsymbol{x}} = \arg\min_{\boldsymbol{x}} \|\boldsymbol{y} - \boldsymbol{Ax}\|_2^2 + \lambda\|\boldsymbol{x}\|_2^2 \tag{2.68}$$

其中，常数 const 与优化变量 $\boldsymbol{x}$ 无关，因此省去。此时再对代价函数求极值，即可得到式（2.66）形式的估计。根据λ取值方式，分为低噪声和高噪声两种情况。

2. 低噪声波束形成

在第 4 章中，我们会将约束优化问题统一到最大后验波束形成问题求解，随之形成的结论之一是，参数λ除了用于平衡求解精度与稳定性之外，也具有表征测量噪声水平的含义。详见第 4 章。

当测量噪声水平很低，即$\lambda \to 0$ 时，式（2.66）的估计结果变成

$$\hat{\boldsymbol{x}}_{\mathrm{p}} = \lim_{\lambda \to 0}(\boldsymbol{A}^{\mathrm{H}}\boldsymbol{A} + \lambda \boldsymbol{I})^{-1}\boldsymbol{A}^{\mathrm{H}}\boldsymbol{y} = \boldsymbol{A}^{\dagger}\boldsymbol{y} \tag{2.69}$$

其中，$\boldsymbol{A}^{\dagger}$表示矩阵 $\boldsymbol{A}$ 的伪逆或 Moore-Penrose 逆[4]，定义为

$$\boldsymbol{A}^{\dagger} = \lim_{\lambda \to 0}(\boldsymbol{A}^{\mathrm{H}}\boldsymbol{A} + \lambda \boldsymbol{I})^{-1}\boldsymbol{A}^{\mathrm{H}} \tag{2.70}$$

尽管 $\boldsymbol{A}^{\mathrm{H}}\boldsymbol{A}$ 不可逆，但是 $\boldsymbol{A}^{\dagger}$是存在的，这里给出一种采用奇异值分解（singular value decomposition，SVD）的办法计算伪逆。先对 $\boldsymbol{A}$ 进行奇异值分解，得到

$$\boldsymbol{A} = \boldsymbol{U}\boldsymbol{\Sigma}\boldsymbol{V}^{\mathrm{H}} \tag{2.71}$$

则

$$\boldsymbol{A}^{\dagger} = \boldsymbol{V}\boldsymbol{\Sigma}^{\dagger}\boldsymbol{U}^{\mathrm{H}} \tag{2.72}$$

由于 $\boldsymbol{A}$ 为矩形阵列，所以$\boldsymbol{\Sigma}$也为矩形矩阵，近似计算$\boldsymbol{\Sigma}^{\dagger}$的方法是，将所有$\boldsymbol{\Sigma}$的对角非零元素取倒数，零元素不变，然后再取矩阵转置。显然，在计算机执行时，受机器精度限制，很可能出现原本应该为零的元素变成极小的非零值，如 10^{-9}。所以在数值计算时，常常需要定义一个容限 tol，认为小于 tol 的值均按照零值代替。

利用伪逆代替矩阵的逆来求解方程式（2.60），其好处在于：对于任意的 $\boldsymbol{x} \in \mathbb{C}^{M}$，必有

$$\|\boldsymbol{y} - \boldsymbol{A}\boldsymbol{x}\| \geqslant \|\boldsymbol{y} - \boldsymbol{A}\hat{\boldsymbol{x}}_{\mathrm{p}}\| \tag{2.73}$$

即利用伪逆求得的解总能得到更小的残差。当 $\boldsymbol{A}$ 是可逆阵时，有

$$\boldsymbol{A}^{\dagger} = \boldsymbol{A}^{-1} \tag{2.74}$$

然而，求矩阵的伪逆通常计算量很大，因此我们很少在声呐系统中使用伪逆实现波束形成。

3. 高噪声波束形成

当测量噪声水平很高，即$\lambda\to\infty$时，式（2.66）的估计结果变成

$$\hat{\boldsymbol{x}}_{\mathrm{CBF}}=\lim_{\lambda\to\infty}(\boldsymbol{A}^{\mathrm{H}}\boldsymbol{A}+\lambda\boldsymbol{I})^{-1}\boldsymbol{A}^{\mathrm{H}}\boldsymbol{y}\approx\lambda^{-1}\boldsymbol{A}^{\mathrm{H}}\boldsymbol{y}\propto\boldsymbol{A}^{\mathrm{H}}\boldsymbol{y} \tag{2.75}$$

其中，下角标 CBF 表示常规波束形成（conventional beamforming，CBF）。在式（2.75）中，当$\lambda\to\infty$时，求逆的结果主要受主对角元素影响，即$\lambda\boldsymbol{I}$，输出结果只剩下一个很小的实数λ^{-1}。而在 DOA 估计和成像应用中，一般只关心输出的相对幅值大小，如采用归一化曲线或归一化对数曲线表达，所以可以忽略λ^{-1}的影响。

下面从另一个角度说明式（2.75）的含义。根据测量矩阵$\boldsymbol{A}$的式（2.53），结合离散化的散射模型：

$$S_n(f)=\sum_{\theta}s(\theta,f)\exp\left(-\mathrm{j}2\pi f\frac{md}{c}\sin\theta\right) \tag{2.76}$$

与下述 CBF 基本形式：

$$s(\theta,f)=\sum_{m}S_n(f)\exp\left(\mathrm{j}2\pi f\frac{md}{c}\sin\theta\right) \tag{2.77}$$

我们发现，如果将$h(\theta)=\sin\theta$视为一个整体，在离散化时，将$h(\theta)$在其值域范围内均匀地划分为等间隔的取样点，忽略雅可比行列式，由于阵列的排布方式也是均匀线性的，因此以序号m为函数的部分也均匀采样，此时阵列采样数据$S_n(f)$与信号源数据$s(\theta,f)$之间存在傅里叶变换关系[5]，除了归一化常数的差别，二者之间只需要执行一次快速傅里叶变换即可转换。一方面保证了系统线上实现的计算优势，另一方面解释了 CBF 方法实现信号源重构的合理性。

2.2.2　均匀线性阵列

根据 2.2.1 节的分析发现，由于我们能够将信号阵列模型写成线性方程组的形式，诸多现有的求解器都可以直接用来解决波束形成问题，包括传统的 CBF 方法。同时发现，阵列的排布方式不同在模型上会影响测量矩阵和测量数据，但是不会改变模型对上述方法的适用性。因此，本节只针对工程中最常见的均匀线性阵列（uniform linear array，ULA），采用 CBF 方法处理分析输出结果的特征和不同方法的性能评价标准，为阵列设计和方法验证打下基础。

对于 ULA 考虑单信号源情况，假设单信号源入射信号以角度θ_0接收，排除噪声带来的不确定性，则测量数据

$$\boldsymbol{y}_s = x\exp\left(-\mathrm{j}2\pi f\frac{\boldsymbol{n}d}{c}\sin\theta_0\right) = x\exp\left(-\mathrm{j}\frac{2\pi\boldsymbol{n}d}{\lambda}\sin\theta_0\right) = x\exp\left(-\mathrm{j}\pi\alpha\boldsymbol{n}\sin\theta_0\right) \tag{2.78}$$

其中，标号矢量 $\boldsymbol{n}=[-N/2+1,\cdots,N/2]^{\mathrm{T}}$；$x$ 为信号源幅值；λ为信号波长，比值 $\alpha=2d/\lambda$。采用 CBF 方法处理单信号源数据 $\boldsymbol{y}_s$，得到波束输出[6]：

$$\begin{aligned}\hat{\boldsymbol{x}}_{\mathrm{CBF}}(\theta) &= \sum_{n=-N/2+1}^{N/2} x\exp(-\mathrm{j}n\pi\alpha(\sin\theta_0-\sin\theta))\\ &= x\exp\left(-\mathrm{j}\left(-\frac{N}{2}+1\right)\pi\alpha(\sin\theta_0-\sin\theta)\right)\frac{\exp(-\mathrm{j}N\pi\alpha(\sin\theta_0-\sin\theta))-1}{\exp(-\mathrm{j}\pi\alpha(\sin\theta_0-\sin\theta))-1}\\ &= x\exp\left(-\mathrm{j}\frac{\pi}{2}\alpha(\sin\theta_0-\sin\theta)\right)\frac{\sin\left(\dfrac{N\pi\alpha(\sin\theta_0-\sin\theta)}{2}\right)}{\sin\left(\dfrac{\pi\alpha(\sin\theta_0-\sin\theta)}{2}\right)}\end{aligned} \tag{2.79}$$

对于 ULA，阵列的指向性函数为 CBF 输出的归一化幅值，不考虑附加相位和信号源幅值 x，波束输出幅值为

$$\begin{aligned}&\frac{\sin\left(\dfrac{N\pi\alpha(\sin\theta_0-\sin\theta)}{2}\right)}{\sin\left(\dfrac{\pi\alpha(\sin\theta_0-\sin\theta)}{2}\right)}\\ &= \frac{N\sin\left(\dfrac{N\pi\alpha(\sin\theta_0-\sin\theta)}{2}\right)\Big/\left(\dfrac{N\pi\alpha(\sin\theta_0-\sin\theta)}{2}\right)}{\sin\left(\dfrac{\pi\alpha(\sin\theta_0-\sin\theta)}{2}\right)\Big/\left(\dfrac{\pi\alpha(\sin\theta_0-\sin\theta)}{2}\right)}\\ &= \frac{N\mathrm{sinc}\left(\dfrac{N\alpha(\sin\theta_0-\sin\theta)}{2}\right)}{\mathrm{sinc}\left(\dfrac{\alpha(\sin\theta_0-\sin\theta)}{2}\right)}\end{aligned} \tag{2.80}$$

其中，抽样函数 sinc 定义为

$$\mathrm{sinc}(t)=\begin{cases}\dfrac{\sin(\pi t)}{\pi t}, & t\neq 0\\ 1, & t=0\end{cases} \tag{2.81}$$

因此，为归一化幅值，有必要消去 N，从而定义阵列的指向性函数为

$$f(\theta)=\frac{\sin\left(\dfrac{N\pi\alpha(\sin\theta_0-\sin\theta)}{2}\right)}{N\sin\left(\dfrac{\pi\alpha(\sin\theta_0-\sin\theta)}{2}\right)}=\frac{\mathrm{sinc}\left(\dfrac{N\alpha(\sin\theta_0-\sin\theta)}{2}\right)}{\mathrm{sinc}\left(\dfrac{\alpha(\sin\theta_0-\sin\theta)}{2}\right)} \tag{2.82}$$

如式（2.82）所示，当确定声源角度θ_0后，阵列的指向性函数幅值极大值的位置就可以确定，这里不妨令$\theta_0=0°$，得到

$$f(\theta)=\frac{\sin\left(\dfrac{N\pi\alpha\sin\theta}{2}\right)}{N\sin\left(\dfrac{\pi\alpha\sin\theta}{2}\right)} \tag{2.83}$$

显然，由于N是整数，分母零点对应了函数极大值出现的位置，即

$$\frac{\pi\alpha\sin\theta}{2}=n\pi\Rightarrow\theta=\arcsin\left(\frac{2n}{\alpha}\right) \tag{2.84}$$

其中，$n=0,\pm1,\pm2,\cdots,\pm N$。这里只讨论半波长阵列的情况：阵元间距$d=\lambda/2$，$\alpha=1$。这种阵列是实际工程中最常见的。根据式（2.84），只能取到$n=0$，此时指向性函数的极大值出现于

$$\theta=i\pi \tag{2.85}$$

处，其中，$i=0,\pm1,\pm2,\cdots$。一般来讲，由于阵列的覆盖能力有限，ULA 只讨论$[-\pi/2,\pi/2]$角度范围，因此只能取到$\theta=0°$，即能量的指向性全部集中于0°附近，幅值$|f(\theta)|$如图 2.2 所示。信号源的方向$\theta_0=0°$，通过该阵列的指向性函数幅值极大值能够指示该方向，并形成一个尖峰，如图 2.2（b）所示，称为主瓣。主瓣的幅值为1，当幅值下降到 3dB 时，约相当于 0.707，对应夹角称为半功率夹角$\theta_{3\mathrm{dB}}$。显然，半功率夹角直接关系到阵列分辨两个信号源的能力，当信号源之间间距过小时，会合成一个尖峰，失去分辨能力，因此在声呐和雷达成像中，常用半功率夹角表征角度或空间分辨率。令式（2.83）中$f(\theta_s)=0.707$，通过近似求解得到

$$\theta_s=\arcsin\frac{0.4\lambda}{Nd}\Rightarrow\theta_{3\mathrm{dB}}=2\theta_s=2\arcsin\frac{0.4\lambda}{Nd} \tag{2.86}$$

可以发现，半功率夹角与信号波长、阵列孔径（即阵列的长度Nd）两个因素相关，可以通过提高阵列孔径或减小信号波长提高角度分辨率。

另外我们注意到，由于指向性函数的周期性，两个极小值之间都会存在一个极大值，在主瓣两侧都不可避免地出现多个旁瓣，如图 2.2（b）所示，通过分析可以得到，理论上幅值最大的第一旁瓣与主瓣幅值的比值约为 0.2。对于 CBF 方法，旁瓣是伴随主瓣存在的，这是由于矩形窗频谱泄漏产生的，因此通过加窗能够在一定程度上压制旁瓣，但是主瓣性能有所损失。

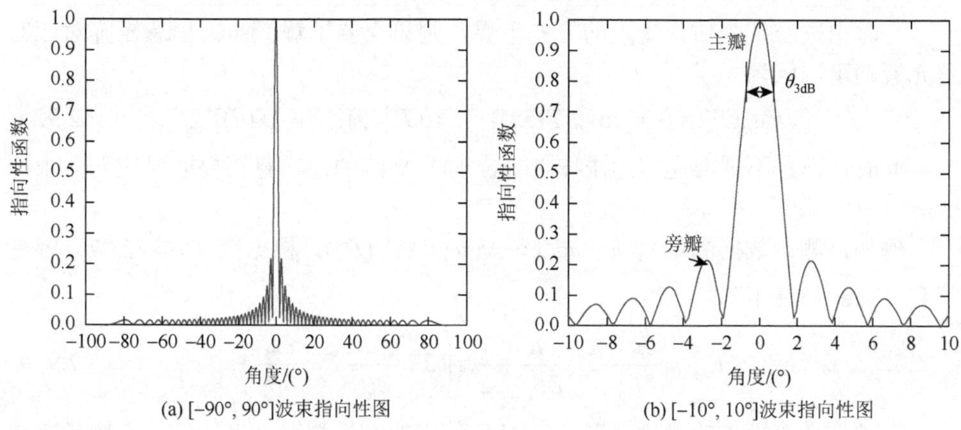

(a) [−90°, 90°]波束指向性图

(b) [−10°, 10°]波束指向性图

图 2.2　$d = \lambda/2$ 时指向性函数幅值

2.2.3　克拉默-拉奥界讨论

在估计理论中，克拉默-拉奥界（Cramer-Rao bound，CRB）表示一个确定的但是未知的参数无偏估计的方差的下界，表示该估计器的方差在统计意义上一定高于费希尔（Fisher）信息的逆。更确切地说，CRB 表示无偏估计的精度的上界。

1. Fisher 信息矩阵

我们需要通过测量数据 $\boldsymbol{x} \in \mathbb{R}^N$ 来估计变量 $\boldsymbol{\theta} \in \mathbb{R}^M$，二者之间满足概率密度函数 $p(\boldsymbol{x}; \boldsymbol{\theta})$，注意该函数未必是似然函数，满足正则条件：函数 $\ln p(\boldsymbol{x}; \boldsymbol{\theta})$相对于参数$\boldsymbol{\theta}$有界可导。可定义 Fisher 信息矩阵 $\boldsymbol{I}$ 如下[7]：

$$I_{m,k} = -E\left[\frac{\partial^2}{\partial\theta_m \partial\theta_k} \ln p(\boldsymbol{x}; \boldsymbol{\theta})\right] \tag{2.87}$$

假设我们设计一种估计器，并通过下述函数表示：

$$\hat{\boldsymbol{\theta}} = \boldsymbol{T}(\boldsymbol{x}) \tag{2.88}$$

根据 CRB，若估计器 $\boldsymbol{T}(\boldsymbol{x})$是有偏估计，则其协方差矩阵满足

$$\text{cov}_\theta(\boldsymbol{T}(\boldsymbol{x})) \geqslant \boldsymbol{\Phi}(\boldsymbol{\theta})\boldsymbol{I}^{-1}(\boldsymbol{\theta})\boldsymbol{\Phi}^{\mathrm{T}}(\boldsymbol{\theta}) \tag{2.89}$$

其中，函数 $\boldsymbol{\Phi}(\boldsymbol{\theta})$ 定义为估计器式（2.88）期望的雅可比行列式，即

$$\boldsymbol{\Phi}(\boldsymbol{\theta})=\frac{\partial}{\partial\boldsymbol{\theta}}E[\boldsymbol{T}(\boldsymbol{x})] \tag{2.90}$$

这里矩阵不等式 $\boldsymbol{A}\geqslant\boldsymbol{B}$ 的定义为，矩阵 $\boldsymbol{A}-\boldsymbol{B}$ 为半正定矩阵。对于无偏估计器，式（2.89）简化为

$$\mathrm{cov}_{\theta}(\boldsymbol{T}(\boldsymbol{x}))\geqslant\boldsymbol{I}^{-1}(\theta) \tag{2.91}$$

有时更关心某个估计变量的方差下界，则只需要了解 Fisher 信息矩阵对应对角元素即可，因为

$$\mathrm{var}_{\theta}(T_m(\boldsymbol{x}))=[\mathrm{cov}_{\theta}(T(\boldsymbol{x}))]_{m,m}\geqslant(\boldsymbol{I}^{-1}(\boldsymbol{\theta}))_{m,m}=[\boldsymbol{I}(\boldsymbol{\theta})]_{m,m}^{-1} \tag{2.92}$$

此时，已经不需要完整地求取 Fisher 信息矩阵的逆，直接提取对应元素求倒数即可。

例如，测量数据满足高斯分布 $\boldsymbol{x}\sim\mathcal{N}(\boldsymbol{\mu}(\boldsymbol{\theta}),\boldsymbol{\Sigma}(\boldsymbol{\theta}))$，根据定义式（2.87）容易得到 Fisher 信息矩阵[8]：

$$I_{m,k}=\frac{\partial\boldsymbol{\mu}^{\mathrm{T}}}{\partial\theta_m}\boldsymbol{\Sigma}^{-1}\frac{\partial\boldsymbol{\mu}}{\partial\theta_k}+\frac{1}{2}\mathrm{tr}\left(\boldsymbol{\Sigma}^{-1}\frac{\partial\boldsymbol{\Sigma}}{\partial\theta_m}\boldsymbol{\Sigma}^{-1}\frac{\partial\boldsymbol{\Sigma}}{\partial\theta_k}\right) \tag{2.93}$$

考虑一种最简单的测量情况，取 N 次独立的测量数据 $\boldsymbol{x}$ 来估计一个标量参数 θ，不确定性只包括加性噪声，即模型为

$$x_i=\theta+n \tag{2.94}$$

其中，噪声满足高斯分布 $n\sim\mathcal{N}(0,\sigma^2)$，则 $x_l\sim\mathcal{N}(\theta,\sigma^2)$。由于待估计参数$\theta$为标量，Fisher 信息矩阵也退化为一个标量，表示为

$$I(\theta)=\frac{\partial\boldsymbol{\mu}^{\mathrm{T}}}{\partial\theta_m}\boldsymbol{\Sigma}^{-1}\frac{\partial\boldsymbol{\mu}}{\partial\theta_k}=\frac{N}{\sigma^2} \tag{2.95}$$

所以我们得到对应的 CRB 为

$$\mathrm{var}(\hat{\theta})\geqslant\frac{\sigma^2}{N} \tag{2.96}$$

类似于上述过程，下面推导 DOA 估计中，CRB 的计算表达式。根据阵列信号模型的连续形式[式（2.50）和式（2.51）]得到

$$S_n(f)=\int_{\theta}s(\theta,f)\exp\left(-\mathrm{j}2\pi f\frac{md}{c}\sin\theta\right)\mathrm{d}\theta \tag{2.97}$$

注意到，与常规讨论波束形成不同，我们需要利用真实参数及其导数信息，因此不同于多快拍模型式（2.59），假设真实信号源集合 $\{\theta_i,i=1,2,\cdots,K\}$，代入式（2.97）并按照多快拍模型式（2.59）的排列方式得到

$$\boldsymbol{y}_s(t)=\sum_{i=1}^{K}x_i(t)\boldsymbol{a}_s(\theta_i)+\boldsymbol{n}_s(t) \tag{2.98}$$

其中，t 为快拍标号，$t=1,2,\cdots,L$；$x_i(t)$ 为对应快拍第 i 个角度的幅值，暗示真实信号源的角度是固定的，但是幅值可能随不同快拍 t 变化；流形矢量不随快拍变化，即

$$\boldsymbol{a}_s(\theta_i)=\exp\left(-\mathrm{j}2\pi f\frac{\boldsymbol{n}d}{c}\sin\theta_i\right) \tag{2.99}$$

标号矢量 $\boldsymbol{n}=[-N/2+1,\cdots,N/2]^{\mathrm{T}}$。噪声服从零均值高斯分布，在角度和快拍两个维度上均相互独立，因此有

$$E[\boldsymbol{n}_s(t_1)\boldsymbol{n}_s^{\mathrm{T}}(t_2)]=\sigma^2\boldsymbol{I}\delta(t_1,t_2) \tag{2.100}$$

以模型式（2.98）为基础，根据信号源幅值的特征，常见以下两种方案讨论 DOA 估计的 CRB，即确定性幅值 CRB 和随机幅值 CRB。

2. 确定性幅值 CRB

假设信号源幅值 $x_i(t)$是确定性的，则测量数据满足复高斯分布：

$$\begin{bmatrix} y_s(1) \\ y_s(2) \\ \vdots \\ y_s(L) \end{bmatrix}\sim\mathcal{CN}\left(\begin{bmatrix} \sum_{i=1}^{K}x_i(1)\boldsymbol{a}_s(\theta_i) \\ \sum_{i=1}^{K}x_i(2)\boldsymbol{a}_s(\theta_i) \\ \vdots \\ \sum_{i=1}^{K}x_i(L)\boldsymbol{a}_s(\theta_i) \end{bmatrix},\sigma^2\boldsymbol{I}\right) \tag{2.101}$$

待估计的参量为 DOA $\boldsymbol{\theta}=[\theta_1,\theta_2,\cdots,\theta_K]^{\mathrm{T}}$，通过计算$\boldsymbol{\theta}$的 Fisher 信息矩阵，并求逆得到 CRB 的表达式为[9, 10]

$$\mathrm{CRB}(\boldsymbol{\theta})=\frac{\sigma^2}{K}(\mathrm{Re}[\boldsymbol{U}_s^{\mathrm{H}}\boldsymbol{\Pi}_{\boldsymbol{A}_s}^{\perp}\boldsymbol{U}_s]\odot\boldsymbol{P}^{\mathrm{T}})^{-1} \tag{2.102}$$

其中，需要定义下述矩阵。

（1）真实角度流形矩阵为

$$\boldsymbol{A}_s=[\boldsymbol{a}_s(\theta_1),\boldsymbol{a}_s(\theta_2),\cdots,\boldsymbol{a}_s(\theta_K)] \tag{2.103}$$

（2）流形矩阵一阶导数为

$$\boldsymbol{U}_s=\left[\frac{\partial\boldsymbol{a}_s(\theta_1)}{\partial\theta_1},\frac{\partial\boldsymbol{a}_s(\theta_2)}{\partial\theta_2},\cdots,\frac{\partial\boldsymbol{a}_s(\theta_K)}{\partial\theta_K}\right] \tag{2.104}$$

其中，流形矢量的一阶导数为

$$\frac{\partial\boldsymbol{a}_s(\theta_i)}{\partial\theta_i}=\left(-\mathrm{j}2\pi f\frac{\boldsymbol{n}d}{c}\cos\theta_i\right)\odot\exp\left(-\mathrm{j}2\pi f\frac{\boldsymbol{n}d}{c}\sin\theta_i\right) \tag{2.105}$$

其中，⊙表示阿达马（Hadamard）积，定义为相同维度的矢量或矩阵之间对应元素相乘。

（3）流形矩阵所张成空间的正交投影表示为

$$\boldsymbol{\Pi}_{\boldsymbol{A}_s}^{\perp} = \boldsymbol{I} - \boldsymbol{A}_s(\boldsymbol{A}_s^{\mathrm{H}}\boldsymbol{A}_s)^{-1}\boldsymbol{A}_s^{\mathrm{H}} \tag{2.106}$$

（4）信号源幅值协方差估计表示为

$$\boldsymbol{P} = \frac{1}{K}\sum_{t=1}^{K}\boldsymbol{x}(t)\boldsymbol{x}^{\mathrm{H}}(t) \tag{2.107}$$

注意到，在运用式（2.102）计算 DOA 估计 CRB 时，要求计算两个矩阵的逆，因此信号源幅值协方差估计值 $\boldsymbol{P}$ 应该是非奇异的，至少有 $L \geqslant K$；根据式（2.106），$\boldsymbol{A}_s^{\mathrm{H}}\boldsymbol{A}_s$ 可逆的充要条件是 $N \geqslant K$，即阵元数目不小于信源数目，在压缩感知应用中这一点一般是满足的。

3. 随机幅值 CRB

信号源振幅 $\boldsymbol{x}(t)$视为随机变量，根据模型式（2.98），为了求得概率密度函数 $p(\boldsymbol{y};\boldsymbol{\theta})$，只需用到振幅变量的一阶和二阶期望，而不需要完全了解其概率密度分布。假设信号源振幅 $\boldsymbol{x}(t)$满足零均值，协方差矩阵为[11]

$$E\left[\begin{bmatrix} x_1(t_1) \\ x_2(t_1) \\ \vdots \\ x_K(t_1) \end{bmatrix}\begin{bmatrix} x_1(t_2) \\ x_2(t_2) \\ \vdots \\ x_K(t_2) \end{bmatrix}^{\mathrm{H}}\right] = \boldsymbol{P}\delta(t_1,t_2) \tag{2.108}$$

其中，$P_{ij} = E[x_i x_j^*]$。代入模型式（2.98）得到

$$\begin{bmatrix} y_s(1) \\ y_s(2) \\ \vdots \\ y_s(L) \end{bmatrix} \sim \mathcal{CN}\left(0, \begin{bmatrix} \boldsymbol{\Sigma} & & & \\ & \boldsymbol{\Sigma} & & \\ & & \ddots & \\ & & & \boldsymbol{\Sigma} \end{bmatrix}\right) \tag{2.109}$$

其中，

$$\boldsymbol{\Sigma} = \boldsymbol{A}_s\boldsymbol{P}\boldsymbol{A}_s^{\mathrm{H}} + \sigma^2\boldsymbol{I} \tag{2.110}$$

通过计算 DOA 参量$\boldsymbol{\theta}$的 Fisher 信息矩阵，并求逆得到 CRB 的表达式为

$$\mathrm{CRB}(\boldsymbol{\theta}) = \frac{\sigma^2}{2K}\left(\mathrm{Re}\left[\boldsymbol{U}_s^{\mathrm{H}}\boldsymbol{\Pi}_{\boldsymbol{A}_s}^{\perp}\boldsymbol{U}_s\right]\odot\left(\boldsymbol{P}\boldsymbol{A}_s^{\mathrm{H}}\boldsymbol{\Sigma}^{-1}\boldsymbol{A}_s\boldsymbol{P}\right)^{\mathrm{T}}\right)^{-1} \tag{2.111}$$

注意到，式（2.111）中，信号源幅值协方差矩阵 $\boldsymbol{P}$ 为已知随机变量的统计分布，原则上与式（2.107）的估计值不同。但是为了保证 CRB 估计可计算，$\boldsymbol{P}$ 应该是非奇异的。

当已知信号源满足相互独立的统计特征时，其协方差矩阵相比式（2.108）能够得到简化，即

$$\boldsymbol{P}=\begin{bmatrix} P_1 & & & \\ & P_2 & & \\ & & \ddots & \\ & & & P_K \end{bmatrix} \tag{2.112}$$

将式（2.112）代入式（2.110）得到

$$\boldsymbol{\Sigma}=\sum_{i=1}^{K} P_i \boldsymbol{a}_s(\theta_i)\boldsymbol{a}_s^{\mathrm{H}}(\theta_i)+\sigma^2\boldsymbol{I} \tag{2.113}$$

代入式（2.111）并化简得到

$$\mathrm{CRB}(\boldsymbol{\theta})=\frac{1}{K}(\boldsymbol{P}\boldsymbol{D}^{\mathrm{H}}\boldsymbol{G}(\boldsymbol{G}^{\mathrm{H}}\boldsymbol{H}\boldsymbol{G})^{-1}\boldsymbol{G}^{\mathrm{H}}\boldsymbol{D}\boldsymbol{P})^{-1} \tag{2.114}$$

其中，

$$\boldsymbol{H}=\boldsymbol{\Sigma}^{\mathrm{T}}\otimes\boldsymbol{\Sigma}+\frac{\sigma^4}{N-K}\mathrm{vec}(\boldsymbol{\Pi}_{A_s})\mathrm{vec}^{\mathrm{H}}(\boldsymbol{\Pi}_{A_s}) \tag{2.115}$$

$$\boldsymbol{D}=\left(\boldsymbol{U}_s^*\circ\boldsymbol{A}_s\right)+\left(\boldsymbol{A}_s^*\circ\boldsymbol{U}_s\right) \tag{2.116}$$

$$\boldsymbol{\Pi}_{A_s}=\boldsymbol{A}_s\left(\boldsymbol{A}_s^{\mathrm{H}}\boldsymbol{A}_s\right)^{-1}\boldsymbol{A}_s^{\mathrm{H}} \tag{2.117}$$

在上述公式中，⊗表示矩阵克罗内克（Kronecker）积，∘表示矩阵 Khatri-Rao 积，vec 表示矩阵按列转换成矢量算子，矩阵 $\boldsymbol{G}$ 为任意矩阵，其各列元素张成了$(\boldsymbol{A}_s^*\circ\boldsymbol{A}_s)^{\mathrm{H}}$的零空间。

2.3　谱估计波束形成

由式（2.75），CBF 可以视为通过傅里叶变换将信号源与测量数据联系起来，在实现时，一般在离散波束域建立起 $\sin\theta_i$ 与接收通道标号的关系。为完成重构，频谱分析必须同时恢复每个频率分量的幅值和相位。在波束形成应用中，DOA 估计和成像应用更关心幅值分布，因此有时直接考虑幅值模平方，即信号功率谱。

离散傅里叶变换（discrete Fourier transform，DFT）的幅值模平方分量谱也称为周期图的功率谱[12]，广泛用于检测滤波器冲激响应和窗函数等无噪声函数的频率特性。但是当周期图应用于噪声类信号甚至低信噪比（signal-to-noise ratio，SNR）的信号时，不能提供处理增益。或者说，给定频率谱估计的方差并不会随着计算中使用的样本数量的增加而减少。此外，分析 ULA 指向性函数发现，波束分辨率由阵列尺寸孔径和波长决定，这也是 CBF 中使用传统 DFT 方法导致的固有限制。为克服传统 CBF 方法的缺陷，研究人员提出大量更为先进的谱估计波束形成方法。这些技术通常可以分为参数型、非参数型和半参数型，半参数型方法可视为压缩波束形成的前身。

2.3.1 参数型谱估计

参数型方法假设潜在的平稳随机过程具有一定的结构，可以使用参数来描述（如自回归或滑动平均模型）。这类方法的核心任务就是估计描述随机过程模型的参数。本节主要介绍基于子空间的谱估计方法，即多重信号分类（multiple signal classification，MUSIC）算法。

MUSIC 算法利用阵列测量数据协方差矩阵的特征值分解得到特征矢量和特征值，根据信号和噪声子空间的性质估计信号源的到达方向。传统的 DOA 算法在处理存在噪声的问题时，在预先知道稀疏度（即信号源数量）的情况下，提取 CBF 或傅里叶变换的频谱峰值，由于它利用了稀疏度的先验知识，在最终结果中会忽略噪声。与 CBF 不同，MUSIC 算法能够以比单快拍更高的精度估计 DOA，因为它的估计函数可以对所有角度进行评估，理论上是无网格划分的，而不仅仅局限于均匀划分的角度节点，因此 MUSIC 算法的性能优于 CBF，有些研究也称 MUSIC 算法具有超分辨率[13]。

MUSIC 算法的主要缺点是需要预先知道稀疏度，所以在更一般的情况下使用该算法不太方便。目前，已经存在从自相关矩阵的统计性质估计稀疏度的方法[14]。另外，MUSIC 算法假设信号源在统计意义上是不相关的，而且根据仿真验证，高相关性信号源会明显影响估计结果，这在一定程度上限制了它的应用。在 MUSIC 算法的基础上，提出谱、酉、根 MUSIC 算法[15]在降低复杂度、提高性能和分辨率等方面表现较好。

采用下述定义的多快拍信号模型：

$$\boldsymbol{y}(t)=\sum_{i=1}^{K}x_i(t)\boldsymbol{a}(\theta_i)+\boldsymbol{n}(t)=\boldsymbol{A}\boldsymbol{x}(t)+\boldsymbol{n}(t) \tag{2.118}$$

其中，转移矢量定义为

$$\boldsymbol{a}(\theta_i)=\exp\left(-\mathrm{j}2\pi f\frac{\boldsymbol{n}d}{c}\sin\theta_i\right) \tag{2.119}$$

阵列测量数据协方差矩阵为

$$\boldsymbol{R}=E[\boldsymbol{y}(t_1)\boldsymbol{y}^{\mathrm{H}}(t_2)]=(\boldsymbol{A}\boldsymbol{P}\boldsymbol{A}^{\mathrm{H}}+\sigma^2\boldsymbol{I})\delta(t_1,t_2) \tag{2.120}$$

其中，$\boldsymbol{P}$ 为接收信号功率矩阵；$\sigma^2\boldsymbol{I}$ 为噪声功率矩阵；δ函数表明各快拍之间是相互独立的。为了方便表达，在不会产生混淆的情况下，省略δ函数。由于协方差矩阵 $\boldsymbol{R}$ 是 Hermitian 矩阵，其特征矢量 $\boldsymbol{v}_1,\boldsymbol{v}_2,\cdots,\boldsymbol{v}_M$ 相互正交。对应特征值为实数，按降序排列后 K 个最大的特征值对应的特征矢量假设为 $\boldsymbol{v}_1,\boldsymbol{v}_2,\cdots,\boldsymbol{v}_K$，由这些正交

的特征矢量张成了信号空间，记为$\mathbb{K}_S$，其余 $M-K$ 个特征矢量所张成的空间$\mathbb{K}_N$是噪声空间，原理上对应的特征值均为σ^2，所以信号空间一定与噪声空间相互正交，即$\mathbb{K}_S \perp \mathbb{K}_N$。按照上述分析，$\boldsymbol{R}$ 的特征值分解的形式为

$$\boldsymbol{R}=\boldsymbol{APA}^{\mathrm{H}}+\sigma^2\boldsymbol{I}=\boldsymbol{U}_s\boldsymbol{\Lambda}_s\boldsymbol{U}_s^{\mathrm{H}}+\boldsymbol{U}_n\boldsymbol{\Lambda}_n\boldsymbol{U}_n^{\mathrm{H}} \tag{2.121}$$

其中，$\boldsymbol{\Lambda}_s$ 和$\boldsymbol{\Lambda}_n$ 分别为信号空间和噪声空间对应的特征值为对角元素构成的对角阵；$\boldsymbol{U}_s$ 和 $\boldsymbol{U}_n$ 分别为信号空间和噪声空间对应的特征矢量构成的矩阵。特别地，阵列噪声的特征矩阵为

$$\boldsymbol{\Lambda}_n=\sigma^2\boldsymbol{I} \tag{2.122}$$

定义信号和噪声子空间上的投影算子为

$$\boldsymbol{\Pi}=\boldsymbol{U}_s\boldsymbol{U}_s^{\mathrm{H}}=\boldsymbol{A}(\boldsymbol{A}^{\mathrm{H}}\boldsymbol{A})^{-1}\boldsymbol{A}^{\mathrm{H}} \tag{2.123}$$

$$\boldsymbol{\Pi}^{\perp}=\boldsymbol{U}_n\boldsymbol{U}_n^{\mathrm{H}}=\boldsymbol{I}-\boldsymbol{A}(\boldsymbol{A}^{\mathrm{H}}\boldsymbol{A})^{-1}\boldsymbol{A}^{\mathrm{H}} \tag{2.124}$$

在有限快拍条件下，阵列数据的协方差矩阵一般通过式（2.125）估计：

$$\hat{\boldsymbol{R}}=\frac{1}{L}\sum_{t=1}^{L}\boldsymbol{y}(t)\boldsymbol{y}^{\mathrm{H}}(t) \tag{2.125}$$

任何信号矢量$\boldsymbol{a}\in\mathbb{K}_S$必定正交于噪声子空间，即$\boldsymbol{a}\perp\mathbb{K}_N$或者说 $\boldsymbol{a}\perp\boldsymbol{v}_i$，$i=K+1,\cdots,M$。为衡量 $\boldsymbol{a}$ 与 $\boldsymbol{v}_i\in\mathbb{K}_N$ 的正交程度，MUSIC 算法定义了一个平方范数：

$$d^2=\left\|\boldsymbol{U}_n^{\mathrm{H}}\boldsymbol{a}\right\|^2=\sum_{i=K+1}^{M}\left|\boldsymbol{a}^{\mathrm{H}}\boldsymbol{v}_i\right|^2 \tag{2.126}$$

显然，$d^2=0$ 意味着其完全正交。体现在阵列信号模型中，信号空间正交于噪声空间表示为

$$\boldsymbol{U}_n^{\mathrm{H}}\boldsymbol{a}(\theta)=0,\quad \theta\in\{\theta_1,\theta_2,\cdots,\theta_M\} \tag{2.127}$$

因此，我们可以得到伪输出功率谱：

$$P(\theta)=\frac{\boldsymbol{a}^{\mathrm{H}}(\theta)\boldsymbol{a}(\theta)}{\boldsymbol{a}^{\mathrm{H}}(\theta)\hat{\boldsymbol{\Pi}}^{\perp}\boldsymbol{a}(\theta)} \tag{2.128}$$

对 $\boldsymbol{a}(\theta)$进行归一化处理，得到伪谱函数：

$$P(\theta)=\frac{1}{\left|\boldsymbol{a}^{\mathrm{H}}(\theta)\boldsymbol{U}_n\right|^2} \tag{2.129}$$

2.3.2　非参数型谱估计

非参数型方法指在不假设信号源具有任何特定结构的情况下，显式估计过程的协方差或谱。严格来说，传统的 CBF 周期图法也属于非参数型估计器，但是在

分辨率性能上经常达不到实际需求。本节介绍一种典型的非参数型谱估计方法，即应用最小方差无失真响应（minimum variance distortionless response，MVDR）波束形成器[16]。

MVDR 波束形成器在结构上使用根据环境自适应计算的线性滤波器权值，因此也属于自适应滤波方法。从原理上，MVDR 波束形成器能够最大限度地抑制干扰，保留未失真的信号。该算法的主要计算量在于相关矩阵求逆和矩阵乘法。其中，阵列数据相关矩阵用来衡量含噪信号空间相关性，最终确定空间滤波系数。MVDR 波束形成器的缺点是，当传感器存在位置误差时，容易出现明显的性能衰退。

对于 MVDR 波束形成器，其目的是设计波束形成估计器 $\boldsymbol{w}$ 代替传统的转移矢量 $\boldsymbol{a}$，使得θ_i 方向的信号源可以无失真通过，并尽量抑制其他方向的信号，则该估计器输出为

$$\boldsymbol{f}(t)=\boldsymbol{w}^{\mathrm{H}}\boldsymbol{y}(t) \tag{2.130}$$

其中，$\boldsymbol{y}(t)$为阵列各通道的测量数据，满足模型式（2.98）。则滤波器输出的平均功率为

$$E[\boldsymbol{f}^{\mathrm{H}}(t)\boldsymbol{f}(t)]=E[\boldsymbol{w}^{\mathrm{H}}\boldsymbol{y}(t)\boldsymbol{y}^{\mathrm{H}}(t)\boldsymbol{w}]=\boldsymbol{w}^{\mathrm{H}}\boldsymbol{R}\boldsymbol{w} \tag{2.131}$$

其中，各通道的测量数据的自相关矩阵为

$$\boldsymbol{R}=E[\boldsymbol{y}(t)\boldsymbol{y}^{\mathrm{H}}(t)] \tag{2.132}$$

将式（2.98）代入滤波器式（2.130），得到滤波器的输出为

$$\boldsymbol{f}(t)=\sum_{i=1}^{K}x_i(t)\boldsymbol{w}^{\mathrm{H}}\boldsymbol{a}(\theta_i)+\boldsymbol{w}^{\mathrm{H}}\boldsymbol{n}(t) \tag{2.133}$$

其中，省略了下角标 s 不受影响。可以发现，如果我们希望θ_i 方向的信号源 $x_i(t)$ 可以无失真地通过，有必要使得对应加权为 1，即

$$\boldsymbol{w}^{\mathrm{H}}\boldsymbol{a}(\theta_i)=1 \tag{2.134}$$

另外，为尽量抑制其他方向的信号，令估计器的平均输出功率最小，即

$$\min_{\boldsymbol{w}}\boldsymbol{w}^{\mathrm{H}}\boldsymbol{R}\boldsymbol{w} \tag{2.135}$$

综上所述，我们要设计一个 MVDR 波束形成器，相当于求解约束优化问题：

$$\begin{aligned}&\min_{\boldsymbol{w}}\boldsymbol{w}^{\mathrm{H}}\boldsymbol{R}\boldsymbol{w}\\&\text{s.t. }\boldsymbol{w}^{\mathrm{H}}\boldsymbol{a}(\theta_i)=1\end{aligned} \tag{2.136}$$

下面可以利用拉格朗日乘子法获得式（2.136）的解。引入乘子λ，构造代价函数为

$$L(\boldsymbol{w})=\boldsymbol{w}^{\mathrm{H}}\boldsymbol{R}\boldsymbol{w}+\lambda(\boldsymbol{w}^{\mathrm{H}}\boldsymbol{a}(\theta_i)-1) \tag{2.137}$$

此代价函数满足 $\boldsymbol{w}$ 的二次式形式，其极值对应解就是最小化问题的全局解。当测量数据自相关矩阵 $\boldsymbol{R}$ 是非奇异时，得到极值位置：

$$\boldsymbol{w} = \lambda \boldsymbol{R}^{-1}\boldsymbol{a}(\theta_i) \tag{2.138}$$

将式（2.138）代回到约束等式中，计算λ之后，得到最终加权系数的计算公式为

$$\boldsymbol{w} = \frac{\boldsymbol{R}^{-1}\boldsymbol{a}(\theta_i)}{\boldsymbol{a}^{\mathrm{H}}(\theta_i)\boldsymbol{R}^{-1}\boldsymbol{a}(\theta_i)} \tag{2.139}$$

多数情况下，上述加权系数并不重要，我们关心波束形成器的输出功率谱，因此将式（2.139）代入式（2.131）得到在θ_i方向上信号源的最小输出功率，即

$$P(\theta_i) = \frac{1}{\boldsymbol{a}^{\mathrm{H}}(\theta_i)\boldsymbol{R}^{-1}\boldsymbol{a}(\theta_i)} \tag{2.140}$$

在应用 MVDR 波束形成器时，有如下两点需要强调。

（1）测量数据自相关矩阵 $\boldsymbol{R}$ 事先并不已知，常常利用阵列通道数据样本估计得到，即对于多快拍数据有

$$\hat{\boldsymbol{R}} = \frac{1}{L}\sum_{t=1}^{L}\boldsymbol{y}(t)\boldsymbol{y}^{\mathrm{H}}(t) \tag{2.141}$$

（2）式（2.140）给出的信号源功率谱对于不同方向，设计了不同的加权系数 $\boldsymbol{w}$，因此称为最小功率输出谱，直接认为该谱是实际功率谱显然是不合理的，因此只能用来表征功率谱的相对值。

2.3.3　半参数型谱估计

当使用半参数型谱估计方法时，底层过程仍然以非参数框架为基础建模，并假设信号源的非零元素数量很小，或称信号源是稀疏的。在介绍中我们将发现，半参数模型的开发初衷以稀疏性为前提或主要驱动力，但是已经具备压缩感知稀疏重构方法的部分特征，因此我们也将半参数型方法视为压缩感知方法的前身。

1. 稀疏迭代协方差估计波束形成

我们从广义最小二乘法入手，构建基于稀疏迭代协方差估计（sparse iterative covariance-based estimation，SPICE）的优化模型，并重点讨论求解过程。在多快拍模型式（2.59）中，信号源 $\boldsymbol{x}_i\,(i=1,2,\cdots,L)$ 和噪声 $\boldsymbol{n}_i\,(i=1,2,\cdots,L)$ 各快拍之间互不相关[17]，因此有

$$E[\boldsymbol{x}(t_1)\boldsymbol{x}^{\mathrm{H}}(t_2)] = \boldsymbol{P}\delta(t_1,t_2) = \mathrm{diag}(\boldsymbol{p})\delta(t_1,t_2) \tag{2.142}$$

$$E[\boldsymbol{n}(t_1)\boldsymbol{n}^{\mathrm{T}}(t_2)]=\sigma^2\boldsymbol{I}\delta(t_1,t_2) \tag{2.143}$$

其中，$\boldsymbol{p}=[p_1,p_2,\cdots,p_M]$为信号源功率，噪声为同方差的随机过程，因此只包含一个变量σ^2。顺理成章可以得到测量数据也具有非相关特性，协方差矩阵为

$$E[\boldsymbol{y}(t_1)\boldsymbol{y}^{\mathrm{H}}(t_2)]=\boldsymbol{R}=(\boldsymbol{APA}^{\mathrm{H}}+\sigma^2\boldsymbol{I})\delta(t_1,t_2) \tag{2.144}$$

为表述方便，我们默认快拍之间的独立性，省略δ函数，并将测量数据协方差矩阵写成更紧凑的形式：

$$\boldsymbol{R}=\boldsymbol{APA}^{\mathrm{H}}+\sigma^2\boldsymbol{I}=[\boldsymbol{A},\boldsymbol{I}]\begin{bmatrix}\boldsymbol{P} & 0\\ 0 & \sigma^2\boldsymbol{I}\end{bmatrix}[\boldsymbol{A},\boldsymbol{I}]^{\mathrm{H}}=\boldsymbol{A}'\boldsymbol{P}'\boldsymbol{A}'^{\mathrm{H}} \tag{2.145}$$

其中，$\boldsymbol{A}'=[\boldsymbol{A},\boldsymbol{I}]$; $\boldsymbol{P}'=\mathrm{diag}(\boldsymbol{P},\sigma^2\boldsymbol{I})$。在式（2.141）中，引入了 $\boldsymbol{R}$ 的估计方法 $\hat{\boldsymbol{R}}=\boldsymbol{YY}^{\mathrm{H}}/L$，并且发现作为$\boldsymbol{p}$和$\sigma^2$的函数，$\boldsymbol{R}$具有线性特征。如果分别将$\boldsymbol{R}$和$\hat{\boldsymbol{R}}$按列矢量化排布，得到$\boldsymbol{r}=\mathrm{vec}(\boldsymbol{R})$，$\hat{\boldsymbol{r}}=\mathrm{vec}(\hat{\boldsymbol{R}})$，可以证明$\hat{\boldsymbol{R}}$是$\boldsymbol{R}$的无偏估计，同理有

$$E[\boldsymbol{r}]=\hat{\boldsymbol{r}} \tag{2.146}$$

而且可以通过式（2.147）计算$\hat{\boldsymbol{r}}$的协方差矩阵[18]：

$$\mathrm{cov}(\hat{\boldsymbol{r}})=\frac{1}{L}\boldsymbol{R}^{\mathrm{T}}\otimes\boldsymbol{R} \tag{2.147}$$

根据广义最小二乘法需要求解式（2.148）的最小化问题[19]：

$$\begin{aligned}&\frac{1}{L}(\hat{\boldsymbol{r}}-E[\hat{\boldsymbol{r}}])^{\mathrm{H}}\mathrm{cov}^{-1}(\hat{\boldsymbol{r}})(\hat{\boldsymbol{r}}-E[\hat{\boldsymbol{r}}])\\&=(\hat{\boldsymbol{r}}-\boldsymbol{r})^{\mathrm{H}}(\boldsymbol{R}^{-\mathrm{T}}\otimes\boldsymbol{R}^{-1})(\hat{\boldsymbol{r}}-\boldsymbol{r})\\&=\mathrm{vec}^{\mathrm{H}}(\hat{\boldsymbol{R}}-\boldsymbol{R})(\boldsymbol{R}^{-\mathrm{T}}\otimes\boldsymbol{R}^{-1})\mathrm{vec}(\hat{\boldsymbol{R}}-\boldsymbol{R})\\&=\mathrm{vec}^{\mathrm{H}}(\hat{\boldsymbol{R}}-\boldsymbol{R})\mathrm{vec}(\boldsymbol{R}^{-1}(\hat{\boldsymbol{R}}-\boldsymbol{R})\boldsymbol{R}^{-1})\\&=\mathrm{tr}[(\hat{\boldsymbol{R}}-\boldsymbol{R})\boldsymbol{R}^{-1}(\hat{\boldsymbol{R}}-\boldsymbol{R})\boldsymbol{R}^{-1}]\\&=\left\|\boldsymbol{R}^{-\frac{1}{2}}(\hat{\boldsymbol{R}}-\boldsymbol{R})\boldsymbol{R}^{-\frac{1}{2}}\right\|_F^2\end{aligned} \tag{2.148}$$

代价函数式（2.148）具有明确的统计意义，在大快拍数目的条件下，它能够提供$\boldsymbol{p}$和σ^2的MLE结果。然而，它相对于$\boldsymbol{R}$，或者说关于参数$\boldsymbol{p}$和σ^2是凹的，这样我们很难直接取得全局优化解。一种可行的补救办法是，采用下述凸函数来替代[20, 21]：

$$f_1(\boldsymbol{R})=\left\|\boldsymbol{R}^{-\frac{1}{2}}(\hat{\boldsymbol{R}}-\boldsymbol{R})\hat{\boldsymbol{R}}^{-\frac{1}{2}}\right\|_F^2 \tag{2.149}$$

新代价函数式（2.149）具有 $\boldsymbol{R}$ 的二次形式，因此能够方便地计算其全局优化解。可以认为，在代入协方差矩阵式（2.147）时，直接采用 $\boldsymbol{R}$ 的估计值 $\hat{\boldsymbol{R}}$，显然在 L 非常大时，代价函数式（2.149）仍然对应了 MLE。SPICE 算法就是函数式（2.149）最小化问题的高效求解器。

当 $L \geqslant N$ 时，测量数据协方差矩阵 $\hat{\boldsymbol{R}}$ 是非奇异的，那么函数式（2.149）直接求解即可；但是当 $L < N$ 时，$\hat{\boldsymbol{R}}$ 是奇异的，我们采用另一个函数替代，即

$$f_2(\boldsymbol{R}) = \left\| \boldsymbol{R}^{-\frac{1}{2}}(\hat{\boldsymbol{R}} - \boldsymbol{R}) \right\|_F^2 \tag{2.150}$$

根据 Frobenius 范数的性质，$f_1(\boldsymbol{R})$可以展开成下述形式：

$$\begin{aligned} f_1(\boldsymbol{R}) &= \mathrm{tr}(\boldsymbol{R}^{-1}\hat{\boldsymbol{R}}) + \mathrm{tr}(\boldsymbol{R}\hat{\boldsymbol{R}}^{-1}) - 2N \\ &= \mathrm{tr}\left(\hat{\boldsymbol{R}}^{\frac{1}{2}} \boldsymbol{R}^{-1} \hat{\boldsymbol{R}}^{\frac{1}{2}} \right) + \sum_{i=1}^{M} \left(\boldsymbol{a}_i^{\mathrm{H}} \hat{\boldsymbol{R}}^{-1} \boldsymbol{a}_i \right) p_i + \sigma^2 \mathrm{tr}(\hat{\boldsymbol{R}}^{-1}) - 2N \end{aligned} \tag{2.151}$$

可见，SPICE 算法用于求解最优化问题：

$$\min_{p_i \geqslant 0, \sigma^2 > 0} \mathrm{tr}\left(\hat{\boldsymbol{R}}^{\frac{1}{2}} \boldsymbol{R}^{-1} \hat{\boldsymbol{R}}^{\frac{1}{2}} \right) + \sum_{i=1}^{M} \left(\boldsymbol{a}_i^{\mathrm{H}} \hat{\boldsymbol{R}}^{-1} \boldsymbol{a}_i \right) p_i + \sigma^2 \mathrm{tr}(\hat{\boldsymbol{R}}^{-1}) \tag{2.152}$$

其中，后两项比较直观，是 $\boldsymbol{p}$ 和 σ^2 的线性函数；讨论第一项时，关心 $\boldsymbol{R}$ 在其中的作用如何，可以证明，它可以作为另一个最小化问题的值：

$$\begin{aligned} &\mathrm{tr}\left(\hat{\boldsymbol{R}}^{\frac{1}{2}} \boldsymbol{R}^{-1} \hat{\boldsymbol{R}}^{\frac{1}{2}} \right) = \min \mathrm{tr}(\boldsymbol{X}) \\ &\text{s.t.} \begin{bmatrix} \boldsymbol{X} & \hat{\boldsymbol{R}}^{\frac{1}{2}} \\ \hat{\boldsymbol{R}}^{\frac{1}{2}} & \boldsymbol{R} \end{bmatrix} \geqslant 0 \end{aligned} \tag{2.153}$$

优化问题（2.153）关于 $\boldsymbol{R}$ 是凸函数，因此可以知道式（2.152）关于 $\boldsymbol{R}$ 也是凸函数。

同理，当 $\hat{\boldsymbol{R}}$ 为奇异矩阵时，对目标函数进行如下处理：

$$\begin{aligned} f_2(\boldsymbol{R}) &= \left\| \boldsymbol{R}^{-\frac{1}{2}}(\hat{\boldsymbol{R}} - \boldsymbol{R}) \right\|_F^2 \\ &= \mathrm{tr}(\boldsymbol{R}^{-1}\hat{\boldsymbol{R}}^2) + \mathrm{tr}(\boldsymbol{R}) - 2\mathrm{tr}(\hat{\boldsymbol{R}}) \\ &= \mathrm{tr}(\hat{\boldsymbol{R}}\boldsymbol{R}^{-1}\hat{\boldsymbol{R}}) + \sum_{i=1}^{M} \|\boldsymbol{a}_i\|_2^2 p_i + N\sigma^2 - 2\mathrm{tr}(\hat{\boldsymbol{R}}) \end{aligned} \tag{2.154}$$

对应优化问题为

$$\min_{p_i \geqslant 0, \sigma^2 > 0} \mathrm{tr}(\hat{\boldsymbol{R}}\boldsymbol{R}^{-1}\hat{\boldsymbol{R}}) + \sum_{i=1}^{M} \|\boldsymbol{a}_i\|_2^2 p_i + N\sigma^2 \tag{2.155}$$

类似于式(2.152)，可以证明问题式(2.155)关于 $\boldsymbol{R}$ 也是凸函数。虽然式(2.152)和式（2.155）都可以转换为二阶锥规划（second-order cone programming，SOCP）或半正定规划（semidefinite programming，SDP），也都有标准求解器可供调用，但由于问题维度越高，SOCP 和 SDP 的求解越困难，因此我们并不推荐直接调用求解。

SPICE 算法就是用来处理上述计算问题的。我们这里只讨论 $L \geqslant N$ 的情况，但在 $L < N$ 的情况下也有类似的结果。SPICE 算法解决了 $\boldsymbol{R}^{-1}$ 项处理困难的问题，采用的技巧是将式（2.152）的第一项写成另一个最小化问题：

$$\begin{aligned}&\operatorname{tr}\left(\hat{\boldsymbol{R}}^{\frac{1}{2}}\boldsymbol{R}^{-1}\hat{\boldsymbol{R}}^{\frac{1}{2}}\right)=\min_{\boldsymbol{C}}\operatorname{tr}(\boldsymbol{C}^{\mathrm{H}}\boldsymbol{P}'^{-1}\boldsymbol{C})\\&\text{s.t. } \boldsymbol{A}'\boldsymbol{C}=\hat{\boldsymbol{R}}^{\frac{1}{2}}\end{aligned} \tag{2.156}$$

其中，

$$\boldsymbol{C}=\boldsymbol{P}'\boldsymbol{A}'^{\mathrm{H}}\boldsymbol{R}^{-1}\hat{\boldsymbol{R}}^{\frac{1}{2}} \tag{2.157}$$

将式（2.156）代入式（2.152），重新整理得到

$$\begin{aligned}&\min_{\boldsymbol{C},p_i\geqslant 0,\sigma^2>0}\operatorname{tr}(\boldsymbol{C}^{\mathrm{H}}\boldsymbol{P}'^{-1}\boldsymbol{C})+\sum_{i=1}^{M}\left(\boldsymbol{a}_i^{\mathrm{H}}\hat{\boldsymbol{R}}^{-1}\boldsymbol{a}_i\right)p_i+\sigma^2\operatorname{tr}(\hat{\boldsymbol{R}}^{-1})\\&\text{s.t.}\quad \boldsymbol{A}'\boldsymbol{C}=\hat{\boldsymbol{R}}^{\frac{1}{2}}\end{aligned} \tag{2.158}$$

这样就将式（2.152）转化成为约束凸优化问题。但是实际上求解式（2.158）也并不容易，因为新问题是 $\boldsymbol{p}$、σ^2 和 $\boldsymbol{C}$ 的联合优化问题，一种实用的近似方法是，分别迭代更新 $\boldsymbol{p}$、σ^2 和 $\boldsymbol{C}$。为了方便，我们将式（2.158）的第一项展开为

$$\operatorname{tr}(\boldsymbol{C}^{\mathrm{H}}\boldsymbol{P}'^{-1}\boldsymbol{C})=\sum_{i=1}^{M}\frac{\|\boldsymbol{c}_{i\cdot}\|_2^2}{p_i}+\frac{\sum_{i=M+1}^{N+M}\|\boldsymbol{c}_{i\cdot}\|_2^2}{\sigma^2} \tag{2.159}$$

其中，$\boldsymbol{c}_{i\cdot}$表示矩阵 $\boldsymbol{C}$ 的第 i 行。将式（2.159）代入式（2.158），并计算关于 $\boldsymbol{p}$ 和 σ^2 的迭代公式为

$$p_i=\frac{\|\boldsymbol{c}_{i\cdot}\|_2}{\sqrt{\boldsymbol{a}_i^{\mathrm{H}}\hat{\boldsymbol{R}}^{-1}\boldsymbol{a}_i}},\quad i=1,2,\cdots,M \tag{2.160}$$

$$\sigma^2=\frac{\sum_{i=M+1}^{N+M}\|\boldsymbol{c}_{i\cdot}\|_2^2}{\operatorname{tr}(\hat{\boldsymbol{R}}^{-1})} \tag{2.161}$$

由于该问题是凸的，在迭代过程中目标函数是单调递减的，因此采用 SPICE 算法理论上能够保证收敛到全局最小值。总结起来，SPICE 算法的运行过程如下。

（1）采用 CBF 方法对 $\boldsymbol{p}$ 和 σ^2 进行初始化赋值。

（2）根据式（2.157），利用最新更新的变量值 $\boldsymbol{p}$ 和 σ^2 估计矩阵 $\boldsymbol{C}$。

（3）根据迭代式（2.160）和式（2.161），利用最新计算的 $\boldsymbol{C}$ 对参数值 $\boldsymbol{p}$ 和 σ^2 进行更新。

（4）重复步骤（2）和（3）直至收敛。

从计算量上看，SPICE 算法的主要计算任务集中于式（2.157）估计矩阵 $\boldsymbol{C}$，每次迭代的计算量为 $O(KM^2)$。在上述推导中，从未应用到信号源的稀疏性假设，那么为什么能够把 SPICE 算法归于压缩感知技术呢？显然是由于 SPICE 算法能够利用信号源的稀疏性。将式（2.160）和式（2.161）代入式（2.158），SPICE 问题等效于

$$\min_{\boldsymbol{C}} \sum_{i=1}^{M} \sqrt{\boldsymbol{a}_i^{\mathrm{H}} \hat{\boldsymbol{R}}^{-1} \boldsymbol{a}_i} \, \|\boldsymbol{c}_{i\cdot}\|_2 + \sqrt{\mathrm{tr}(\hat{\boldsymbol{R}}^{-1}) \sum_{i=M+1}^{N+M} \|\boldsymbol{c}_{i\cdot}\|_2^2} \qquad (2.162)$$
$$\text{s.t.} \quad \boldsymbol{A}'\boldsymbol{C} = \hat{\boldsymbol{R}}^{\frac{1}{2}}$$

注意到式（2.162）中目标函数的第一项只是 $\boldsymbol{C}$ 的前 N 行 $\mathcal{L}_2$ 范数的加权和（又称加权 $\mathcal{L}_{2,1}$ 范数），从而促进了 $\boldsymbol{C}$ 的行稀疏性。因此，可以预期有大量的行范数 $\|\boldsymbol{c}_{i\cdot}\|_2$ 等于 0，从而对应的信号源功率 p_i 也等于 0，联合促进了信号源的稀疏性。

2. 迭代自适应方法

迭代自适应方法（iterative adaptive approach，IAA）是一种基于加权最小二乘的谱估计技术。经过大量研究证实，该方法除了可用于信号源定位，还能够解决成像、脉冲压缩和缺失数据估计等问题[22]。在波束形成模型中，我们感兴趣的是获取信号功率：

$$p_k = |x_k|^2 \qquad (2.163)$$

其中，$k = 1, 2, \cdots, M$。

相应地，信号功率矩阵 $\boldsymbol{P}$ 被定义为 $M \times M$ 对角阵，其对角线元素由 p_k 值构成。使用 p_k 来定义第 k 个预成波束的噪声和干扰协方差矩阵为

$$\boldsymbol{Q}_k = \boldsymbol{R} - p_k \boldsymbol{a}_k \boldsymbol{a}_k^{\mathrm{H}} \qquad (2.164)$$

其中，

$$\boldsymbol{R} \overset{\mathrm{def}}{=} \boldsymbol{A}\boldsymbol{P}\boldsymbol{A}^{\mathrm{H}} \qquad (2.165)$$

IAA 通过最小化以下函数估计信号幅值 x_k：

$$\sum_{k=1}^{M} \|\boldsymbol{y} - x_k \boldsymbol{a}_k\|_{\boldsymbol{Q}_k^{-1}}^2 \qquad (2.166)$$

其中，定义范数

$$\|\boldsymbol{x}\|_{\boldsymbol{Q}_k^{-1}}^2 = \boldsymbol{x}^{\mathrm{H}} \boldsymbol{Q}_k^{-1} \boldsymbol{x} \qquad (2.167)$$

从定义上看，代价函数（2.166）的求解非常复杂，因为 $\boldsymbol{Q}_k$ 取决于 x_k 的真实值。

另外还注意到，该问题对于每个 x_k 是解耦的，也就是说各波束是相互独立的，因此对于给定的 $\boldsymbol{Q}_k$，每个 x_k 都可以单独求解。因此，IAA 采用迭代方法来解决该问题。

通常我们通过匹配滤波器或延迟求和来初始化幅值 $\boldsymbol{x}$ 的估计，于是功率矩阵估计为

$$\hat{\boldsymbol{P}} = \operatorname{diag}\left(|\hat{\boldsymbol{x}}|^2\right) \tag{2.168}$$

其中，$|\hat{\boldsymbol{x}}|^2$ 定义为对矢量 $\hat{\boldsymbol{x}}$ 各元素求模的平方。同时有

$$\hat{\boldsymbol{R}} = \boldsymbol{A}\hat{\boldsymbol{P}}\boldsymbol{A}^{\mathrm{H}} \tag{2.169}$$

根据式（2.164），对于给定估计矩阵 $\hat{\boldsymbol{Q}}_k^{-1}$，问题（2.166）的最优解为[23]

$$\hat{x}_k = \frac{\boldsymbol{a}_k^{\mathrm{H}}\hat{\boldsymbol{Q}}_k^{-1}\boldsymbol{y}}{\boldsymbol{a}_k^{\mathrm{H}}\hat{\boldsymbol{Q}}_k^{-1}\boldsymbol{a}_k} = \frac{\boldsymbol{a}_k^{\mathrm{H}}\hat{\boldsymbol{R}}^{-1}\boldsymbol{y}}{\boldsymbol{a}_k^{\mathrm{H}}\hat{\boldsymbol{R}}^{-1}\boldsymbol{a}_k} \tag{2.170}$$

式（2.170）中的第二个等式可以用式（2.164）和矩阵求逆引理来证明。根据估计得到的 $\boldsymbol{x}$ 更新矩阵 $\boldsymbol{P}$，并重复该过程，直到满足某些停止准则。下面，我们完整地给出通用 IAA 流程如算法 2.1 所示。

算法 2.1 IAA 流程

输入：流形矩阵 $\boldsymbol{A}$，测量数据 $\boldsymbol{y}$。

输出：信号源幅值估计均值 $\boldsymbol{x}$。

初始化估计值 $\boldsymbol{x}^{(0)} = \boldsymbol{A}^{\mathrm{H}}\boldsymbol{y}$ 和迭代计数器 $i = 0$。

While

$i = i + 1$

$$\boldsymbol{P}^{(i)} = \operatorname{diag}\left(\left|\boldsymbol{x}^{(i-1)}\right|^2\right)$$

$$\boldsymbol{R}^{(i)} = \boldsymbol{A}\boldsymbol{P}^{(i)}\boldsymbol{A}^{\mathrm{H}}$$

$$x_k^{(i)} = \frac{\boldsymbol{a}_k^{\mathrm{H}}(\boldsymbol{R}^{(i)})^{-1}\boldsymbol{y}}{\boldsymbol{a}_k^{\mathrm{H}}(\boldsymbol{R}^{(i)})^{-1}\boldsymbol{a}_k}$$

若 $\left\|\boldsymbol{x}^{(i)} - \boldsymbol{x}^{(i-1)}\right\|_2^2 < \varepsilon$ 或 $i \geqslant \beta$，终止迭代。

End

其中，上角标(i)表示迭代次数或序号，ε 是预定义的收敛准则阈值。当 ε 足够小、达到收敛条件 $\left\|\boldsymbol{x}^{(i)} - \boldsymbol{x}^{(i-1)}\right\|_2^2 < \varepsilon$ 时，我们认为相邻两次迭代信号源幅值的变化已经足够小，判定 IAA 已经收敛，可以终止迭代；此外，为防止阈值 ε 设置过小而进入死循环，设置最大迭代次数 β。

2.3.4 性能验证

为了验证上述各类型波束形成方法的性能，我们在本节给出仿真结果。在仿真中，采用 ULA 半波长阵元间距，阵列共包含 60 个接收阵元。假设在 DOA$\boldsymbol{\theta}=[-1°,0°,20°]$各存在一个信号源，则可以根据式（2.51），并离散化给出在对应位置上的窄带接收数据。多快拍信号源复信号 $s(\theta_i)$的产生方法如下。

（1）规定第 i 个信号源的功率为γ_i，根据 $x_0(\theta_i)\sim\mathcal{CN}(0,\gamma_i)$分布采样生成对应复信号，同时视为初始快拍信号。

（2）以 $x_{t-1}(\theta_i)$为第 $t-1\ (t=1,2,\cdots,L)$ 个快拍信号，假设相邻快拍之间满足状态方程：

$$\boldsymbol{x}_t=\boldsymbol{D}\boldsymbol{x}_{t-1}+z_t \tag{2.171}$$

其中，矩阵 $\boldsymbol{D}$ 表示相邻快拍信号之间的关系；z_t 为满足高斯分布的噪声，为保证通过式（2.171）更新的各快拍信号均保持分布特征不变，即满足 $\boldsymbol{x}_t(\theta_i)\sim\mathcal{CN}(0,\gamma_i)$，则必须有

$$z_t\sim\mathcal{CN}(\boldsymbol{0},\boldsymbol{\Gamma}-\boldsymbol{D}\boldsymbol{\Gamma}\boldsymbol{D}^{\mathrm{H}}) \tag{2.172}$$

其中，$\boldsymbol{\Gamma}=\mathrm{diag}(\boldsymbol{\gamma})$。这里同时假定 $\boldsymbol{D}$ 是对角阵，并引入相关系数ρ，满足

$$\boldsymbol{D}=\rho\boldsymbol{I} \tag{2.173}$$

（3）通过式（2.171）生成的 L 个快拍的信号源，表示为

$$\boldsymbol{X}=[x_0,x_1,\cdots,x_{L-1}] \tag{2.174}$$

通过下述测量模型生成 L 个快拍的接收数据：

$$\boldsymbol{Y}=\boldsymbol{A}\boldsymbol{X}+\boldsymbol{N} \tag{2.175}$$

其中，噪声矩阵中所有元素 $N_{i,j}$ 均独立，并且满足同样的高斯分布：

$$N_{i,j}\sim\mathcal{CN}(0,\sigma^2) \tag{2.176}$$

方差σ^2 由 SNR 决定。

1. 重构实验

在本实验中，根据上述步骤，我们产生 $L=100$ 个快拍数据，并假设各快拍相互独立，即取相关系数$\rho=0$，即各快拍满足相互独立。SNR = 10dB，分别采用传统的波束形成（即延时叠加法）、非参数方法 MVDR、参数方法 MUSIC 和半参数方法 SPICE。其中，传统波束形成方法获得了多个快拍信号，需要对所有快拍进行平均后计算功率。另外，由 MUSIC 算法估计得到的是信号源伪谱，也就是说只能够定性地表示信号的功率。因此，为方便比较，假设三个信号源均具有单位功率谱，即参数$\gamma_i=1$，这样即使采用 MUSIC 算法，原理上也应该获得三个同

样高度的峰值。同时，为了横向比较，将所有方法的结果进行功率归一化。

通过功率归一化后，得到的波束图如图 2.3 所示。其中真实的 DOA 已经用菱形符号标出，而且由于我们采用的方法均基于预先定义的网格节点，预先定义的三个角度−1°、0°和 20°在重构时只能与网格节点对应，因此必然存在网格失配误差。为了便于观察，将图 2.3 中的结果放大划分为两个范围，分别为−5°～5°和 15°～25°，得到图 2.4。在图 2.4（a）中能够比较清楚地看到，相距较近的两信号源−1°和 0°已不能通过传统波束形成方法分开，但是其他几种谱估计方法均能明显分辨出两个峰值。进一步考察峰值对应的 DOA 与真实 DOA，对这两个信号源引入均方误差（mean square error，MSE）作为衡量指标，定义为

$$\mathrm{MSE}=\sqrt{\sum_{i=1}^{K}(\hat{\theta}_i-\theta_i)^2} \tag{2.177}$$

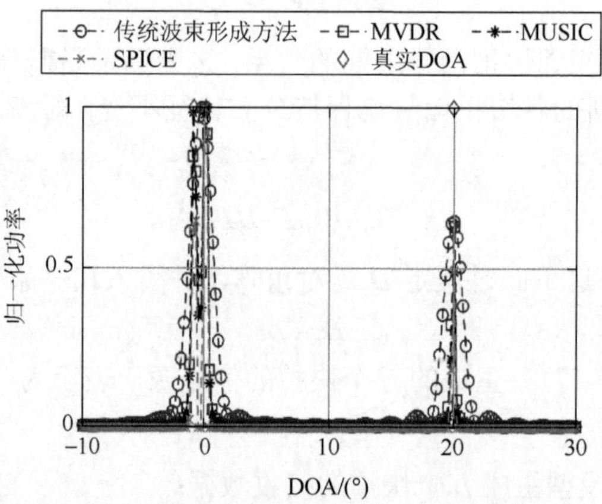

图 2.3　各方法重构得到的归一化功率波束图

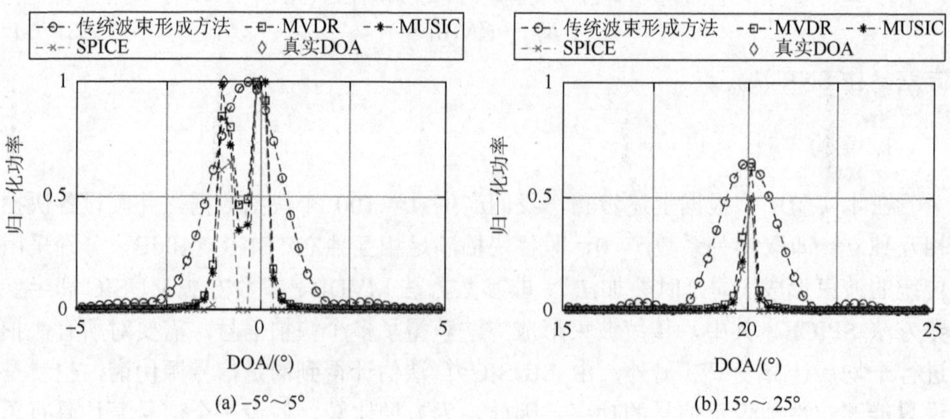

图 2.4　归一化功率波束图放大结果

我们总结三种谱分析波束形成方法的角度估计 MSE 如表 2.1 所示。同时，从图 2.4 中容易看出，在幅值估计方面，MUSIC 比较接近单位幅值，而 SPICE 结果稍差。由图 2.4（b）可见，在 20°信号源位置上，四种方法的 DOA 估计结果基本相符，但同时都出现幅值估计偏低的情况。但是我们注意到，上述实验是在规定了特定的阵元数目和快拍数目，并在一定 SNR 条件下给出的比较结果。为了使结果更全面，我们需要在变化的条件下，定量衡量算法性能，并比较计算速度。

表 2.1　三种谱分析波束形成方法的角度估计 MSE

估计方法	估计误差/(°)
MVDR	0.13
MUSIC	0.19
SPICE	0.19

2. 定量实验

在 DOA 和信号源估计中，为了定量衡量估计结果的好坏，我们分别定义了两个参数分别涉及角度估计准确性和信号源估计精度。

（1）支持域重构率（support recovery rate，SRR）：

$$\mathrm{SRR} = 1 - \sum_{t=0}^{L-1} \frac{\|\hat{\boldsymbol{x}}_t - \boldsymbol{x}_t\|_0}{NL} \tag{2.178}$$

（2）相对均方误差（relative mean square error，RMSE）：

$$\mathrm{RMSE} = \frac{\sum_{t=0}^{L-1} \|\hat{\boldsymbol{x}}_t - \boldsymbol{x}_t\|_2^2}{\sum_{t=0}^{L-1} \|\boldsymbol{x}_t\|_2^2} \tag{2.179}$$

其中，$\hat{\boldsymbol{x}}_t$ 和 $\boldsymbol{x}_t$ 分别为估计信号源功率和真实信号源功率的第 t 个快拍。

考虑到数值精度和噪声，我们无法保证信号能够以无限高的精度完美恢复。因此有必要在式（2.178）中引入预先设定的 $\eta = 10^{-2}$ 来近似判断 $\mathcal{L}_0$ 范数，即当

$$|\hat{\boldsymbol{x}}_t - \boldsymbol{x}_t| < \eta \tag{2.180}$$

时，认为是达到信号的恢复要求。按照这样的思想，SRR 表示源矢量支持域恢复的正确率，其实就是对应角度的估计精度，或者说可以认为表征了 DOA 的估计性能。显然，当 SRR = 1 时，认为所有的信号源都能够很好地恢复识别出来。如果对信号源功率值有估计需求，则需要用到 RMSE 对信号源功率的估计误差进行衡量。而引入相对均方误差是为了消除信号本身功率对估计性能的影响。此外，

为了对比各种算法的运行效率，我们记录了运行时间。所有算法的程序重复实验200次，取其平均值作为最终结果。

我们在本仿真中采用四种具有代表性的对比方法：基于延时叠加的传统波束形成方法和三种谱分析波束形成方法，包括 MVDR、MUSIC 和 SPICE，分别对应了非参数型、参数型和半参数型方法。实际上，从理论上来看这几种方法已经体现出使用限制，如 MUSIC 和 MVDR 都是基于多快拍的方法，而传统波束形成方法和 SPICE 都具备处理单个快拍的能力，因此在本仿真中，我们只能在多快拍问题中讨论性能。我们已经清楚 MUSIC 对相干信号处理能力有限，下面所分析的情况均局限于非相干多快拍模型；另外，涉及测量数据协方差矩阵 $\hat{\boldsymbol{R}} = \boldsymbol{Y}\boldsymbol{Y}^{\mathrm{H}}/L$ 求逆的方法还对快拍数目有进一步要求，以防止奇异阵出现。考虑到上述问题，设置的参数如表 2.2 所示。

表 2.2　基本参数设置

参数	数值设置
阵元数目 N	60
预成波束数目 M	256
快拍数目 L	300
波束角范围	−80°～80°
快拍相关系数 ρ	0
稀疏度 K	8
SNR	15dB

仿真采用阵元间距为半波长的 ULA，蒙特卡罗仿真次数均为 200 次。其中，与本节第 1 部分的重构实验不同之处在于，每次仿真的信号源位置是在[−80°, 80°]随机选取的，满足均匀分布；为了便于 RMSE 比较，设置所有信号源功率仍然为 1。表 2.2 为基本参数设置，所研究参数变量的范围从重构结果图 2.5 可以观察到。

图 2.5（a）～（c）为重构性能（RMSE、SRR 和计算时间）与快拍数目 L 之间的关系，分析范围为 $L\in[70, 300]$。可以发现，随着快拍数目的增加，由图 2.5（a）可知，所有算法的信号功率估计准确度均有所提高，但是传统波束形成方法与谱分析类方法有明显性能差距；由图 2.5（b）可知，传统波束形成的 DOA 估计精度也远不及其他方法。但是有意思的是，随着快拍数目 L 的增加，SRR 性能反而都有所降低，其原因是，尽管功率估计精度因 L 的增加有所提高，但是其提高程度远不能达到阈值 $\eta = 10^{-2}$，但是由式（2.178）可知，随着 L 的增加可辨识信号源数目与 L 的比值下降，所以 SRR 的性能普遍下降，但并不代表重构性能恶化。最后，从算法的计算量看，传统波束形成方法明显是最快的，随着 L 的增加，需要计算的矩阵

乘积也增加，所以计算时间更多；相比之下，SPICE 的计算量最大，这是算法的迭代实现导致的，从本质上计算速度难以与 MUSIC 和 MVDR 相比。

算法重构性能与阵元数目 N 之间的关系曲线如图 2.5（d）～（f）所示，取 $N\in[8, 128]$。可见，阵元数目对算法性能的影响比快拍数目大得多，更多的阵元对信号源功率估计和 DOA 估计精度的提升均是非常明显的。可以理解为，在阵元间距不变的情况下，对传统波束形成方法而言，更宽的孔径形成了更高的空间分辨率，因此结果一定更好。另外，在更小的 N 条件下，SPICE 仍能表现出更稳定的 DOA 估计精度，可以视为其优势之一。

在 SNR$\in[0, 40]$dB，算法的性能曲线如图 2.5（g）～（i）所示。算法的整体趋势呈现更高的 SNR，能够获得更好的波束形成结果，这一点与我们的常识也是相符的。其中，在 DOA 估计精度方面，在更低的 SNR 条件下，SPICE 的性能仍然是最稳定的，可以得到这样的结论，SPICE 能够在更恶劣的条件下，获得比较稳定的 DOA 估计收益，尽管它的计算量是最高的。同时仍然可以发现，传统波束形成方法的性能是无法与其他谱估计方法相比的。

最后，我们考虑不同稀疏度对重构结果的影响，关系曲线如图 2.5（j）～（l）所示。传统波束形成方法随着稀疏度的增加，功率估计误差降低，但是 DOA 估计精度反而升高。其原因是，传统波束形成方法对信号源的功率估计结果普遍偏低，也就是峰值不够高，导致了很难达到正确识别的标准，所以才出现信号源越多，DOA 估计总体精度反而更差。其他三种谱估计方法的性能特征就比较统一，都是随着稀疏度的增加，估计精度下降。从压缩感知理论考虑，因为 SPICE 具有稀疏信号重构

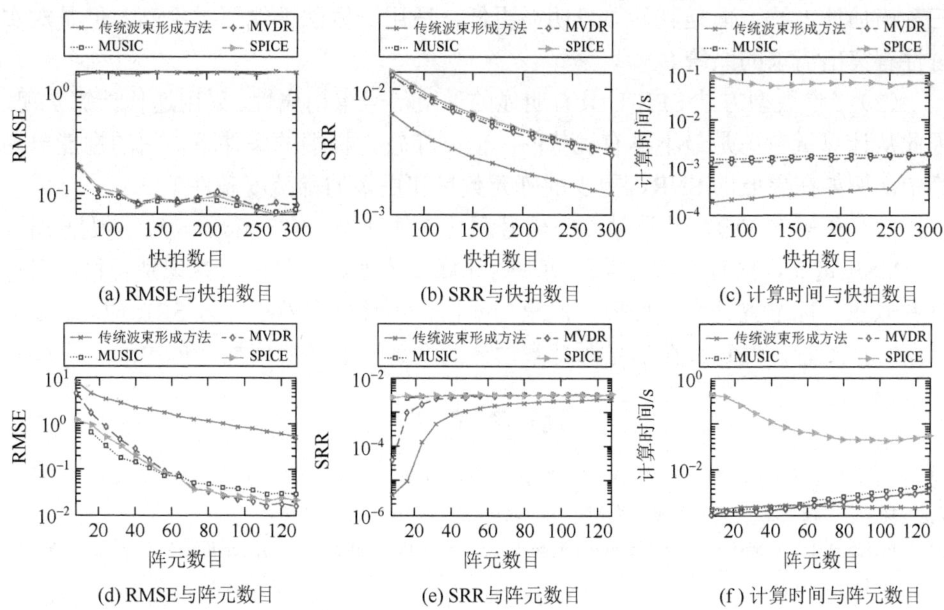

(a) RMSE与快拍数目　(b) SRR与快拍数目　(c) 计算时间与快拍数目

(d) RMSE与阵元数目　(e) SRR与阵元数目　(f) 计算时间与阵元数目

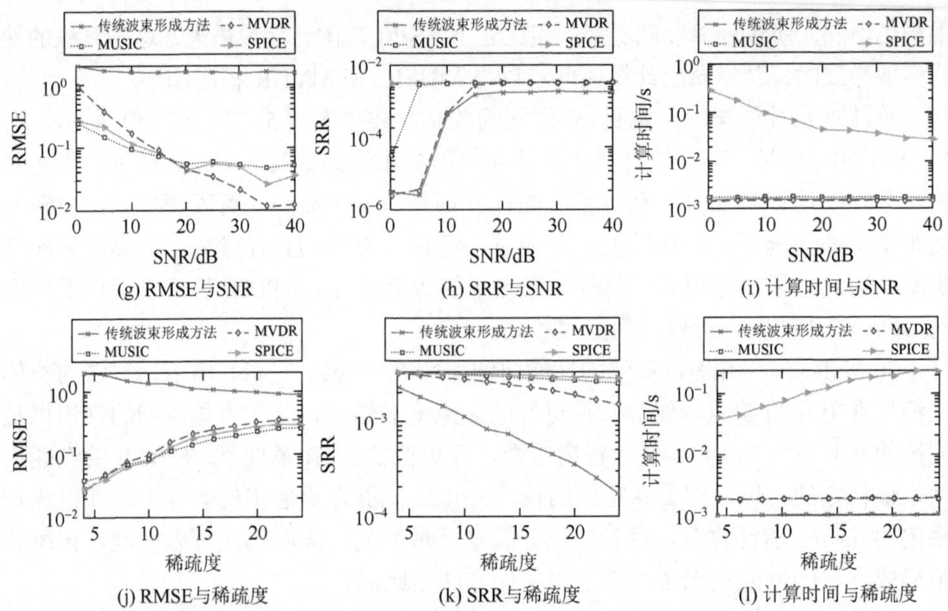

(g) RMSE与SNR　(h) SRR与SNR　(i) 计算时间与SNR

(j) RMSE与稀疏度　(k) SRR与稀疏度　(l) 计算时间与稀疏度

图 2.5　四种波束形成算法的重构性能与快拍数目、阵元数目、SNR 和稀疏度的关系

的特征，所以自然待重构信号越稀疏，重构精度就越高，这一点的理论基础将在第 3 章详细说明。

总结上述仿真结果，得出如下结论。

（1）从四种算法的估计精度对比结果看，传统的波束形成方法始终不及其他三种谱估计方法，但是其计算量明显更低，适用于算法性能要求不高，但是对实时性有突出需求的系统。

（2）半参数型方法 SPICE 具有明显的稀疏信号重构属性，采用迭代计算实现，因此从计算量考虑是最不具有优势的；但是在较为极端的条件下，它的性能更为稳定，例如在更低的 SNR、更少的阵元数目和更多的稀疏度条件下。

（3）更高的 DOA 估计精度与信号源功率估计误差有时未必一致，根据 SRR 和 RMSE 定义，只有非常完美的功率估计峰值才被认为是信号源识别合格，而有时看似在目标位置处存在峰值，但是功率估计不准确仍然不计入 SRR 成功统计，从这一点上看，SPICE 在信号源功率估计的准确性上是有明显优势的。

参 考 文 献

[1]　张海澜. 理论声学[M]. 2 版. 北京：高等教育出版社，2012.

[2]　谢处方，饶克谨. 电磁场与电磁波[M]. 4 版. 北京：高等教育出版社，2006.

[3]　Pierce A D. Acoustics：An Introduction to Its Physical Principles and Applications[M]. 3rd ed. Cham：Springer，2019.

[4] Golub G H，Vanloan C F. Matrix Computations[M]. Baltimore：Johns Hopkins University Press，2013.

[5] Chi C. Underwater Real-Time 3D Acoustical Imaging：Theory，Algorithm and System Design[M]. Singapore：Springer，2019.

[6] 李贵斌. 声呐基阵设计原理[M]. 北京：海洋出版社，1993.

[7] Kay S M. Fundamentals of Statistical Signal Processing[M]. Englewood Cliffs：Prentice Hall，1993.

[8] Malagò I，Pistone G. Information geometry of the Gaussian distribution in view of stochastic optimization[C]. Proceedings of the 2015 ACM Conference on Foundations of Genetic Algorithms XIII，Aberystwyth，2015：150-162.

[9] Stoica P，Moses R L. Spectral Analysis of Signals[M]. Upper Saddle River：Pearson Prentice Hall，2005.

[10] Stoica P，Nehorai A. MUSIC，maximum likelihood，and Cramer-Rao bound[J]. IEEE Transactions on Acoustics，Speech，and Signal Processing，1989，37（5）：720-741.

[11] Stoica P，Nehorai A. Performance study of conditional and unconditional direction-of-arrival estimation[J]. IEEE Transactions on Acoustics，Speech，and Signal Processing，1990，38（10）：1783-1795.

[12] Welch P. The use of fast Fourier transform for the estimation of power spectra：A method based on time averaging over short，modified periodograms[J]. IEEE Transactions on Audio and Electroacoustics，1967，15（2）：70-73.

[13] Barabell A，Capon J，Delong D，et al. Performance Comparison of Superresolution Array Processing Algorithms[R]. Massachusetts：Massachusetts Institute of Technology Lincoln Laboratory，1998.

[14] Fishler E，Poor H V. Estimation of the number of sources in unbalanced arrays via information theoretic criteria[J]. IEEE Transactions on Signal Processing，2005，53（9）：3543-3553.

[15] Hwang H，Aliyazicioglu Z，Grice M，et al. Direction of arrival estimation using a root-MUSIC algorithm[C]. Proceedings of the International MultiConference of Engineers and Computer Scientists，Hong Kong，2008：1-4.

[16] Asen J P，Buskenes J I，Nilsen C C，et al. Implementing capon beamforming on a GPU for real-time cardiac ultrasound imaging[J]. IEEE Transactions on Ultrasonics，Ferroelectrics，and Frequency Control，2014，61（1）：76-85.

[17] Yang Z，Li J A，Stoica P，et al. Sparse methods for direction-of-arrival estimation[M]//Chellappa R，Theodoridis S. Academic Press Library in Signal Processing，Volume 7. Amsterdam：Elsevier，2018：509-581.

[18] Ottersten B，Stoica P，Roy R. Covariance matching estimation techniques for array signal processing applications[J]. Digital Signal Processing，1998，8（3）：185-210.

[19] Johnson R A，Wichern D W. Applied Multivariate Statistical Anylysis[M]. 6th ed. London：Pearson Education，Inc.，2007.

[20] Stoica P，Babu P，Li J. SPICE：A sparse covariance-based estimation method for array processing[J]. IEEE Transactions on Signal Processing，2010，59（2）：629-638.

[21] Stoica P，Zachariah D，Li J. Weighted SPICE：A unifying approach for hyperparameter-free sparse estimation[J]. Digital Signal Processing，2014，33：1-12.

[22] Rowe W，Li J，Stoica P. Sparse iterative adaptive approach with application to source localization[C]. IEEE International Workshop on Computational Advances in Multi-Sensor Adaptive Processing，St. Martin，2013：196-199.

[23] Yardibi T，Li J，Stoica P，et al. Source localization and sensing：A nonparametric iterative adaptive approach based on weighted least squares[J]. IEEE Transactions on Aerospace and Electronic Systems，2010，46（1）：425-443.

第 3 章　压缩波束形成

第 2 章围绕求解波束形成问题阐述了传统 CBF 方法、线性方程求解方法和谱分析方法的基本原理，并注意到，在工程应用中需要根据实际情况选择合适的方法。理论上，求解阵列信号模型重构信号源 $\boldsymbol{x}(t)$能够同时满足信号幅值相位估计和 DOA 估计的需求，谱分析方法能够取得较高的谱分辨率，因此在 DOA 估计方面具有独特优势；但是当更强调信号源的幅值相位重构需求时，参数型谱估计算法一般难以满足要求。此外，半参数型谱估计方法在波束形成问题的求解中，其优势已经崭露头角，反映出以信号源稀疏性为驱动的技术具有深刻潜力。本章将以挖掘信号源稀疏性为目标，讨论阵列信号处理的相关问题。

3.1　问题与收敛性

信号处理领域的一个重要目标是从一系列采样测量数据中重构信号，这个过程在涉及具体参数时，我们称之为估计。原理上，根据测量数据或采用数据结合信号的先验知识或假设，我们能够完美地重构信号。

关于信号的采样与恢复，奈奎斯特-香农采样定理指出，如果一个真实信号的最高频率小于采样率的一半，那么信号就可以用 sinc 插值完美地重构。这里利用了信号频带约束的先验知识，能够以更少的样本恢复原信号。2004 年，有学者提出，给定信号的稀疏性先验条件，可以用比采样定理规定的更少的样本恢复信号。这个思想是压缩感知的基础。

压缩感知（compressive sensing，CS）是一种信号处理技术，通过寻找欠定线性系统的解来有效地获取和重构信号。其原理概括为，通过优化利用信号的稀疏性先验条件，从比奈奎斯特-香农采样定理所需的更少的样本中恢复信号。要实现这样的能力，需要同时具备下述条件[1]。

（1）信号应该具有稀疏性，或者要求信号在某个域上是稀疏的。

（2）测量矩阵具有非相干性，可以通过受限等距性来描述，是稀疏信号重构的充分条件。

为了建立 CS 技术的基础，我们主要关注阵列信号处理相关的数学基础和相关理论。以单快拍模型为例：

$$\boldsymbol{y} = \boldsymbol{A}\boldsymbol{x} + \boldsymbol{n} \tag{3.1}$$

其中，流形矩阵 $\boldsymbol{A}\in\mathbb{C}^{N\times M}$ 在 CS 问题中也称为感知矩阵或测量矩阵，在稀疏表示问题中，也可以称为字典，因为通过字典 $\boldsymbol{A}$ 的变换，信号 $\boldsymbol{y}\in\mathbb{C}^{N}$ 在该变换域内可以被稀疏表示，即变换系数 $\boldsymbol{x}\in\mathbb{C}^{M}$ 具有稀疏性。在阵列信号处理问题中，测量矩阵 $\boldsymbol{A}$ 是给定的，$\boldsymbol{A}$ 的每一列称为原子（atom）；$\boldsymbol{n}$ 表示测量噪声，在稀疏表示问题中也用来表示稀疏表示误差。这里我们先给出稀疏信号重构相关的重要定义。

定义 3.1（稀疏性）　称信号 $\boldsymbol{x}\in\mathbb{C}^{M}$ 具有稀疏性是指只有少量元素是非零元素，其他元素均为零元素，后文一律定义稀疏度（sparsity）为非零元素的数目，一般用 K 来表示，则有 $K\ll M$。

在模型式(3.1)中，假设 $\boldsymbol{y}$ 可以用 $\boldsymbol{A}$ 中 K 个原子的线性组合来很好地近似(零元素对应的原子没有使用)，后文我们将证明，尽管观测到的数据 $\boldsymbol{y}$ 位于高维空间，但在某些情况下，它可以用低维度子空间（$K<N$）近似。这样我们得到 CS 问题的基本目标，即给定测量数据 $\boldsymbol{y}$ 和测量矩阵 $\boldsymbol{A}$，寻找稀疏矢量 $\boldsymbol{x}$，也称为稀疏（信号）重构。利用 CS 技术来处理波束形成问题，在一些文献中专门赋予它新的称呼，即压缩波束形成[2]。

进一步分析发现，在阵列信号处理问题中，测量数据 $\boldsymbol{y}$ 的维度就是接收通道的数目，在实际系统中通常是固定的；但是波达角空间网格划分是可变的，而且通常设置为预成波束数目 $M>N$，这也是欠定方程的由来。我们希望预成波束数目 M 足够密的原因是，如果 M 过小，对于有限的原子构成的空间，可能没有办法找到合适的 $\boldsymbol{x}$ 来高精度地近似测量数据 $\boldsymbol{y}$。具体地说，如果波达角空间被划分得不够细密，那么可能信号源对应的角度恰好距离节点位置都较远，谱泄漏导致经过重构得到的信号反而不够稀疏，破坏了稀疏性条件，又进一步导致恢复信号的准确度下降，可能造成重构失败。实际上可以预见，即使我们将网格划分得再细致，均匀网格都不可能覆盖应用中遇到的信号源实际方向，但是在仿真和实验中看到，当达到一定的预成波束数目时，重构结果基本就比较稳定，能够达到较高的准确度。但是，网格划分导致的误差始终存在，在重构精度要求较高的应用中同样受到限制，这部分误差称为网格失配误差。

一种自然的猜测是，我们是否可以通过无限增大预成波束数目、精细化网格划分来提高重构精度呢？答案是否定的。先不提网格激增带来的计算量提升问题，网格划分同时会改变测量矩阵 $\boldsymbol{A}$ 的性质，一旦原子之间的非相干性能被破坏，造成的后果与稀疏性破坏后果一样严重[2]。下面引入关于测量矩阵相干性的衡量方式。

一种直观的衡量是，$\boldsymbol{A}$ 的任意两列之间的互相干性定义为[3]

$$\mu(\boldsymbol{A})=\max_{i\neq j} G_{ij} \tag{3.2}$$

其中，矩阵 $\boldsymbol{G}$ 定义为格拉姆（Gram）矩阵各元素的模值，即

$$G = \left| A^{\mathrm{H}} A \right| \tag{3.3}$$

可见，$\boldsymbol{G}$ 的元素是 $\boldsymbol{A}$ 对应的$\mathcal{L}_2$ 范数归一化列的内积。

另外，可以采用限制等距常数δ_K来衡量矩阵 $\boldsymbol{A}$ 的相关性，定义为满足下述不等式的最小非负数[4]：

$$(1-\delta_K)\|\boldsymbol{x}\|_2^2 \leqslant \|\boldsymbol{A}\boldsymbol{x}\|_2^2 \leqslant (1+\delta_K)\|\boldsymbol{x}\|_2^2 \tag{3.4}$$

对所有 K 稀疏的矢量 $\boldsymbol{x}\in\mathbb{C}^M$ 成立。若 $\delta_K\in(0, 1)$，则矩阵 $\boldsymbol{A}$ 满足 K 阶 RIP。同理可以证明，$2K$ 阶 RIP 条件能够保证对于不同的 K 的矢量 $\boldsymbol{x}, \boldsymbol{x}'\in\mathbb{C}^M$，一定有

$$\|\boldsymbol{A}(\boldsymbol{x}-\boldsymbol{x}')\|_2^2 > 0 \tag{3.5}$$

对应不同的测量数据 $\boldsymbol{y}\neq\boldsymbol{y}'$。

那么同一个测量矩阵 $\boldsymbol{A}$ 的互相干性和限制等距常数有什么关系呢？假设信号 $\boldsymbol{x}$ 是 K 稀疏的，取任意标号构成集合 $S\subset\{1, 2,\cdots,M\}$，并且满足 $\mathrm{card}(S)\leqslant K$，阵列 $\boldsymbol{A}$ 各原子归一化后，对应标号 S 的原子构成子阵列 $\boldsymbol{A}_S$。其中，$\mathrm{card}(S)$表示集合 S 的势，定义为集合中元素的数目。在式（3.4）中，由于矢量 $\boldsymbol{x}$ 具有任意性，由 $\boldsymbol{A}_S$ 构成的 Gram 矩阵 $\boldsymbol{G}_S=\boldsymbol{A}_S{}^{\mathrm{H}}\boldsymbol{A}_S$ 的所有特征值在区间$[1-\delta_K, 1+\delta_K]$，而且$\delta_K\in(0, 1)$保证了矩阵 $\boldsymbol{G}_S$ 是满秩的。因此，得到限制等距常数$\delta_0=0$，$\delta_1=\mu$，鉴于限制等距常数的非减性质，即

$$\delta_{K>2} \geqslant \mu \tag{3.6}$$

可见，互相干性μ不但从计算上更简单，而且作为测量矩阵相干性的表征更具有充分性，也更严格。

此外，CS 技术中也采用最小线性相关列数（spark）来描述测量矩阵 $\boldsymbol{A}$ 的性能，记为 $\mathrm{spark}(\boldsymbol{A})$，定义为矩阵 $\boldsymbol{A}$ 中存在的线性相关原子的最小数目。如果各列线性无关，即对于满秩的矩阵，最小线性相关列数等于行数加 1。对于 ULA，矩阵 $\boldsymbol{A}$ 就是满秩的，因此 $\mathrm{spark}(\boldsymbol{A})=N+1$，即阵元数目加 1，前提是 $M>N$。从结论 3.1 可以看出最小线性相关列数是判定线性方程稀疏解唯一性的方法。

结论 3.1　对于给定的线性方程（3.1），如果方程的解 $\boldsymbol{x}$ 满足[5]

$$\|\boldsymbol{x}\|_0 < \frac{\mathrm{spark}(\boldsymbol{A})}{2} \tag{3.7}$$

则该解为唯一解。其中，根据定义$\mathcal{L}_0$ 范数定义了非零元素的个数，相当于定义的稀疏度，因此也记为 $K=\|\boldsymbol{x}\|_0$。

在上述结论中，spark($\boldsymbol{A}$)构成了唯一解稀疏度的限制，如果不满足条件式（3.7），那么会存在解的不唯一性。因此，我们希望通过提高 spark($\boldsymbol{A}$)来获取更强的测量性能，对于 K 值更大的信号也能做到唯一重构。从这一角度看，更高的 spark($\boldsymbol{A}$)应该与更低的矩阵相干性相关，对此存在结论 3.2。

结论 3.2　列归一化测量矩阵的互相干性定义了最小线性相关列数的下限，即

$$\text{spark}(\boldsymbol{A}) \geqslant 1 + \frac{1}{\mu(\boldsymbol{A})} \tag{3.8}$$

对比三种矩阵性能衡量参数，其中互相干性的获取是最容易的，因此适用于任意测量矩阵的性能讨论；最小线性相关列数也有一定的获取难度，不过对于 ULA 的流形矩阵，用其满秩特征讨论常规阵列也较为常见；限制等距常数的获取是最为困难的，因为与信号源本身的稀疏性有关，所以本书中暂不考虑。

3.1.1　Gram 矩阵与互相干性能讨论

由于感知矩阵就是式（2.53）定义的流形矩阵，Gram 矩阵 $\boldsymbol{G}$ 的列或行表示对应聚焦方向的波束图。参考 2.2.2 节，可以得到 ULA 的 Gram 矩阵[2]：

$$G_{ij} = \frac{1}{N}\left|\frac{\sin\left(\dfrac{N\pi\alpha}{2}(\sin\theta_i - \sin\theta_j)\right)}{\sin\left(\dfrac{\pi\alpha}{2}(\sin\theta_i - \sin\theta_j)\right)}\right| \tag{3.9}$$

其中，比值$\alpha = 2d/\lambda$，d 为 ULA 阵元间距，λ为信号波长。

阵元数目 $N = 8$，取半波长阵元间距$\alpha = 1$，分别在 $\sin\theta$和θ两个域内通过灰度图描述 $\boldsymbol{G}$ 的分布情况，结果如图 3.1（a）和（c）所示；由于 $\boldsymbol{G}$ 是对称实数矩阵，我们取一个维度方向恰好对应了归一化波束指向函数 f。这里在 $\sin\theta$域划分网格是指直接在一个周期内[−1, 1]均匀划分 $\sin\theta$，反映在θ域是非均匀采样的；θ域指直接对变量θ在[−90°, 90°]范围内均匀划分节点。注意到，图中的节点位置是

$$\sin\theta_i = \frac{2i}{N\alpha},\quad i = 0, 1, \cdots, N-1 \tag{3.10}$$

可见，所取的方式恰好与阵列标号之间呈傅里叶变换对，方便使用快速傅里叶变换高效实现。而且节点数目与阵元数目一致，此时测量矩阵 $\boldsymbol{A}$ 各原子之间恰好相互正交，导致$\mu(\boldsymbol{A}) = 0$，即 $\boldsymbol{G} = \boldsymbol{I}$。从测量矩阵相干性的角度看，似乎这种网格划分方式是最有利的，然而根据上文分析知道，网格失配误差也是要考虑的问题，取 $M = N$ 这种方式通常是不足以满足要求的。

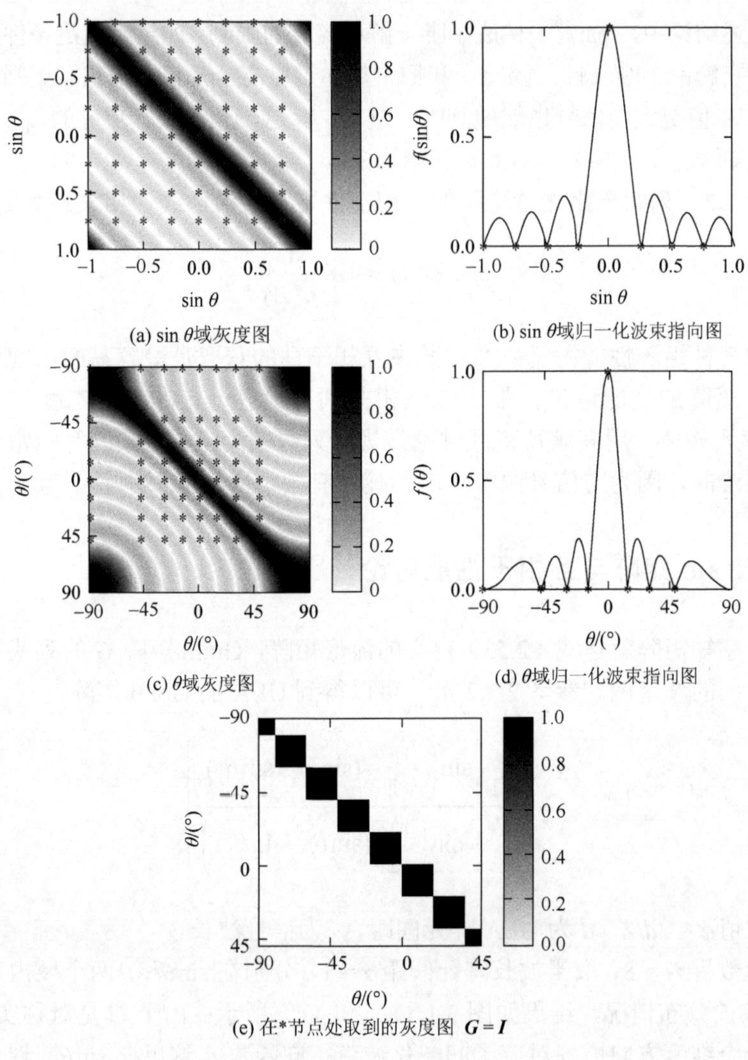

(a) sin θ域灰度图　(b) sin θ域归一化波束指向图

(c) θ域灰度图　(d) θ域归一化波束指向图

(e) 在*节点处取到的灰度图 $\boldsymbol{G}=\boldsymbol{I}$

图 3.1　Gram 矩阵表示

为了降低网格失配误差，需要采用更精细的网格来产生非正交的测量矩阵 $\boldsymbol{A}$。由于矩阵的行秩和列秩相等，欠定问题中的测量矩阵必定有若干线性相关的列。$\boldsymbol{A}$ 各列的线性相关程度就反映在相干性上。

图 3.2 描述了三种阵列配置精细网格化的 Gram 矩阵，采用阵列阵元数目 $N=8$。取半波长阵元间距 $\alpha=1$ 时，对角线外不为 0，切片方向存在类似图 3.1（d）的分布；增加阵元间距，当取到 $\alpha=5$ 时，明显可见在变量域一个周期范围内，存在多个幅值接近 1 的尖峰，一般称为栅瓣，在 CBF 技术中，认为这是由于阵列空间采样间距过大，波束形成谱的非混叠范围缩小形成的。采用同样数目的

阵元覆盖同样范围的孔径，但是采用非周期性排布的随机阵列能够有效减轻栅瓣的效果，图 3.2（c）为随机阵列的 Gram 矩阵，其中 r 表示各阵元的实际位置。

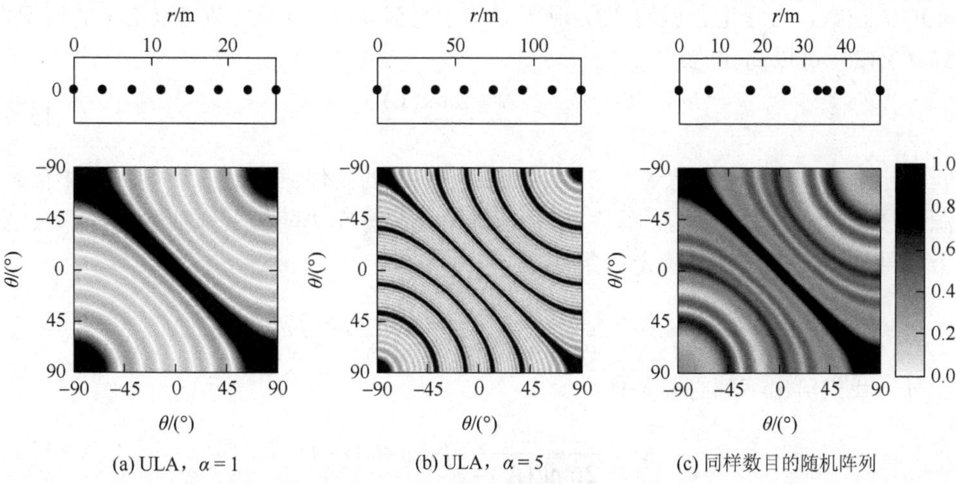

图 3.2　阵列阵元排布方式及其对应的 Gram 矩阵

3.1.2　最小线性相关列数与信号源估计性能讨论

由上文分析可知，对于 ULA，矩阵 $\boldsymbol{A}$ 是满秩的，其最小线性相关列数为

$$\text{spark}(\boldsymbol{A}) = N + 1 \tag{3.11}$$

下面我们进一步讨论多快拍模型中信号源重构的性能。采用模型式（2.59）如下：

$$\boldsymbol{Y} = \boldsymbol{AX} + \boldsymbol{N}$$

根据文献[6]，任意 K 个信号源都可以从多快拍线性方程中唯一确定，条件是

$$K < \frac{\text{spark}(\boldsymbol{A}) - 1 + \text{rank}(\boldsymbol{X})}{2} \tag{3.12}$$

需要注意的是，上述条件在实际应用中并不容易，因为它需要预知信号源 $\boldsymbol{X}$ 的先验知识。为了提高适用性，文献[7]报道了与式（3.12）等效的唯一性条件。

定理 3.1　任意 K 个信号源可以从多快拍线性方程唯一识别，当且仅当下述条件成立：

$$K < \frac{\text{spark}(\boldsymbol{A}) - 1 + \text{rank}(\boldsymbol{Y})}{2} \tag{3.13}$$

定理 3.1 给出了信号源唯一可辨识的充要条件。在单快拍情况下 $\text{rank}(\boldsymbol{Y}) = 1$，式（3.13）中的条件变为

$$K < \frac{\mathrm{spark}(\boldsymbol{A})}{2} \tag{3.14}$$

式（3.14）的结果与式（3.7）完全一致。对比式（3.12）可见，如果能够获取更多的快拍数，在理论上就可以实现更多的信号源重构。因此，对于 ULA 的情况，式（3.12）可以简化为

$$K < \frac{N + \mathrm{rank}(\boldsymbol{Y})}{2} \tag{3.15}$$

定理 3.1 规定了任意 K 个信号源唯一可识别的条件。文献[6]表明，如果信号源的波达角θ是固定的，而幅值 $\boldsymbol{X}$ 是从某个连续分布中随机采样抽取的，那么 K 个信号源以概率 1 唯一确定的条件是

$$K < \frac{2\mathrm{rank}(\boldsymbol{X})}{2\mathrm{rank}(\boldsymbol{X})+1}\left(\mathrm{spark}(\boldsymbol{A})-1\right) \tag{3.16}$$

此外，我们给出下列必要条件：

$$K \leqslant \frac{2\mathrm{rank}(\boldsymbol{X})}{2\mathrm{rank}(\boldsymbol{X})+1}(\mathrm{spark}(\boldsymbol{A})-1) \tag{3.17}$$

式（3.16）给出的条件比式（3.13）弱。例如，在单快拍情况下，式（3.13）和式（3.16）中 K 的上界分别约为$\frac{1}{2}\mathrm{spark}(\boldsymbol{A})$和$\frac{2}{3}\mathrm{spark}(\boldsymbol{A})$。然而，文献[8]中指出，式（3.16）在有限 SNR 的条件下可能与实际情况存在偏差，得到远离真实 DOA 的错误估计结果。

3.1.3 优化问题

本节开始讨论 CS 技术在解决具体线性模型时如何构建优化问题。为了方便，从单快拍阵列信号模型开始，多快拍的情况需要在此基础上进一步扩展。求解稀疏信号，直观地说，寻求最稀疏的解。在无噪声的情况下，我们要解决下面的优化问题：

$$\begin{aligned}&\min_{\boldsymbol{x}} \|\boldsymbol{x}\|_0\\ &\text{s.t.}\ \boldsymbol{y} = \boldsymbol{A}\boldsymbol{x}\end{aligned} \tag{3.18}$$

稀疏信号 $\boldsymbol{x}$ 可以通过式（3.18）求解并且获得唯一解的条件是满足式（3.7）。关于多快拍的情况也在 3.1.2 节详细论述过。式（3.18）也称为$\mathcal{L}_0$优化问题。然而，式（3.18）中的$\mathcal{L}_0$优化问题是非确定性多项式（nondeterministic polynomial，NP）难解的。因此，需要采取更有效的近似方式。目前，研究者在相关领域已经提出了许多用于稀疏信号重构的方法和算法，如凸松弛或$\mathcal{L}_1$优化[9, 10]、$\mathcal{L}_p$，$0<p<1$（伪）范数优化[11]、贪婪算法[12]、迭代硬阈值（iterative hard thresholding，IHT）[13]、稀疏贝叶斯学习[14]等。

1. 凸松弛

第一种实用的稀疏信号重构的近似方法是基于凸松弛的，它用最紧的凸松弛$\mathcal{L}_1$范数取代了$\mathcal{L}_0$范数。因此，我们用下面的优化问题来代替：

$$\begin{aligned}&\min_{x}\ \|\boldsymbol{x}\|_1\\&\text{s.t.}\ \ \boldsymbol{y}=\boldsymbol{A}\boldsymbol{x}\end{aligned}\tag{3.19}$$

有时该问题被称为基追踪（basis pursuit，BP）。由于$\mathcal{L}_1$范数是$\boldsymbol{x}$的凸函数，式（3.19）可以在多项式时间内收敛。除了运算效率之外，更重要的是，对于凸优化问题（3.19），我们可以在理论上保证求得的稀疏解必定是全局最优的，尽管$\mathcal{L}_1$稀疏解未必是初始问题（3.18）的最优解。采用定理 3.2 来说明何时$\mathcal{L}_1$稀疏解就是式（3.18）的最优解。

定理 3.2[10]　假设真实信号$\boldsymbol{x}$满足$\|\boldsymbol{x}\|_0\leqslant K$，测量矩阵的互相干满足$\mu(\boldsymbol{A})<\dfrac{1}{2K-1}$。那么，$\boldsymbol{x}$同时是$\mathcal{L}_0$优化和BP问题的唯一解。

直观上，如果$\boldsymbol{A}$中的两个原子高度相关，则很难区分它们对测量数据$\boldsymbol{y}$的贡献。在极端情况下，当两个原子完全相干时，将无法区分它们的贡献，从而无法恢复稀疏信号 $\boldsymbol{x}$。这一点与我们在讨论角度网格失配误差时提到的结论一致，当网格划分过于细密时，固然能够弥补网格失配误差，但是同时将导致相邻网格节点对应的原子相关性大幅度提升，从而降低了$\mu(\boldsymbol{A})$，这一点当然不可取。因此，为了保证成功恢复信号，互相干的$\mu(\boldsymbol{A})$应该很小。所以定理 3.2 的条件是可以直观理解的。

另一种理论保证是基于 RIP 的，它以不同的方式量化了$\boldsymbol{A}$中原子的相关性，得到定理 3.3[15]。

定理 3.3　假设真实信号$\boldsymbol{x}$满足$\|\boldsymbol{x}\|_0\leqslant K$和$\delta_{2K}<\sqrt{2}-1$。那么，$\boldsymbol{x}$同时是$\mathcal{L}_0$优化和 BP 问题的唯一解。

与互相干相比，RIP 条件可以提供更强的判定。但值得注意的是，与给定矩阵$\boldsymbol{A}$即可轻松计算的互相干不同，$\boldsymbol{A}$的 RIP 计算复杂度可能会随着稀疏度K的增加而急剧增加，因此实用性较弱。

在有噪条件下，凸松弛需要解决以下正则化优化问题，通常被称为最小绝对收缩和选择算子（least absolute shrinkage and selection operator，LASSO）[16]：

$$\min_{x}\ \lambda\|\boldsymbol{x}\|_1+\frac{1}{2}\|\boldsymbol{y}-\boldsymbol{A}\boldsymbol{x}\|_2^2\tag{3.20}$$

其中，$\lambda>0$为正则化参数。

式（3.20）也可以等效成另一种形式：

$$\begin{aligned}&\min_{x}\|\boldsymbol{x}\|_1\\&\text{s.t.}\|\boldsymbol{y}-\boldsymbol{A}\boldsymbol{x}\|_2\leqslant\eta\end{aligned} \tag{3.21}$$

称该问题为基追踪去噪（basis pursuit denoising，BPDN）问题。其中 $\eta\geqslant\|\boldsymbol{n}\|_2$ 为噪声的上界。通过恰当选择 λ 和 η，LASSO 问题和 BPDN 问题是等价的，并且在无噪声的情况下令 η，$\lambda\to0$，LASSO 问题和 BPDN 问题退化为 BP；在与上述条件相似的 RIP 条件下，研究表明稀疏信号 $\boldsymbol{x}$ 可以稳定重构，且重构误差与噪声水平成正比[4]。

此外，另一种稀疏重构的方法称为平方根 LASSO（square root-LASSO，SR-LASSO）[17]，写成如下形式：

$$\min_{x}\tau\|\boldsymbol{x}\|_1+\|\boldsymbol{y}-\boldsymbol{A}\boldsymbol{x}\|_2 \tag{3.22}$$

其中，正则化参数$\tau>0$。

LASSO 问题的噪声通常假设为高斯分布，正则化参数 λ 的选择与噪声的标准差成正比；与 LASSO 问题相比，SR-LASSO 问题对噪声分布有较弱的依赖性，τ 可以选择为与噪声水平无关的常数[17]。

上述$\mathcal{L}_1$优化问题是凸的，能够保证在多项式时间内可解，并收敛至全局最优解。但在信号源 $\boldsymbol{x}$ 维数较高的情况下，由于$\mathcal{L}_1$ 范数是非平滑函数，在原点不连续，很难有效地求解。经过十余年研究，$\mathcal{L}_1$ 优化问题在加速计算方面取得了重大进展，如$\mathcal{L}_1$-magic[18]、内点法[19]、共轭梯度法[20]、定点延拓[21]、延拓 Nesterov 平滑[22]、ONE-$\mathcal{L}_1$ 算法[23]、交替方向乘子法（alternating direction method of multipliers，ADMM）[24]等。

2. $\mathcal{L}_p$ 优化

矢量 $\boldsymbol{x}$ 的$\mathcal{L}_p(0<p<1)$范数由式（1.35）定义，在稀疏优化问题中用作$\mathcal{L}_0$ 范数的非松弛替代。在无噪声条件下，$\mathcal{L}_p$ 优化问题可以表示为

$$\begin{aligned}&\min_{x}\|\boldsymbol{x}\|_p\\&\text{s.t.}\ \ \boldsymbol{y}=\boldsymbol{A}\boldsymbol{x}\end{aligned} \tag{3.23}$$

有时为了方便求解，常会用$\|\boldsymbol{x}\|_p^p$代替$\|\boldsymbol{x}\|_p$ 计算。与$\mathcal{L}_1$ 范数相比，$\mathcal{L}_p$ 范数更接近$\mathcal{L}_0$ 范数，因此式（3.23）的重构结果优于 BP 算法[11]。事实上，$\mathcal{L}_p(0<p<1)$ 优化可以在比 BP 更弱的 RIP 条件下更准确地重构原稀疏信号。上述结论适用于式（3.23）的全局最优解，而实际上只能保证收敛到局部最优解，因此我们也不应过分高估$\mathcal{L}_p$ 优化的估计性能。

目前，最常用的$\mathcal{L}_p$ 优化算法是焦点欠定系统求解器（focal underdetermined system solver，FOCUSS）[25]。FOCUSS 是一种迭代重加权最小二乘法。在每次迭代中，FOCUSS 求解以下加权最小二乘问题：

$$\min_{x} \sum_{m} w_m |x_m|^2 \quad \text{s.t. } \boldsymbol{y} = \boldsymbol{A}\boldsymbol{x} \tag{3.24}$$

其中，权系数使用最新的解 $\boldsymbol{x}$ 更新：

$$w_m = |x_m|^{p-2} \tag{3.25}$$

由于问题（3.24）可以以解析形式迭代求解，因此结合式（3.25）通过适当的初始化实现迭代算法。注意到，局部最优算法对初始状态很敏感。该算法可以理解为一种保证收敛到局部最小值的最大化-最小化（maximization-minimization，MM）算法。

在有噪声条件下，$\mathcal{L}_p$ 优化问题可以表示为

$$\min_{x} \lambda \|\boldsymbol{x}\|_p^p + \frac{1}{2}\|\boldsymbol{y} - \boldsymbol{A}\boldsymbol{x}\|_2^2 \tag{3.26}$$

其中，$\lambda > 0$ 为正则化参数。为求解式（3.26），文献[26]中使用了与 FOCUSS 相同的思想，提出了一种正则化 FOCUSS 算法。类似于 LASSO 问题，正则化参数的选择仍然是难题。尽管文献[26]中引入了几种启发式方法来调优该参数，但尚未有广泛认可、理论支撑的方法出现。

3.2　正交匹配追踪

正交匹配追踪（orthogonal matching pursuit，OMP）算法是最具代表性的贪婪算法。该算法的主要优点是计算复杂度低，重构速度原理上与信号的稀疏度成正比。除了快速实现外，OMP 算法在重构性能方面也具有独特优势[27]。例如，DOA 估计最常用的子空间法，需要估计协方差矩阵和特征分解，具有较大的计算量，应用于快拍数目内存需求大的情况下。此外，需要已知或估计噪声的先验水平，这给实时应用带来了不便。相对来说，OMP 算法是适合 DOA 估计的更有利的方案。它的计算复杂度更低，兼顾高稀疏度信号重构的同时，对冗余字典有更高效的适用性。它不需要噪声水平的知识或估计，本质上解决了一致性问题。从上述特点看，OMP 算法是工程应用的合理选择之一。

我们讨论 OMP 算法稀疏信号重构，首先应明确其信号唯一可识别方面的性质。如 3.1 节所述，对于 ULA，矩阵 $\boldsymbol{A}$ 是满秩的，其最小线性相关列数 $\text{spark}(\boldsymbol{A}) = N + 1$。根据定理 3.1，任意 K 个信号源可以从多快拍线性方程唯一识别的条件是

$$K < \frac{N + \text{rank}(\boldsymbol{Y})}{2} \tag{3.27}$$

在求解单快拍模型时，采用方程：

$$\boldsymbol{y} = \boldsymbol{A}\boldsymbol{x} + \boldsymbol{n} \tag{3.28}$$

为了确定信号源 $\boldsymbol{x}$，OMP 算法的思路是，找到矩阵 $\boldsymbol{A}$ 中可用于生成测量数据 $\boldsymbol{y}$ 的最佳原子组。这个过程是以一种贪婪的方式完成的，顾名思义，就是每次选择都是要“最好”的，因此被称为贪婪算法[28]。而什么是最好的呢？在每次迭代中，要选择 $\boldsymbol{A}$ 中与测量数据 $\boldsymbol{y}$ 的残差部分最密切相关的原子。然后，我们通过减法去除它对 $\boldsymbol{y}$ 的贡献，获得残差重复 $\boldsymbol{A}$ 原子的选择性迭代。如此，原理上在 K 次迭代之后，算法就已经识别了正确的对应原子索引集。算法的具体流程总结如算法 3.1 所示。

算法 3.1　OMP 算法流程

输入：流形矩阵 $\boldsymbol{A}$，测量数据 $\boldsymbol{y}$，稀疏度 K。

输出：信号源幅值估计 $\hat{x}$ 。

流程：

（1）初始化 $\boldsymbol{r}^{(0)}=\boldsymbol{y}$，$\boldsymbol{\Psi}^{(0)}=\varnothing$，$\Lambda^{(0)}=\varnothing$，迭代计数器 $c=1$。

（2）找到优化问题的相应索引 $\lambda^{(c)}$：

$$\lambda^{(c)}=\underset{j\in\{1,2,\cdots,M\}}{\arg\max}\left|\left\langle \boldsymbol{r}^{(c-1)},\boldsymbol{a}_j\right\rangle\right| \tag{3.29}$$

（3）扩充索引集 $\Lambda^{(c)}=\Lambda^{(c-1)}\bigcup\{\lambda^{(c)}\}$ 和所选原子矩阵 $\boldsymbol{\Psi}^{(c)}=[\boldsymbol{\Psi}^{(c-1)}\boldsymbol{a}_j]$。

（4）求解以下优化问题，获得对应 $\boldsymbol{\Psi}^{(c)}$的信号矢量估计：

$$\boldsymbol{x}^{(c)}=\arg\min_{x}\left\|\boldsymbol{\Psi}^{(c)}\boldsymbol{x}-\boldsymbol{y}\right\|_2 \tag{3.30}$$

（5）计算测量数据的更新近似值 $\boldsymbol{\beta}^{(c)}$和残差：

$$\boldsymbol{\beta}^{(c)}=\boldsymbol{\Psi}^{(c)}\boldsymbol{x}^{(c)} \tag{3.31}$$

$$\boldsymbol{r}^{(c)}=\boldsymbol{y}-\boldsymbol{\beta}^{(c)} \tag{3.32}$$

（6）更新计数器 $c=c+1$，如果 $c<K$，则返回步骤（2）。

（7）索引集 $\Lambda^{(c)}$给出了 $\boldsymbol{x}$ 对应位置的幅值估计 $\hat{\boldsymbol{x}}$ 。

其中，算法 3.1 中变量上角标计数器(c)表示迭代次数，显然，(c)表示当前迭代赋值，$(c-1)$表示上一次迭代赋值。另外我们发现，残差 $\boldsymbol{r}^{(c)}$始终与原子矩阵 $\boldsymbol{\Psi}^{(c)}$的列正交。因此，OMP 算法总是在每一步选择一个新列，对于 ULA 显然有 $\boldsymbol{\Psi}^{(c)}$列满秩，则由 $\hat{\boldsymbol{x}}$ 估计的角谱 $P(\theta)$的峰值对应于各自的 DOA：

$$P(\theta)=\left|\hat{x}_\theta\right|^2,\quad \theta=\theta_1,\theta_2,\cdots,\theta_K \tag{3.33}$$

在 OMP 算法计算中会假设已知稀疏度，虽然可以通过估计大致得到，但是实际上对 OMP 算法来说并不总是必要的。如果在均匀划分的角度网格上扫描估计，即 $K=N$，也能够获得满意的结果，因为对于信号源不存在的角度上，功率谱幅值是很小的，当然，这种方式增加了迭代次数。

3.3 $\mathcal{L}_p$ 松弛方法

考虑到$\mathcal{L}_0$优化问题的 NP 难解性，一般采用近似求解来回避直接求解的困难。其中，两种$\mathcal{L}_0$松弛方法中，$\mathcal{L}_p(0<p<1)$优化比$\mathcal{L}_1$优化具有更强的重构性能，因为$\mathcal{L}_p(0<p<1)$范数更接近于$\mathcal{L}_0$范数。但是$\mathcal{L}_p(0<p<1)$范数导致了非凸问题，我们不得不面对局部最小值问题的分析。

在进一步讨论$\mathcal{L}_p$优化求解性能之前，我们先引入两个概念：一个是针对矩阵的描述，如果字典或测量矩阵 $\boldsymbol{A}\in\mathbb{C}^{N\times M}$ 满足其任意 N 个列矢量都在 $\mathbb{C}^N$ 内形成一个基，我们就说 $\boldsymbol{A}$ 满足唯一表征特性（unique representation property，URP）[29]。注意，这里必然有 $M\geqslant N$ 才能定义。对于 ULA，测量矩阵 $\boldsymbol{A}$ 的任意两列都是线性不相关的，因此一定满足 URP。另一个概念是关于问题的解，定义基本可行解（basic feasible solution，BFS）为满足下述条件的矢量解：

$$\boldsymbol{y}=\boldsymbol{A}\boldsymbol{x},\ \ \|\boldsymbol{x}\|_0\leqslant N \tag{3.34}$$

下文将说到，$\mathcal{L}_p$优化算法的局部最小化解都是以基本可行解实现的。为了方便，定义退化的基本可行解为具有严格小于 N 个非零项，即$\|\boldsymbol{x}\|_0<N$；然而，绝大多数的局部最小值都是非退化的，刚好包含 N 个非零项。

在问题（3.26）中，无论λ如何取值，当 $p=1$ 时，所产生的优化问题都是凸优化。因此，不存在收敛到不理想的局部解的问题，因为总能保证最终收敛到全局解。当$p<1$ 时，情况就完全不同了。局部最小值对实现全局最优解构成明显障碍，因此，量化这种最小值的数量和范围很有意义。从统计意义上可以给出以下定理[29]。

定理 3.4　如果 $\boldsymbol{A}$ 满足 URP，$0<p<1$，那么式（3.34）的 BFS 集为式（3.23）的局部最小化解集。

我们可以由定理 3.4 得出结论，在计算 $p<1$ 情况下的局部最小值数量时，我们只需要确定有多少 BFS 存在。BFS 的数量，也就是局部最小值的数量，在$\begin{pmatrix}M-1\\N\end{pmatrix}+1$和$\begin{pmatrix}M\\N\end{pmatrix}$之间；确切的数量取决于 $\boldsymbol{x}$ 和 $\boldsymbol{A}$。通常 $M\gg N$，即使是下限也会很大。在某些情况下可以更精确地估计这个数字。例如，假设只存在 K_0 个非零元素的、单一的退化稀疏解，$K_0<N$，那么根据定义这个解就是最大稀疏解。在这种情况下，BFS 的总数 N_{BFS} 可以由$\begin{pmatrix}M\\N\end{pmatrix}-\begin{pmatrix}M-K_0\\N-K_0\end{pmatrix}+1$得到。但是在什么情况下我们对单一退化 BFS 的假设是有效的？定理 3.5 解决了这个问题。

定理 3.5　如果 $\boldsymbol{A}$ 满足 URP，测量数据 $\boldsymbol{y}\in\mathbb{C}^N$ 满足 $\boldsymbol{y}=\boldsymbol{A}\boldsymbol{x}_0$，若$\|\boldsymbol{x}_0\|_0=K_0<N$，

$\boldsymbol{x}_0$ 的非零项独立地从一个连续有界的概率密度函数中采样得到，那么几乎可以肯定 $\boldsymbol{x}_0$ 是使得 $\boldsymbol{y}=\boldsymbol{A}\boldsymbol{x}_0$ 且 $\|\boldsymbol{x}_0\|_0=K_0<N$ 的唯一解。

假设满足定理 3.5，那么几乎可以肯定

$$N_{\mathrm{BFS}}=\binom{M}{N}-\binom{M-K_0}{N-K_0}+1 \tag{3.35}$$

所以我们无法保证 FOCUSS 算法或任何其他算法能够避免收敛到 $N_{\mathrm{BFS}}-1$ 个次优局部最小值之一。虽然对于所有 $p<1$ 的情况来说局部最小值的数量相同，但每个局部最小值的吸引域相对大小却不同，这里吸引域是指吸引代价函数最小化的解的区域。$p\to 1$ 时的吸引域与 $p=1$ 的情况越相似，整个吸引域就越大，从而增加了随机初始化的解能够产生最小$\mathcal{L}_1$范数解的可能性。

那么既然$\mathcal{L}_1$优化称得上是最紧的$\mathcal{L}_0$凸松弛，使用更经典而且平滑的$\mathcal{L}_2$优化松弛会如何呢？结果发现，$\mathcal{L}_2$优化会导致产生具有许多小非零元素的解，这一点恰恰是与稀疏解的要求相反的，稀疏解希望矢量解的非零元素越少越好，而要保证功率不变，非零元素本身的幅值则应该是足够大的。

FOCUSS 算法是用来解决$\mathcal{L}_p$优化问题的有效方法，通常采用如下近似：

$$\begin{aligned}&\min_{\boldsymbol{x}}\|\boldsymbol{x}\|_p^p\\&\text{s.t.}\ \ \boldsymbol{y}=\boldsymbol{A}\boldsymbol{x}\end{aligned} \tag{3.36}$$

该算法是迭代执行的，并根据式（3.36）生成中间近似解：

$$\boldsymbol{x}^{(k+1)}=\boldsymbol{W}^{(k+1)}(\boldsymbol{A}\boldsymbol{W}^{(k+1)})^{\dagger}\boldsymbol{y} \tag{3.37}$$

其中，

$$\boldsymbol{W}^{(k+1)}=\mathrm{diag}\left(\left|x_i^{(k)}\right|^{1-p/2}\right) \tag{3.38}$$

$x_i^{(k)}$ 为第 k 次迭代 $\boldsymbol{x}$ 的第 i 个元素。符号†用来表示伪逆。直观地说，该算法可以解释为，在表达测量数据 $\boldsymbol{y}$ 时，$\boldsymbol{A}$ 的各原子之间是存在竞争的。在每次迭代中，某些列的作用被强化（对应加权系数提高），而其他列的作用被弱化（对应加权系数降低）。最后，剩下所表示的几个原子可以用来表示 $\boldsymbol{y}$，实际上也就得到了稀疏解。

原始的 FOCUSS 算法的推导是基于数据中没有噪声的假设，即式（3.36）中约束等式的测量数据 $\boldsymbol{y}$ 是由矩阵 $\boldsymbol{A}$ 中的几列精确线性组合而成。后来，通过对算法进行合理修改，能够启发式地处理噪声，称为迭代最小化稀疏学习（sparse learning via iterative minimization，SLIM）[30]。这里换一种形式化方法，使用贝叶斯框架扩展 FOCUSS 算法来处理测量中的噪声。这种随机框架不但有利于噪声参量的估计，还对贝叶斯压缩感知方法的求解具有启发性。

假设每个测量数据矢量 $\boldsymbol{y}$ 由来自 $\boldsymbol{A}$ 和加性噪声 $\boldsymbol{n}$ 的部分列的线性组合组成：

$$\boldsymbol{y} = \boldsymbol{y}' + \boldsymbol{n} = \boldsymbol{A}\boldsymbol{x} + \boldsymbol{n} \tag{3.39}$$

在式（3.39）中，假设 $\boldsymbol{x}$ 是一个稀疏且独立于 $\boldsymbol{n}$ 的随机矢量。在这些假设条件下，$\boldsymbol{x}$ 的 MAP 估计可以由下式获得：

$$\begin{aligned}\boldsymbol{x}_{\mathrm{MAP}} &= \arg\max_{\boldsymbol{x}} \ln p(\boldsymbol{x} \mid \boldsymbol{y}) \\ &= \arg\max_{\boldsymbol{x}} [\ln p(\boldsymbol{y} \mid \boldsymbol{x}) + \ln p(\boldsymbol{x})] \\ &= \arg\max_{\boldsymbol{x}} [\ln p_n(\boldsymbol{y} - \boldsymbol{A}\boldsymbol{x}) + \ln p(\boldsymbol{x})]\end{aligned} \tag{3.40}$$

式（3.40）具有较好的通用性和灵活性。然而，为了进一步具体完成估计，必须对噪声分量的分布（对应后验分布）和解矢量 $\boldsymbol{x}$ 的分布进行一些假设。

我们主要关注信号的稀疏性，如果不考虑分析和计算的方便性，噪声 $\boldsymbol{n}$ 的分布并不关键。假设噪声是具有独立同分布（i.i.d.）的高斯随机矢量，即

$$p_{n_i}(u) = 1/\sqrt{2\pi}\sigma \mathrm{e}^{-u^2/2\sigma^2} \tag{3.41}$$

其中，噪声矢量的元素 $\boldsymbol{n} = [n_1\ n_2 \cdots n_N]^{\mathrm{T}}$；$\sigma^2$ 为噪声方差。

$\boldsymbol{x}$ 的先验分布对于生成稀疏解很重要，希望它是集中在零附近但具有很重的拖尾的概率密度函数。假设 $\boldsymbol{x}$ 各元素是具有广义高斯分布的 i.i.d.随机变量。广义高斯分布族的概率密度函数定义为

$$f(u; p, \beta) = \frac{p}{2\sqrt[p]{2}\beta\Gamma\left(\frac{1}{p}\right)} \mathrm{e}^{-|u|^p/(2\beta^p)} \tag{3.42}$$

其中，$\Gamma(\cdot)$是伽马函数；因子 $p>0$ 控制形状；β 是广义方差。例如，当 $p=1$ 时该广义形式简化为拉普拉斯分布，该分布被广泛应用于 $\boldsymbol{x}$ 的先验分布。当 $p=2$ 和 $\beta=1$ 时，该分布将简化为标准正态分布。如果需要一个单位方差的高斯分布，即 $\sigma^2=1$，则如式（3.43）所给出的，β 变为 p 的函数：

$$\beta^2 = 2^{-2/p} \frac{\Gamma\left(\frac{1}{p}\right)}{\Gamma\left(\frac{3}{p}\right)} \tag{3.43}$$

此时，只剩下一个参数表征分布。图 3.3 绘制了 $\sigma^2=1$ 时 p 取不同值的概率密度函数分布图。从图中可以看出，$p\to\infty$时概率密度函数趋向于均匀分布，当 $p\to 0$ 时概率密度函数会得到非常尖的峰值。

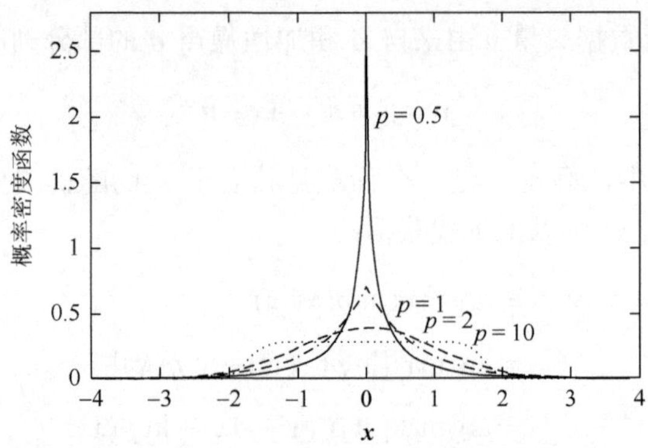

图 3.3　p 取不同值时的概率密度函数（$\sigma^2=1$）

各元素分布为广义高斯且独立的矢量 $\boldsymbol{x}\in\mathbb{C}^M$ 具有以下概率密度函数：

$$p_x(\boldsymbol{x})=\left(\frac{p}{2\sqrt[p]{2}\beta\Gamma\left(\frac{1}{p}\right)}\right)^M\exp\left(-\frac{1}{2\beta^p}\sum_{i=1}^{M}|x_i|^p\right) \tag{3.44}$$

选择噪声密度 $\boldsymbol{n}$ 和解 $\boldsymbol{x}$ 的分布后，根据式（3.40）得到 $\boldsymbol{x}$ 的 MAP 估计：

$$\boldsymbol{x}_{\text{MAP}}=\arg\min_{\boldsymbol{x}} J(\boldsymbol{x}) \tag{3.45}$$

其中，

$$J(\boldsymbol{x})=\|\boldsymbol{Ax}-\boldsymbol{y}\|^2+\gamma\|\boldsymbol{x}\|_p^p \tag{3.46}$$

$$\gamma=\frac{\sigma^2}{\beta^p} \tag{3.47}$$

我们注意到，当 $p=2$ 时，$\boldsymbol{x}$ 的分量与高斯分布一致，此时产生了标准正则化最小二乘问题。当 $p=1$ 时，得到对应最小值是$\mathcal{L}_1$ 优化问题。正则化参数γ 控制拟合质量 $\boldsymbol{Ax}-\boldsymbol{y}$ 和稀疏度之间的平衡。大的γ 值促使得到稀疏解，小的γ 值获得更好的拟合，从而降低误差 $\boldsymbol{Ax}-\boldsymbol{y}$。

采用梯度下降法可以导出一种迭代求解算法，以最小化 $J(\boldsymbol{x})$，最优解的条件是使它满足

$$\nabla_{\boldsymbol{x}}J(\boldsymbol{x})=2\boldsymbol{A}^{\text{H}}\boldsymbol{Ax}^*-2\boldsymbol{A}^{\text{H}}\boldsymbol{y}+2\lambda\boldsymbol{\Pi}(\boldsymbol{x}^*)\boldsymbol{x}^*=0 \tag{3.48}$$

其中，

$$\lambda=\frac{|p|}{2}\gamma=\frac{|p|}{2}\frac{\sigma^2}{\beta^p} \tag{3.49}$$

$$\boldsymbol{\Pi}(\boldsymbol{x}) = \mathrm{diag}\left(\left|x_i\right|^{p-2}\right) \tag{3.50}$$

为了方便起见，定义缩放矩阵：

$$\boldsymbol{W}(\boldsymbol{x}) = \mathrm{diag}\left(\left|x_i\right|^{1-p/2}\right) \tag{3.51}$$

采用等式$\boldsymbol{\Pi}(\boldsymbol{x}^*) = \boldsymbol{W}^{-2}(\boldsymbol{x}^*)$替代式（3.48）中的$\boldsymbol{\Pi}(\boldsymbol{x}^*)$，并执行一些简单的操作，我们可以得到

$$(\boldsymbol{A}\boldsymbol{W}(\boldsymbol{x}^*))^{\mathrm{H}}(\boldsymbol{A}\boldsymbol{W}(\boldsymbol{x}^*) + \lambda\boldsymbol{I})\boldsymbol{W}^{-1}(\boldsymbol{x}^*)\boldsymbol{x}^* = (\boldsymbol{A}\boldsymbol{W}(\boldsymbol{x}^*))^{\mathrm{H}}\boldsymbol{y} \tag{3.52}$$

因此，得到最优解满足

$$\boldsymbol{x}^* = (\boldsymbol{A}\boldsymbol{W}(\boldsymbol{x}^*))^{\mathrm{H}}(\boldsymbol{A}\boldsymbol{W}(\boldsymbol{x}^*) + \lambda\boldsymbol{I})^{-1}(\boldsymbol{A}\boldsymbol{W}(\boldsymbol{x}^*))^{\mathrm{H}}\boldsymbol{y} \tag{3.53}$$

建议使用以下迭代松弛算法：

$$\boldsymbol{x}^{(k+1)} = \boldsymbol{W}^{(k+1)}((\boldsymbol{A}^{(k+1)})^{\mathrm{H}}\boldsymbol{A}^{(k+1)} + \lambda\boldsymbol{I})^{-1}(\boldsymbol{A}^{(k+1)})^{\mathrm{H}}\boldsymbol{y} \tag{3.54}$$

其中，

$$\boldsymbol{A}^{(k+1)} = \boldsymbol{A}\boldsymbol{W}^{(k+1)} \tag{3.55}$$

$\boldsymbol{W}$和λ分别采用式（3.51）和式（3.49）表示。根据等式

$$(\boldsymbol{A}^{(k+1)})^{\mathrm{H}}(\boldsymbol{A}^{(k+1)}(\boldsymbol{A}^{(k+1)})^{\mathrm{H}} + \lambda\boldsymbol{I})^{-1} = ((\boldsymbol{A}^{(k+1)})^{\mathrm{H}}\boldsymbol{A}^{(k+1)} + \lambda\boldsymbol{I})^{-1}(\boldsymbol{A}^{(k+1)})^{\mathrm{H}} \tag{3.56}$$

代入式（3.54）得到

$$\boldsymbol{x}^{(k+1)} = \boldsymbol{W}^{(k+1)}(\boldsymbol{A}^{(k+1)})^{\mathrm{H}}(\boldsymbol{A}^{(k+1)}(\boldsymbol{A}^{(k+1)})^{\mathrm{H}} + \lambda\boldsymbol{I})^{-1}\boldsymbol{y} \tag{3.57}$$

当噪声水平降低，即$\sigma^2 \to 0$时，根据式（3.49）有$\lambda \to 0$，该算法简化为式（3.37）中给出的原始 FOCUSS 算法。注意到，式（3.57）提供了代价函数式（3.46）的最小值求解方案，该方案对于欠定情况和超定情况都是同样适定的。

类似于原始 FOCUSS 算法，我们也可以给出迭代式（3.57）的吉洪诺夫（Tikhonov）正则化解释。若将

$$\boldsymbol{x}^{(k+1)} = \boldsymbol{W}^{(k+1)}\boldsymbol{q}^{(k+1)} \tag{3.58}$$

代入式（3.57），可以看出$\boldsymbol{q}^{(k+1)}$由式（3.59）可以得到

$$\boldsymbol{q}^{(k+1)} = \arg\min_{\boldsymbol{q}}\left\|\boldsymbol{A}\boldsymbol{W}^{(k+1)}\boldsymbol{q} - \boldsymbol{y}\right\|^2 + \lambda\left\|\boldsymbol{q}\right\|^2 \tag{3.59}$$

从而可以进一步证明$\boldsymbol{x}^{(k+1)}$为以下优化问题的解：

$$\boldsymbol{x}^{(k+1)} = \arg\min_{\boldsymbol{x}} Q^{(k+1)}(\boldsymbol{x}) \tag{3.60}$$

$$Q^{(k+1)}(\boldsymbol{x}) = \left\|\boldsymbol{A}\boldsymbol{x} - \boldsymbol{y}\right\|^2 + \lambda\left\|(\boldsymbol{W}^{(k+1)})^{-1}\boldsymbol{x}\right\|^2 \tag{3.61}$$

根据$Q^{(k+1)}(\boldsymbol{x})$最小值的唯一性，对于每次迭代，都有

$$Q^{(k+1)}(\boldsymbol{x}^{(k+1)}) < Q^{(k+1)}(\boldsymbol{x}^{(k)}) \tag{3.62}$$

式（3.62）表明，代价函数在每次迭代过程中一定是下降的，因此理论上可以收敛到最小值。

3.4　压缩波束形成的多快拍扩展

本节讨论利用 CS 方法求解多快拍波束形成模型。根据数据模型式（2.59），可以通过求解器重构每个快拍的信号源，即估计稀疏矢量的序列 $\boldsymbol{x}(t)(t=1,2,\cdots,L)$。同理，在 DOA 估计中利用重构信号的方法是，对各快拍构建信号的角度支持域，并以该支持域为基础完成 DOA 估计。

在多快拍的情况下，主要的问题在于利用快拍的时间冗余，即 $\boldsymbol{X}$ 各列的联合稀疏性来提高重构性能[7, 31]。为此，我们首先讨论如何定义或衡量信号 $\boldsymbol{X}$ 的联合稀疏性。$\boldsymbol{X}$ 的每一行对应一个预定义方向对应的源，所以很自然地考虑将稀疏性定义为 $\boldsymbol{X}$ 的非零行数，通常表示为下述$\mathcal{L}_{2,0}$范数：

$$\|\boldsymbol{X}\|_{2,0}=\#\left\{i:\|\boldsymbol{x}_{i\cdot}\|_2>0\right\}=\#\{i:\boldsymbol{x}_{i\cdot}\neq 0\} \tag{3.63}$$

其中，$\boldsymbol{x}_{i\cdot}$为 $\boldsymbol{X}$ 的第 n 行；符号#定义为统计集合中元素的数目，称为集合的势。具体到$\#\left\{i:\|\boldsymbol{x}_{i\cdot}\|_2>0\right\}$，意为 $\boldsymbol{X}$ 各行$\mathcal{L}_2$范数大于 0 的总行数，而行矢量中只要有一个元素不为 0 则一定造成$\mathcal{L}_2$范数大于 0，因此等效为$\#\{i:\boldsymbol{x}_{i\cdot}\neq 0\}$，即计算所有非零行的数目。可以发现，在式（3.63）中，$\mathcal{L}_2$范数实际上可以被任何其他范数等效代替。

类似于单快拍情况下的$\mathcal{L}_0$优化问题，在无噪声的情况下提出下述$\mathcal{L}_{2,0}$优化：

$$\begin{aligned}&\min_{\boldsymbol{X}}\|\boldsymbol{X}\|_{2,0}\\&\text{s.t.}\ \boldsymbol{Y}=\boldsymbol{A}\boldsymbol{X}\end{aligned} \tag{3.64}$$

$\mathcal{L}_{2,0}$优化问题的重构性能通过定理 3.6 描述。

定理 3.6　如果式（3.65）成立，则真实矩阵 $\boldsymbol{X}$ 是式（3.64）的唯一解[31]：

$$\|\boldsymbol{X}\|_{2,0}<\frac{\operatorname{spark}(\boldsymbol{A})-1+\operatorname{rank}(\boldsymbol{Y})}{2} \tag{3.65}$$

可见，上述结论是定理 3.1 的扩展，差别仅在于如何规定多快拍信号源的稀疏度 K。根据定理 3.6，由于 $\operatorname{rank}(\boldsymbol{Y})$增加，通常可以通过收集更多的快拍数目来增加可恢复信号源的数量。但是增加快拍数目 L 对稀疏度有贡献的前提是 $\operatorname{rank}(\boldsymbol{Y})$增加，因此如果快拍数目之间以比例因子扩展，这种快拍数目 L 的提升是无意义的。另外，与单快拍情况类似，上述$\mathcal{L}_{2,0}$优化问题是 NP 难解的。因此，我们仍然需要通过松弛或者近似求解完成稀疏信号的重构。

1．凸松弛

$\mathcal{L}_{2,0}$范数的最紧凸松弛由$\mathcal{L}_{2,1}$范数给出，定义为

$$\|\boldsymbol{X}\|_{2,1}=\sum_i\|\boldsymbol{x}_{i\cdot}\|_2 \tag{3.66}$$

虽然在式（3.63）的定义中，$\mathcal{L}_{2,0}$ 范数中的 $\mathcal{L}_2$ 范数可以被其他范数等效代替，但在 $\mathcal{L}_{2,1}$ 范数里，它的使用独具作用。将凸松弛范数代入式（3.64），得到在无噪声情况下的 $\mathcal{L}_{2,1}$ 优化问题，即

$$\begin{aligned}&\min_{\boldsymbol{X}}\left\|\boldsymbol{X}\right\|_{2,1}\\&\text{s.t. }\boldsymbol{Y}=\boldsymbol{A}\boldsymbol{X}\end{aligned}\tag{3.67}$$

同理容易得到，在噪声存在的情况下的 LASSO 问题：

$$\min_{\boldsymbol{X}}\lambda\left\|\boldsymbol{X}\right\|_{2,1}+\frac{1}{2}\left\|\boldsymbol{Y}-\boldsymbol{A}\boldsymbol{X}\right\|_F^2\tag{3.68}$$

和等效的 BPDN 问题：

$$\begin{aligned}&\min_{\boldsymbol{X}}\left\|\boldsymbol{X}\right\|_{2,1}\\&\text{s.t. }\left\|\boldsymbol{Y}-\boldsymbol{A}\boldsymbol{X}\right\|_F\leqslant\eta\end{aligned}\tag{3.69}$$

其中，$\lambda>0$ 为人为设置的正则化参数；$\eta\geqslant\|\boldsymbol{N}\|_F$ 为噪声能量的上限。

最后，需要强调，大多数单快拍的 $\mathcal{L}_1$ 优化的计算方法可以扩展到处理多个快拍情况下的 $\mathcal{L}_{2,1}$ 优化，此处不再进一步讨论。

2. 降维方法

在信号源估计应用中，快拍数目 L 可能很大，这会显著增加 $\mathcal{L}_{2,1}$ 优化的计算量。在 $L>K$ 的情况下，受传统子空间方法的启发，这里介绍一种降维技术[32]。假设在没有噪声的情况下，测量数据快拍 $\boldsymbol{Y}$ 位于 K 维信号子空间中；假设在加入噪声以后，可以将 $\boldsymbol{Y}$ 分解为信号子空间和噪声子空间，保留信号子空间，并在式(3.67)～式（3.69）优化中代替 $\boldsymbol{Y}$。

在实现原理上，需要利用到矩阵的 SVD：

$$\boldsymbol{Y}=\boldsymbol{U}\boldsymbol{\Sigma}\boldsymbol{V}^{\mathrm{H}}\tag{3.70}$$

其中，数据矩阵 $\boldsymbol{Y}\in\mathbb{C}^{N\times L}$；左奇异矢量矩阵 $\boldsymbol{U}\in\mathbb{C}^{N\times N}$，右奇异矢量矩阵 $\boldsymbol{V}\in\mathbb{C}^{L\times L}$，两个奇异矢量矩阵均为酉矩阵；$\boldsymbol{\Sigma}\in\mathbb{C}^{N\times L}$ 为对角阵，对角线上的元素即矩阵 $\boldsymbol{Y}$ 的奇异值。根据酉矩阵的性质，在式（3.70）两端同时右乘矩阵 $\boldsymbol{V}$，可以得到

$$\boldsymbol{Y}\boldsymbol{V}=\boldsymbol{U}\boldsymbol{\Sigma}\tag{3.71}$$

在分解后的矩阵中，根据奇异值可以将信号与噪声分开。假设已知稀疏度为 K，那么可以提取对应 K 个最大的奇异值形成新的数据矩阵：

$$\boldsymbol{Y}_{\mathrm{SV}}=\boldsymbol{U}\boldsymbol{\Sigma}\boldsymbol{D}_K^{\mathrm{T}}=\boldsymbol{Y}\boldsymbol{V}\boldsymbol{D}_K^{\mathrm{T}}\tag{3.72}$$

其中，

$$\boldsymbol{D}_K=[\boldsymbol{I}_K,0]\tag{3.73}$$

$\boldsymbol{I}_K$ 是 K 阶单位阵。因此，将多快拍模型式（2.59）两端同时右乘 $\boldsymbol{V}\boldsymbol{D}_K^{\mathrm{T}}$，得到

$$\boldsymbol{Y}_{\mathrm{SV}}=\boldsymbol{A}\boldsymbol{X}_{\mathrm{SV}}+\boldsymbol{N}_{\mathrm{SV}}\tag{3.74}$$

其中，

$$\boldsymbol{X}_{\mathrm{SV}} = \boldsymbol{X}\boldsymbol{V}\boldsymbol{D}_K^{\mathrm{T}} \tag{3.75}$$

$$\boldsymbol{N}_{\mathrm{SV}} = \boldsymbol{N}\boldsymbol{V}\boldsymbol{D}_K^{\mathrm{T}} \tag{3.76}$$

经过降维之后，测量数据、信号源矩阵和噪声矩阵的列维度均由原本的 L 下降到 K，在 $L>K$ 的情况下达到了减少问题计算量和内存的目的。注意到，既然稀疏度已知为 K，在由 $\boldsymbol{X}_{\mathrm{SV}}$ 计算 $\boldsymbol{X}$ 的估计值时也可以直接补零，相当于

$$\hat{\boldsymbol{X}} = \hat{\boldsymbol{X}}_{\mathrm{SV}}\boldsymbol{D}_K\boldsymbol{V}^{\mathrm{H}} \tag{3.77}$$

此时，可以将式（3.74）代入优化问题[式（3.67）～式（3.69）]中代替等式或不等式约束，再进行求解。上述算法称为$\mathcal{L}_{2,1}$-SVD。注意到，在算法应用中需要已知真实稀疏度 K。然而，$\mathcal{L}_{2,1}$-SVD 对 K 的选择不太敏感，可以通过稀疏度估计办法大致给出 K 的估计[32]。仍然存在的一个问题是参数 λ 和 η 的确定问题。传统的自适应参数确定方法也是利用测量数据矩阵 $\boldsymbol{Y}$ 的噪声特性，降维方法导致了数据结构的变化，参数选择成为新的不确定性。鉴于这一点，我们不太容易直接比较 $\mathcal{L}_{2,1}$ 优化和$\mathcal{L}_{2,1}$-SVD 应用后重构结果的性能。

为此，我们介绍另一种降维技术[33]，受无网格稀疏方法启发，能够将快拍数量从 L 减少到 M，并具有与原始$\mathcal{L}_{2,1}$ 优化相同的性能。为了方便描述，我们仍然遵循$\mathcal{L}_{2,1}$-SVD 的思路牵引。在$\mathcal{L}_{2,1}$-SVD 中，通过仅保留 K 维信号子空间，快拍数目从 L 减少到 K；但是此处我们同时保留信号和噪声子空间。假设 $L>M$ 且对于 $\boldsymbol{Y}$ 有 $r=\operatorname{rank}(\boldsymbol{Y})\leqslant M$（注意到，在存在噪声的情况下，通常 $r=M$）。同理，根据式（3.71），我们保留降维后的 $M\times r$ 数据矩阵：

$$\boldsymbol{Y}_{\mathrm{DR}} = \boldsymbol{U}\boldsymbol{\Sigma}\boldsymbol{D}_r^{\mathrm{T}} = \boldsymbol{Y}\boldsymbol{V}\boldsymbol{D}_r^{\mathrm{T}} \tag{3.78}$$

由于 $\boldsymbol{Y}$ 只有 r 个非零奇异值，这里保留了所有的数据功率，而不是仅仅截取 K 个数据源。其中 $\boldsymbol{D}_r$ 的定义类似于 $\boldsymbol{D}_K$。根据式（3.78）的变换，我们给出降维之后的多快拍模型：

$$\boldsymbol{Y}_{\mathrm{DR}} = \boldsymbol{A}\boldsymbol{X}_{\mathrm{DR}} + \boldsymbol{N}_{\mathrm{DR}} \tag{3.79}$$

其中，

$$\boldsymbol{X}_{\mathrm{DR}} = \boldsymbol{X}\boldsymbol{V}\boldsymbol{D}_r^{\mathrm{T}} \tag{3.80}$$

$$\boldsymbol{N}_{\mathrm{DR}} = \boldsymbol{N}\boldsymbol{V}\boldsymbol{D}_r^{\mathrm{T}} \tag{3.81}$$

这里以多快拍降维 LASSO 问题作为例子，来证明在降维前后可以获得的解是等价的。这里我们先说明等价解的含义，假设 $\hat{\boldsymbol{X}}_{\mathrm{DR}}$ 和 $\hat{\boldsymbol{X}}$ 分别为降维之后和之前得到的 LASSO 估计值，满足

$$\hat{\boldsymbol{X}} = \hat{\boldsymbol{X}}_{\mathrm{DR}} \boldsymbol{D}_r \boldsymbol{V}^{\mathrm{H}} \tag{3.82}$$

容易得到

$$\hat{\boldsymbol{X}}\hat{\boldsymbol{X}}^{\mathrm{H}} = \hat{\boldsymbol{X}}_{\mathrm{DR}} \boldsymbol{D}_r \boldsymbol{V}^{\mathrm{H}} \boldsymbol{V} \boldsymbol{D}_r^{\mathrm{T}} \hat{\boldsymbol{X}}_{\mathrm{DR}}^{\mathrm{H}} = \hat{\boldsymbol{X}}_{\mathrm{DR}} \hat{\boldsymbol{X}}_{\mathrm{DR}}^{\mathrm{H}} \tag{3.83}$$

其中，等式左右两项对角线元素为对应角度信号源的功率，式（3.83）暗示在降维前后获得的问题解具有相同的功率谱，在这个意义上称二者是等价的。因此我们发现，与$\mathcal{L}_{2,1}$-SVD 的主要区别就在于是否保留了数据的全部功率，即截取 r 个奇异值。

最后，由式（3.78）可知，$\boldsymbol{Y}_{\mathrm{DR}}$ 保留了原始数据矩阵 $\boldsymbol{Y}$ 的所有奇异值，因此一定是列满秩的，即满足

$$\boldsymbol{Y}_{\mathrm{DR}} \boldsymbol{Y}_{\mathrm{DR}}^{\mathrm{H}} = \boldsymbol{Y}\boldsymbol{Y}^{\mathrm{H}} \tag{3.84}$$

在 $L \gg M$ 的情况下，$M \times L$ 数据矩阵 $\boldsymbol{Y}$ 的奇异值分解计算量可能很大，根据式（3.84），可以用 $M \times M$ 矩阵 $\boldsymbol{Y}\boldsymbol{Y}^{\mathrm{H}}$ 的 Cholesky 分解或特征值分解来代替，从而有效降低计算量。基于上述分析我们看到，这种降维技术相对于$\mathcal{L}_{2,1}$-SVD 的最大优势在于，参数 λ 或 η 可以像原始的优化问题那样进行选择或调整，这使得在以噪声级为依据的参数选择方法可以直接应用于降维后的优化问题，从而获得最佳解决方案。

3. $\mathcal{L}_{2,p}$ 优化

参考 1.2.2 节矩阵范数的定义，我们规定利用 $\boldsymbol{X}$ 联合稀疏性的$\mathcal{L}_{2,p}(0<p<1)$范数，定义为

$$\|\boldsymbol{X}\|_{2,p} = \left(\sum_i \|\boldsymbol{x}_{i\cdot}\|_2^p \right)^{\frac{1}{p}} \tag{3.85}$$

$\mathcal{L}_{2,p}$ 范数可视为范数$\mathcal{L}_{2,0}$的非凸松弛。以此为基础，在无噪声的情况下，采用$\mathcal{L}_{2,p}$优化解决以下等式约束问题：

$$\begin{aligned} &\min_{\boldsymbol{X}} \|\boldsymbol{X}\|_{2,p}^p \\ &\text{s.t. } \boldsymbol{Y} = \boldsymbol{A}\boldsymbol{X} \end{aligned} \tag{3.86}$$

注意到，为了求解方便，仍然利用$\|\boldsymbol{X}\|_{2,p}^p$代替$\|\boldsymbol{X}\|_{2,p}$。在有噪声情况下，求解以下正则化优化问题：

$$\min_{\boldsymbol{X}} \lambda \|\boldsymbol{X}\|_{2,p}^p + \frac{1}{2}\|\boldsymbol{Y} - \boldsymbol{A}\boldsymbol{X}\|_F^2 \tag{3.87}$$

类似于单快拍的$\mathcal{L}_p$优化问题，$\mathcal{L}_{2,p}$优化也只能给出局部最优解。最直接的办法是，将 FOCUSS 算法扩展到多快拍情况得到 M-FOCUSS[34]。例如，对于无噪声情况式（3.86），M-FOCUSS 在每次迭代中求解以下加权最小二乘问题：

$$\min_X \sum_{i=1}^{N} w_i \|\boldsymbol{x}_{i\cdot}\|_2^2 \quad \text{s.t. } \boldsymbol{Y} = \boldsymbol{A}\boldsymbol{X} \tag{3.88}$$

其中，权重系数的估计值基于最新更新的解，表示为

$$w_i = \|\boldsymbol{X}\|_2^{p-2} \tag{3.89}$$

由于式（3.88）可以以闭合形式求解，因此可以实现多快拍的迭代算法如下：

$$\boldsymbol{X}^{(k+1)} = \boldsymbol{W}^{(k+1)}(\boldsymbol{A}\boldsymbol{W}^{(k+1)})^{\dagger}\boldsymbol{Y} \tag{3.90}$$

$$\boldsymbol{W}^{(k+1)} = \text{diag}\left(\left|c_i^{(k)}\right|^{1-(p/2)}\right) \tag{3.91}$$

其中，各行的$\mathcal{L}_2$范数 $\boldsymbol{c}_i$ 定义为

$$c_i^{(k)} = \left\|\boldsymbol{x}_{i\cdot}^{(k)}\right\| = \left(\sum_{l=1}^{L}\left|X_{i,l}^{(k)}\right|^2\right)^{1/2} \tag{3.92}$$

这样，迭代式（3.90）～式（3.92）即 M-FOCUSS 的基本形式。

为了避免调整式（3.87）中的正则化参数 λ，可以将基于迭代最小化的稀疏学习（sparse learning via iterative minimization，SLIM）[30]扩展到这种多快拍情况 M-SLIM。假设噪声服从 i.i.d.高斯分布，方差为η，$\boldsymbol{X}$遵循先验概率密度函数为

$$f(\boldsymbol{X}) \propto \prod_i \mathrm{e}^{-\frac{2}{p}\left(\|\boldsymbol{x}_{i\cdot}\|_2^p - 1\right)} \tag{3.93}$$

先验分布式（3.93）的含义是，$\boldsymbol{X}$ 的每一行 $\boldsymbol{x}_{i\cdot}$具有联合稀疏性，以$\mathcal{L}_2$范数定义指数分布特征。结合式（3.93）和似然分布，根据贝叶斯推理可以得到后验最大化实际上就是求解下述问题：

$$\min_X ML\ln\eta + \eta^{-1}\|\boldsymbol{A}\boldsymbol{X} - \boldsymbol{Y}\|_F^2 + \frac{2}{p}\|\boldsymbol{X}\|_{2,p}^p \tag{3.94}$$

使用类似于 M-FOCUSS 中的重加权技术，我们可以以闭合形式迭代更新 $\boldsymbol{X}$ 和对应参数。至此，我们总结多快拍压缩波束形成 FOCUSS 在两种情况下的信号源估计过程。

（1）在噪声存在的条件下，即式（3.87）的解为

$$\hat{\boldsymbol{X}} = \boldsymbol{W}^{-1}\boldsymbol{A}^{\mathrm{H}}(\lambda\boldsymbol{I} + \boldsymbol{A}\boldsymbol{W}^{-1}\boldsymbol{A}^{\mathrm{H}})^{-1}\boldsymbol{Y} \tag{3.95}$$

（2）在无噪声条件下，即式（3.86）的解为

$$\hat{\boldsymbol{X}} = \boldsymbol{W}^{-1/2}(\boldsymbol{A}\boldsymbol{W}^{-1/2})^{\dagger}\boldsymbol{Y} \tag{3.96}$$

其中，$\boldsymbol{W} = \text{diag}(w_i)$。只需式（3.95）或式（3.96）结合式（3.89）反复迭代直至收敛，即可得到多快拍情况下的信号源估计。

4. 交替方向法

交替方向法（alternating direction method，ADM）是一种优化算法，其优势在于，通过迭代能够有效解决大规模或分布式问题。ADM 可以方便地应用于单快拍和多快拍模型，这里为了方便，直接考虑多快拍的 LASSO 问题，将式（3.68）等效地改写成

$$\arg\min_{X}\frac{1}{2}\|\boldsymbol{AX}-\boldsymbol{Y}\|_F^2+\mu\|\boldsymbol{X}\|_{2,1} \tag{3.97}$$

或者采用另一种范数近似

$$\arg\min_{X}\frac{1}{2}\|\boldsymbol{AX}-\boldsymbol{Y}\|_F^2+\mu\|\boldsymbol{X}\|_{1,1} \tag{3.98}$$

其中，矩阵(r,p)范数定义为

$$\|\boldsymbol{X}\|_{r,p}=\left(\sum_{n=1}^{N}\|\boldsymbol{x}_{n\cdot}\|_r^p\right)^{1/p} \tag{3.99}$$

参数满足 $1\leqslant r\leqslant\infty$和 $p\geqslant 0$。其中，范数$\|\boldsymbol{X}\|_{1,1}$能够获得更稀疏的重建结果，尤其在各快拍之间保留了稀疏性，因此本书重点考虑问题（3.98）。为求解问题（3.98），我们先给出引理 3.1[35]。

引理 3.1　对任意$\mu>0$ 和 $\boldsymbol{G}\in\mathbb{C}^{M\times L}$，下述最小化问题

$$\arg\min_{X}\frac{1}{2}\|\boldsymbol{X}-\boldsymbol{G}\|_F^2+\mu\|\boldsymbol{X}\|_{1,1} \tag{3.100}$$

的解为

$$\hat{\boldsymbol{X}}=\mathrm{Shrink_M}(\boldsymbol{G},\mu) \tag{3.101}$$

其中，$\mathrm{Shrink_M}$ 为矩阵的收缩算子，定义为

$$\mathrm{Shrink_M}(\boldsymbol{G},\mu)=\begin{bmatrix}\mathrm{Shrink_v}(\boldsymbol{G}_{1*},\mu)\\ \vdots\\ \mathrm{Shrink_v}(\boldsymbol{G}_{M*},\mu)\end{bmatrix} \tag{3.102}$$

其中，$\mathrm{Shrink_v}$ 为矢量的收缩算子，定义为

$$\mathrm{Shrink_v}(\boldsymbol{b},\mu)=\max\left(|\boldsymbol{b}|-\mu,0\right)\frac{\boldsymbol{b}}{|\boldsymbol{b}|} \tag{3.103}$$

其中，$|\boldsymbol{b}|$表示对矢量 $\boldsymbol{b}$ 各元素取模值。

引理 3.2　无约束优化问题

$$\arg\min_{X}\frac{1}{2}\|\boldsymbol{X}-\boldsymbol{G}\|_F^2+\mu\|\boldsymbol{X}\|_{1,1}+\mu\langle\boldsymbol{\Lambda},\boldsymbol{X}-\boldsymbol{G}\rangle \tag{3.104}$$

的解为

$$\hat{\boldsymbol{X}}=\mathrm{Shrink_M}(\boldsymbol{G}+\mu\boldsymbol{\Lambda},\mu) \tag{3.105}$$

证明　原问题（3.104）写成各行矢量的形式为

$$\begin{aligned}&\frac{1}{2\mu}\|\boldsymbol{X}-\boldsymbol{G}\|_F^2+\|\boldsymbol{X}\|_{1,1}+\langle\boldsymbol{\varLambda},\boldsymbol{X}-\boldsymbol{G}\rangle\\&=\sum_{i=1}^{M}\frac{1}{2\mu}\|\boldsymbol{x}_{i\cdot}-\boldsymbol{g}_{i\cdot}\|^2+\|\boldsymbol{x}_{i\cdot}\|_1+\langle\boldsymbol{\lambda}_{i\cdot},\boldsymbol{x}_{i\cdot}-\boldsymbol{g}_{i\cdot}\rangle\end{aligned}\tag{3.106}$$

其中，$\boldsymbol{x}_{i\cdot}$、$\boldsymbol{g}_{i\cdot}$ 和 $\boldsymbol{\lambda}_{i\cdot}$ 分别为矩阵 $\boldsymbol{X}$、$\boldsymbol{G}$ 和 $\boldsymbol{\varLambda}$ 的第 i 行。

式（3.106）的最小化解为

$$\hat{\boldsymbol{X}}=\sum_{i=1}^{M}\text{Shrink}_\text{v}(\boldsymbol{g}_{i\cdot}+\mu\boldsymbol{\lambda}_{i\cdot},\mu)=\text{Shrink}_\text{M}(\boldsymbol{G}+\mu\boldsymbol{\varLambda},\mu)\tag{3.107}$$

得证。

将原多快拍 LASSO 问题（3.98）写成如下等效形式：

$$\begin{aligned}&\arg\min_{\boldsymbol{X},\boldsymbol{B}}\frac{1}{2\mu}\|\boldsymbol{B}\|_F^2+\|\boldsymbol{X}\|_{1,1}\\&\text{s.t.}\ \ \boldsymbol{AX}+\boldsymbol{B}=\boldsymbol{Y}\end{aligned}\tag{3.108}$$

对应的拉格朗日增广函数为

$$L(\boldsymbol{X},\boldsymbol{B},\boldsymbol{\varLambda})=\frac{1}{2\mu}\|\boldsymbol{B}\|_F^2+\|\boldsymbol{X}\|_{1,1}-\langle\boldsymbol{\varLambda},\boldsymbol{AX}+\boldsymbol{B}-\boldsymbol{Y}\rangle+\frac{\beta}{2}\|\boldsymbol{AX}+\boldsymbol{B}-\boldsymbol{Y}\|_F^2\tag{3.109}$$

其中，$\boldsymbol{\varLambda}\in\mathbb{C}^{M\times L}$ 为拉格朗日乘子矩阵；$\beta>0$ 为罚函数权重系数。采用交替方向乘子法计算代价函数式（3.109）的最小化问题，具体步骤如下。

（1）函数式（3.109）是矩阵 $\boldsymbol{B}$ 的二次形式，因此很容易求得其极值为

$$\boldsymbol{B}=\frac{\mu\beta}{1+\mu\beta}\left(\frac{2}{\beta}\boldsymbol{\varLambda}-(\boldsymbol{AX}-\boldsymbol{Y})\right)\tag{3.110}$$

（2）计算 $\boldsymbol{X}$。即求解如下问题：

$$\arg\min_{\boldsymbol{X}}\frac{\beta}{2}\|\boldsymbol{AX}+\boldsymbol{B}-\boldsymbol{Y}-\boldsymbol{\varLambda}/\beta\|_F^2+\|\boldsymbol{X}\|_{1,1}\tag{3.111}$$

采用近端算法求解问题（3.111）[36]。对一个闭凸函数 $f(\boldsymbol{x})$，其近端算子可以写成

$$\text{prox}_{\lambda f}(\boldsymbol{v})=\arg\min_{\boldsymbol{x}}f(\boldsymbol{x})+\frac{\lambda}{2}\|\boldsymbol{x}-\boldsymbol{v}\|_2^2\tag{3.112}$$

当近端参数λ很小，且 $f(\boldsymbol{x})$可微时，上述近端算子可以表示为

$$\text{prox}_{\lambda f}(\boldsymbol{v})=\boldsymbol{v}-\lambda\nabla f(\boldsymbol{x})\tag{3.113}$$

将式（3.113）在第 k 次迭代估计 $\boldsymbol{X}^{(k)}$附近展开，并保留二阶以下项，得到

$$\arg\min_{\boldsymbol{X}}\|\boldsymbol{X}\|_{1,1}+\beta\langle\boldsymbol{G},\boldsymbol{X}-\boldsymbol{X}^{(k)}\rangle+\frac{\beta}{2\tau}\|\boldsymbol{X}-\boldsymbol{X}^{(k)}\|_F^2\tag{3.114}$$

其中，τ为近端参数；$\boldsymbol{G}$ 为保真项在 $\boldsymbol{X}=\boldsymbol{X}^{(k)}$处的导数，表示为

$$G = A^{\mathrm{H}}\left(AX^{(k)} + B^{(k+1)} - Y - \frac{1}{\beta}\Lambda^{(k)}\right) \tag{3.115}$$

（3）乘子矩阵更新表示为

$$\Lambda^{(k+1)} = \Lambda^{(k)} - \gamma\beta(AX^{(k)} + B^{(k+1)} - Y) \tag{3.116}$$

其中，步进参数取$\gamma\in(0, 2)$即可保证迭代收敛。

3.5 性能验证

本节以蒙特卡罗仿真对单快拍和多快拍情况的波束形成方法进行讨论，包括DOA 估计精度、信号功率估计精度和算法计算时间等。通过仿真比较压缩波束形成与谱估计波束形成两大类算法的结果，由于在第 2 章通过分析已经明确，谱估计波束形成相对于传统的波束形成方法具有显著的优势，只不过计算量高于传统方法。因此，本节不会将传统方法纳入考虑范围。

3.5.1 信号源重构实验

在给出定量的性能分析之前，我们通过简单的信号重构实验，从直观上认识不同方法的能力。在仿真配置上，采用半波长间距 ULA，共包含 60 个阵元。在DOA[−80°, 80°]内随机产生 8 个信号，多快拍信号源的生成方式遵循 2.3.4 节的一阶自回归流程，原始信号包含相互独立的 $L = 100$ 个快拍数据，即相关系数$\rho = 0$。产生的含噪声接收数据分别采用下述方法实现波束形成：MUSIC、SPICE、M-FOCUSS、M-OMP 和 M-BP，其中 M-代表多快拍的标识。在第 2 章的仿真分析中发现，MVDR 性能与 MUSIC 相仿，因此本节不考虑 MVDR 方法。由于压缩波束形成（包括 FOCUSS、OMP 和 ADM）估计得到的信号快拍数目与输入的接收数据快拍数目一致，为了方便与谱分析方法比较，需要对估计信号源的各快拍进行平均处理得到功率，实际上可以视为能力上的退化，因此在比较之前压缩波束形成技术就已经在这一点上具备优势。

我们采用的待重构信号的生成方式是随机的，因此只能在统计意义上确定信号的功率为$\gamma_i = 1$，即所有信号源在统计上具有单位功率谱，这样设定也是为了便于 MUSIC 伪谱能够纳入比较。在 FOCUSS 算法中，令 $p = 0.1$ 是为了更好地接近$\mathcal{L}_0$优化性能；BP 算法是通过令 FOCUSS 算法的 $p = 0.999$ 来近似的。

我们进行了 10 次相互独立的蒙特卡罗仿真，得到归一化功率谱分布如图 3.4～图 3.8 所示，其中产生的多快拍信号平均功率通过四边形标识于图中。在SNR = 10dB 和 SNR = 30dB 两种情况下的结果分别在各自的分图（a）和（b）表示出来。所有算法的 10 次蒙特卡罗估计同时标识于图中，可见，估计峰值越接近对应的原始信号功率，估计性能越精确，分布越密集，则估计性能越稳定。

在图 3.4 中，MUSIC 算法基本都能够准确地定位信号源的位置，但是显然在高 SNR 的情况下，估计的峰值在分布上更集中于信号功率附近，而在 SNB = 10dB 的情况下，峰值更为分散。FOCUSS 算法结果如图 3.6 所示，相比于 MUSIC 和图 3.5 的 SPICE 结果，FOCUSS 在两种 SNR 的分布都有明显优势，尤其是在高 SNR 条件下，10 次仿真中的所有峰值均精确命中原始信号幅值，同时我们发现，根据图 3.7 和图 3.8，OMP 算法和 BP 算法在高 SNR 情况下都具有较好的重构精度。但是通过分析发现，当多个信号源在 DOA 上非常接近时，OMP 算法可能出现估计不准确的情况。综合来看，CS 方法在高信噪比的情况下具有非常明确的功率估计优势，但是低 SNR 时，重构恶化也是比较明显的。

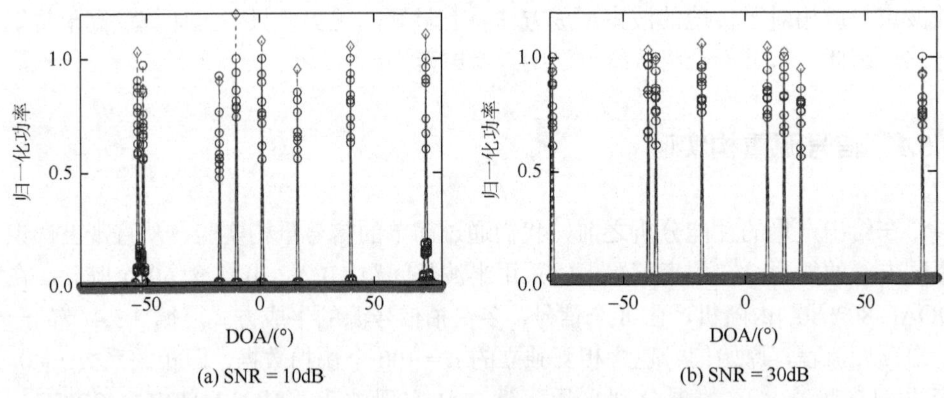

(a) SNR = 10dB　　(b) SNR = 30dB

图 3.4　MUSIC 算法 10 次蒙特卡罗仿真的归一化功率谱分布

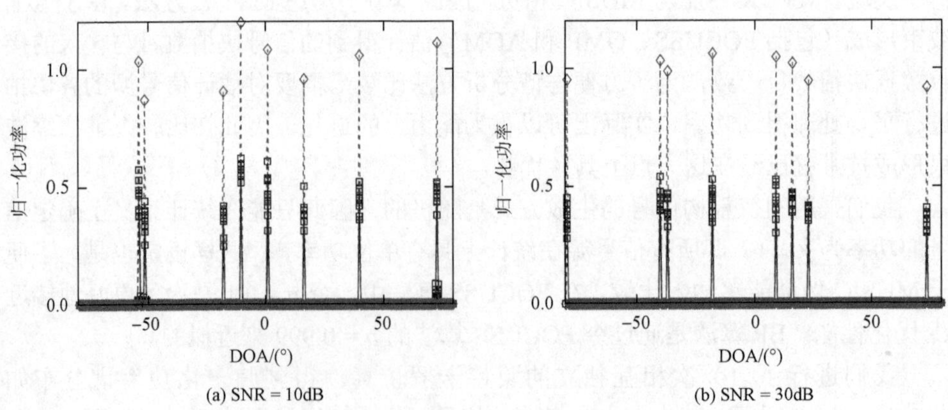

(a) SNR = 10dB　　(b) SNR = 30dB

图 3.5　SPICE 算法 10 次蒙特卡罗仿真的归一化功率谱分布

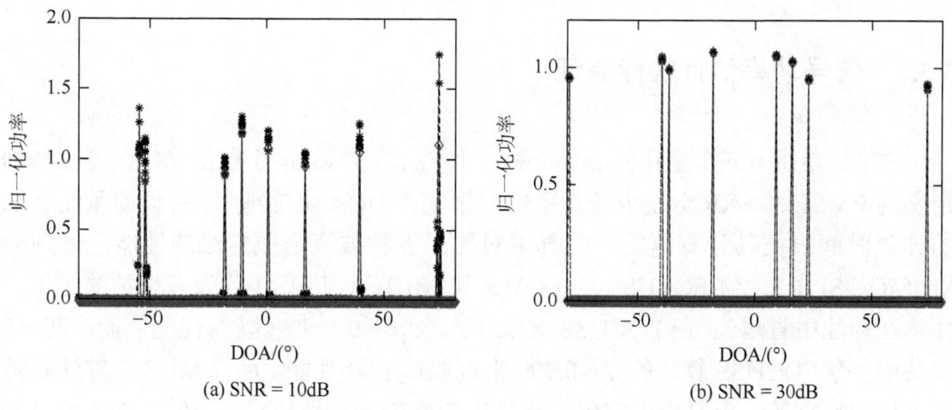

图 3.6　FOCUSS 算法 10 次蒙特卡罗仿真的归一化功率谱分布

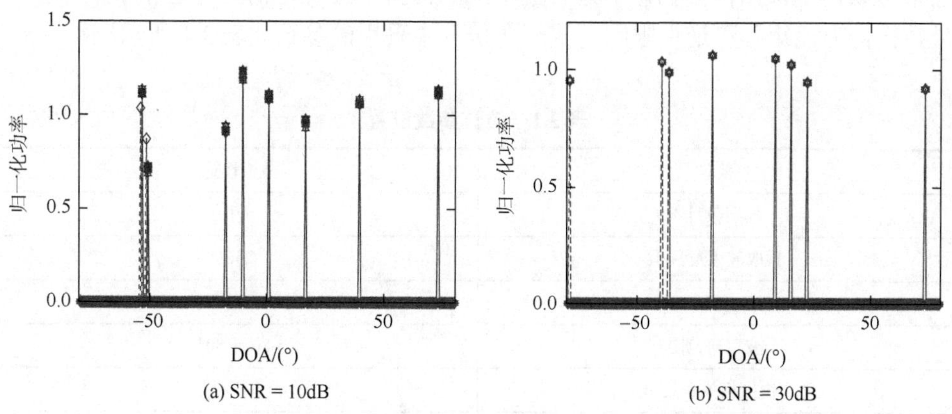

图 3.7　OMP 算法 10 次蒙特卡罗仿真的归一化功率谱分布

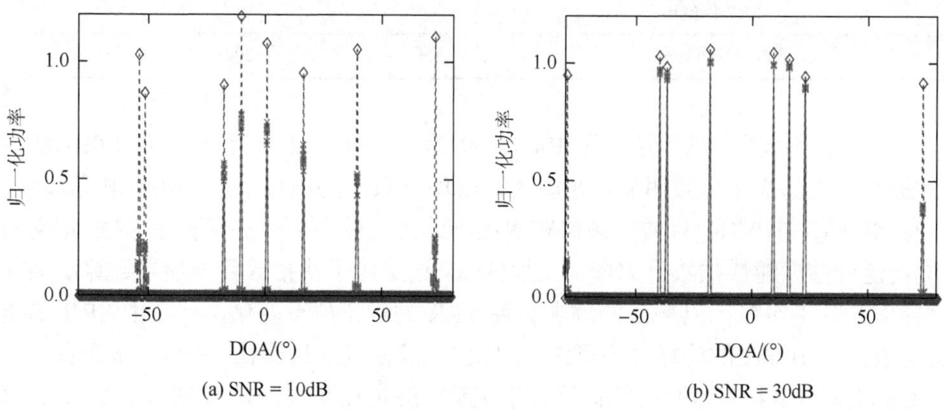

图 3.8　BP 算法 10 次蒙特卡罗仿真的归一化功率谱分布

3.5.2 信号功率估计性能验证

本节以定量方式衡量几种信号功率估计方法的性能，引用式(2.178)和式(2.179)定义的 RMSE 和 SRR 分别表征功率重构精度和 DOA 定位精度，并同时采用算法的计算时间表征其计算速度。仿真中对比了五种波束形成方法的性能，分别为 MUSIC、SPICE、M-FOCUSS、M-OMP 和 M-BP（其中 M-代表多快拍的标识，并将在标注中省略）。在 FOCUSS 算法中，令 $p = 0.1$ 来近似$\mathcal{L}_0$优化性能；在 BP 算法中，令 FOCUSS 算法的 $p = 0.999$ 来近似$\mathcal{L}_0$优化性能。尽管 MUSIC 算法是基于多快拍数据的，但是由于它仅能够输出伪谱表征信号功率，我们仍然能够讨论 FOCUSS、OMP 和 BP 算法输出信号估计的平均功率。所以还是需要明确，压缩波束形成在多快拍信号估计中具有本质上的优势。此外，需要考虑相干信号和测量数据协方差矩阵可逆性限制，我们在仿真中采用的参数如表 3.1 所示。

表 3.1 仿真参数设置

参数	数值设置
阵元数目 N	60
预成波束数目 M	256
快拍数目 L	300
波束角范围	–80°～80°
快拍相关系数ρ	0
稀疏度 K	8
SNR	20dB
SRR 阈值η	10^{-2}
蒙特卡罗仿真次数	200

为了公平起见，这里选择了中等 SNR 水平，即 20dB，因为压缩波束形成类方法对 SNR 的需求比较明显。在图 3.9（a）～（c）的结果中，从 RMSE 角度看，只有 SPICE 与快拍数目的关系比较明显；此外由图 3.9（b）可知，SRR 定义的 DOA 定位精度随快拍数目的增加反而降低，这是由于快拍数目增加导致算法估计性能提升并不明显，但是 L 的增加会使 SRR 的结果严重恶化，这是由 SRR 的定义造成的。由算法的计算时间可知，MUSIC 算法的速度最快，OMP 作为贪婪法在 CS 求解器中具有最明显的计算效率优势；SPICE 算法、BP 算法和 FOCUSS 算法均为迭代计算，因此计算速度比较慢。

波束形成方法随阵列阵元数目 N 的性能变化曲线如图 3.9（d）～（f）所示。从 RMSE 和 SRR 性能看，阵列阵元数目越多，信号的重构精度越高，同时包括功率估计和 DOA 估计，而且所有参与对比的算法均满足这样的规律。具体来说，在阵元数目较大时，FOCUSS 算法具有非常明确的 RMSE 和 SRR 优势。但是在阵元数目较小时，FOCUSS 算法的性能降低也比较明显。总体上，在 SRR 也就是 DOA 估计性能上，FOCUSS 算法和 OMP 算法都能提供较好的精度。

在不同 SNB 条件下，波束形成结果如图 3.9（g）～（i）所示。显然，除了 OMP 算法之外，其他所有方法受 SNR 的影响都非常明显，遵循更高的 SNB 具有更高重构精度的规律。尤其是 FOCUSS 算法，在 15dB SNB 以下，重构性能均不理想，但是在高 SNB 条件下，能够提供最高的估计精度，这也是压缩波束形成器的特点。

最后，信号稀疏度与波束形成精度的关系如图 3.9（j）～（l）所示。OMP 算法始终都能够提供较好的 DOA 估计精度，但是在信号源分布紧凑的区域，重构精度显著下降，导致这部分信号识别困难，同时整体 RMSE 下降。此外，MUSIC 算法的 RMSE 整体性能较好，但是 SRR 的结果并不理想，其原因是，MUSIC 算法能够在信号源位置上给出峰值，但是谱估计的估值精度不足，在给定的阈值条件下，无法满足 SRR 判定要求。相比之下，FOCUSS 算法的综合性能是最好的，同时在 RMSE 和 SRR 都能给出满意的结果，但是计算时间也明显要长于 MUSIC 算法。

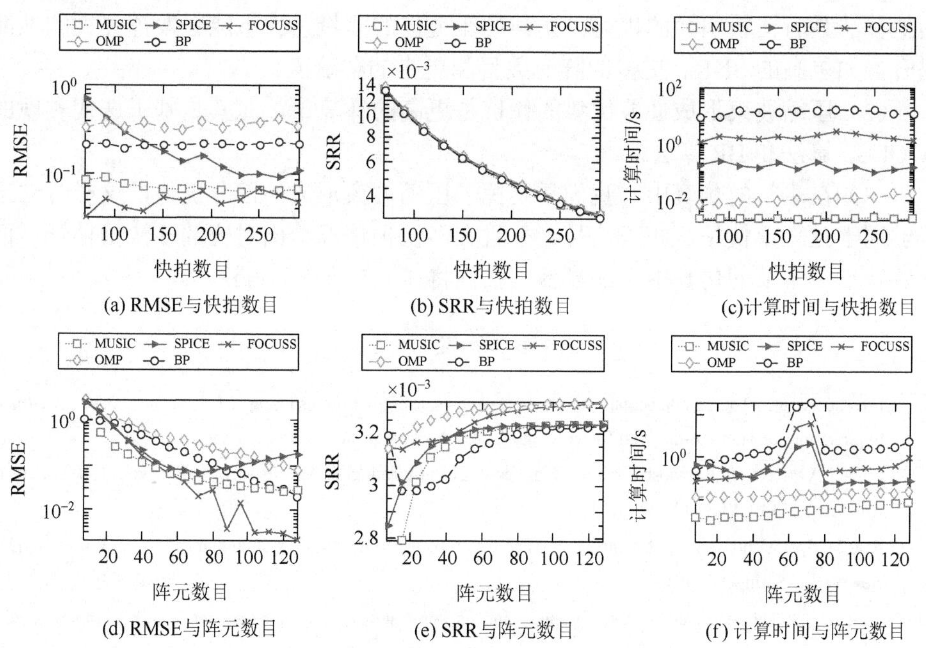

(a) RMSE与快拍数目　(b) SRR与快拍数目　(c)计算时间与快拍数目

(d) RMSE与阵元数目　(e) SRR与阵元数目　(f) 计算时间与阵元数目

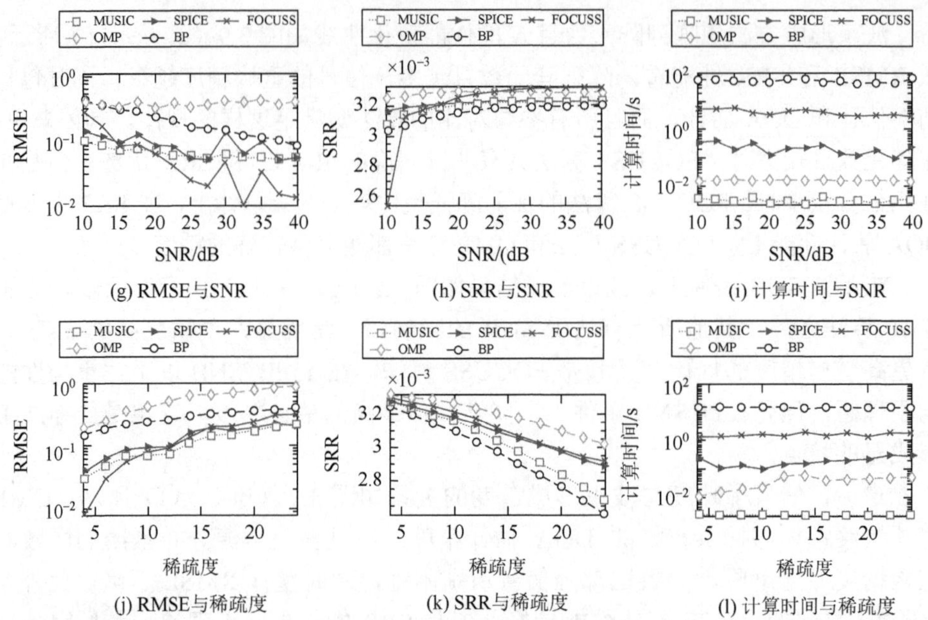

图 3.9　基于 MUSIC、SPICE、FOCUSS、OMP 和 BP 五种波束形成方法的估计性能与快拍数目、阵元数目、SNR 和稀疏度的关系

总结上述仿真结果，我们得出下述结论。

（1）FOCUSS 算法更接近于$\mathcal{L}_0$优化的理想性能，在波束形成应用中，相对于其他算法具有比较明显的优势，尤其是在更佳的测量条件下能够发挥强大的性能提升，如更高的 SNR、更多的阵元数目和更小的稀疏度。

（2）压缩波束形成性能优势的代价是更高的计算量，尤其是基于迭代实现的 FOCUSS 算法和 BP 算法。

（3）在本节的仿真中，我们只发挥了压缩波束形成的部分优势，这类方法还能够用于处理单快拍、相干信号，并且在多快拍情况给出对应的多快拍估计，而这些特点在本节的仿真中无法显示，我们将在 4.5 节专门讨论。

参 考 文 献

[1] Davenport M. The fundamentals of compressive sensing[M]//Leigsnering M. Sparsity-Based Multipath Exploitation for Through-the-Wall Radar Imaging. New York：Springer，2018：9-19.

[2] Xenaki A，Gerstoft P，Mosegaard K. Compressive beamforming[J]. The Journal of the Acoustical Society of America，2014，136（1）：260-271.

[3] Elad M. Sparse and Redundant Representations：From Theory to Applications in Signal and Image Processing[M]. New York：Springer，2010.

[4] Candes E J. The restricted isometry property and its implications for compressed sensing[J]. Comptes Rendus

Mathematique，2008，346（9-10）：589-592.

[5] Yang Z，Li J，Stoica P，et al. Sparse methods for direction-of-arrival estimation[M]//Chellappa R，Theodoridis S. Academic Press Library in Signal Processing，Volume 7. Amsterdam：Elsevier，2018：509-581.

[6] Wax M，Ziskind I. On unique localization of multiple sources by passive sensor arrays[J]. IEEE Transactions on Acoustics，Speech，and Signal Processing，1989，37（7）：996-1000.

[7] Davies M E，Eldar Y C. Rank awareness in joint sparse recovery[J]. IEEE Transactions on Information Theory，2012，58（2）：1135-1146.

[8] Nehorai A，Starer D，Stoica P. Direction-of-arrival estimation in applications with multipath and few snapshots[J]. Circuits，Systems and Signal Processing，1991，10（3）：327-342.

[9] Chen S S，Donoho D L，Saunders M A. Atomic decomposition by basis pursuit[J]. SIAM Review，2001，43（1）：129-159.

[10] Donoho D L，Elad M. Optimally sparse representation in general (nonorthogonal) dictionaries via ℓ1 minimization[J]. Proceedings of the National Academy of Sciences of the United States of America，2003，100（5）：2197-2202.

[11] Foucart S，Lai M J. Sparsest solutions of underdetermined linear systems via ℓ_q-minimization for $0<q\leqslant 1$[J]. Applied and Computational Harmonic Analysis，2009，26（3）：395-407.

[12] Donoho D L，Tsaig Y，Drori I，et al. Sparse solution of underdetermined systems of linear equations by stagewise orthogonal matching pursuit[J]. IEEE Transactions on Information Theory，2012，58（2）：1094-1121.

[13] Blumensath T，Davies M E. Iterative hard thresholding for compressed sensing[J]. Applied and Computational Harmonic Analysis，2009，27（3）：265-274.

[14] Ji S，Xue Y，Carin L. Bayesian compressive sensing[J]. IEEE Transactions on Signal Processing，2008，56（6）：2346-2356.

[15] Candès E J. Compressive sampling[C]. Proceedings of the International Congress of Mathematicians，Madrid，2006：1433-1452.

[16] Tibshirani R. Regression shrinkage and selection via the lasso[J]. Journal of the Royal Statistical Society Series B：Statistical Methodology，1996，58（1）：267-288.

[17] Belloni A，Chernozhukov V，Wang L. Square-root lasso：Pivotal recovery of sparse signals via conic programming[J]. Biometrika，2011，98（4）：791-806.

[18] Candes E，Romberg J. ℓ1-Magic：Recovery of sparse signals via convex programming[J]. Caltech，2005，4（14）：16.

[19] Kim S J，Koh K，Lustig M，et al. An interior-point method for large-scale ℓ1-regularized least squares[J]. IEEE Journal of Selected Topics in Signal Processing，2007，1（4）：606-617.

[20] Lustig M，Donoho D，Pauly J M. Sparse MRI：The application of compressed sensing for rapid MR imaging[J]. Magnetic Resonance in Medicine，2007，58（6）：1182-1195.

[21] Hale E T，Yin W，Zhang Y. A fixed-point continuation method for ℓ1-regularized minimization with applications to compressed sensing[R]. Houston：Rice University，2007.

[22] Becker S，Bobin J，Candès E J. NESTA：A fast and accurate first-order method for sparse recovery[J]. SIAM Journal on Imaging Sciences，2011，4（1）：1-39.

[23] Yang Z，Zhang C S，Deng J，et al. Orthonormal expansion ℓ1-minimization algorithms for compressed sensing[J]. IEEE Transactions on Signal Processing，2011，59（12）：6285-6290.

[24] Yangt J F，Zhang Y. Alternating direction algorithms for ℓ1-problems in compressive sensing[J]. SIAM Journal on

Scientific Computing，2011，33（1-2）：250-278.

[25] Gorodnitsky I F, Rao B D. Sparse signal reconstruction from limited data using FOCUSS: A re-weighted minimum norm algorithm[J]. IEEE Transactions on Signal Processing，1997，45（3）：600-616.

[26] Rao B D，Engan K，Cotter S F，et al. Subset selection in noise based on diversity measure minimization[J]. IEEE Transactions on Signal Processing，2003，51（3）：760-770.

[27] Davenport M A，Wakin M B. Analysis of orthogonal matching pursuit using the restricted isometry property[J]. IEEE Transactions on Information Theory，2010，56（9）：4395-4401.

[28] Aich A，Palanisamy P. On-grid DOA estimation method using orthogonal matching pursuit[C]. International Conference on Signal Processing and Communication， Coimbatore，2017：483-487.

[29] Wipe D P. Bayesian Methods for Finding Sparse Representations[D]. San Diego：University of California，2006.

[30] Tan X，Roberts W，Li J，et al. Sparse learning via iterative minimization with application to MIMO radar imaging[J]. IEEE Transactions on Signal Processing，2010，59（3）：1088-1101.

[31] Chen J，Huo X M. Theoretical results on sparse representations of multiple-measurement vectors[J]. IEEE Transactions on Signal Processing，2006，54（12）：4634-4643.

[32] Malioutov D，Cetin M，Willsky A S. A sparse signal reconstruction perspective for source localization with sensor arrays[J]. IEEE Transactions on Signal Processing，2005，53（8）：3010-3022.

[33] Yang Z，Xie L H. Enhancing sparsity and resolution via reweighted atomic norm minimization[J]. IEEE Transactions on Signal Processing，2015，64（4）：995-1006.

[34] Cotter S F，Rao B D，Engan K，et al. Sparse solutions to linear inverse problems with multiple measurement vectors[J]. IEEE Transactions on Signal Processing，2005，53（7）：2477-2488.

[35] Liao A P，Yang X B，Xie J X，et al. Analysis of convergence for the alternating direction method applied to joint sparse recovery[J]. Applied Mathematics and Computation，2015，269：548-557.

[36] Combettes P L，Pesquet J C. Proximal splitting methods in signal processing[M]//Bauschke H，Burchik R，Combettes P, et al. Fixed-Point Algorithms for Inverse Problems in Science and Engineering. New York: Springer，2011：185-212.

第4章 贝叶斯压缩波束形成基础

4.1 第一类与第二类贝叶斯方法

在第 3 章讨论的 CS 求解模型中，可以发现在噪声存在的条件下，我们求解的最小化问题都可以归结为

$$\min_{x} \| \boldsymbol{y} - \boldsymbol{A}\boldsymbol{x} \|_2^2 + \lambda g(\boldsymbol{x}) \tag{4.1}$$

其中，λ为正则化参数；函数 $g(\boldsymbol{x})$为范数类，如$\mathcal{L}_0$、$\mathcal{L}_1$及$\mathcal{L}_p$范数等。

因此，在这个框架中，稀疏信号重构问题也可以视为信号重构的正则化方法。除此之外，另一种重要的求解框架是贝叶斯框架。在 3.3 节正则化 FOCUSS 算法中，我们初步接触了贝叶斯方法，并了解到它的重要特征之一，即正则化参数的定义不再依赖人工设置，已经可以通过迭代方法估计得到。在贝叶斯框架中，有两种流行的算法开发途径：一类是 MAP 方法，也称为第一类贝叶斯方法；另一类是基于多层次贝叶斯模型的证据最大化方法，也称为第二类贝叶斯方法[1]。求解多层次贝叶斯模型（或称为贝叶斯推理）还常用其他方法，如期望最大法和变分法等。第二类贝叶斯方法，或称为贝叶斯压缩感知（Bayesian compressive sensing，BCS）方法，主要目标集中在参数估计，在文献中也常常称为稀疏贝叶斯学习（sparse Bayesian learning，SBL）。有趣的是，MAP 方法和 SBL 算法都可以解释和转换成对应的第一类框架，只不过参数λ的估计是显式迭代的。例如，利用适当的罚函数可以将第二类优化问题转化为第一类优化问题，并提出了重加权范数最小化算法来求解。经验表明，第二类方法的性能始终优于第一类方法。下面将对不同先验下的两种方法进行总结。

1. 第一类贝叶斯方法

根据贝叶斯定理，给出后验概率的关键是信号源的先验分布和似然分布。为此，我们引入幂指数尺度混合（power exponential scale mixture，PESM）族来给出信号的先验分布，这样做的优势在于，PESM 同时表示包含了高斯尺度混合（Gaussian scale mixture，GSM）和拉普拉斯尺度混合（Laplacian scale mixture，LSM）两种常用的先验族特殊情况，并提供了一种机制将当前使用第一类和第二类贝叶斯方法的框架统一起来，这就对我们掌握和理解贝叶斯方法颇有益处。这

部分内容强调广义 t (generalized t，GT)先验分布族是 PESM 的成员，它具有广泛的尾部形状，也包括了重尾的超高斯分布。

本章先从幂指数（power exponential，PE）分布入手，它在处理稳健回归问题的非正态性方面具有广泛应用。PE 分布关于原点对称，均值为零并具有如下参数化形式：

$$\mathrm{PE}(x\,;p,\gamma)=\frac{p\mathrm{e}^{-\left(\frac{|x|}{\gamma}\right)^p}}{2\gamma\Gamma\left(\frac{1}{p}\right)} \tag{4.2}$$

有些研究将这类分布称为广义高斯分布。从式（4.2）可以明显看出，$p=2$ 的结果呈正态分布，而 $p=1$ 与众所周知的双指数分布或拉普拉斯分布有关。$p<2$ 将获得比高斯分布更重的拖尾。在此基础上，我们引入 PESM 分布族，表示为

$$p(x)=\int p(x;\gamma)p(\gamma)\mathrm{d}\gamma=\int \mathrm{PE}(x;p,\gamma)p(\gamma)\mathrm{d}\gamma \tag{4.3}$$

选择分布参数 p 以及不同形式的混合概率密度 $p(\gamma)$ 将得到不同的分布，包括超高斯分布。由于采用了尺度混合表示，随机变量 x 可以用一个层次结构来生成，即用 $p(\gamma)$ 生成 γ，然后用 $p(x;\gamma)$ 生成 x。该框架的优势是，能够以一种简单的方式处理复杂的模型。例如，选择 $p=2$ 可以得到常见的 GSM 分布，而选择 $p=1$ 可以得到 LSM 分布。拉普拉斯分布可表示为 GSM 和指数混合概率密度 $p(\gamma)$，即

$$p(\gamma)=\frac{a^2}{2}\exp\left(-\frac{a^2}{2}\gamma\right)u(\gamma) \tag{4.4}$$

其中，$u(\cdot)$ 为单位阶跃函数。

将式（4.4）代入式（4.3）中得到

$$\begin{aligned}p(x)&=\int_0^\infty p(x;\gamma)p(\gamma)\mathrm{d}\gamma\\&=\int_0^\infty\frac{1}{\sqrt{2\pi\gamma}}\exp\left(-\frac{x^2}{2\gamma}\right)\times\frac{a^2}{2}\exp\left(-\frac{a^2}{2}\gamma\right)\mathrm{d}\gamma\\&=\frac{a}{2}\mathrm{e}^{-a|x|}\end{aligned} \tag{4.5}$$

$p(x)$ 为拉普拉斯分布。这表明，任何 LSM 分布都可以表示为具有额外层次结构的 GSM 分布。该特征在稀疏信号重构算法中发挥了重要作用。

PESM 分布是一个大类，我们没必要完整地讨论其特征，而且发现 GT 分布作为 MAP 方法的先验已经能够覆盖常见的所有正则化形式。以逆广义伽马（generalized Gamma，GG）分布作为混合概率密度 $p(\gamma)$，即

$$p(\gamma)=\mathrm{GG}(\gamma;-p,\delta,q)=\eta\left(\frac{\delta}{\gamma}\right)^{pq+1}\mathrm{e}^{-\left(\frac{\delta}{\gamma}\right)^{p}} \tag{4.6}$$

得到 GT 分布有如下形式：

$$\mathrm{GT}(x;\delta,p,q)=\frac{\eta}{\left(1+\frac{|x|^{p}}{q\delta^{p}}\right)^{q+\frac{1}{p}}} \tag{4.7}$$

其中，η 为归一化常数；p 和 q 为形状参数；δ 为尺度参数。

p 和 q 具有灵活性，提供了不同的拖尾性质：较大的 p 和 q 值对应薄拖尾分布，而较小的 p 和 q 值对应重拖尾分布。值得注意的是，当 $p=2$ 时就得到了 Student-t 分布，该分布是在 SBL 中广泛使用的先验，可以分解为逆伽马分布和 GSM 分布。当 $p=1$ 时可以得到广义双帕累托（generalized double Pareto，GDP）分布，它可以表示为拉普拉斯算子的混合尺度。在表 4.1 中，总结了一些取不同 GT 的形状参数 p 和 q 对应于稀疏信号重构的特殊情况。

表 4.1　GT 分布的变体及其与第一类算法的联系

q	p	先验分布	补偿函数	稀疏重构算法
$q\to\infty$	2	正态分布	$\|x\|_2$	岭回归
$q\to\infty$	1	拉普拉斯分布	$\|x\|_1$	LASSO
$q\geqslant 0$（自由度）	2	Student-t 分布	$\ln(\varepsilon+x^2)$	重加权$\mathcal{L}_2$
$q\geqslant 0$（形状参数）	1	GDP 分布	$\ln(\varepsilon+\|x\|)$	重加权$\mathcal{L}_1$

以 GT 分布为固定先验的方法，本节中称为第一类贝叶斯方法，实际上就是标准 MAP 估计。在这部分工作中，使用 PESM 作为稀疏先验导出第一类算法。以 GT 分布作为稀疏先验对结果进行特殊化处理，并表明该广义算法能够简化为已知的稀疏重构算法。

第一类贝叶斯方法或者 MAP 估计方法实际上就是选择一个稀疏性先验分布 $p(x)$，从而以特定的方式缩小候选解的空间，然后得到 $\boldsymbol{x}$ 的 MAP 估计。

$$\begin{aligned}\hat{\boldsymbol{x}}&=\arg\max_{\boldsymbol{x}}p(\boldsymbol{x}|\boldsymbol{y})\\&=\arg\max_{\boldsymbol{x}}p(\boldsymbol{y}|\boldsymbol{x})p(\boldsymbol{x})\\&=\arg\max_{\boldsymbol{x}}\left[\ln p(\boldsymbol{y}|\boldsymbol{x})+\ln p(\boldsymbol{x})\right]\end{aligned} \tag{4.8}$$

在阵列信号处理中，假设似然函数服从高斯分布：

$$p\left(\boldsymbol{y}\middle|\boldsymbol{x};\lambda\right)=\frac{1}{(2\pi\lambda)^{N/2}}\exp\left[-\frac{1}{2\lambda}\left\|\boldsymbol{y}-\boldsymbol{A}\boldsymbol{x}\right\|_2^2\right] \tag{4.9}$$

结合信号源的先验分布，MAP 估计通过最小化下述代价函数得到

$$J(\boldsymbol{x})=\|\boldsymbol{y}-\boldsymbol{A}\boldsymbol{x}\|_2^2+\lambda g(\boldsymbol{x}) \tag{4.10}$$

其中，正则化项 $g(\boldsymbol{x})$由对数先验 $\ln p(\boldsymbol{x})$决定。显然，代价函数（4.10）与函数（4.1）是完全一致的。现在，我们将进一步讨论先验和正则化项的关系，正如上面所讨论的，这些稀疏先验可以用一个层次或体系来表示，并且属于 PESM 族。为了与第二类贝叶斯方法形成对比，我们通过 PESM 表示将式（4.8）中的先验展开：

$$\begin{aligned}\hat{\boldsymbol{x}}&=\arg\max_{\boldsymbol{x}}p\left(\boldsymbol{x}\middle|\boldsymbol{y}\right)\\&=\arg\max_{\boldsymbol{x}}p\left(\boldsymbol{y}\middle|\boldsymbol{x}\right)\int p\left(\boldsymbol{x}\middle|\boldsymbol{y}\right)p(\boldsymbol{\gamma})\mathrm{d}\boldsymbol{\gamma}\end{aligned} \tag{4.11}$$

假设先验 $\boldsymbol{x}$ 具有可分离性，$p(x_i)$采用独立的尺度混合表示为

$$p(x_i)=\int_0^\infty p(x_i;\gamma_i)p(\gamma_i)\mathrm{d}\gamma_i \tag{4.12}$$

其中，γ_i 为隐藏变量，用于控制先验分布，由于在第二类贝叶斯方法中，γ_i 也是贝叶斯推理中待估计的变量，为了区别于信号源变量的层次性，有时也称为超参数（hyperparameter）。

对 $\boldsymbol{x}$ 进行 MAP 估计时，需要计算完整的数据对数似然，可以写成

$$\ln p(\boldsymbol{y},\boldsymbol{x},\gamma)=\ln p\left(\boldsymbol{y}\middle|\boldsymbol{x}\right)+\ln p(\boldsymbol{x};\boldsymbol{\gamma})+\ln p(\boldsymbol{\gamma}) \tag{4.13}$$

其中，超参数 $\boldsymbol{\gamma}=[\gamma_1,\gamma_2,\cdots,\gamma_M]^{\mathrm{T}}$ 。

通过期望最大（expectation maximization，EM）算法，构建 Q 函数并得到下述优化问题[1]：

$$\hat{\boldsymbol{x}}^{(k+1)}=\arg\min_{\boldsymbol{x}}\frac{1}{2\lambda}\|\boldsymbol{y}-\boldsymbol{A}\boldsymbol{x}\|_2^2+\sum_i w_i^{(k)}\left|x_i\right|^p \tag{4.14}$$

其中，系数

$$w_i^{(k)}=E_{\gamma_i|x_i^{(k)}}\left[\frac{1}{\gamma_i^p}\right]=-\frac{p'\left(x_i^{(k)}\right)}{p\times\left|x_i^{(k)}\right|^{p-1}\operatorname{sgn}(x_i)p\left(x_i^{(k)}\right)} \tag{4.15}$$

算法遵循 EM 的传统迭代过程，即在 E 步中计算权值式（4.15），在 M 步中求解加权范数最小化问题（4.14）。这个过程迭代交替进行，直到收敛。

GT 分布可以写成

$$p(x_i)\sim\exp(-f(x_i)) \tag{4.16}$$

也就是说，真正对权系数产生影响的应该是函数 $f(x_i)$，对于 GT 分布有

$$f(x_i)=\left(q+\frac{1}{p}\right)\ln\left(1+\frac{|x_i|^p}{q\delta^p}\right) \tag{4.17}$$

将先验分布式（4.16）代入式（4.15），得到关于 $f(x_i)$ 的计算表达式：

$$E_{\gamma_i|x_i}\left[\frac{1}{\gamma_i^p}\right]=\frac{f'(x_i)}{p\times|x_i|^{p-1}\operatorname{sgn}(x_i)} \tag{4.18}$$

再将 $f(x_i)$ 代入得到

$$E_{\gamma_i|x_i}\left[\frac{1}{\gamma_i^p}\right]=\frac{q+1/p}{q\delta^p+|x_i|^p} \tag{4.19}$$

这样权系数就可以写成

$$w_i^{(k)}=E_{\gamma_i|x_i^{(k)}}\left[\frac{1}{\gamma_i^p}\right]=\frac{q+1/p}{q\delta^p+\left|x_i^{(k)}\right|^p} \tag{4.20}$$

我们分析第一种特例，当 $q\to\infty$、$p=1$ 时，GT 分布可用来表示双指数分布或拉普拉斯分布。结合 MAP 估计推理过程，取式（4.20）中 $q\to\infty$、$p=1$ 的极限，我们得到 $w_i=1$ 在迭代过程中始终成立。也就是说，在 M 步中，优化问题变成

$$\hat{\boldsymbol{x}}^{(k+1)}=\arg\min_{\boldsymbol{x}}\frac{1}{2\lambda}\|\boldsymbol{y}-\boldsymbol{A}\boldsymbol{x}\|_2^2+\sum_i|x_i| \tag{4.21}$$

权重系数在迭代中不改变，这本质上这就是 LASSO 算法。

另一种参数选择方式是，取 $q=\varepsilon$，$p=1$，$\delta=1$，得到加权系数

$$w_i=(1+\varepsilon)/\left(\varepsilon+|x_i|\right) \tag{4.22}$$

等价于重加权的 $\mathcal{L}_1$ 算法。另外，当 GT 分布的尺度参数 $p=2$、$q=\varepsilon$、$\delta=\sqrt{2}$ 时，$w_i=(\varepsilon+1/2)\Big/\left(2\varepsilon+|x_i|^2\right)$，此时等价于重加权 $\mathcal{L}_2$ 算法。上述结论均可在表 4.1 中找到。

2. 第二类贝叶斯方法

在第二类贝叶斯方法中，我们可以使用证据最大化方法来估计超参量 $\boldsymbol{\gamma}$，而不是对超参量 γ 进行积分，即求解下述最大化问题：

$$\begin{aligned}\hat{\boldsymbol{\gamma}}&=\arg\max_{\gamma}p\left(\boldsymbol{\gamma}|\boldsymbol{y}\right)=\arg\max_{\gamma}p(\boldsymbol{\gamma})p(\boldsymbol{y};\boldsymbol{\gamma})\\&=\arg\max_{\gamma}p(\boldsymbol{\gamma})\int p\left(\boldsymbol{y}|\boldsymbol{x}\right)p(\boldsymbol{x};\boldsymbol{\gamma})\mathrm{d}\boldsymbol{x}\end{aligned} \tag{4.23}$$

可见，问题的关键在于获得条件概率密度 $p(\boldsymbol{y};\boldsymbol{\gamma})$，称为证据，其是通过在信号源 $\boldsymbol{x}$ 上积分得到的，其中包括超先验 $p(\boldsymbol{\gamma})$ 的加权。通过式（4.23）估计得到 $\boldsymbol{\gamma}$ 后，近似计算相关的后验 $p(\boldsymbol{x}|\boldsymbol{y})$，通常记为 $p(\boldsymbol{x}|\boldsymbol{y};\boldsymbol{\gamma})$，该近似分布的均值输出作为点估计，而稀疏性是通过促使许多 γ_i 元素为 0 来实现的[2]。

假设利用了 PESM 族中的一个稀疏先验为 $p(\boldsymbol{x})$，并且测量噪声是方差为 σ^2 的高斯噪声。因此 Q 函数为

$$
\begin{aligned}
Q(\boldsymbol{\gamma}) &= E_{\boldsymbol{x}|\boldsymbol{y};\boldsymbol{\gamma},\sigma^2}\left[\ln p\left(\boldsymbol{y}|\boldsymbol{x}\right)+\ln p(\boldsymbol{x};\boldsymbol{\gamma})+\ln p(\boldsymbol{\gamma})\right] \\
&\approx E_{\boldsymbol{x}|\boldsymbol{y};\boldsymbol{\gamma},\sigma^2}\left[\sum_i\left(-\frac{1}{p}\ln\gamma_i-\frac{|x_i|^p}{\gamma_i}+\ln p(\gamma_i)\right)\right]
\end{aligned} \tag{4.24}
$$

M 步是 Q 函数关于 $\boldsymbol{\gamma}$ 的最大化，我们只关心与 $\boldsymbol{\gamma}$ 有关的项，需要计算下列条件期望：

$$
E_{\boldsymbol{x}|\boldsymbol{y};\boldsymbol{\gamma}^{(t)},\sigma^2}\left[|x_i|^p\right]=\left\langle|x_i|^p\right\rangle \tag{4.25}
$$

考虑无信息超先验，即 $p(\gamma_i)=1$，式（4.24）变成

$$
Q(\boldsymbol{\gamma})=\sum_i-\frac{1}{p}\ln\gamma_i-\frac{\left\langle|x_i|^p\right\rangle}{\gamma_i} \tag{4.26}
$$

Q 函数对 γ_i 求导并将其设为零，得到

$$
\hat{\gamma}_i=\left\langle|x_i|^p\right\rangle \tag{4.27}
$$

如上所述，对于第二类贝叶斯方法，所关注的后验是 $p(\boldsymbol{x}|\boldsymbol{y};\boldsymbol{\gamma},\sigma^2)$，并将使用后验均值作为 $\boldsymbol{x}$ 的点估计，后验概率通过式（4.28）计算：

$$
\begin{aligned}
p\left(\boldsymbol{x}|\boldsymbol{y};\boldsymbol{\gamma},\sigma^2\right) &\propto p\left(\boldsymbol{y}|\boldsymbol{x}\right)p(\boldsymbol{x};\boldsymbol{\gamma}) \\
&\propto \exp\left\{-\frac{1}{2\sigma^2}\|\boldsymbol{y}-\boldsymbol{A}\boldsymbol{x}\|_2^2-\sum_i\frac{|x_i|^p}{\gamma_i}\right\}
\end{aligned} \tag{4.28}
$$

当 $p=2$ 时，对应 GSM 分布，表示为

$$
p\left(\boldsymbol{x}|\boldsymbol{y};\boldsymbol{\gamma},\sigma^2\right)=\mathcal{CN}(\boldsymbol{\mu},\boldsymbol{\Sigma}) \tag{4.29}
$$

其中，

$$
\boldsymbol{\mu}=\boldsymbol{\Gamma}\boldsymbol{A}^{\mathrm{H}}(\sigma^2\boldsymbol{I}+\boldsymbol{A}\boldsymbol{\Gamma}\boldsymbol{A}^{\mathrm{H}})^{-1}\boldsymbol{y} \tag{4.30}
$$

$$
\boldsymbol{\Sigma}=\boldsymbol{\Gamma}-\boldsymbol{\Gamma}\boldsymbol{A}^{\mathrm{H}}(\sigma^2\boldsymbol{I}+\boldsymbol{A}\boldsymbol{\Gamma}\boldsymbol{A}^{\mathrm{H}})^{-1}\boldsymbol{A}\boldsymbol{\Gamma} \tag{4.31}
$$

$\boldsymbol{\Gamma}=\mathrm{diag}(\boldsymbol{\gamma})$。我们注意到，在第二类方法中，当 ε 设为 0 时，我们会得到先验 $p(x)\sim 1/|x|$，它在零处急剧地达到峰值。但是，在第一类方法中 $\varepsilon=0$，即在重加权 $\mathcal{L}_2$ 中，增加了局部最小值的数量，收敛到次最优解的可能性更大。在 $\varepsilon=0$ 的情况下，得到 $\boldsymbol{\gamma}$ 的更新为

$$
\hat{\gamma}_i=\frac{\mu_i^2+\Sigma_{i,i}+2\varepsilon}{2\varepsilon+1} \tag{4.32}
$$

当 $p=1$ 时，对应 LSM，为了实现期望最大算法，E 步需要计算 $E(|x_i|;\boldsymbol{y},\boldsymbol{\gamma}^{(k)})$，此时是没办法获得解析式表达的，只能用数值法近似，同样也会导致式（4.24）

中的 Q 函数找不到解析方式表达，自然后续的表达也都会产生困难。一种可行的解决办法是，利用 LSM 家族包含在 GSM 家族中的结论，拉普拉斯分布也可以写成 GSM 家族成员的形式，因此可以使用三层层次结构得到封闭的后验表达式[3]。在这种情况下，得到的后验分布依然服从高斯分布。$p=2$ 和 $p=1$ 的唯一区别在于超参数的估计。例如，单变量情况下，设 $x\sim\mathcal{CN}(0,\gamma)$，$\gamma\sim\text{Exp}(\lambda/2)$，$\lambda\sim\text{Gamma}(\varepsilon,\varepsilon)$，并且 $\varepsilon>0$，积分可得到 x 的边缘概率密度 GT(1, 1, ε)。对于三层超参数 $\boldsymbol{\gamma}$ 和 λ 的估计，仍然可以采用期望最大化算法，使联合概率密度对数似然的条件期望最大化：

$$Q(\boldsymbol{\gamma},\lambda,\sigma^2)=E_{\boldsymbol{x}|\boldsymbol{y};\boldsymbol{\gamma},\lambda,\sigma^2}[\ln p(\boldsymbol{y},\boldsymbol{x};\boldsymbol{\gamma},\lambda,\sigma^2)] \tag{4.33}$$

在 E 步中，我们需要计算二阶矩，表示为

$$E_{\boldsymbol{x}|\boldsymbol{y};\boldsymbol{\gamma},\lambda,\sigma^2}\left[|x_i|^2\right]=\Sigma_{i,i}+|\mu_i|^2 \tag{4.34}$$

在 M 步中，Q 函数是关于超参数 $\boldsymbol{\gamma}$ 和 λ 的最大化：

$$Q(\boldsymbol{\gamma})=E_{\boldsymbol{x}|\boldsymbol{y};\boldsymbol{\gamma},\lambda,\sigma^2}\left[\ln p\left(\boldsymbol{y}|\boldsymbol{x}\right)+\ln p(\boldsymbol{x};\boldsymbol{\gamma})+\ln p\left(\boldsymbol{\gamma}|\lambda\right)+\ln p\left(\lambda|\varepsilon\right)\right] \tag{4.35}$$

将式（4.35）代入式（4.34），并且只保留与 $\boldsymbol{\gamma}$ 和 λ 有关的项：

$$\begin{aligned}Q(\boldsymbol{\gamma},\lambda)=&-\frac{1}{2}\sum_i\ln\gamma_i-\frac{1}{2}\sum_i\frac{\Sigma_{i,i}+|\mu_i|^2}{\gamma_i}\\&+\sum_i\left(2\ln\lambda-\frac{\lambda^2}{2}\gamma_i\right)+(\varepsilon-1)\ln\lambda-\varepsilon\lambda\end{aligned} \tag{4.36}$$

对 Q 函数 γ_i 和 λ 求导并设置为零，得到迭代公式为

$$\hat{\gamma}_i=\frac{-1+\sqrt{1+4\lambda^2\left(|\mu_i|^2+\Sigma_{i,i}\right)}}{2\lambda^2} \tag{4.37}$$

$$\hat{\lambda}=\frac{-\varepsilon+\sqrt{\varepsilon^2+4(2M+\varepsilon-1)\sum_i\gamma_i}}{2\sum_i\gamma_i} \tag{4.38}$$

当先验信息为 $p\left(\gamma_i|\lambda\right)=\text{Exp}(\lambda/2)$ 时，可以得到第二类贝叶斯 $\mathcal{L}_1$ 正则化方法，参数的更新规则为

$$\hat{\gamma}_i=\frac{-1+\sqrt{1+4\lambda\left(|\mu_i|^2+\Sigma_{i,i}\right)}}{2\lambda} \tag{4.39}$$

$$\hat{\lambda}=\frac{2M}{\sum_i\gamma_i} \tag{4.40}$$

第二类贝叶斯方法超参数更新规则如表 4.2 所示[1]。

表 4.2　第二类贝叶斯算法超参数更新规则

第二类贝叶斯算法	混合密度	更新规则
第二类$\mathcal{L}_1$	$p(\gamma_i \| \lambda) = \mathrm{Exp}(\lambda/2)$	$\hat{\gamma}_i = \dfrac{-1+\sqrt{1+4\lambda\left(\|\mu_i\|^2+\Sigma_{i,i}\right)}}{2\lambda}$，$\hat{\lambda} = \dfrac{2M}{\sum_i \gamma_i}$
第二类重加权$\mathcal{L}_1$	$p(\gamma_i \| \lambda) = \mathrm{Exp}(\lambda^2/2)$ $p(\lambda) = \mathrm{Gamma}(\varepsilon, \varepsilon)$	$\hat{\gamma}_i = \dfrac{-1+\sqrt{1+4\lambda^2\left(\|\mu_i\|^2+\Sigma_{i,i}\right)}}{2\lambda^2}$，$\hat{\lambda} = \dfrac{-\varepsilon+\sqrt{\varepsilon^2+4(2M+\varepsilon-1)\sum_i \gamma_i}}{2\sum_i \gamma_i}$
第二类重加权$\mathcal{L}_2$	$p(\gamma_i \| \varepsilon) = \text{Inv-Gamma}(\varepsilon, \varepsilon)$	$\hat{\gamma}_i = \dfrac{\mu_i^2+\Sigma_{i,i}+2\varepsilon}{2\varepsilon+1}$

3. 第一类与第二类贝叶斯方法的区别

第一类和第二类贝叶斯方法提供了两种截然不同的思路来解决稀疏信号重构的问题。为了了解这两种推断方法之间的理论差异，我们需要重新审视证据最大化中涉及的优化问题：

$$
\begin{aligned}
p(\boldsymbol{\gamma}|\boldsymbol{y}) &= \int p(\boldsymbol{\gamma},\boldsymbol{x}|\boldsymbol{y})\mathrm{d}\boldsymbol{x} = \int p(\boldsymbol{\gamma}|\boldsymbol{x},\boldsymbol{y})\,p(\boldsymbol{x}|\boldsymbol{y})\mathrm{d}\boldsymbol{x} \\
&= \int p(\boldsymbol{\gamma}|\boldsymbol{x})\,p(\boldsymbol{x}|\boldsymbol{y})\mathrm{d}\boldsymbol{x} = p(\boldsymbol{\gamma})\int \frac{p(\boldsymbol{x};\boldsymbol{\gamma})}{p(\boldsymbol{x})}\,p(\boldsymbol{x}|\boldsymbol{y})\mathrm{d}\boldsymbol{x}
\end{aligned} \tag{4.41}
$$

设 $\underline{S}$ 是非零项的下标，$\overline{S}$ 是零项的下标，即 $\varepsilon_{\overline{S}}=0$。则式（4.41）可以写成

$$
\begin{aligned}
p(\hat{\boldsymbol{\gamma}}|\boldsymbol{y}) &= \lim_{\varepsilon\to 0} p(\hat{\boldsymbol{\gamma}}+\varepsilon|\boldsymbol{y}) \\
&= p(\hat{\boldsymbol{\gamma}})\lim_{\varepsilon\to 0}\int_{\underline{S}}\int_{\overline{S}} \frac{p(\boldsymbol{x}_{\underline{S}};\hat{\boldsymbol{\gamma}}_{\underline{S}}+\varepsilon_{\underline{S}})\,p(\boldsymbol{x}_{\overline{S}}|\varepsilon_{\overline{S}})}{p(\boldsymbol{x}_{\underline{S}})\,p(\boldsymbol{x}_{\overline{S}})}\,p(\boldsymbol{x}|\boldsymbol{y})\mathrm{d}\boldsymbol{x}
\end{aligned} \tag{4.42}
$$

其中，$p(\boldsymbol{x}_{\overline{S}}|\varepsilon_{\overline{S}})$ 是均值为 0、方差为 $\varepsilon_{\overline{S}}$ 的正态分布。

因此，当 $\hat{r}_{\overline{S}}$ 趋近于 0 时，$p(\boldsymbol{x}_{\overline{S}}|\varepsilon_{\overline{S}}) \to \delta(\boldsymbol{x}_{\overline{S}})$，利用狄拉克函数的积分性质，得到

$$
p(\hat{\boldsymbol{\gamma}}|\boldsymbol{y}) = \int_{\underline{S}} \frac{p(\boldsymbol{x}_{\underline{S}};\hat{\boldsymbol{\gamma}}_{\underline{S}})}{p(\boldsymbol{x}_{\underline{S}})}\,\frac{p(\hat{\boldsymbol{\gamma}})}{p(\boldsymbol{x}_{\overline{S}}=0)}\,p(\boldsymbol{x}_{\underline{S}},\boldsymbol{x}_{\overline{S}}=0|\boldsymbol{y})\mathrm{d}\boldsymbol{x}_{\underline{S}} \tag{4.43}
$$

从式（4.43）中我们看到，代价函数等效于非零元素子空间上真实后验概率

密度 $p(\boldsymbol{x}|\boldsymbol{y})$的加权积分。这表明，在证据最大化框架中，我们不是寻找真实后验 $p(\boldsymbol{x}|\boldsymbol{y})$的模态，而是近似真实后验 $p\left(\boldsymbol{x}|\boldsymbol{y};\hat{\boldsymbol{\gamma}}\right)$，$\hat{\boldsymbol{\gamma}}$ 是通过最大化由非零元素子空间内真实后验积分加权获得的。这与第一类方法不同，后者以真实后验的模态作为信号源的点估计。因此，如果真实后验分布峰值不易获得，甚至出现多模态，那么第一类方法估计并不能很好地代表整个后验，而通过追踪真实后验，第二类方法在非零元素平均的意义上将产生更好的估计。第二类框架的另一个优点是它继承了多层次贝叶斯建模框架的鲁棒性。根据文献[4]的证明可知，超参数 $\boldsymbol{\gamma}$ 的估计受先验的错误选择的影响要小于参数 $\boldsymbol{x}$ 后验的影响。换句话说，在多层次结构中较深的参数对推断过程的影响较小，这允许我们较少关注 $p(\boldsymbol{\gamma})$的选择，而只需要保证各层次之间的共轭匹配关系以方便计算就行。最后，分层框架允许规定参数的维度和独立性，更少的参数大大缩小了搜索空间。这一点给像多快拍和块稀疏等一类高维度参数方法的求解创造了条件[5, 6]。

4.2　参数学习方法

4.2.1　期望最大法

EM 算法是一种迭代算法，它为最大似然（maximum likelihood，ML）估计提供了更多便捷和优势。至今，EM 算法已经成为一种流行的统计信号处理工具，应用于众多领域，如图像和视频的恢复和分割、图像建模、载波频率同步以及通信和语音识别中的信道估计。

在统计学中，EM 算法是一种在统计模型中寻找参数局部最大似然或 MAP 的迭代方法，不同于传统 MLE 和 MAP 估计的是，EM 算法模型依赖于未观察到的潜变量。在实现时，EM 迭代会交替执行期望（E）步骤和最大化（M）步骤，前者创建一个函数，使用当前最新的参数估计值来计算对数似然的期望，后者通过对数似然期望最大化搜寻或估计参数。这些参数估计值后续会用来确定下一个 E 步骤中潜变量的分布。

那么为什么要采用 EM 算法来替代 MLE 或 MAP 估计呢？根据 1.3 节的介绍我们发现，寻找最大似然解通常需要计算似然函数对所有未知值、参数和潜变量的导数，然后求解方程即可。在有潜变量的统计模型中，这通常难以完成。因为待求解的通常是一组连锁方程，其中参数的解需要潜变量的值，反之亦然，但将一组方程代入另一组方程会产生不可解的方程。

为了对这两组方程进行数值求解，可以考虑简单地给两组方程选择一个可能值为解，用它来估计第二个方程的解，然后用这些新值来搜寻第一个方程的解，在这两个方程之间交替，直到得到的值都收敛到不动点，实际上就是在待估计参数和潜变量之间交替进行。看起来这种思路能否奏效并不明显，但 EM 算法就是在这样的背景下证明有效。此外，可以证明，导数为零或无限接近零，这意味着该点要么是一个局部极大值，要么是一个鞍点[7]。一般情况下，可能会出现多个极大值，而且不能保证找到全局极大值，但是起码可以保证在迭代过程中，Q 函数在迭代增加的同时后验概率也会增加。

给定一个统计模型，生成一个测量数据组 $\boldsymbol{Y}$，模型包含一组未观测到的潜变量 $\boldsymbol{X}$ 和待估计的参数θ。另外给定似然函数 $p(\boldsymbol{Y},\boldsymbol{X};\theta)$，则参数$\theta$最大似然估计需要由下述测量数据边缘似然函数最大准则进行：

$$L(\theta;\boldsymbol{X})=p(\boldsymbol{Y};\theta)=\int p(\boldsymbol{Y},\boldsymbol{X};\theta)\mathrm{d}\boldsymbol{X}=\int p\left(\boldsymbol{Y}\middle|\boldsymbol{X};\theta\right)p(\boldsymbol{X};\theta)\mathrm{d}\boldsymbol{X} \tag{4.44}$$

然而，该代价函数通常是难以处理的，因为潜变量 $\boldsymbol{X}$ 是未观测到的，并且在获知参数θ之前，$\boldsymbol{X}$ 的分布是未知的。这样似乎就形成了一个不可解的循环。EM 算法通过迭代应用 E 步骤和 M 步骤这两步来寻找边缘似然的最大似然值。

E 步骤（期望步骤）：定义 $Q(\theta|\theta^{(t)})$为对数似然函数的期望值，该期望值是关于给定 $\boldsymbol{Y}$ 和当前参数估计$\theta^{(t)}$条件下 $\boldsymbol{X}$ 的条件分布，即

$$Q\left(\theta\middle|\theta^{(t)}\right)=E_{\boldsymbol{X}|\boldsymbol{Y},\theta^{(t)}}[\ln p(\boldsymbol{Y},\boldsymbol{X};\theta)] \tag{4.45}$$

M 步骤（最大化步骤）：计算 Q 函数的最大值，即

$$\theta^{(t+1)}=\arg\max_{\theta}Q\left(\theta\middle|\theta^{(t)}\right) \tag{4.46}$$

对比式（4.45）和式（4.44）发现，似乎 Q 函数的定义并不是直接承自于边缘似然的定义。实际上，这是考虑到在 Q 函数最大化过程中，只要我们同时保证后验概率密度函数也能达到最大即可。这里证明一个重要结论：EM 算法在通过迭代提高 Q 函数值的同时，也提高了对数后验概率密度函数 $\ln p(\boldsymbol{Y};\theta)$。根据贝叶斯定理：

$$p(\boldsymbol{Y},\boldsymbol{X};\theta)=p\left(\boldsymbol{X}\middle|\boldsymbol{Y};\theta\right)p(\boldsymbol{Y};\theta) \tag{4.47}$$

则有

$$\ln p(\boldsymbol{Y};\theta)=\ln p(\boldsymbol{Y},\boldsymbol{X};\theta)-\ln p\left(\boldsymbol{X}\middle|\boldsymbol{Y};\theta\right) \tag{4.48}$$

我们先两边同时乘以 $p(\boldsymbol{X}|\boldsymbol{Y};\theta^{(t)})$并同时对变量 $\boldsymbol{X}$ 积分，由于式（4.48）左侧与变量 $\boldsymbol{X}$ 无关，考虑到概率密度函数的规范性，左侧不变；剩下的部分我们得到

$$\begin{aligned}\ln p(\boldsymbol{Y};\theta)&=\int_{\boldsymbol{X}}p\left(\boldsymbol{X}\middle|\boldsymbol{Y};\theta^{(t)}\right)\ln p(\boldsymbol{Y},\boldsymbol{X};\theta)\mathrm{d}\boldsymbol{X}\\&\quad-\int_{\boldsymbol{X}}p\left(\boldsymbol{X}\middle|\boldsymbol{Y};\theta^{(t)}\right)\ln p(\boldsymbol{X},\boldsymbol{Y};\theta)\mathrm{d}\boldsymbol{X}\\&=Q\left(\theta\middle|\theta^{(t)}\right)+H\left(\theta\middle|\theta^{(t)}\right)\end{aligned} \tag{4.49}$$

其中，函数 $H(\theta|\theta^{(t)})$为信息熵的定义。

当式（4.49）中取到$\theta=\theta^{(t)}$时，得到

$$\ln p(\boldsymbol{Y};\theta^{(t)}) = Q\left(\theta^{(t)}\middle|\theta^{(t)}\right) + H\left(\theta^{(t)}\middle|\theta^{(t)}\right) \tag{4.50}$$

将式（4.49）和式（4.50）左右两端相减得到

$$\begin{aligned} &\ln p(\boldsymbol{Y};\theta) - \ln p(\boldsymbol{Y};\theta^{(t)}) \\ &= Q\left(\theta\middle|\theta^{(t)}\right) - Q\left(\theta^{(t)}\middle|\theta^{(t)}\right) + H\left(\theta\middle|\theta^{(t)}\right) - H\left(\theta^{(t)}\middle|\theta^{(t)}\right) \end{aligned} \tag{4.51}$$

根据 Gibbs 不等式：

$$H\left(\theta\middle|\theta^{(t)}\right) \geqslant H\left(\theta^{(t)}\middle|\theta^{(t)}\right) \tag{4.52}$$

所以我们得到最终结论

$$\ln p(\boldsymbol{Y};\theta) - \ln p(\boldsymbol{Y};\theta^{(t)}) \geqslant Q\left(\theta\middle|\theta^{(t)}\right) - Q\left(\theta^{(t)}\middle|\theta^{(t)}\right) \tag{4.53}$$

由式（4.53）可见，我们在每次迭代中找到参数估计值$\theta^{(t+1)}$使 Q 函数增加的同时，必然同时导致后验概率密度函数增加，这也正是我们期望的。

下面我们开始应用 EM 算法，讨论贝叶斯压缩波束形成是怎样在 EM 框架下完成求解的。首先通过多层次贝叶斯模型给出在贝叶斯推理中需要用到的所有变量依赖关系，如图 4.1 所示，图中单圈节点为超参数，双圈节点为测量变量，箭头给出了变量的条件关系[8]。

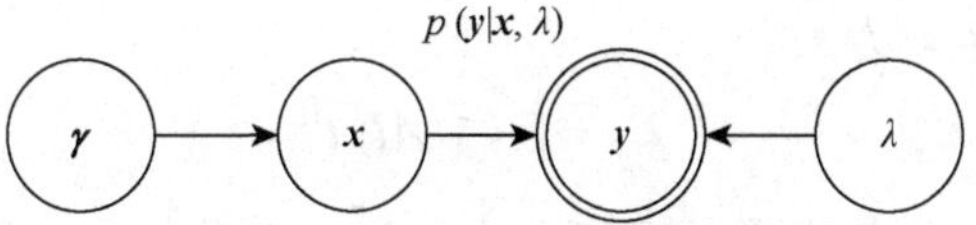

图 4.1　多层次贝叶斯模型

根据图 4.1，给定源信号 $\boldsymbol{x}$ 和噪声方差 λ，测量数据 $\boldsymbol{y}$ 的似然函数可以表示为

$$p\left(\boldsymbol{y}\middle|\boldsymbol{x};\lambda\right) = \frac{1}{(2\pi\lambda)^{N/2}}\exp\left[-\frac{1}{2\lambda}\|\boldsymbol{y}-\boldsymbol{A}\boldsymbol{x}\|_2^2\right] \tag{4.54}$$

其中，将方差写成 $\lambda=\sigma^2$。注意到，为了方便讨论在本节只涉及的单快拍模型求解，因此似然函数式（4.54）中直接采用矢量$\mathcal{L}_2$ 范数。为了满足共轭匹配关系，假设信号源的先验满足高斯分布：

$$p(\boldsymbol{x};\boldsymbol{\gamma}) = \mathcal{CN}(0,\boldsymbol{\Gamma}) \tag{4.55}$$

其中，协方差矩阵 $\boldsymbol{\Gamma}=\mathrm{diag}(\boldsymbol{\gamma})$；$\boldsymbol{\gamma}$ 为超参数矢量，各元素满足 $\gamma_m \geqslant 0, m=1,2,\cdots,M$ 。这里协方差矩阵为对角阵的含义是，信号源各快拍之间满足非相干的性质，从而大幅度减少超参数的维度，避免过拟合。但实际上，非相干信号源假设并不意味着贝叶斯压缩波束形成方法不能处理相干信号源问题。

根据贝叶斯定理，给定似然函数式（4.54）和先验分布式（4.55），$\boldsymbol{x}$ 的后验概率分布可表示为

$$p\left(\boldsymbol{x}\middle|\boldsymbol{y};\boldsymbol{\gamma},\lambda\right)=\frac{p\left(\boldsymbol{y}\middle|\boldsymbol{x};\lambda\right)p(\boldsymbol{x};\boldsymbol{\gamma})}{p\left(\boldsymbol{y};\boldsymbol{\gamma},\lambda\right)}=\mathcal{CN}(\boldsymbol{\mu},\boldsymbol{\Sigma}) \tag{4.56}$$

其中，

$$\boldsymbol{\Sigma}=\left(\lambda^{-1}\boldsymbol{A}^{\mathrm{H}}\boldsymbol{A}+\boldsymbol{\Gamma}^{-1}\right)^{-1} \tag{4.57}$$

$$\boldsymbol{\mu}=\lambda^{-1}\boldsymbol{\Sigma}\boldsymbol{A}^{\mathrm{H}}\boldsymbol{y} \tag{4.58}$$

分别为后验协方差矩阵和均值。

在式（4.56）中，有必要说明第二项到第三项的由来。第二项中的分母可以写成

$$p(\boldsymbol{y};\boldsymbol{\gamma},\lambda)=\int_{\boldsymbol{x}}p\left(\boldsymbol{y}\middle|\boldsymbol{x};\lambda\right)p(\boldsymbol{x};\boldsymbol{\gamma})\mathrm{d}\boldsymbol{x} \tag{4.59}$$

即分母可以视为分子的归一化系数，而分母在对 $\boldsymbol{x}$ 积分以后与 $\boldsymbol{x}$ 无关，因此后验概率密度的分布情况由分子决定。似然概率密度函数 $p(\boldsymbol{y}|\boldsymbol{x};\lambda)$服从高斯分布，其均值 $\boldsymbol{Ax}$ 中变量 $\boldsymbol{x}$ 的分布也满足高斯分布，如式（4.55）所示，因此根据共轭匹配关系，后验也必然服从高斯分布。同理，我们可以根据式（4.59）得到边缘分布 $p(\boldsymbol{y};\boldsymbol{\gamma},\lambda)$的计算结果：

$$p(\boldsymbol{y};\boldsymbol{\gamma},\lambda)=\frac{1}{(2\pi)^{N/2}}\frac{1}{\left|\boldsymbol{\Sigma}_y\right|^{1/2}}\exp\left(-\frac{1}{2}\boldsymbol{y}^{\mathrm{H}}\boldsymbol{\Sigma}_y^{-1}\boldsymbol{y}\right) \tag{4.60}$$

其中，数据协方差矩阵为

$$\boldsymbol{\Sigma}_y=\lambda\boldsymbol{I}+\boldsymbol{A}\boldsymbol{\Gamma}\boldsymbol{A}^{\mathrm{H}} \tag{4.61}$$

即测量数据 $\boldsymbol{y}$ 也满足均值为零的高斯分布。通过矩阵推导，我们可以利用$\boldsymbol{\Sigma}_y$来表示后验协方差和均值分别为

$$\boldsymbol{\Sigma}=\boldsymbol{\Gamma}-\boldsymbol{\Gamma}\boldsymbol{A}^{\mathrm{H}}\boldsymbol{\Sigma}_y^{-1}\boldsymbol{A}\boldsymbol{\Gamma} \tag{4.62}$$

$$\boldsymbol{\mu}=\boldsymbol{\Gamma}\boldsymbol{A}^{\mathrm{H}}\boldsymbol{\Sigma}_y^{-1}\boldsymbol{y} \tag{4.63}$$

可见，只要确定超参数$\boldsymbol{\gamma}$ 和 λ 的估计值并将其代入式（4.62）和式（4.63）中，即可给出信号源的估计均值和协方差。

下面采用 EM 算法求解超参数$\boldsymbol{\gamma}$ 和 λ 的迭代格式。首先，我们计算完整数据似然函数：

$$p(\boldsymbol{x},\boldsymbol{y};\boldsymbol{\gamma},\lambda)=p\left(\boldsymbol{y}\middle|\boldsymbol{x};\lambda\right)p(\boldsymbol{x};\boldsymbol{\gamma}) \tag{4.64}$$

注意到，与传统 EM 算法稍有区别，尽管我们的最终目的是估计信号源 $\boldsymbol{x}$，但是我们并非通过 EM 算法直接估计 $\boldsymbol{x}$，而是以 $\boldsymbol{x}$ 为潜变量估计超参数$\boldsymbol{\gamma}$ 和 λ，然后再结合迭代式（4.62）和式（4.63）实现，这一过程构建了贝叶斯压缩感知技术的基本框架，即先通过某种算法学习超参数，再来估计后验分布，而超参数学习方法才是本节主要关心的内容，即后面的两种算法——变分法和证据最大法也都是围绕超参数学习讨论的。

以完整数据似然函数式（4.64）为基础，我们要分别构建关于超参数$\boldsymbol{\gamma}$和 λ 的 Q 函数为

$$Q(\lambda)=E_{\boldsymbol{x}|\boldsymbol{y}}\left[\ln p\left(\boldsymbol{y}|\boldsymbol{x};\lambda\right)\right] \tag{4.65}$$

$$Q(\boldsymbol{\gamma})=E_{\boldsymbol{x}|\boldsymbol{y}}[\ln p(\boldsymbol{x};\boldsymbol{\gamma})] \tag{4.66}$$

关于 Q 函数的式（4.65）和式（4.66），有以下三点要进行说明。

（1）将函数名 $Q(\boldsymbol{\gamma};\boldsymbol{x}^{(t)},\boldsymbol{\gamma}^{(t)},\lambda^{(t)})$省略成$Q(\boldsymbol{\gamma})$。$Q(\lambda)$ 情况类似，并且后续为了简洁，在保证不会产生混淆的前提下，我们会经常使用这种省略。

（2）计算期望是针对后验概率密度函数 $p(\boldsymbol{x}|\boldsymbol{y};\boldsymbol{\gamma},\lambda)$，但是基于简洁考虑，仍然采用了简写 $E_{\boldsymbol{x}|\boldsymbol{y}}$。

（3）计算期望的对象只包含了与最大化参数有关的对数概率密度。例如，$Q(\boldsymbol{\gamma})$ 在 M 步骤里是对$\boldsymbol{\gamma}$进行最大化求解，而似然概率密度函数 $p(\boldsymbol{y}|\boldsymbol{x};\lambda)$中不包含该超参数，所以对于最大化问题没有作用，自然可以省去计算，$Q(\lambda)$ 亦然。

在式（4.65）中，我们先整理对数似然函数的形式，并忽略与超参数 λ 的无关项，得到

$$\ln p\left(\boldsymbol{y}|\boldsymbol{x};\lambda\right)\propto-\frac{N}{2}\ln\lambda-\frac{1}{2\lambda}\|\boldsymbol{y}-\boldsymbol{A}\boldsymbol{x}\|_2^2 \tag{4.67}$$

则

$$\begin{aligned}Q(\lambda)&=E_{\boldsymbol{x}|\boldsymbol{y}}\left[\ln p\left(\boldsymbol{y}|\boldsymbol{x};\lambda\right)\right]\\&\propto-\frac{N}{2}\ln\lambda-\frac{1}{2\lambda}E_{\boldsymbol{x}|\boldsymbol{y}}\left[\|\boldsymbol{y}-\boldsymbol{A}\boldsymbol{x}\|_2^2\right]\\&\propto-\frac{N}{2}\ln\lambda-\frac{1}{2\lambda}\left(\|\boldsymbol{y}-\boldsymbol{A}\boldsymbol{\mu}\|_2^2+\mathrm{tr}(\boldsymbol{A}\boldsymbol{\Sigma}\boldsymbol{A}^{\mathrm{H}})\right)\end{aligned} \tag{4.68}$$

令

$$\frac{\mathrm{d}Q(\lambda)}{\mathrm{d}\lambda}=0 \tag{4.69}$$

解得

$$\lambda=\frac{1}{N}\left(\|\boldsymbol{y}-\boldsymbol{A}\boldsymbol{\mu}\|_2^2+\mathrm{tr}(\boldsymbol{A}\boldsymbol{\Sigma}\boldsymbol{A}^{\mathrm{H}})\right) \tag{4.70}$$

下面推导超参数$\boldsymbol{\gamma}$的更新公式。根据式（4.66），计算对数先验概率密度函数，忽略与$\boldsymbol{\gamma}$无关的项，得到

$$\begin{aligned}\ln p(\boldsymbol{x};\boldsymbol{\gamma})&\propto\ln\left(\frac{1}{|\boldsymbol{\Gamma}|^{1/2}}\right)-\frac{1}{2}\boldsymbol{x}^{\mathrm{H}}\boldsymbol{\Gamma}^{-1}\boldsymbol{x}\\&\propto-\frac{1}{2}\ln|\boldsymbol{\Gamma}|-\frac{1}{2}\boldsymbol{x}^{\mathrm{H}}\boldsymbol{\Gamma}^{-1}\boldsymbol{x}\end{aligned} \tag{4.71}$$

因此

$$\begin{aligned} Q(\boldsymbol{\gamma}) &= E_{\boldsymbol{x}|\boldsymbol{y}}[\ln p(\boldsymbol{x};\boldsymbol{\gamma})] \\ &\propto -\frac{1}{2}\ln|\boldsymbol{\Gamma}| - \frac{1}{2}\mathrm{tr}(\boldsymbol{\Gamma}^{-1}(\boldsymbol{\Sigma} + \boldsymbol{\mu}\boldsymbol{\mu}^{\mathrm{H}})) \end{aligned} \tag{4.72}$$

这里我们注意到，超参数矢量$\boldsymbol{\gamma} = [\gamma_1, \gamma_2, \cdots, \gamma_M]^{\mathrm{T}}$中各元素是相互独立、无相互耦合的，因此在更新时也可以分别独立更新。所以这里令

$$\frac{\mathrm{d}Q(\boldsymbol{\gamma})}{\mathrm{d}\gamma_m} = 0 \tag{4.73}$$

得到更新公式：

$$\gamma_m = \Sigma_{mm} + |\mu_m|^2 \tag{4.74}$$

其中，Σ_{mm}表示对角线上的第m个元素；μ_m表示条件后验均值的第m个元素。但是在实际应用中，很容易将所有元素合并更新，参考式（4.74）得到

$$\boldsymbol{\gamma} = \mathrm{diag}(\boldsymbol{\Sigma}) + \boldsymbol{\mu} \odot \boldsymbol{\mu} \tag{4.75}$$

上述公式中，$\mathrm{diag}(\boldsymbol{\Sigma})$表示取矩阵$\boldsymbol{\Sigma}$的对角线元素。

至此，我们给出基于 EM 算法贝叶斯压缩波束形成的具体流程，总结如下。

算法 4.1　基于 EM 算法贝叶斯压缩波束形成的具体流程

输入：流形矩阵$\boldsymbol{A}$，测量数据$\boldsymbol{y}$。

输出：信号源幅值估计均值$\boldsymbol{\mu}$和协方差$\boldsymbol{\Sigma}$。

步骤：

（1）初始化超参数$\boldsymbol{\gamma}$和λ。

（2）根据式（4.62）和式（4.63）更新条件后验的协方差和均值。

（3）根据式（4.75）更新超参数$\boldsymbol{\gamma}$。

（4）根据式（4.70）更新超参数λ。

（5）检验收敛性，如果达到收敛条件则终止，输出估计值；如果未达到收敛条件，则返回步骤（2）。

我们在迭代中采用的收敛条件如下所示。

（1）达到最大迭代次数。

（2）参数相邻两次迭代相对变化小于预设的容限ε，例如，以$\boldsymbol{\gamma}$为标准

$$\frac{\left\|\boldsymbol{\gamma}^{(t)} - \boldsymbol{\gamma}^{(t-1)}\right\|}{\left\|\boldsymbol{\gamma}^{(t)}\right\|} \leqslant \varepsilon \tag{4.76}$$

也可采用以$\boldsymbol{\mu}$的变化率为标准。

上述两种收敛条件达到任意一条即结束迭代。

4.2.2 变分法

1.3 节讨论了贝叶斯方法用于参数估计的两种典型实现手段，即 MLE 和 MAP 估计。EM 算法是一种迭代的 MLE 算法，具有许多优点，已成为解决统计信号处理问题的标准方法。然而，EM 算法有一定的要求，限制了它对复杂问题的适用性。本节介绍一种被称为变分贝叶斯推理（variational Bayesian inference）的新方法，本书中简称为变分法[9]。这种方法放松了 EM 算法的一些限制要求，并迅速得到普及。此外，可以证明 EM 算法可以视为变分法的特例。

假设 $\boldsymbol{y}$ 是观测值，$\boldsymbol{\theta}$ 是生成 $\boldsymbol{y}$ 的一个模型的未知参数。本书中多次提到估计，实际上估计是指从不完整、不确定和含噪声的数据中计算出参数的近似值；而在本章及后续章节中反复提及的贝叶斯推理（Bayesian inference），指在给定观测值 $\boldsymbol{y}$ 时根据证据来推算后验概率密度函数 $p(\boldsymbol{\theta}|\boldsymbol{y})$的过程。

针对我们给出的上述解释，以 MLE 问题为例：

$$\hat{\boldsymbol{\theta}}_{\mathrm{ML}} = \arg\max_{\boldsymbol{\theta}} p(\boldsymbol{y};\boldsymbol{\theta}) \tag{4.77}$$

其中，$p(\boldsymbol{y};\boldsymbol{\theta})$描述了基于模型生成观测值 $\boldsymbol{y}$ 和参数 $\boldsymbol{\theta}$ 的概率关系。在此，我们需要澄清两种表示 $p(\boldsymbol{y};\boldsymbol{\theta})$和 $p(\boldsymbol{y}|\boldsymbol{\theta})$之间的区别。$p(\boldsymbol{y};\boldsymbol{\theta})$中 $\boldsymbol{\theta}$ 是参数，并且作为 $\boldsymbol{\theta}$ 的函数称为似然函数；$p(\boldsymbol{y}|\boldsymbol{\theta})$中 $\boldsymbol{\theta}$ 是随机变量。

在很多情况下，直接计算似然函数 $p(\boldsymbol{y};\boldsymbol{\theta})$是很复杂的，或者无法直接计算或优化。在这种情况下，通过引入潜变量 $\boldsymbol{z}$，可以极大简化似然概率的计算。这种随机变量充当链接，通过贝叶斯定律将观测值连接到未知参数。潜变量的选择与问题或模型有关。然而，顾名思义，潜变量是观测不到的，它们提供了充足的信息，保证条件概率 $p(\boldsymbol{y}|\boldsymbol{z})$能够方便计算。除此之外，潜变量在统计模型中还扮演着另一种重要角色。它们是概率机制的重要组成部分，该机制可以用于生成观测值，并且可以通过"多层次贝叶斯模型"的图形来非常简洁地描述。实际上，图 4.1 就是一种有效的多层次贝叶斯模型图，我们将更详细和系统地说明它的构成。

一旦引入潜变量和它们的先验概率 $p(\boldsymbol{z};\boldsymbol{\theta})$，就可以获得似然或者边缘似然，其调用方式通常为潜变量积分（这个过程有时称为边缘化）

$$p(\boldsymbol{y};\boldsymbol{\theta}) = \int p(\boldsymbol{y},\boldsymbol{z};\boldsymbol{\theta})\mathrm{d}\boldsymbol{z} = \int p\left(\boldsymbol{y}\middle|\boldsymbol{z};\boldsymbol{\theta}\right) p(\boldsymbol{z};\boldsymbol{\theta})\mathrm{d}\boldsymbol{z} \tag{4.78}$$

这种看似简单的积分恰恰是贝叶斯方法论的关键，因为通过这种方法，我们既可以得到似然函数，也可以通过使用贝叶斯定理，得到潜变量的条件后验概率密度：

$$p(z|\boldsymbol{y};\boldsymbol{\theta})=\frac{p(\boldsymbol{y}|z;\boldsymbol{\theta})p(z;\boldsymbol{\theta})}{p(\boldsymbol{y};\boldsymbol{\theta})} \tag{4.79}$$

得到了潜变量的后验概率，实际上也相当于实现了潜变量的推理。反过来我们会问，既然能够得到似然函数公式（4.78），那么直接计算证据最大化估计参数不就可以了？但事实是，在大多数情况下，由式（4.78）中的积分难以得到闭合形式的表达式。因此，贝叶斯推理的主要工作集中在绕过或近似计算该积分的技术上。

为此，可以采用两种方法。第一种是数值采样方法，也称为蒙特卡罗方法[10]，第二种是确定性近似。显然，我们在 4.2.1 节讨论的 EM 算法也是一种贝叶斯推理方法，假设得到了条件后验 $p(z|\boldsymbol{y};\boldsymbol{\theta})$，在不显式计算似然函数的情况下，迭代最大化实现参数估计。这种方法的严重缺点是，即使不考虑参数和变量的相互依赖性，很多情况下这个后验是得不到的。但是，贝叶斯推理的发展允许我们通过近似后验来绕过这个困难，这种技术称为“变分贝叶斯”，也就是本节讲述的变分法。顺便一提，MAP 推理是 ML 方法的扩展，但是贝叶斯推理与 MAP 不同，它可以视为对所有可用的 $\boldsymbol{\theta}$ 信息进行平均，并非简单地取 MAP 峰值，由于 MAP 能够利用的信息少得多，有人戏称它更像是“穷人”的贝叶斯推理[11]。

下面讨论贝叶斯推理的一种实用的可视化工具——多层次贝叶斯模型。模型提供了一种框架，用于表示统计建模随机变量之间的依赖关系，模型构成了一种直观、简洁的表达方式，以图形方式表达概率系统中涉及的实体之间的交互。多层次贝叶斯模型是一个图形，其节点对应问题的随机变量，连接线表示变量之间的依赖关系。例如，从节点 A 到节点 B 的箭头表示变量 B 在统计上依赖于变量 A。当然，模型也可以是无向的，称为马尔可夫随机模型[12]。在本书中，我们将重点关注有向图模型，其中，所有的有向箭头都被视为具有从父到子的方向，表示相应随机变量之间的条件依赖关系。此外，我们假设有向图是非循环的（即不包含循环）。

设 $G=(V,E)$是有向无环图，其中，V 是节点的集合，E 是有向边的集合。x_s 表示与节点 s 和 $\pi(s)$相关联的随机变量，其中 $\pi(s)$为节点 s 的父变量。与每一个节点 s 相关联的还有一个条件概率密度 $p(x_s|x_{\pi(s)})$，它定义了给定其父变量值时 x_s 的分布。因此，要完全定义这样一个多层次贝叶斯模型，除了图形结构外，还应指定每个节点的条件概率密度分布。一旦这些分布已知，所有变量的联合概率密度分布可以计算为如下乘积：

$$p(\boldsymbol{x})=\prod_{s}p(x_s|x_{\pi(s)}) \tag{4.80}$$

上述方程构成了有向图模型的正式定义，概率分布按上述方程中指定的方式分解，因此也被称为链式法则。

图4.2给出了一个有向图模型的示例。节点处描述的随机变量为 a、b、c 和 d。每个节点表示一个条件概率密度，以此量化节点与其父节点的依赖关系。节点处的概率密度可能不完全已知，可以由一组参数 θ_i 进行参数化。使用概率链式法则我们将联合概率分布写成：

$$p(a,b,c,d;\theta)=p(a;\theta_1)p\left(b\middle|a;\theta_2\right)p\left(c\middle|a;\theta_3\right)p\left(d\middle|a,b,c;\theta_4\right) \tag{4.81}$$

我们可以通过考虑图形结构所隐含的独立性来简化此表达式。通常，在图模型中，每个节点与其父节点的祖先节点无关，只考虑与父节点的依赖性。这意味着节点 d 不依赖节点 a。因此，我们可以将式（4.81）化简为

$$p(a,b,c,d;\theta)=p(a;\theta_1)p\left(b\middle|a;\theta_2\right)p\left(c\middle|a;\theta_3\right)p\left(d\middle|b,c;\theta_4\right) \tag{4.82}$$

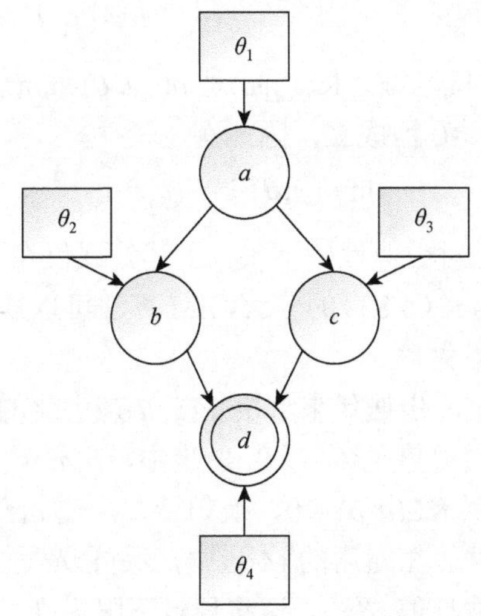

图4.2 多层次贝叶斯模型图示例

图模型中需要注意到的另一个信息点是，在存在观测值或测量数据的情况下，需要把随机变量区分为可观测到的（即可获取的观测值）和隐藏的、不能直接观测到的。假设可观测到的数据是通过某种机制生成的，可以通过图模型的结构来描述，那么在该模型中可能涉及作为中间采样和计算步骤的隐藏变量。另外，图模型可以是参数化的，也可以是非参数化的。如果图模型是参数化的，则参数出现在一些节点的条件概率分布中，这些分布是参数化的概率模型。一旦图模型完全确定，所有参数依赖性及其概率密度都已指定，则可以定义几个推理问题，例如，计算随机变量子集的边缘分布，在给定部分变量值的条件下计算其余变量子集的条件分布，以及计算这些密度的最大点，也称为模值（mode）点。在图模型

参数化的情况下，我们需要在给定一些测量数据时学习参数的合适值，而相关的学习方法是本节研究的重点。

为说清楚 EM 算法的局限性和变分法的本质，我们将从 Kullback-Leibler 差异（Kullback-Leibler divergence）（或称 KL 距离）的角度进一步阐述 EM 算法。将对数似然写成下述形式[13]：

$$\ln p(\boldsymbol{y};\boldsymbol{\theta}) = F(q,\boldsymbol{\theta}) + \mathrm{KL}\left(q\| p\right) \tag{4.83}$$

其中，

$$F(q,\boldsymbol{\theta}) = \int q(\boldsymbol{z})\ln\left(\frac{p(\boldsymbol{y},\boldsymbol{z},\boldsymbol{\theta})}{q(\boldsymbol{z})}\right)\mathrm{d}\boldsymbol{z} \tag{4.84}$$

$$\mathrm{KL}\left(q\| p\right) = -\int q(\boldsymbol{z})\ln\left(\frac{p\left(\boldsymbol{z}|\,\boldsymbol{y};\boldsymbol{\theta}\right)}{q(\boldsymbol{z})}\right)\mathrm{d}\boldsymbol{z} \tag{4.85}$$

$q(\boldsymbol{z})$可以是任意的概率密度函数；$\mathrm{KL}(q\|p)$是 $p(\boldsymbol{z}|\boldsymbol{y};\boldsymbol{\theta})$和 $q(\boldsymbol{z})$之间的 KL 距离，根据信息熵的性质，$\mathrm{KL}(q\|p)\geqslant 0$ 恒成立，因此有

$$\ln p(\boldsymbol{y};\boldsymbol{\theta}) \geqslant F(q,\boldsymbol{\theta}) \tag{4.86}$$

换句话说，$F(q, \boldsymbol{\theta})$是对数似然的下限。上述等式仅在 $\mathrm{KL}(q\|p) = 0$ 时成立，此时有 $p(\boldsymbol{z}|\boldsymbol{y}; \boldsymbol{\theta}) = q(\boldsymbol{z})$。根据式（4.83）的分解，EM 算法可以视为对数似然下限 $F(q, \boldsymbol{\theta})$ 关于密度 q 和参数 $\boldsymbol{\theta}$ 的最大化。

具体来说，EM 通过两步迭代来解决 $F(q, \boldsymbol{\theta})$最大化的问题，从而最大化对数似然函数。假设参数的当前值是 $\boldsymbol{\theta}^{(t)}$，在 E 步中，$F(q, \boldsymbol{\theta}^{(t)})$相对于 $q(\boldsymbol{z})$最大化。要实现这一目标，只需要令 $\mathrm{KL}(q\|p) = 0$，换句话说，使 $q(\boldsymbol{z}) = p(\boldsymbol{z}|\boldsymbol{y}; \boldsymbol{\theta}^{(t)})$。在这种情况下，下限等于对数似然。在随后的 M 步中，保持 $\boldsymbol{\theta}^{(t)}$固定，下限 $F(q, \boldsymbol{\theta}^{(t)})$关于 $\boldsymbol{\theta}$ 最大化，得到一些新的估计值 $\boldsymbol{\theta}^{(t+1)}$。这将导致下限提高，相应的对数似然也将增加。$q(\boldsymbol{z})$是由 $\boldsymbol{\theta}^{(t)}$确定的并且在 M 步保持固定，它不会等于新的后验 $p(\boldsymbol{z}|\boldsymbol{y}; \boldsymbol{\theta}^{(t+1)})$，KL 距离也不会为 0。因此，对数似然的增加大于下限的增加。如果我们将 $q(\boldsymbol{z}) = p(\boldsymbol{z}|\boldsymbol{y}; \boldsymbol{\theta}^{(t)})$代入下限并展开式（4.84），得到

$$\begin{aligned} F(q,\boldsymbol{\theta}) &= \int p\left(\boldsymbol{z}|\,\boldsymbol{y};\boldsymbol{\theta}^{(t)}\right)\ln p(\boldsymbol{y},\boldsymbol{z};\boldsymbol{\theta})\mathrm{d}\boldsymbol{z} - \int p\left(\boldsymbol{z}|\,\boldsymbol{y};\boldsymbol{\theta}^{(t)}\right)\ln p\left(\boldsymbol{z}|\,\boldsymbol{y};\boldsymbol{\theta}^{(t)}\right)\mathrm{d}\boldsymbol{z} \\ &= Q\left(\boldsymbol{\theta}|\boldsymbol{\theta}^{(t)}\right) + c \end{aligned} \tag{4.87}$$

其中，第二项是 $q(\boldsymbol{z}) = p(\boldsymbol{z}|\boldsymbol{y}; \boldsymbol{\theta}^{(t)})$的熵，与参数 $\boldsymbol{\theta}$ 无关，因此用常数 c 来表示，后文中将沿用这种写法，并在不会产生混淆的前提下，省略 c。比较式（4.87）和式（4.45）可见，EM 算法就是通过直接使用式（4.87）中的 Q 函数，并在 M 步完成对 $\boldsymbol{\theta}$ 的最大化。

在说明中容易发现，EM 算法要求 $p(\boldsymbol{z}|\boldsymbol{y}; \boldsymbol{\theta})$是明确已知的，或者至少我们应该

能够计算 Q 函数的条件期望。一般来说，在给定观测值的条件下，我们需要知道隐藏变量的条件概率分布函数，以便使用 EM 算法。尽管 $p(\boldsymbol{z}|\boldsymbol{y};\boldsymbol{\theta})$通常比 $p(\boldsymbol{y};\boldsymbol{\theta})$更容易推理，但在很多问题中是难以做到的，此时 EM 算法难以应用。

那么这样的问题怎么解决呢？一种思路是，可以通过在式（4.83）的分解中假设一个合适的 $q(\boldsymbol{z})$就不需要明确知道 $p(\boldsymbol{z}|\boldsymbol{y};\boldsymbol{\theta})$的具体形式了。在 E 步中，我们发现 $q(\boldsymbol{z})$要保持 $\boldsymbol{\theta}$ 固定时使下限 $F(q,\boldsymbol{\theta})$最大化。要实现该最大化，必须假定 $q(\boldsymbol{z})$具有某种特殊形式。这里将 $q(\boldsymbol{z})$假设为 $q(\boldsymbol{z};\omega)$的形式，这里 ω 是一个参数集。因此下界 $F(\omega,\boldsymbol{\theta})$成为这些参数的函数，并且在 E 步中关于 ω 最大化，在 M 步中关于 $\boldsymbol{\theta}$ 最大化。

但是，在一般形式中，下界 $F(q,\boldsymbol{\theta})$是 q 的函数，可以视为一种映射。它将函数 $q(\boldsymbol{z})$作为输入，并返回函数的值作为输出。这自然地引出了泛函导数的概念，它类似于函数导数，给出了对输入函数无穷小变化的泛函变化，称之为变分微积分，已应用于数学、物理科学和工程的许多领域，如流体力学、传热和控制理论。虽然在变分理论中没有近似，但是变分方法可以用于在贝叶斯推理问题中寻找近似解。那么具体怎么做呢？可以通过假设优化所形成的函数具有特定形式。例如，我们假设只有二次函数或固定基函数的线性组合函数。对于贝叶斯推理，在应用上已经非常成功的一种特殊形式是因式分解。这种因式分解近似的思想源于理论物理，在该领域它被称为平均值场论（mean field theory）[14]。

这种近似方法是这样应用的：将潜变量 $\boldsymbol{z}$ 分为 M 个部分 $\boldsymbol{z}_i(i=1,2,\cdots,M)$。$q(\boldsymbol{z})$相对于 $\boldsymbol{z}_i$ 分解为

$$q(\boldsymbol{z})=\prod_{i=1}^{M}q_i(\boldsymbol{z}_i) \tag{4.88}$$

因此，我们希望能够找到使下界 $F(q,\boldsymbol{\theta})$最大化并满足式（4.88）形式的 $q(\boldsymbol{z})$。不妨将式（4.88）代入下界 $F(q,\boldsymbol{\theta})$的表达式，并简记 $q_i=q_i(\boldsymbol{z}_i)$，得到

$$\begin{aligned}F(q,\boldsymbol{\theta})&=\int\prod_i q_i\left[\ln p(\boldsymbol{y},\boldsymbol{z};\boldsymbol{\theta})-\sum_i\ln q_i\right]\mathrm{d}\boldsymbol{z}\\&=\int\prod_i q_i\ln p(\boldsymbol{y},\boldsymbol{z};\boldsymbol{\theta})\prod_i\mathrm{d}\boldsymbol{z}_i-\sum_i\int\prod_j q_j\ln q_i\mathrm{d}\boldsymbol{z}_i\\&=\int q_j\left[\ln p(\boldsymbol{y},\boldsymbol{z};\boldsymbol{\theta})\prod_{i\neq j}(q_i\mathrm{d}\boldsymbol{z}_i)\right]\mathrm{d}\boldsymbol{z}_j-\int q_j\ln q_j\mathrm{d}\boldsymbol{z}_j-\sum_{i\neq j}\int q_i\ln q_i\mathrm{d}\boldsymbol{z}_i\\&=-\mathrm{KL}\left(q_j\|\tilde{p}\right)-\sum_{i\neq j}\int q_i\ln q_i\mathrm{d}\boldsymbol{z}_i\end{aligned} \tag{4.89}$$

其中，定义

$$\ln\tilde{p}(\boldsymbol{y},\boldsymbol{z}_j;\boldsymbol{\theta})=\left\langle\ln p(\boldsymbol{y},\boldsymbol{z};\boldsymbol{\theta})\right\rangle_{i\neq j}=\int\ln p(\boldsymbol{y},\boldsymbol{z};\boldsymbol{\theta})\prod_{i\neq j}(q_i\mathrm{d}\boldsymbol{z}_i) \tag{4.90}$$

这里为了表达简洁，引入均值的记法$\langle p\rangle_q$表示函数p关于分布或函数q的均值或期望。注意到，式（4.90）中采用了进一步的简化，即

$$\langle \ln p(\boldsymbol{y},\boldsymbol{z};\boldsymbol{\theta})\rangle_{i\neq j} = \langle \ln p(\boldsymbol{y},\boldsymbol{z};\boldsymbol{\theta})\rangle_{\prod_{i\neq j} q_i} \tag{4.91}$$

显然当 KL 距离变为 0 时，式（4.89）中的下限最大化，这时有

$$q_j = \tilde{p}(\boldsymbol{y},\boldsymbol{z}_j;\boldsymbol{\theta}) \tag{4.92}$$

换句话说，$q_j^*(\boldsymbol{z}_j)$最优分布的表达式为

$$\ln q_j^*(\boldsymbol{z}_j) = \langle \ln p(\boldsymbol{y},\boldsymbol{z};\boldsymbol{\theta})\rangle_{i\neq j} + c \tag{4.93}$$

实际上，式（4.93）中的常量被用于概率密度函数归一化，因此不妨直接引入归一化系数：

$$q_j^*(\boldsymbol{z}_j) = \frac{\exp\left(\langle \ln p(\boldsymbol{y},\boldsymbol{z};\boldsymbol{\theta})\rangle_{i\neq j}\right)}{\int \exp\left(\langle \ln p(\boldsymbol{y},\boldsymbol{z};\boldsymbol{\theta})\rangle_{i\neq j}\right)\mathrm{d}\boldsymbol{z}_j} \tag{4.94}$$

当$j=1,2,\cdots,M$时上述方程是一组满足因式分解式（4.88）下界最大化的一致性条件的集合。这里没有给出明确的解，因为$q_j(\boldsymbol{z}_j)$依赖于$i\neq j$时的其他因子。因此，通过循环迭代这些因式然后依次使用更新后的估计值替换每个分布可以找到一致的解。

综上所述，变分法由以下两个步骤构成。

变分 E 步：通过求解式（4.94）来估计$q^{(t+1)}(\boldsymbol{z})$以最大化$F(q,\boldsymbol{\theta}^{(t)})$。

变分 M 步：搜寻参数$\boldsymbol{\theta}^{(t+1)}$以最大化$F(q^{(t+1)},\boldsymbol{\theta})$。

以上述步骤为基础，下面来求解单快拍信号源重构问题：

$$\boldsymbol{y} = \boldsymbol{A}\boldsymbol{x} + \boldsymbol{n} \tag{4.95}$$

其中，测量数据$\boldsymbol{y}\in\mathbb{C}^N$；待重构的信号源$\boldsymbol{x}\in\mathbb{C}^M$；加性噪声$\boldsymbol{n}$假设服从独立、零均值、高斯分布的

$$\boldsymbol{n} \sim \mathcal{CN}(0,\beta^{-1}\boldsymbol{I}) \tag{4.96}$$

为了方便，采用方差倒数β表征噪声功率。因此，得到似然函数为

$$p(\boldsymbol{y};\boldsymbol{x},\beta) = \mathcal{CN}(\boldsymbol{A}\boldsymbol{x},\beta^{-1}\boldsymbol{I}) \tag{4.97}$$

为了满足贝叶斯推理条件，需要给信号源赋予先验分布，这么做会在估计中引入偏差，但也大大降低了方差。在这里，我们采用一种最常见的先验分布，即独立的零均值高斯先验分布：

$$p(\boldsymbol{x};\alpha) = \prod_{m=1}^{M} \mathcal{CN}\left(x_m | 0,\alpha^{-1}\right) \tag{4.98}$$

该先验分布意味着所有信号源的分布是独立且相同的，稀疏性由参数α控制。

该问题的模型图如图 4.3 所示。注意，这里 $\boldsymbol{x}$ 是隐藏的随机变量，模型参数是关于 $\boldsymbol{x}$ 的先验参数 α 和加性噪声的方差倒数 β。

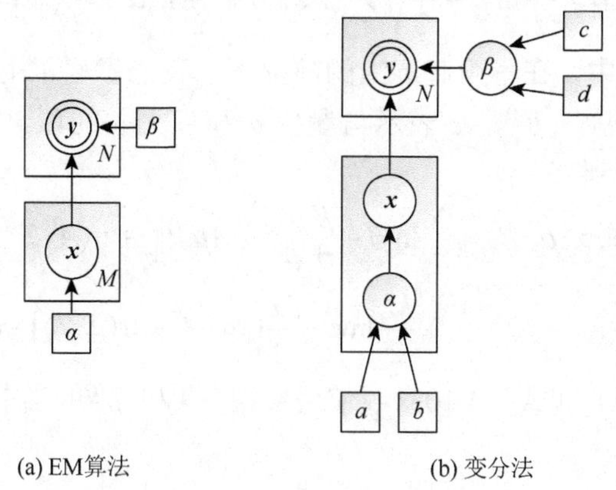

(a) EM算法　(b) 变分法

图 4.3　单快拍信号源重构问题的多层次贝叶斯模型图

贝叶斯推理需要计算隐藏变量的后验概率：

$$p\left(\boldsymbol{x}\middle|\boldsymbol{y};\alpha,\beta\right)=\frac{p\left(\boldsymbol{y}\middle|\boldsymbol{x};\beta\right)p(\boldsymbol{x};\alpha)}{p(\boldsymbol{y};\alpha,\beta)} \tag{4.99}$$

在分母中的边缘似然可以视为归一化系数，通过式（4.100）计算：

$$\begin{aligned}p(\boldsymbol{y};\alpha,\beta)&=\int p\left(\boldsymbol{y}\middle|\boldsymbol{x};\beta\right)p(\boldsymbol{x};\alpha)\mathrm{d}\boldsymbol{x}\\&=\mathcal{CN}\left(\boldsymbol{y}\middle|0,\beta^{-1}\boldsymbol{I}+\alpha^{-1}\boldsymbol{A}\boldsymbol{A}^{\mathrm{H}}\right)\end{aligned} \tag{4.100}$$

同时容易得到，潜变量的后验概率密度为

$$p\left(\boldsymbol{x}\middle|\boldsymbol{y};\alpha,\beta\right)=\mathcal{CN}\left(\boldsymbol{x}\middle|\boldsymbol{\mu},\boldsymbol{\Sigma}\right) \tag{4.101}$$

其中，潜变量的协方差和均值矢量分别为

$$\boldsymbol{\Sigma}=(\beta\boldsymbol{A}^{\mathrm{H}}\boldsymbol{A}+\alpha\boldsymbol{I})^{-1} \tag{4.102}$$

$$\boldsymbol{\mu}=\beta\boldsymbol{\Sigma}\boldsymbol{A}^{\mathrm{H}}\boldsymbol{y} \tag{4.103}$$

下面考虑采用 EM 算法来估计参数 α 和 β。将参数初始化为某些值 $\alpha^{(0)}$、$\beta^{(0)}$ 后，算法将通过迭代执行以下步骤实现。

E 步：计算联合概率的对数期望值：

$$\begin{aligned}Q^{(t)}(\boldsymbol{y},\boldsymbol{x};\alpha,\beta)&=\left\langle\ln p(\boldsymbol{y},\boldsymbol{x};\alpha,\beta)\right\rangle_{p\left(\boldsymbol{x}\middle|\boldsymbol{y};\alpha^{(t)},\beta^{(t)}\right)}\\&=\left\langle\ln p\left(\boldsymbol{y}\middle|\boldsymbol{x};\alpha,\beta\right)p(\boldsymbol{x};\alpha,\beta)\right\rangle_{p\left(\boldsymbol{x}\middle|\boldsymbol{y};\alpha^{(t)},\beta^{(t)}\right)}\end{aligned} \tag{4.104}$$

将似然和先验概率密度表达式代入式（4.104），得到

$$\begin{aligned}Q^{(t)}(\boldsymbol{y},\boldsymbol{x};\alpha,\beta)&=\left\langle\frac{N}{2}\ln\beta-\frac{\beta}{2}\|\boldsymbol{y}-\boldsymbol{A}\boldsymbol{x}\|^2+\frac{M}{2}\ln\alpha-\frac{\alpha}{2}\|\boldsymbol{x}\|^2\right\rangle+\text{const}\\&=\frac{N}{2}\ln\beta-\frac{\beta}{2}\left\langle\|\boldsymbol{y}-\boldsymbol{A}\boldsymbol{x}\|^2\right\rangle+\frac{M}{2}\ln\alpha-\frac{\alpha}{2}\left\langle\|\boldsymbol{x}\|^2\right\rangle+\text{const}\end{aligned}\tag{4.105}$$

在式（4.105）中，在不引起混淆的前提下，我们省略了用于计算期望的条件后验概率密度 $p(\boldsymbol{x}|\boldsymbol{y};\alpha^{(t)},\beta^{(t)})$，$c$ 表示与参量 α 和 β 无关的项。将式（4.101）代入式（4.105）中，得到

$$\begin{aligned}Q^{(t)}(\boldsymbol{y},\boldsymbol{x};\alpha,\beta)=&\frac{N}{2}\ln\beta-\frac{\beta}{2}\left(\left\|\boldsymbol{y}-\boldsymbol{A}\boldsymbol{\mu}^{(t)}\right\|^2+\mathrm{tr}(\boldsymbol{A}^{\mathrm{H}}\boldsymbol{\Sigma}^{(t)}\boldsymbol{A})\right)\\&+\frac{M}{2}\ln\alpha-\frac{\alpha}{2}\left(\left\|\boldsymbol{\mu}^{(t)}\right\|^2+\mathrm{tr}(\boldsymbol{\Sigma}^{(t)})\right)+\text{const}\end{aligned}\tag{4.106}$$

根据式（4.102）和式（4.103），使用参数 $\alpha^{(t)}$和 $\beta^{(t)}$的当前估计可以计算 $\boldsymbol{\Sigma}^{(t)}$和 $\boldsymbol{\mu}^{(t)}$：

$$\boldsymbol{\Sigma}^{(t)}=(\beta^{(t)}\boldsymbol{A}^{\mathrm{H}}\boldsymbol{A}+\alpha^{(t)}\boldsymbol{I})^{-1}\tag{4.107}$$

$$\boldsymbol{\mu}^{(t)}=\beta^{(t)}\boldsymbol{\Sigma}^{(t)}\boldsymbol{A}^{\mathrm{H}}\boldsymbol{y}\tag{4.108}$$

M 步：相对于参数 α 和 β，最大化 $Q^{(t)}(\boldsymbol{y},\boldsymbol{x};\alpha,\beta)$：

$$\frac{\partial Q^{(t)}(\boldsymbol{y},\boldsymbol{x};\alpha,\beta)}{\partial\alpha}=\frac{M}{2\alpha}-\frac{1}{2}\left(\left\|\boldsymbol{\mu}^{(t)}\right\|^2+\mathrm{tr}(\boldsymbol{\Sigma}^{(t)})\right)\tag{4.109}$$

$$\frac{\partial Q^{(t)}(\boldsymbol{y},\boldsymbol{x};\alpha,\beta)}{\partial\beta}=\frac{N}{2\beta}-\frac{1}{2}\left(\left\|\boldsymbol{y}-\boldsymbol{A}\boldsymbol{\mu}^{(t)}\right\|^2+\mathrm{tr}(\boldsymbol{A}^{\mathrm{H}}\boldsymbol{\Sigma}^{(t)}\boldsymbol{A})\right)\tag{4.110}$$

取导数值为 0，我们得到以下等式来更新参数 α 和 β：

$$\alpha^{(t+1)}=\frac{M}{\left\|\boldsymbol{\mu}^{(t)}\right\|^2+\mathrm{tr}(\boldsymbol{\Sigma}^{(t)})}\tag{4.111}$$

$$\beta^{(t+1)}=\frac{N}{\left\|\boldsymbol{y}-\boldsymbol{A}\boldsymbol{\mu}^{(t)}\right\|^2+\mathrm{tr}(\boldsymbol{A}^{\mathrm{H}}\boldsymbol{\Sigma}^{(t)}\boldsymbol{A})}\tag{4.112}$$

注意到，根据参数 α 和 β 的正实数特征，式（4.111）和式（4.112）应保证对参数 α 和 β 产生正估计，这是一个硬性要求，否则对于概率密度函数来说就失去意义了。所以初始化参数为 $\alpha>0$ 和 $\beta>0$，尽管不同的初始化可能会获得不同的局部最大值，但是由第 7 章中卡尔曼-贝叶斯压缩感知原理的证明可知，该初始化都能保证参数 α 和 β 收敛到有意义的估计值。

在上述 EM 算法的描述中，由于对信号源使用平稳高斯先验分布，共轭匹配关系使得我们可以精确地计算边缘似然，贝叶斯推理也存在解析解。然而重要的是，在许多情况下，要灵活地模拟信号的局部特征，这是简单的平稳高斯先验分布无法做到的。因此，考虑一个非平稳高斯先验分布，即信号源具有不同的方差倒数 α_m，形成矢量高斯分布：

$$p(\boldsymbol{x};\boldsymbol{\alpha})=\prod_{m=1}^{M}\mathcal{CN}\left(x_m\middle|0,\alpha_m^{-1}\right) \tag{4.113}$$

然而，由于观测值几乎与待估计的参数一样多，这种模型可能存在过参数化，从而引起过拟合。为此，将精度参数 $\boldsymbol{\alpha}=[\alpha_1,\cdots,\alpha_M]^{\mathrm{T}}$ 视为随机变量并对其施加伽马先验分布来约束：

$$p(\boldsymbol{\alpha};a,b)=\prod_{m=1}^{M}\mathrm{Gamma}\left(\alpha_m\middle|a,b\right) \tag{4.114}$$

由 1.3.5 节可知，选择伽马分布为先验是因为它与高斯分布共轭。同理，我们假设噪声方差倒数 β 服从伽马分布：

$$p(\beta;c,d)=\mathrm{Gamma}\left(\beta\middle|c,d\right) \tag{4.115}$$

上述过程对应的模型图如图 4.3（b）所示，图中可以清晰地看到，潜变量 $\boldsymbol{x}$ 与其他参数变量的依赖关系。以此为依据，通过贝叶斯推理计算后验分布：

$$p\left(\boldsymbol{x},\boldsymbol{\alpha},\beta\middle|\boldsymbol{y}\right)=\frac{p\left(\boldsymbol{y}\middle|\boldsymbol{x};\beta\right)p\left(\boldsymbol{x};\boldsymbol{\alpha}\right)p(\boldsymbol{\alpha})p(\beta)}{p(\boldsymbol{y})} \tag{4.116}$$

然而此时，边缘似然函数

$$p(\boldsymbol{y})=\int p\left(\boldsymbol{y}\middle|\boldsymbol{x};\beta\right)p(\boldsymbol{x};\alpha)p(\boldsymbol{\alpha})p(\beta)\mathrm{d}\mathbf{x}\mathrm{d}\alpha\mathrm{d}\beta \tag{4.117}$$

是无法解析计算给出的，导致我们也无法计算式（4.117）中的归一化常数。因此，我们只能采用近似贝叶斯推理的方法，特别是变分法。假设信号源 $\boldsymbol{x}$ 与方差参数 $\boldsymbol{\alpha}$ 和 β 之间满足后验独立性：

$$p\left(\boldsymbol{x},\boldsymbol{\alpha},\beta\middle|\boldsymbol{y};a,b,c,d\right)\approx q(\boldsymbol{x},\boldsymbol{\alpha},\beta)=q(\boldsymbol{x})q(\boldsymbol{\alpha})q(\beta) \tag{4.118}$$

由式（4.93）可以计算近似的后验分布 q。只保留 $\ln q(\boldsymbol{x})$中与 $\boldsymbol{x}$ 有关的项，我们可以得到

$$\begin{aligned}
\ln q(\boldsymbol{x})&=\left\langle\ln p(\boldsymbol{y},\boldsymbol{x},\boldsymbol{\alpha},\beta)\right\rangle_{q(\boldsymbol{\alpha})q(\beta)}+\mathrm{const}\\
&=\left\langle\ln p\left(\boldsymbol{y}\middle|\boldsymbol{x};\beta\right)p(\boldsymbol{x};\boldsymbol{\alpha})\right\rangle_{q(\boldsymbol{\alpha})q(\beta)}+\mathrm{const}\\
&=\left\langle\ln p\left(\boldsymbol{y}\middle|\boldsymbol{x};\beta\right)+\ln p(\boldsymbol{x};\boldsymbol{\alpha})\right\rangle_{q(\boldsymbol{\alpha})q(\beta)}+\mathrm{const}\\
&=\left\langle-\frac{\beta}{2}(\boldsymbol{y}-\boldsymbol{A}\boldsymbol{x})^{\mathrm{H}}(\boldsymbol{y}-\boldsymbol{A}\boldsymbol{x})-\frac{1}{2}\sum_{m=1}^{M}\alpha_m\left|x_m\right|^2\right\rangle+\mathrm{const}\\
&=-\frac{\langle\beta\rangle}{2}\left(\boldsymbol{y}^{\mathrm{H}}\boldsymbol{y}-\boldsymbol{y}^{\mathrm{H}}\boldsymbol{A}\boldsymbol{x}-\boldsymbol{x}^{\mathrm{H}}\boldsymbol{A}^{\mathrm{H}}\boldsymbol{y}+\boldsymbol{x}^{\mathrm{H}}\boldsymbol{A}^{\mathrm{H}}\boldsymbol{A}\boldsymbol{x}\right)-\frac{1}{2}\sum_{m=1}^{M}\langle\alpha_m\rangle\left|x_m\right|^2+\mathrm{const}\\
&=-\frac{1}{2}\boldsymbol{x}^{\mathrm{H}}\left(\langle\beta\rangle\boldsymbol{A}^{\mathrm{H}}\boldsymbol{A}+\langle\boldsymbol{\Lambda}\rangle\right)\boldsymbol{x}+\frac{1}{2}\langle\beta\rangle\boldsymbol{y}^{\mathrm{H}}\boldsymbol{A}\boldsymbol{x}+\frac{1}{2}\langle\beta\rangle\boldsymbol{x}^{\mathrm{H}}\boldsymbol{A}^{\mathrm{H}}\boldsymbol{y}+\mathrm{const}\\
&=-\frac{1}{2}\boldsymbol{x}^{\mathrm{H}}\boldsymbol{\Sigma}^{-1}\boldsymbol{x}+\frac{1}{2}\boldsymbol{x}^{\mathrm{H}}\boldsymbol{\Sigma}^{-1}\boldsymbol{\mu}+\frac{1}{2}\boldsymbol{\mu}^{\mathrm{H}}\boldsymbol{\Sigma}^{-1}\boldsymbol{x}+\mathrm{const}
\end{aligned} \tag{4.119}$$

在上述推导中，引入了对角阵 $\boldsymbol{\Lambda}=\text{diag}(\alpha_1,\cdots,\alpha_M)$。最后一步中，给出的是矢量高斯分布指数项与 $\boldsymbol{x}$ 有关的展开表达式，从式（1.56）可以得到，对比最后一步和倒数第二步的各项，得到信号源 $\boldsymbol{x}$ 也满足高斯分布：

$$q(\boldsymbol{x})=\mathcal{CN}\left(\boldsymbol{x}\middle|\boldsymbol{\mu},\boldsymbol{\Sigma}\right) \tag{4.120}$$

而且其协方差和均值可以直接通过比对得到

$$\boldsymbol{\Sigma}=\left(\langle\beta\rangle\boldsymbol{A}^{\mathrm{H}}\boldsymbol{A}+\langle\boldsymbol{\Lambda}\rangle\right)^{-1} \tag{4.121}$$

$$\boldsymbol{\mu}=\langle\beta\rangle\boldsymbol{\Sigma}\boldsymbol{A}^{\mathrm{H}}\boldsymbol{y} \tag{4.122}$$

可以类似地得到后验 $q(\boldsymbol{\alpha})$：

$$\begin{aligned}\ln q(\boldsymbol{\alpha})&=\langle\ln p(\boldsymbol{y},\boldsymbol{x},\boldsymbol{\alpha},\beta)\rangle_{q(\boldsymbol{x})q(\beta)}\\&=\langle\ln p(\boldsymbol{x};\boldsymbol{\alpha})p(\boldsymbol{\alpha})\rangle_{q(\boldsymbol{x})}\\&=\frac{1}{2}\sum_{m=1}^{M}\ln\alpha_m-\sum_{m=1}^{M}\alpha_m\left\langle|x_m|^2\right\rangle+(a-1)\sum_{m=1}^{M}\ln\alpha_m-b\sum_{m=1}^{M}\alpha_m\\&=\left(a-\frac{1}{2}\right)\sum_{m=1}^{M}\ln\alpha_m-\sum_{m=1}^{M}\left(\frac{1}{2}\left\langle|x_m|^2\right\rangle+b\right)\\&=\tilde{a}\sum_{m=1}^{M}\ln\alpha_m-\sum_{m=1}^{M}\tilde{b}_m\alpha_m+\text{const}\end{aligned} \tag{4.123}$$

参考表达式可以发现，$q(\boldsymbol{\alpha})$是关于参数 $\tilde{a}$ 和 $\tilde{b}_m$ 的 M 个独立伽马分布的乘积：

$$q(\boldsymbol{\alpha})=\prod_{m=1}^{M}\text{Gamma}\left(\alpha_m\middle|\tilde{a},\tilde{b}_m\right) \tag{4.124}$$

其中，

$$\tilde{a}=a+\frac{1}{2} \tag{4.125}$$

$$\tilde{b}_m=b+\frac{1}{2}\left\langle|x_m|^2\right\rangle \tag{4.126}$$

采用完全相同的步骤，我们可以得到噪声方差倒数β的后验分布：

$$q(\beta)=\text{Gamma}\left(\beta\middle|\tilde{c},\tilde{d}_m\right) \tag{4.127}$$

其中，

$$\tilde{c}=c+\frac{N}{2} \tag{4.128}$$

$$\tilde{d}=d+\frac{1}{2}\left\langle\|\boldsymbol{y}-\boldsymbol{A}\boldsymbol{x}\|^2\right\rangle \tag{4.129}$$

至此，我们分别得到了信号源 $\boldsymbol{x}$ 与超参数 $\boldsymbol{\alpha}$ 和 β 的近似后验分布，表示为式（4.120）、式（4.124）和式（4.127），通过迭代更新直至收敛，因为它们的分布相互依赖。同时注意到，信号源的真实先验分布可以通过边缘化超参数 $\boldsymbol{\alpha}$ 来计算：

$$
\begin{aligned}
p(\boldsymbol{x};a,b) &= \int p(\boldsymbol{x};\boldsymbol{\alpha})p(\boldsymbol{\alpha};a,b)\mathrm{d}\boldsymbol{\alpha} \\
&= \int \prod_{m=1}^{M} \mathcal{CN}\left(x_m \middle| 0, \alpha_m^{-1}\right)\mathrm{Gamma}\left(\alpha_m \middle| a,b\right)\mathrm{d}\alpha_m \\
&= \prod_{m=1}^{M} \mathrm{St}\left(x_m \middle| \lambda, \nu\right)
\end{aligned} \tag{4.130}
$$

式（4.130）是满足独立、等分布的 Student-t 概率分布函数：

$$
\mathrm{St}\left(x \middle| \mu,\lambda,\nu\right) = \frac{\Gamma\left(\dfrac{\nu+1}{2}\right)}{\Gamma\left(\dfrac{\nu}{2}\right)}\left(\frac{\lambda}{\pi\nu}\right)^{\frac{1}{2}} \times \left(1+\frac{\lambda(x-\mu)^2}{\nu}\right)^{-\frac{\nu+1}{2}} \tag{4.131}
$$

其均值 $\mu=0$，参数 $\lambda=a/b$，自由度 $\nu=2a$。当自由度 ν 很小时，Student-t 分布会产生非常重的拖尾。这样一种分布形态尤其有利于产生稀疏解。

在实际应用中，我们一般假设 Student-t 分布的参数 a、b、c、d 为固定参数，并且通过假设无信息分布能够获得较好的结果。例如 $a=b=c=d=10^{-6}$，或者我们可以使用变分法估计这些参数。这种实现方法需要在上述方法中添加一个 M 步，并最大化对应的变分限。然而，SBL 算法中的典型处理办法还是固定超参数，在模型的最高级别定义无信息超先验。

4.2.3　证据最大法

4.1 节已经介绍了第二类贝叶斯方法，或第二类 ML 估计实际上就是证据最大化方法，本节将这种方法单独列出，与 EM 算法和变分法共同支撑 SBL 理论。因此证据最大化求解过程反而不是本节的重点，我们希望通过这种 ML 扩展从另一个角度分析贝叶斯方法相对于第一类贝叶斯方法，或 MAP 方法的优势以及带来这种优势的直观原因。

本书在 4.1 节讨论了通过搜索后验分布模态的方式来估计信号源，实际上就是求解下述最大化问题：

$$
\arg\max_{\boldsymbol{x}} p(\boldsymbol{x},\boldsymbol{y}) = \arg\max_{\boldsymbol{x}} p\left(\boldsymbol{y} \middle| \boldsymbol{x}\right)p(\boldsymbol{x}) \tag{4.132}
$$

其中，$p(\boldsymbol{x})$是信号源的先验分布，在 MAP 方法中是固定的，并且与松弛化方式有关。

例如，当我们选择合适的稀疏先验时，典型的代表是拉普拉斯先验对应$\mathcal{L}_0$最紧的凸松弛$\mathcal{L}_1$优化，在无噪声情况下可以直接用 BP 求解，由于凸优化问题只包含唯一的模态，因此搜索求解变得非常简单，带来的问题是后验分布对应的模态是不够“稀疏的”，只有在比较严苛的条件下，所得的解才能等同于最大稀疏解。如果我们采用稀疏性更强的先验，如广义高斯分布 $p\ll 1$，又会同时带来只能获得局部最小值的问题。这些局部最小值对应的解可能具有很好的稀疏性，但是到底哪个才是我们要的真实稀疏解又是难以确定的。

因此，当涉及稀疏先验时，模态搜寻通常是较为困难的。第二类贝叶斯方法相对于 MAP 方法的主要优势在于引入了经验先验（empirical prior），与 MAP 方法中的先验分布不同，经验先验分布依赖于一组未知的超参数，这些超参数需要通过测量数据灵活估计，因此经验先验具有更强的自适应性。

假设我们选择先验分布为高斯分布，如式（4.55）所示，结合似然函数公式（4.54），容易得到后验概率分布如式（4.56）所示。MAP 方法以后验模态得到信号源的估计，虽然第二类贝叶斯方法也采用点估计，但是通常以后验均值 $\boldsymbol{\mu}$ 输出为目标源估计值，当超参数 $\gamma_m = 0$ 时，对应目标源便具有稀疏性，也就是会迫使后验概率

$$\Pr\left(x_m = 0 \middle| \boldsymbol{y}; \gamma_m = 0\right) = 1 \tag{4.133}$$

后验均值对应的元素 μ_m 必定为零。因此实质上，第二类贝叶斯方法是将信号源稀疏性估计转换为对超参数的估计，而且只有在超参数具有正确的稀疏度，并且找到正确的非零元素时，才有可能通过迭代过程有效地实现稀疏信号源估计。于是，基于上述分析，我们也将第二类贝叶斯方法同时称为经验贝叶斯（empirical Bayesian）[15]或稀疏贝叶斯学习。

下面我们将似然函数考虑进来。超参数矢量 $\boldsymbol{\gamma}$ 的每个唯一值对应于先验分布的不同假设，也间接影响测量数据 $\boldsymbol{y}$。我们需要暂时放下最初对信号源 $\boldsymbol{x}$ 进行估计的目标，经验贝叶斯策略首要关心的是对 $\boldsymbol{\gamma}$ 进行估计，因此要将 $\boldsymbol{x}$ 视为潜变量并在计算中将它积分排除。此时根据 ML 准则，通过边缘似然相对于超参数矢量 $\boldsymbol{\gamma}$ 最大化，就形成了下述经验贝叶斯代价函数：

$$\begin{aligned} L(\boldsymbol{\gamma}, \lambda) &= \ln p\left(\boldsymbol{y}; \boldsymbol{\gamma}, \lambda\right) \\ &= \ln \int_{\boldsymbol{x}} p\left(\boldsymbol{y} \middle| \boldsymbol{x}; \lambda\right) p(\boldsymbol{x}; \boldsymbol{\gamma}) \mathrm{d}\boldsymbol{x} \\ &\propto -\frac{1}{2} \ln \left|\boldsymbol{\Sigma}_y\right| - \frac{1}{2} \boldsymbol{y}^{\mathrm{H}} \boldsymbol{\Sigma}_y^{-1} \boldsymbol{y} \end{aligned} \tag{4.134}$$

其中，我们已经直接将式（4.60）代入式（4.134）中，并且

$$\boldsymbol{\Sigma}_y = \lambda \boldsymbol{I} + \boldsymbol{A\Gamma A}^{\mathrm{H}} \tag{4.135}$$

首先推导超参数 $\boldsymbol{\gamma}$ 的更新方法。引入下述等式：

$$\left|\boldsymbol{\Gamma}^{-1}\right| \left|\lambda \boldsymbol{I}_N + \boldsymbol{A\Gamma A}^{\mathrm{H}}\right| = \left|\lambda \boldsymbol{I}_N\right| \left|\boldsymbol{\Gamma}^{-1} + \lambda^{-1} \boldsymbol{A}^{\mathrm{H}} \boldsymbol{A}\right| \tag{4.136}$$

将 $\boldsymbol{\Gamma}$ 代入并展开得到

$$\left(\prod_m \gamma_m^{-1}\right) \left|\boldsymbol{\Sigma}_y\right| = \lambda^N \left|\boldsymbol{\Sigma}^{-1}\right| \tag{4.137}$$

因此，有

$$\ln\left|\boldsymbol{\Sigma}_y\right| = N\ln\lambda - \ln\left|\boldsymbol{\Sigma}\right| + \sum_m \ln\gamma_m \tag{4.138}$$

由逆矩阵引理有

$$\begin{aligned}&\left(\lambda\boldsymbol{I}_N + \boldsymbol{A}\boldsymbol{\Gamma}\boldsymbol{A}^{\mathrm{H}}\right)^{-1} = \lambda^{-1}\boldsymbol{I}_N - \lambda^{-1}\boldsymbol{A}(\boldsymbol{\Gamma}^{-1} + \lambda^{-1}\boldsymbol{A}^{\mathrm{H}}\boldsymbol{A})^{-1}\boldsymbol{A}^{\mathrm{H}}\lambda^{-1}\\ \Rightarrow\ &\boldsymbol{\Sigma}_y^{-1} = \lambda^{-1}\boldsymbol{I}_N - \lambda^{-1}\boldsymbol{A}\boldsymbol{\Sigma}\boldsymbol{A}^{\mathrm{H}}\lambda^{-1}\end{aligned} \tag{4.139}$$

所以有

$$\begin{aligned}\boldsymbol{y}^{\mathrm{H}}\boldsymbol{\Sigma}_y^{-1}\boldsymbol{y} &= \lambda^{-1}\boldsymbol{y}^{\mathrm{H}}\boldsymbol{y} - \lambda^{-1}\boldsymbol{y}^{\mathrm{H}}\boldsymbol{A}\boldsymbol{\Sigma}\boldsymbol{A}^{\mathrm{H}}\lambda^{-1}\boldsymbol{y}\\ &= \lambda^{-1}\boldsymbol{y}^{\mathrm{H}}(\boldsymbol{y} - \boldsymbol{A}\boldsymbol{\mu})\\ &= \lambda^{-1}\left\|\boldsymbol{y} - \boldsymbol{A}\boldsymbol{\mu}\right\|^2 + \lambda^{-1}\boldsymbol{\mu}^{\mathrm{H}}\boldsymbol{A}^{\mathrm{H}}\boldsymbol{y} - \lambda^{-1}\boldsymbol{\mu}^{\mathrm{H}}\boldsymbol{A}^{\mathrm{H}}\boldsymbol{A}\boldsymbol{\mu}\\ &= \lambda^{-1}\left\|\boldsymbol{y} - \boldsymbol{A}\boldsymbol{\mu}\right\|^2 + \boldsymbol{\mu}^{\mathrm{H}}\boldsymbol{\Sigma}^{-1}\boldsymbol{\mu} - \lambda^{-1}\boldsymbol{\mu}^{\mathrm{H}}\boldsymbol{A}^{\mathrm{H}}\boldsymbol{A}\boldsymbol{\mu}\\ &= \lambda^{-1}\left\|\boldsymbol{y} - \boldsymbol{A}\boldsymbol{\mu}\right\|^2 + \boldsymbol{\mu}^{\mathrm{H}}\boldsymbol{\Gamma}^{-1}\boldsymbol{\mu}\end{aligned} \tag{4.140}$$

在上述推导中，应用下面两个等式：

$$\lambda^{-1}\boldsymbol{A}^{\mathrm{H}}\boldsymbol{y} = \boldsymbol{\Sigma}^{-1}\boldsymbol{\mu} \tag{4.141}$$

$$\boldsymbol{\Sigma}^{-1} - \lambda^{-1}\boldsymbol{A}^{\mathrm{H}}\boldsymbol{A} = \boldsymbol{\Gamma}^{-1} \tag{4.142}$$

将式（4.138）和式（4.140）代入代价函数式（4.134）中，形成新的等效代价函数：

$$\begin{aligned}L(\boldsymbol{\gamma},\lambda) = &-\frac{1}{2}\left(N\ln\lambda - \ln\left|\boldsymbol{\Sigma}\right| + \sum_m \ln\gamma_m\right)\\ &-\frac{1}{2}\left(\lambda^{-1}\left\|\boldsymbol{y} - \boldsymbol{A}\boldsymbol{\mu}\right\|^2 + \boldsymbol{\mu}^{\mathrm{H}}\boldsymbol{\Gamma}^{-1}\boldsymbol{\mu}\right)\end{aligned} \tag{4.143}$$

为了计算代价函数的导数，将超参数的对角阵写成

$$\boldsymbol{\Gamma} = \sum_m \gamma_m \boldsymbol{e}_m \boldsymbol{e}_m^{\mathrm{H}} \tag{4.144}$$

其中，$\boldsymbol{e}_m$是一个列矢量，除了第 m 个元素为 1 之外，其他元素均为 0。逆矩阵相对于对角元素的导数为

$$\frac{\partial\boldsymbol{\Gamma}^{-1}}{\partial\gamma_m} = -\frac{1}{\gamma_m^2}\boldsymbol{e}_m\boldsymbol{e}_m^{\mathrm{H}} \tag{4.145}$$

然后可以计算

$$\frac{\partial\boldsymbol{\Sigma}}{\partial\gamma_m} = -\boldsymbol{\Sigma}^{\mathrm{H}}\frac{\partial\boldsymbol{\Sigma}^{-1}}{\partial\gamma_m}\boldsymbol{\Sigma} = \frac{1}{\gamma_m^2}\boldsymbol{\Sigma}\boldsymbol{e}_m\boldsymbol{e}_m^{\mathrm{H}}\boldsymbol{\Sigma} \tag{4.146}$$

以此为基础，可以直接计算

$$\frac{\partial \ln|\boldsymbol{\Sigma}|}{\partial \gamma_m} = \operatorname{tr}\left(\boldsymbol{\Sigma}^{-1}\frac{\partial \boldsymbol{\Sigma}}{\partial \gamma_m}\right) = \frac{1}{\gamma_m^2}\operatorname{tr}\left(\boldsymbol{e}_m\boldsymbol{e}_m^{\mathrm{H}}\boldsymbol{\Sigma}\right) = \frac{1}{\gamma_m^2}\Sigma_{m,m} \tag{4.147}$$

而且容易得到代价函数式（4.143）中其他项的导数：

$$\frac{\partial}{\partial \gamma_m}\left(\sum_m \ln \gamma_m\right) = \frac{1}{\gamma_m} \tag{4.148}$$

$$\frac{\partial}{\partial \gamma_m}(\boldsymbol{\mu}^{\mathrm{H}}\boldsymbol{\Gamma}^{-1}\boldsymbol{\mu}) = -\frac{1}{\gamma_m^2}\boldsymbol{\mu}^{\mathrm{H}}\boldsymbol{e}_m\boldsymbol{e}_m^{\mathrm{H}}\boldsymbol{\mu} = -\frac{1}{\gamma_m^2}|\mu_m|^2 \tag{4.149}$$

我们求代价函数式(4.143)相对于超参数γ_m的导数并令其等于0，将式(4.147)、式（4.148）和式（4.149）代入可以得到

$$\frac{\partial L}{\partial \gamma_m} = \frac{1}{2}\frac{1}{\gamma_m^2}\Sigma_{m,m} - \frac{1}{2}\frac{1}{\gamma_m} + \frac{1}{2}\frac{1}{\gamma_m^2}|\mu_m|^2 = 0 \tag{4.150}$$

整理过程中，引入近似：

$$\frac{\gamma_m}{\gamma_m^{(t)}}\Sigma_{m,m} - \gamma_m + |\mu_m|^2 = 0 \tag{4.151}$$

从而得到超参数γ_m的迭代公式：

$$\gamma_m^{(t+1)} = \frac{|\mu_m|^2}{1-\left(\gamma_m^{(t)}\right)^{-1}\Sigma_{m,m}} \tag{4.152}$$

其中，$\gamma_m^{(t+1)}$和$\gamma_m^{(t)}$分别为本次和上一次迭代更新的超参数值，$m=1,2,\cdots,M$。

相对于EM算法的迭代格式式（4.74）或者式（4.75），我们发现这种更新方式在高维度的、欠定性强的问题中非常有用，因为收敛速度会更快。但是同时发现，在某些情况下，收敛后的结果会稍差。在学习过程中，可以同时设置阈值将过低的超参数舍弃掉，也可以进一步降低算法的计算量。

下面考虑噪声参数λ的更新方法。首先计算信号源后验协方差的导数：

$$\frac{\partial \boldsymbol{\Sigma}}{\partial \lambda} = \lambda^{-2}\boldsymbol{\Sigma}\boldsymbol{A}^{\mathrm{H}}\boldsymbol{A}\boldsymbol{\Sigma} \tag{4.153}$$

进一步得到

$$\frac{\partial \ln|\boldsymbol{\Sigma}|}{\partial \lambda} = \operatorname{tr}\left(\boldsymbol{\Sigma}^{-1}\frac{\partial \boldsymbol{\Sigma}}{\partial \lambda}\right) = \lambda^{-2}\operatorname{tr}(\boldsymbol{A}^{\mathrm{H}}\boldsymbol{A}\boldsymbol{\Sigma}) \tag{4.154}$$

然后就可以直接计算代价函数的导数，并令其为0，即

$$\frac{\partial L}{\partial \lambda} = -\frac{1}{2}(N\lambda^{-1} - \lambda^{-2}\operatorname{tr}(\boldsymbol{A}^{\mathrm{H}}\boldsymbol{A}\boldsymbol{\Sigma})) + \frac{1}{2}\lambda^{-2}\|\boldsymbol{y}-\boldsymbol{A}\boldsymbol{\mu}\|^2 = 0 \tag{4.155}$$

整理得到

$$\|\boldsymbol{y}-\boldsymbol{A}\boldsymbol{\mu}\|^2 = N\lambda - \operatorname{tr}(\boldsymbol{A}^{\mathrm{H}}\boldsymbol{A}\boldsymbol{\Sigma}) \tag{4.156}$$

由式（4.142）可以获知：

$$\boldsymbol{A}^{\mathrm{H}}\boldsymbol{A}\boldsymbol{\Sigma} = \lambda\boldsymbol{I}_M - \lambda\boldsymbol{\Gamma}^{-1}\boldsymbol{\Sigma} \tag{4.157}$$

将式（4.157）代入式（4.156），等式写成

$$\|\boldsymbol{y} - \boldsymbol{A}\boldsymbol{\mu}\|^2 = \lambda(N - M - \mathrm{tr}(\boldsymbol{\Gamma}^{-1}\boldsymbol{\Sigma})) \tag{4.158}$$

这样我们就得到证据最大化方法的噪声参数更新公式：

$$\lambda = \frac{\|\boldsymbol{y} - \boldsymbol{A}\boldsymbol{\mu}\|^2}{N - M - \mathrm{tr}(\boldsymbol{\Gamma}^{-1}\boldsymbol{\Sigma})} \tag{4.159}$$

利用证据最大化方法的迭代公式，与其他两种方法类似，均遵循超参数初始化—信号源统计特征—超参数更新这一迭代规律，具体过程不再赘述。

4.3　全局与局部最小条件

本节的主要目的在于评估 BCS 的全局与局部最小值特性及其与更成熟的 MAP 方法的关系。在理想情况下，通过信号重构希望获得一个与真实稀疏解相吻合的全局最小值，同时具有尽可能少的次优局部最小值。本章的主要结果表明，虽然贝叶斯压缩感知和某些 MAP 方法的全局最小值都证明与某些条件下的最大稀疏解相对应，但是前者的局部最小值要少得多。

为量化算法的稀疏信号重构性能，我们引入两种误差：第一种，收敛误差（convergence error），指算法收敛到代价函数的非全局最小值，但是不等于真实信号源的情况；第二种，结构误差（structural error），指算法已经达到了代价函数的全局最小值，或者收敛代价函数低于真实稀疏解的局部最小值，但这个解不等于真实稀疏解。

3.1.3 节讨论了两种截然不同的松弛优化方式，其中$\mathcal{L}_p(0<p<1)$优化只能获得局部最小值，这导致$\mathcal{L}_p$优化不会产生结构误差，但可能会频繁遇到收敛误差。另外，用一个凸范数度量代替$\mathcal{L}_0$范数（例如，从拉普拉斯先验得出的$\mathcal{L}_1$范数）会使得优化问题更易于处理，但其全局最小值通常不等于最大稀疏解。这意味着不会出现收敛误差，但可能会出现大量结构误差。因此，引入两种误差其实就是为了量化两种松弛化的偏差到底有多大。

当然，在理想情况下，我们希望不会出现收敛误差或结构误差，这样我们就可以确保始终能够找到最大稀疏解。虽然考虑到原始的稀疏重构问题是 NP 难解的，但也有比目前使用的 MAP 框架更好的方法来打破这种平衡。在本节中，我们证明当噪声参数$\lambda\to 0$时，BCS 也是一种局部稀疏最大化算法，这意味着它将不会产生结构误差。然后我们将给出说明，它得到的局部最小值明显更少，因此，与其他局部稀疏最大化方法相比，收敛误差要少得多。最终结果是，BCS 比上述任何 MAP 的总误差都少。

在 4.1 节和 4.2 节中，我们从先验、似然、后验的角度给出了 BCS 在求解空间和先验类型等方面与 MAP 的联系，在证据最大化方法中，根据式（4.134），忽略系数和负号，需要最小化的代价函数可写成

$$\mathcal{L}(\boldsymbol{\gamma},\lambda)\propto-\frac{1}{2}\ln\left|\lambda\boldsymbol{I}+\boldsymbol{A}\boldsymbol{\Gamma}\boldsymbol{A}^{\mathrm{H}}\right|-\frac{1}{2}\boldsymbol{y}^{\mathrm{H}}(\lambda\boldsymbol{I}+\boldsymbol{A}\boldsymbol{\Gamma}\boldsymbol{A}^{\mathrm{H}})^{-1}\boldsymbol{y}\tag{4.160}$$

我们先从局部最小化入手，证明 BCS 的局部最小值是以 BFS 实现的，但是反过来却不成立，因为并不是每个 BFS 都对应了 BCS 的局部最小值。我们将从分析发现，这一点是 BCS 具有更少局部最小解的必要条件。为此，我们先证明 $\mathcal{L}(\boldsymbol{\gamma},\lambda)$的所有局部最小值都是以具有最多 N 个非零元素的解实现的（其实就是 BFS），而与λ的值无关。这最终造成对局部最小值数量的约束，并证明 BCS 也是一种局部稀疏最大化算法。

首先，我们介绍两个主要推导结果所必需的引理。

引理 4.1　$\ln|\boldsymbol{\Sigma}_y|$相对于$\boldsymbol{\Gamma}$（或等效的$\boldsymbol{\gamma}$）是凹的，其中$\boldsymbol{\Sigma}_y$由式（4.135）定义。

证明　在数据功率谱矩阵（如$\boldsymbol{\Sigma}_y$）的空间中，$\ln|\cdot|$是一个凹函数。

我们将 $\ln|\boldsymbol{\Sigma}_y|$分解为

$$f(\boldsymbol{X})=\ln(\boldsymbol{X})\tag{4.161}$$

和

$$\boldsymbol{X}(\boldsymbol{\Gamma})=\boldsymbol{\Sigma}_y=\lambda\boldsymbol{I}+\boldsymbol{A}\boldsymbol{\Gamma}\boldsymbol{A}^{\mathrm{H}}\tag{4.162}$$

由于$\boldsymbol{X}(\boldsymbol{\Gamma})$为$\boldsymbol{\Gamma}$的仿射变换，而且$f(\boldsymbol{X})$是凹函数，则根据复合函数的求导法则，$\ln|\boldsymbol{\Sigma}_y|$相对于$\boldsymbol{\Gamma}$（或等效的$\boldsymbol{\gamma}$）是凹的，得证。

引理 4.2　$\boldsymbol{y}^{\mathrm{H}}\boldsymbol{\Sigma}_y^{-1}\boldsymbol{y}$ 等于所有满足线性约束 $\boldsymbol{t}=\boldsymbol{\Phi}\boldsymbol{\gamma}$ 的$\boldsymbol{\gamma}$上的常数 const，其中

$$\boldsymbol{t}\overset{\text{def}}{=}\boldsymbol{y}-\lambda\boldsymbol{u}\tag{4.163}$$

$$\boldsymbol{\Phi}\overset{\text{def}}{=}\boldsymbol{A}\text{diag}(\boldsymbol{A}^{\mathrm{H}}\boldsymbol{u})\tag{4.164}$$

且 $\boldsymbol{u}$ 是任意固定矢量，使 $\boldsymbol{y}^{\mathrm{H}}\boldsymbol{u}=\text{const}$。

证明　构造这样一个约束，令

$$\boldsymbol{y}^{\mathrm{H}}(\lambda\boldsymbol{I}+\boldsymbol{A}\boldsymbol{\Gamma}\boldsymbol{A}^{\mathrm{H}})^{-1}\boldsymbol{y}=\text{const}\tag{4.165}$$

包含在下述约束之中：

$$(\lambda\boldsymbol{I}+\boldsymbol{A}\boldsymbol{\Gamma}\boldsymbol{A}^{\mathrm{H}})^{-1}\boldsymbol{y}=\boldsymbol{u}\tag{4.166}$$

只需要简单的变形，由式（4.166）可以得到

$$\boldsymbol{y}-\lambda\boldsymbol{u}=\boldsymbol{A}\boldsymbol{\Gamma}\boldsymbol{A}^{\mathrm{H}}\boldsymbol{u}\tag{4.167}$$

或等价写成

$$\boldsymbol{y}-\lambda\boldsymbol{u}=\boldsymbol{A}\text{diag}(\boldsymbol{A}^{\mathrm{H}}\boldsymbol{u})\boldsymbol{\gamma}\tag{4.168}$$

得证。

定理 4.1　$\mathcal{L}(\gamma, \lambda)$的每一个局部最小值都是一个最多具有 N 个非零元素的解，与λ值无关。

证明　考虑优化问题：

$$\begin{aligned}&\min_{\gamma}\ \ln\left|\lambda \boldsymbol{I} + \boldsymbol{A\Gamma A}^{\mathrm{H}}\right| \\ &\text{s.t. } \boldsymbol{t} = \boldsymbol{\Phi\gamma}\end{aligned} \tag{4.169}$$

其中，$\boldsymbol{t}$ 和$\boldsymbol{\Phi}$由式（4.163）和式（4.164）定义。由引理 4.2 可知，上述约束条件在一个封闭有界的凸多面体上保持 $\boldsymbol{y}^{\mathrm{H}}\boldsymbol{\Sigma}_y^{-1}\boldsymbol{y}$ 恒定，即我们在最小化$\mathcal{L}(\gamma, \lambda)$的第一项的同时将第二项保持在某个常数 C 不变。此外，引理 4.1 规定目标函数是凹的。

显然，$\mathcal{L}(\gamma, \lambda)$的任何局部最小值 $\boldsymbol{\Gamma}_*$ 也必定是式（4.169）的局部最小值，并且满足

$$\boldsymbol{y}^{\mathrm{H}}\left(\lambda \boldsymbol{I} + \boldsymbol{A\Gamma}_*\boldsymbol{A}^{\mathrm{H}}\right)^{-1}\boldsymbol{y} = \text{const} \tag{4.170}$$

然后，根据文献[16]中定理 6.5.3，式（4.169）的最小值在某一极值点达到。因此，所有局部最小值必须在 BFS 或$\|\boldsymbol{\gamma}\|_0 \leqslant N$ 的解中实现，得证。

上述定理建立起了 BCS 局部最优解的结论，那么我们不禁产生疑问，有没有什么条件能够使得它获得全局最优解呢？下面给出定理 4.2。

定理 4.2　令χ_0表示无噪声情况下全局最小化式（3.18）的信号源矢量的集合，并且流形矩阵 $\boldsymbol{A}$ 满足 URP。除此之外，与噪声有关的集合$\chi(\lambda)$定义为

$$\{\boldsymbol{x}_{**} : \boldsymbol{x}_{**} = \boldsymbol{\Gamma}_{**}\boldsymbol{A}^{\mathrm{H}}(\lambda \boldsymbol{I} + \boldsymbol{A\Gamma}_{**}\boldsymbol{A}^{\mathrm{H}})^{-1}\boldsymbol{y}, \boldsymbol{\gamma}_{**} = \arg\min_{\gamma} \mathcal{L}(\gamma, \lambda)\} \tag{4.171}$$

那么当噪声取极限$\lambda \to 0$，即无噪声时，如果 $\boldsymbol{x} \in \chi(\lambda)$，那么 $\boldsymbol{x} \in \chi_0$。

BCS 是在超参数空间中优化求解的，因此与 MAP 的关系并不明显。定理 4.2 同时量化了这种关系。首先，根据定理 4.1，$\mathcal{L}(\gamma, \lambda)$的每个局部最小值都是在一个基本可行解处实现的，即一个具有 N 个或更少非零项的解，而与λ无关。因此，当我们寻找全局最小值时，只需要检查基本可行解的空间。当我们允许λ变得足够小时，可以将任何解表示为

$$\mathcal{L}(\gamma, \lambda) = \left(N - \|\boldsymbol{\gamma}_*\|_0\right)\ln(\lambda) + O(1) \tag{4.172}$$

该等式应用了矩阵 $\boldsymbol{A}$ 的 URP，$O(1)$意味着第一项在$\lambda \to 0$ 时具有绝对的优势。当$\|\boldsymbol{\gamma}\|_0$尽可能小时，这个结果是最小的。假设 $\boldsymbol{\gamma}_{**}$ 为一个最大稀疏的基本可行解，则 $\boldsymbol{\gamma}_{**}$ 只能出现在非零元素与 $\boldsymbol{x} \in \chi_0$ 的非零元素对齐的情况下。当取极限$\lambda \to 0$ 时，$\boldsymbol{x}_{**}$ 变为可行解，同时保持与 $\boldsymbol{\gamma}_{**}$ 相同的稀疏性，从而得出定理 4.2。

推论 4.1　如果$\lambda = 0$ 且 $\boldsymbol{A}$ 满足 URP，则$\mathcal{L}(\gamma)$的每个局部最小值都在解 $\boldsymbol{\gamma}_* = |\boldsymbol{x}_*|^2$ 处实现，其中 $\boldsymbol{x}_*$ 是 $\boldsymbol{y} = \boldsymbol{Ax}$ 的 BFS，并且$|\cdot|^2$ 算子对矢量或矩阵逐元素应用。

证明　假设得到某个局部最小值$\boldsymbol{\gamma}_*$，使$\|\boldsymbol{\gamma}\|_0 = N$。将$\tilde{\boldsymbol{\gamma}}$定义为$\boldsymbol{\gamma}_*$中非零元素构成的矢量，即$\tilde{\boldsymbol{A}}$相应的字典列。令$\tilde{\boldsymbol{x}} = \tilde{\boldsymbol{A}}^{-1} y$，于是$\tilde{\boldsymbol{x}}$代表某个 BFS 的非零元素。那么如果$\boldsymbol{\gamma}_*$是$\mathcal{L}(\gamma)$的一个局部最小值，则$\tilde{\boldsymbol{\gamma}}$必然使代价函数

$$\mathcal{L}(\tilde{\boldsymbol{\gamma}}) = \ln\left|\tilde{\boldsymbol{A}}\tilde{\boldsymbol{\Gamma}}\tilde{\boldsymbol{A}}^{\mathrm{H}}\right| + \boldsymbol{y}^{\mathrm{H}}(\tilde{\boldsymbol{A}}\tilde{\boldsymbol{\Gamma}}\tilde{\boldsymbol{A}})^{-1}\boldsymbol{y} = \sum_{i=1}^{N}\left(\ln\tilde{\gamma}_i + \frac{\tilde{x}_i^2}{\tilde{\gamma}_i}\right) \tag{4.173}$$

达到局部最小化。对于所有的i，唯一最小值很容易看出是$\tilde{\gamma}_i = |\tilde{x}_i|^2$。在用适当的零填充后，我们获得了所需的结果。最后，在$\|\boldsymbol{\gamma}\|_0 < N$的情况下，可以用类似的方式来处理，即在$\tilde{\boldsymbol{A}}$中任意增加$N-\|\boldsymbol{\gamma}\|_0$列，然后按同样推导进行。

推论 4.2　如果$\lambda = 0$且$\boldsymbol{A}$满足 URP，那么

$$1 \leqslant N_{\mathrm{BCS}} \leqslant N_{\mathrm{BFS}} \in \left[\binom{M-1}{N}+1, \binom{M}{N}\right] \tag{4.174}$$

其中，N_{BCS}和N_{BFS}分别为 BCS 方法求得的局部最小值数目和 BFS 数目。

证明　根据推论 4.1，方程$\boldsymbol{y} = \boldsymbol{A}\boldsymbol{x}$的每一个 BFS 最多存在一个局部最小值与其相关联。由此可见，BCS 局部最小值的总数不可能大于 BFS 数目。当然，下限如何我们并不关心。

结合定理 4.2 我们发现，BCS 实际上也是一种局部稀疏优化方法，需要使用适当的下降方法来优化其代价函数。然而，在本节的后续分析中，我们发现在很多实际情况下，局部最小值的实际数量可能远低于式（4.174）的上限。事实上，只有在少数特殊情况下才会达到上限。

现在我们知道，$\mathcal{L}(\gamma)$的所有局部最小值$\boldsymbol{\gamma}_*$都必然出现在 BFS 中。现在假设我们已经找到了一个非退化的$\boldsymbol{\gamma}_*$，而与之相关的，在无噪声的情况下，利用式（4.62）和式（4.63）中修正的协方差矩阵和均值：

$$\boldsymbol{\Sigma} = (\boldsymbol{I} - \boldsymbol{\Gamma}^{1/2}(\boldsymbol{A}\boldsymbol{\Gamma}^{1/2})^{+}\boldsymbol{A})\boldsymbol{\Gamma} \tag{4.175}$$

$$\boldsymbol{\mu} = \boldsymbol{\Gamma}^{1/2}(\boldsymbol{A}\boldsymbol{\Gamma}^{1/2})^{+}\boldsymbol{y} \tag{4.176}$$

计算与之相关的信号源估计$\boldsymbol{x}_*$。我们想要评估它是否为 BCS 代价函数的局部最小值。为方便起见，我们再次用$\tilde{\boldsymbol{x}}$表示$\boldsymbol{x}_*$的N个非零元素，并且用$\tilde{\boldsymbol{A}}$表示$\boldsymbol{A}$的相关列，并因此有$\tilde{\boldsymbol{x}} = \tilde{\boldsymbol{A}}^{-1}\boldsymbol{y}$。直观地说，如果我们不处于真正的局部最小值，那么必须至少存在一个不在$\tilde{\boldsymbol{A}}$中的$\boldsymbol{A}$的附加列，预测得到某个观测值$\boldsymbol{b}$，在某种程度上与$\boldsymbol{y}$一致或从某种意义上类似，而且必须以$\tilde{\boldsymbol{A}}$评估这种一致性的意义。但是，为了分析局部最小值，我们如何量化这种关系呢？

事实证明，当我们在$\tilde{\boldsymbol{A}}$上分解观测值$\boldsymbol{b}$时，能够实现一个有利于比较的衡量标准。$\tilde{\boldsymbol{A}}$在 URP 假设下形成了$\mathbb{R}^N$内的基。例如，我们可以构建这样一组分解：

$$\boldsymbol{b} = \tilde{\boldsymbol{A}}\tilde{\boldsymbol{v}} \tag{4.177}$$

其中，$\tilde{\boldsymbol{v}}$是类似于$\tilde{\boldsymbol{x}}$的信号源矢量。正如下文所示，$\boldsymbol{b}$和$\boldsymbol{y}$之间所需的相似性（用

于讨论局部最小值的存在性）可以通过比较各自的权重 $\tilde{\boldsymbol{v}}$ 和 $\tilde{\boldsymbol{x}}$ 来实现。用更形象的比喻来说，这就类似于相似的信号应该由相似的傅里叶展开。可以预期，如果 $\tilde{\boldsymbol{v}}$ 与 $\tilde{\boldsymbol{x}}$ “足够接近”，则 $\boldsymbol{b}$ 和 $\boldsymbol{y}$ 足够接近（相对于 $\tilde{\boldsymbol{A}}$ 中的所有其他列），这样我们得到的就不会是局部最小值。我们通过定理 4.3 将这个想法形式化。

定理 4.3　假设 $\boldsymbol{A}$ 满足 URP，令 $\boldsymbol{\gamma}_*$ 代表一个有且仅有 N 个非零项的超参数矢量，并有相关的基本可行解 $\tilde{\boldsymbol{x}} = \tilde{\boldsymbol{A}}^{-1}\boldsymbol{y}$。令 χ 代表未包含在 $\tilde{\boldsymbol{A}}$ 中的 $\boldsymbol{A}$ 的 $M-N$ 列的集合，υ 表示由 $\{\tilde{\boldsymbol{v}}:\tilde{\boldsymbol{v}} = \tilde{\boldsymbol{A}}^{-1}\boldsymbol{b}, \boldsymbol{b}\in\chi\}$ 给出的信号源集合。那么只有当

$$\sum_{i\neq j}\frac{\tilde{v}_i^*\tilde{v}_j}{\tilde{x}_i^*\tilde{x}_j}\leqslant 0,\quad \forall\tilde{v}\in\upsilon \tag{4.178}$$

时，$\boldsymbol{\gamma}_*$ 是 $\mathcal{L}(\boldsymbol{\gamma})$ 的一个局部最小值。

证明　如果 $\boldsymbol{\gamma}_*$ 代表代价函数的局部最小值，那么对于所有 $\boldsymbol{b}\in\chi$ 必须满足以下条件：

$$\frac{\partial\mathcal{L}(\boldsymbol{\gamma}_*)}{\partial\gamma_b}\geqslant 0 \tag{4.179}$$

其中，γ_b 表示与基矢量 $\boldsymbol{b}$ 相对应的超参数。换句话说，我们不能沿着正的梯度减少 $\mathcal{L}(\boldsymbol{\gamma}_*)$，因为这将使 $\boldsymbol{\gamma}_*$ 的元素小于零。利用矩阵求逆引理和一些代数运算操作，我们得到表达式：

$$\frac{\partial\mathcal{L}(\boldsymbol{\gamma}_*)}{\partial\gamma_b} = \frac{\boldsymbol{b}^{\mathrm{H}}\boldsymbol{B}\boldsymbol{b}}{1+\gamma_b\boldsymbol{b}^{\mathrm{H}}\boldsymbol{B}\boldsymbol{b}} - \left|\frac{\boldsymbol{y}^{\mathrm{H}}\boldsymbol{B}\boldsymbol{b}}{1+\gamma_b\boldsymbol{b}^{\mathrm{H}}\boldsymbol{B}\boldsymbol{b}}\right|^2 \tag{4.180}$$

其中，

$$\boldsymbol{B}\overset{\text{def}}{=\!=}(\tilde{\boldsymbol{A}}\tilde{\boldsymbol{\Gamma}}\tilde{\boldsymbol{A}}^{\mathrm{H}})^{-1} \tag{4.181}$$

由于假设处于局部最小值，根据推论 4.1 得到 $\tilde{\boldsymbol{\Gamma}} = \mathrm{diag}\left(|\tilde{\boldsymbol{x}}|^2\right)$，将其代入式(4.181)得到表达式：

$$\boldsymbol{B} = \tilde{\boldsymbol{A}}^{-\mathrm{H}}\mathrm{diag}\left(|\tilde{\boldsymbol{x}}|\right)^{-2}\tilde{\boldsymbol{A}}^{-1} \tag{4.182}$$

将式（4.182）代入式（4.180），并在点 $\gamma_b = 0$ 处求值，上述梯度可简化为

$$\frac{\partial\mathcal{L}(\boldsymbol{\gamma}_*)}{\partial\gamma_b} = \tilde{\boldsymbol{v}}^{\mathrm{H}}(\mathrm{diag}(\tilde{\boldsymbol{x}}^{-1}\tilde{\boldsymbol{x}}^{-\mathrm{H}}) - \tilde{\boldsymbol{x}}^{-1}\tilde{\boldsymbol{x}}^{-\mathrm{H}})\tilde{\boldsymbol{v}} \tag{4.183}$$

其中，

$$\tilde{\boldsymbol{x}}^{-1}\overset{\text{def}}{=\!=}\left[\tilde{x}_1^{-1},\cdots,\tilde{x}_N^{-1}\right]^{\mathrm{T}} \tag{4.184}$$

从而可以直接推导出定理 4.3。

定理 4.3 说明了存在局部最小值需要的条件，更重要的是，说明了许多 BFS 不是局部最小值的原因。此外，我们提供一种更简单的几何解释来更直观地阐述这一观点，但是局限为只能在实数域低维度进行讨论。

1. 几何解释

由定理 4.3 可知，在实数域中，如果给定 $\tilde{\boldsymbol{v}}$ 中每个元素的符号与 $\tilde{\boldsymbol{x}}$ 一致，则将违反式（4.178），此时不可能处于局部最小值。我们可以在低维度的情况用几何学的方法来说明这一点[15]。

首先，我们注意到，代价函数$\mathcal{L}(\boldsymbol{\gamma})$对于任何基矢量关于原点的反向对称都是不变的，也就是说，我们可以将 $\boldsymbol{A}$ 的任何一列乘以–1，代价函数不变。因此，我们可以在不失一般性的条件下，假设

$$\tilde{\boldsymbol{A}} \equiv \tilde{\boldsymbol{A}}\mathrm{diag}(\mathrm{sgn}(\boldsymbol{x})) \tag{4.185}$$

给出分解 $\boldsymbol{y} = \tilde{\boldsymbol{A}}\boldsymbol{x}$，$\boldsymbol{x} > 0$。在该假设下，我们看到 $\boldsymbol{y}$ 位于由 $\tilde{\boldsymbol{A}}$ 的列张成的凸锥中。可以推断，如果任何 $\boldsymbol{b} \in \chi$（即在 $\boldsymbol{A}$ 中但不在 $\tilde{\boldsymbol{A}}$ 中的列）位于这个凸锥中，那么根据定义，对应的实信号 $\tilde{\boldsymbol{v}}$ 一定都是正的（同样，通过类似的论证，任何 $\boldsymbol{b}$ 在 $-\tilde{\boldsymbol{A}}$ 的凸锥中也会导致相同的结果）。因此，由定理 4.3 确定代价函数$\mathcal{L}(\boldsymbol{\gamma})$不处于局部最小值。图 4.4 所示的简单示例有助于说明这一点。在图 4.4（a）中，$\boldsymbol{b}$ 没有穿越包含 $\boldsymbol{y}$ 的凸锥，不满足定理 4.3 的条件。这种情况可能代表了一个最小化的基本可行解。在图 4.4（b）中，$\boldsymbol{b}$ 在圆锥中，因此，我们知道此时代价函数$\mathcal{L}(\boldsymbol{\gamma})$一定得不到 BCS 局部最小值；但是其他局部方法（局部稀疏优化方法）可能达到局部最小值。

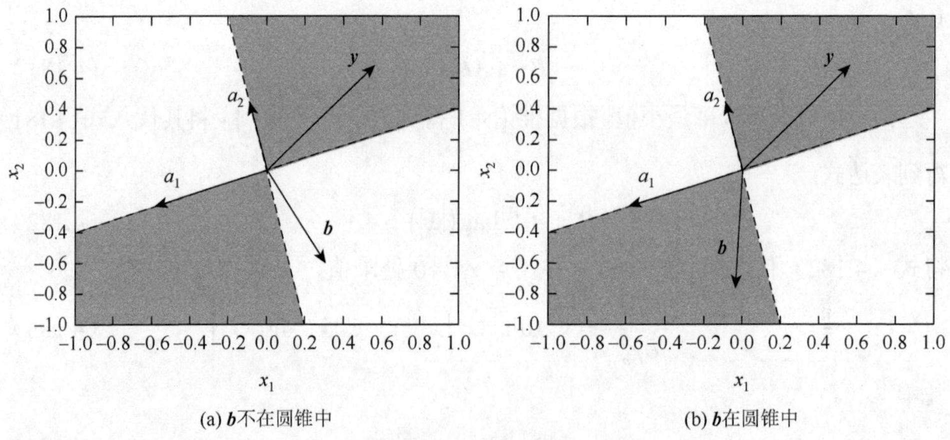

(a) $\boldsymbol{b}$不在圆锥中　　(b) $\boldsymbol{b}$在圆锥中

图 4.4　流形矩阵 $\boldsymbol{A}_{2\times3}$（即 $N=2$、$M=3$）和使用列 $\tilde{\boldsymbol{A}}=[a_1, a_2]$ 的基本可行解的二维示例

需要强调，在更高的维度上，这些几何条件远不及式（4.178）严苛。如果所有的 $\boldsymbol{b}$ 都不在 $\tilde{\boldsymbol{A}}$ 的凸锥中，仍然可能达不到局部最小值。而事实上，为了保证达到局部最小值，所有的 $\boldsymbol{b}$ 都必须离这个圆锥相当远，如 $\tilde{\boldsymbol{A}}$ 所量化的那样。当然，

局部最小值从$\begin{pmatrix} M-1 \\ N \end{pmatrix}+1$到$\begin{pmatrix} M \\ N \end{pmatrix}$边界的最终减少取决于 $\boldsymbol{y}$-空间中基矢量的分布。一般来说，除了少数特殊情况，很难量化这种减少的程度。

2. 仿真结果

虽然我们理论上证明了 BCS 具有更少的潜在局部最小值，但我们还没有确切地说明，这在多大程度上转化为超越标准 MAP 方法（包括局部稀疏优化方法和 BP）的性能优势。我们将在本节通过仿真给出性能比较。

采用两个正交基形成的字典进行分析，结构为

$$\boldsymbol{A}=[\boldsymbol{\Theta},\boldsymbol{\Psi}] \tag{4.186}$$

其中，$\boldsymbol{\Theta}$ 和 $\boldsymbol{\Psi}$ 表示两个 20×20 的标准正交基。这样的 $\boldsymbol{\Theta}$ 和 $\boldsymbol{\Psi}$ 矩阵可以选择 Hadamard-Walsh 函数、余弦函数变换基、单位阵和 Karhunen-Loéve（KL）扩展等。采用这样的字典结构，是因为有时信号可能不能用单一的正交基表示，但在我们将两个或更多这样的字典连接起来之后，这样的表示或近似可能变得更紧。例如，一个带有一些随机峰值的正弦信号就符合这样的特征。

为了方便比较，稀疏信号矢量 $\boldsymbol{x}_0$ 是随机生成的，而且非零元素的幅值也是均匀分布的。然后以 $\boldsymbol{y}=\boldsymbol{A}\boldsymbol{x}_0$ 计算观测值矢量。我们不失一般性地选择 $\boldsymbol{\Theta}$ 和 $\boldsymbol{\Psi}$ 分别为 Hadamard 和 KL 基。不难发现，对于给定的 20×20 正交基对，除非$\|\boldsymbol{x}_0\|<5$，否则我们不能保证重构的 $\boldsymbol{x}_0$ 是最稀疏的可行解。然而，所有算法失败的情况都收敛于一个解 $\boldsymbol{x}$ 满足$\|\boldsymbol{x}\|_0=N>\|\boldsymbol{x}_0\|_0$。本研究的目的是检查每种算法未能找到稀疏信号的相对频率。此外，我们希望阐明失败的原因，即收敛到一个标准的局部最小值（即收敛误差）或收敛到一个不是最大稀疏解的全局最小值，但代价函数值比初始解更低（即结构误差）。为此，每次实验我们需要将收敛时的代价函数值与真实信号 $\boldsymbol{x}_0$ 对应理想代价函数值进行比较。

1000 次蒙特卡罗实验得到的测试结果如表 4.3 所示。每次实验，将三种不同的 MAP 方法与 BCS 方法进行比较；每种方法都使用$\mathcal{L}_2$范数最小解进行初始化，每当估计得到的 $\boldsymbol{x}$ 不等于 $\boldsymbol{x}_0$ 时，就认为产生一个误差。从得到的结果看，有几点值得注意。首先，我们看到使用 BP 时，只会出现结构误差。这是意料之中的，因为 BP 没有局部最小值。然而，BP 的最小$\mathcal{L}_1$范数解有 21.8%的可能性与生成的稀疏解 $\boldsymbol{x}_0$ 不一致。相比之下，FOCUSS（$p=0.001$）在功能上更接近于前面提到的$\mathcal{L}_0$范数最小化。因此，我们没有发现结构误差，但经常被困在局部最小值。当 p 提高到 0.9 时，局部最小值的数目没有变化，但结果向$\mathcal{L}_1$范数解倾斜。因此，FOCUSS（$p=0.9$）包含了这两种类型的误差。BCS 的误差是严格的收敛误差，结果与 FOCUSS（$p=0.001$）类似，但是 BCS 的误差率更低，因为局部最小值的数量更少。在有噪声的情况下，得到的结果差别很小，这里我们不做进一步讨论。

表 4.3　重构误差比较　　（单位：%）

重构方法	收敛误差	结构误差	总误差
FOCUSS（$p = 0.001$）	31.8	0.0	31.8
FOCUSS（$p = 0.9$）	17.1	6.0	23.1
BP（$p = 1$）	0.0	21.8	21.8
BCS	11.8	0.0	11.8

4.4　先验分布分析

我们已经讨论过 BCS 框架特别适用于稀疏信号的重构，它比其他 MAP 方法具有更少的局部最小值和更低的重构误差。在本节中，根据信号非零项生成模型的分布，我们介绍一种受限等价条件可以进一步印证这一点。在无噪声条件下，BCS 代价函数是单峰的，因此将在全局最小值实现最大稀疏表示。我们还将发现，如果这些非零项是从近似 Jeffreys 先验中得到的，则待重构信号以接近 1 的概率满足等价条件。最后，提出对 BCS 信号重构最坏的情况，并证明它仍然优于广泛使用的其他稀疏信号重构方法，如 BP 算法和 OMP 算法。

如果想比较 BP 算法、OMP 算法和 BCS 算法，我们想知道在什么情况下特定算法可能会找到最大稀疏解。大量结果给出了 BP 算法和 OMP 算法能够找到最大稀疏解的严格条件[17-19]。所有这些条件都明确取决于最优解中包含的非零元素的数量，即稀疏度。本质上，如果稀疏度小于某个依赖于 $\boldsymbol{A}$ 的常数 κ，则证明 BP 算法和 OMP 算法的解等价于最小$\mathcal{L}_0$-范数解。然而，常数 κ 被限制得非常小，对于固定的冗余度 M/N，κ 随着 N 变大而增长得非常缓慢[20]。但在实践中，即使严重违反了这些等价条件，这两种方法仍然性能良好。为了解释这种现象，BP 算法提出了一种更宽松的、仅依赖于 M/N 的界限。当 N 变大时，该界限适用于极限情况下的“大多数”字典[20]，其中“大多数”是由从 N 维单位超球表面均匀采样的列组成的字典。当 $M/N = 2$ 时，BP 能够求解约 $0.3N$ 个非零元素的稀疏解，当 $N\to\infty$时概率接近 1。

回到 BCS，我们既没有像 BP 算法一样方便的凸代价函数，也没有像 OMP 算法一样简单明了的更新规则。然而，我们可以提出另一种等价结果，该条件取决于最优解中非零元素的相对大小，也可以利用它来寻求最难求解的稀疏信号。

定理 4.4　对于满足 URP 的字典 $\boldsymbol{A}$，存在一组 $M-1$ 个尺度常数 $v_i \in (0, 1]$，对于任意的实信号源 $\boldsymbol{x}$ 满足

$$x_{(i+1)} \leqslant v_i x_{(i)}, \quad i = 1, \cdots, M-1 \tag{4.187}$$

并且由此得到观测矢量 $\boldsymbol{y} = \boldsymbol{A}\boldsymbol{x}$，在无噪声条件下，由 BCS 得到的估计值 $\boldsymbol{x}_{\mathrm{BCS}}$ 必定满足

$$\left\| \boldsymbol{x}_{\mathrm{BCS}} \right\|_0 = \min\left(N, \left\| \boldsymbol{x} \right\|_0\right) \tag{4.188}$$

并且 $\boldsymbol{x}_{\mathrm{BCS}}$ 必定为最优稀疏解，但是未必唯一。

对该定理我们不做证明，详细介绍参见文献[15]。其基本思想是，当信号之间的幅度差异在给定尺度下增加时，嵌入在代价函数中的协方差 $\boldsymbol{\Sigma}_y$ 主要由 $\boldsymbol{A}$ 的单个原子控制，从而去除有问题的局部最小值，这样就获得了唯一的全局最小值。有趣的是，当 $\|\boldsymbol{x}\|_0 < N$ 时，推论 4.3 成立。

推论 4.3　给定额外的约束 $\|\boldsymbol{x}\|_0 < N$，则 $\boldsymbol{x}_{\mathrm{BCS}} = \boldsymbol{x}$ 为最优稀疏解，并且有唯一的最优稀疏解，即该点是观测值 $\boldsymbol{y}$ 的唯一、最大稀疏表示。

上述结果具有约束性，因为依赖于字典的常数 v_i 显然限制了可以稀疏表示的信号 $\boldsymbol{y}$ 的类别。此外，尚无法提供方便计算的度量该常数的方法。但我们还是阐明了一个重要的结论，即 BCS 最有能力重构不同尺度的信号。

相比之下，BP 和 OMP 均不具备这样的能力。为此，我们给出简单的三维信号重构的范例以说明这一点。先从 OMP 开始，假定

$$\boldsymbol{x}^* = \begin{bmatrix} 1 \\ \varepsilon \\ 0 \\ 0 \end{bmatrix}, \quad \boldsymbol{A} = \begin{bmatrix} 0 & \dfrac{1}{\sqrt{2}} & 0 & \dfrac{1}{\sqrt{1.01}} \\ 0 & 0 & 1 & \dfrac{0.1}{\sqrt{1.01}} \\ 1 & \dfrac{1}{\sqrt{2}} & 0 & 0 \end{bmatrix}, \quad \boldsymbol{y} = \boldsymbol{A}\boldsymbol{x}^* = \begin{bmatrix} \dfrac{\varepsilon}{\sqrt{2}} \\ 0 \\ 1 + \dfrac{\varepsilon}{\sqrt{2}} \end{bmatrix} \tag{4.189}$$

其中，$\boldsymbol{A}$ 满足 URP，各列 $\boldsymbol{a}_i$ 满足 $\mathcal{L}_2$ 范数为 1。对于给定的任意 $\varepsilon \in (0, 1)$，我们将证明 OMP 必然无法找到 $\boldsymbol{x}^*$。当 $\varepsilon < 1$ 时，OMP 在第一次迭代中选择 $\boldsymbol{a}_1$，通过求解 $\max_i |\boldsymbol{y}^{\mathrm{H}}\boldsymbol{a}_i|$，残差矢量为

$$\boldsymbol{r}_1 = \left(\boldsymbol{I} - \boldsymbol{a}_1\boldsymbol{a}_1^{\mathrm{H}}\right)\boldsymbol{y} = \left[\varepsilon/\sqrt{2} \quad 0 \quad 0\right]^{\mathrm{T}} \tag{4.190}$$

接下来，通过求解 $\max_i |\boldsymbol{r}_1^{\mathrm{H}}\boldsymbol{a}_i|$ 将选择 $\boldsymbol{a}_4$。残差更新为

$$\boldsymbol{r}_2 = (\boldsymbol{I} - [\boldsymbol{a}_1 \quad \boldsymbol{a}_4][\boldsymbol{a}_1 \quad \boldsymbol{a}_4]^{\mathrm{H}})\boldsymbol{y} = \frac{\varepsilon}{101\sqrt{2}}[1 \quad -10 \quad 0]^{\mathrm{T}} \tag{4.191}$$

从剩下的两列中，$\boldsymbol{r}_2$ 与 $\boldsymbol{a}_3$ 的相关性最高。一旦选择 $\boldsymbol{a}_3$，我们获得零残差，却没有找到 $\boldsymbol{x}^*$。所以对于所有 $\varepsilon \in (0, 1)$，算法是失败的。因此，OMP 算法完全不同于 BCS，不可能存在固定常数 $v > 0$，在满足

$$x_{(2)} \leqslant v x_{(1)} \tag{4.192}$$

时，能保证得到 $\boldsymbol{x}^*$。

现在给出一个 BP 的例子，其中我们提出了一个可行解，其 $\mathcal{L}_1$ 范数小于最大稀疏解。给出

$$\boldsymbol{x}^* = \begin{bmatrix} 1 \\ \varepsilon \\ 0 \\ 0 \end{bmatrix}, \quad \boldsymbol{A} = \begin{bmatrix} 0 & 1 & \dfrac{0.1}{\sqrt{1.02}} & \dfrac{0.1}{\sqrt{1.02}} \\ 0 & 0 & -\dfrac{0.1}{\sqrt{1.02}} & \dfrac{0.1}{\sqrt{1.02}} \\ 1 & 0 & \dfrac{1}{\sqrt{1.02}} & \dfrac{1}{\sqrt{1.02}} \end{bmatrix}, \quad \boldsymbol{y} = \boldsymbol{A}\boldsymbol{x}^* = \begin{bmatrix} \varepsilon \\ 0 \\ 1 \end{bmatrix} \tag{4.193}$$

显然$\|\boldsymbol{x}^*\|_1 = 1 + \varepsilon$。但是，对于所有 $\varepsilon \in (0, 0.1)$，如果我们仅使用 $\boldsymbol{a}_1$、$\boldsymbol{a}_3$ 和 $\boldsymbol{a}_4$ 形成可行解，则获得如下结果：

$$\boldsymbol{x} = \begin{bmatrix} 1-10\varepsilon & 0 & 5\sqrt{1.02}\varepsilon & 5\sqrt{1.02}\varepsilon \end{bmatrix}^{\mathrm{T}} \tag{4.194}$$

其中，$\|\boldsymbol{x}\|_1 \approx 1 + 0.1\varepsilon < \|\boldsymbol{x}^*\|_1$。而且尽管没有使用 $\boldsymbol{a}_2$，将解代回原方程也是满足的。由于在指定范围内，所有 ε 的$\mathcal{L}_1$ 范数都较小，BP 必然会失败。因此，我们仍然无法重构 $\boldsymbol{x}^*$。

此时有一个问题尚未解决，从贝叶斯理论的角度，我们感兴趣的是到底什么样的概率分布可能产生满足定理 4.4 条件的信号 $\boldsymbol{x}$。定理 4.5 给出了答案。

定理 4.5　对于满足 URP 的固定测量矩阵 $\boldsymbol{A}$，由 $\boldsymbol{y} = \boldsymbol{A}\boldsymbol{x}$ 生成 $\boldsymbol{y}$，其中 $\boldsymbol{x}$ 是从近似 Jeffreys 先验 $J(a)$中采样得到的满足 i.i.d.的幅值，$J(a)$的概率密度函数为

$$p(x) = \frac{-1}{2\ln(a)x}, \quad x \in [a, 1/a] \tag{4.195}$$

其中，参数 $a \in (0, 1]$。当 a 接近零时，从 $J(a)$获得的 x 以接近于 1 的概率满足定理 4.4 的条件。

我们可以从各阶统计信息的分布来理解上述定理。例如，给定从零到某个 θ 之间满足均匀分布的 M 个采样点，随着 θ 向无穷大移动可以使第 k 阶和 $k+1$ 阶统计量之间的距离任意大。同样地，对于 $J(a)$分布，a 越接近 0，各阶统计量之间的相对比例可以无限制拉大，从而得到所述结果。总之，我们可以证明，以近似无信息 Jeffreys 分布为先验的逆问题能够以高概率通过 BCS 得到的稀疏最优解。

如果说最有利的情况发生在非零元素都是以高度缩放尺度存在，那么最不利的情况是，信号的非零元素具有相近甚至完全相同的尺度。例如，$\tilde{x}_1^* = \tilde{x}_2^* = \cdots = \tilde{x}_K^*$。通过考虑距离 Jeffrey 先验最远的分布 $\tilde{\boldsymbol{x}}^*$，可以在某种程度上有助于分析 BCS 最不利的情况。首先，我们注意到，BCS 代价函数和更新规则都独立于生成原始信号的整体比例，假设 α 非零，$\alpha\tilde{\boldsymbol{x}}^*$ 在功能上等价于 $\tilde{\boldsymbol{x}}^*$。在我们的分析中必须考虑到这种不变性。因此，我们假设原始信号被重新整体缩放，使得 $\sum_i \tilde{x}_i^* = 1$。考虑到这一限制，我们能够更方便地找到非零元素与 Jeffreys 先验最为不同的分布方式。

约束变量的联合概率密度可以计算为

$$p\left(\tilde{x}_1^*,\cdots,\tilde{x}_K^*\right)\propto\frac{1}{\prod_{i=1}^{K}\tilde{x}_i^*}$$
$$\text{s.t.}\ \sum_{i=1}^{K}\tilde{x}_i^*=1,\ \ \tilde{x}_i^*\geqslant 0,\ \ \forall i \tag{4.196}$$

从式（4.196）可以很容易地证明，当 $\tilde{x}_1^*=\tilde{x}_2^*=\cdots=\tilde{x}_K^*$ 时联合概率密度函数达到全局最小值。因此，从 Jeffreys 先验来看，出现等值的概率是很低的。因此，我们可以认为分配 $\tilde{x}_i^*=1/K$ 的概率为 1 时，距离受约束的 Jeffreys 先验最远。

下面我们通过仿真验证结果来支持我们的理论分析，并验证 BCS 在重构性能方面的改进。注意，这里等效地将 BCS 称为 SBL。如前所述，BP 算法和 OMP 算法建立了明确的关于稀疏度 K 的等价条件，说明在怎样的情况下保证找到唯一的最优稀疏解 $\boldsymbol{x}^*$。然而，相关定理在评估算法之间的实际差异方面并没有什么价值。因为在我们测试过的 BP 算法和 OMP 算法等价性成立的案例中，SBL 算法也总是收敛于最优稀疏解 $\boldsymbol{x}^*$。

给定满足特定分布的非零元素 $\boldsymbol{x}^*$，我们将评估对于大多数测量矩阵而言，哪种算法是最好的。为此，进行了大量的蒙特卡罗模拟，每次模拟包括以下内容：首先，创建一个随机的、过完备的 $N\times M$ 测量矩阵 $\boldsymbol{A}$，其各列均从 N 维超球表面均匀采样；接下来，稀疏权矢量 $\boldsymbol{x}^*$是随机生成的，其中有 K 个非零项，非零项的振幅来自一个与实验有关的分布，观测值通过 $\boldsymbol{y}=\boldsymbol{A}\boldsymbol{x}^*$获得。每种算法都给出了 $\boldsymbol{y}$ 和 $\boldsymbol{A}$，并试图估计 $\boldsymbol{x}^*$。在所有情况下，我们进行了 1000 次独立实验，并比较了每种算法重构失败的次数。此外，$\boldsymbol{A}$ 几乎肯定会满足 URP。

具体地说，有四种情况需要进行实验验证包括 $\boldsymbol{x}^*$的分布、稀疏度 K、阵元数目 N 和预成波束数目 M。如图 4.5 所示，在一系列测试条件的结果中，图的每一行，$\tilde{x}_i^*$ 是从某种固定的分布中独立等分布采样得到的：第一行中 $\tilde{x}_i^*=1$；第二行满足 $\tilde{x}_i^*\sim J(a=0.001)$；第三行满足 $\tilde{x}_i^*\sim\mathcal{N}(0,1)$，即标准正态分布。图 4.5 中的列按照如下方式排列：第一列 $N=50$，$K=16$，而 M 值从 N 到 $5N$ 变化，用于衡量字典冗余度 M/N 对性能的影响；第二列设定 $N=50$，$M=100$，K 在 10 到 30 之间变化，探索了每种算法解析越来越多的非零项的能力；第三列设定 $M=N=2$，$K/N\approx 0.3$，而 N、M 和 K 按比例增加，这一列展示了当问题维度较高时性能如何变化。

根据之前的分析，图 4.5 第一行基本上代表了 SBL 算法最差的情况，但其性能仍然优于 BP 算法和 OMP 算法；第二行接近 SBL 的最佳情况，在这里我们看到 SBL 算法几乎绝对正确，不存在重构失败。少数发生的失败情况是由于 a 不够小，此时 $J(a)$没有足够接近真正的 Jeffreys 先验。虽然 OMP 算法性能也很好，但

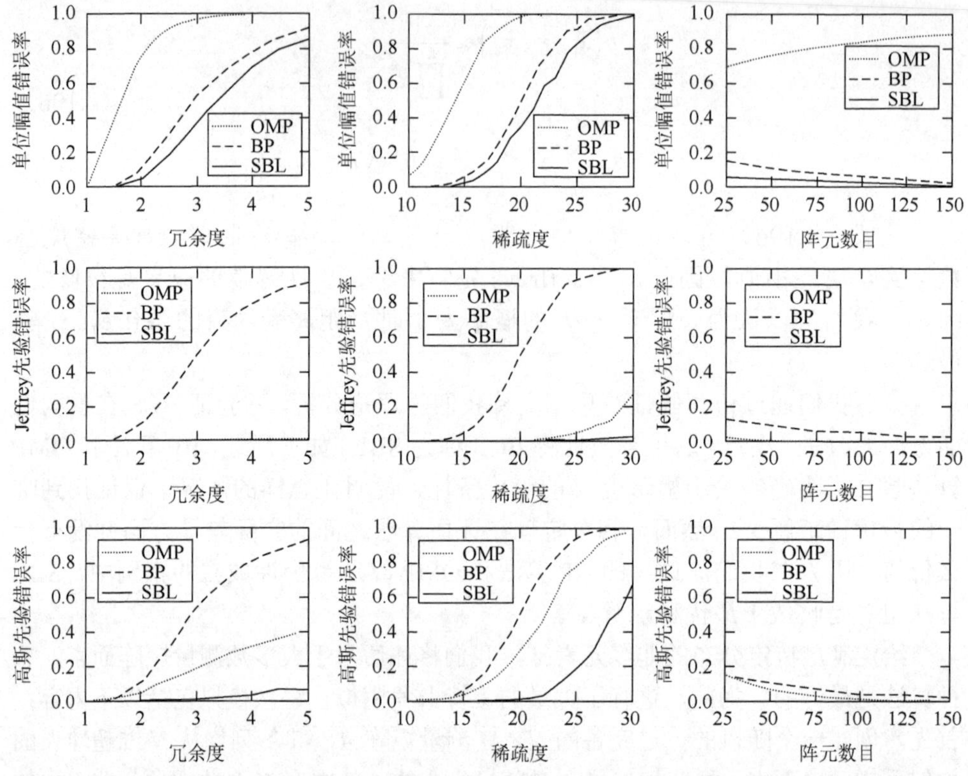

图 4.5　比较 OMP 算法、BP 算法和 SBL 算法在各种测试条件下重构失败概率的仿真结果

是我们不能通过这样调整参数 a 使得 OMP 算法总是成功。最后一行图是基于高斯分布的幅值，反映了这两个极端（即最优和最差情况）之间的平衡。尽管如此，SBL 算法仍然具有明确的优势。

总体来说，我们观察到 SBL 算法有能力处理更多的字典冗余度问题（第 1 列）和解析更多的非零项（第 2 列）。第 3 列表明，BP 算法和 SBL 算法都能够解析随阵元数目 N 线性增长的 $K(\approx 0.3N)$。相比之下，OMP 算法性能在某些情况下开始下降，这是该方法的潜在限制。当然，还需要进一步研究来充分比较这些方法在大规模问题上的相对性能。

最后，通过比较第 1、2、3 行，我们观察到 BP 算法的性能与非零项的分布无关，其性能略低于最坏情况下的 SBL 算法性能。类似于 SBL 算法，OMP 算法的结果高度依赖于非零项的分布。然而，随着分布趋于统一，性能并不理想。综上所述，虽然 OMP 算法和 BP 算法之间的性能差异取决于实验条件，但在我们的测试中（包括使用其他字典类型的情况），SBL 算法都具有无可争辩的性能优势。

4.5　多快拍波束形成

从 4.4 节内容可见，通过贝叶斯框架来解决 CS 问题得到的 BCS 或 SBL 的方法，相对于常规 CS 方法（如 BP 和 FOCUSS）可以带来一些优势，如概率预测、模型的参数估计或者稀疏信号重构的准确度等。本节主要处理稀疏贝叶斯学习框架下的多快拍或称多次测量矢量（multiple measurement vector，MMV）问题的求解，并使用 MAP 重构信号源。

采用式（2.59）引入的模型：

$$\boldsymbol{Y}=\boldsymbol{A}\boldsymbol{X}+\boldsymbol{N} \tag{4.197}$$

其中，流形矩阵 $\boldsymbol{A}=[\boldsymbol{a}_1,\cdots,\boldsymbol{a}_M]\in\mathbb{C}^{N\times M}$ 中，各列矢量对应预成波束的导向矢量；加性噪声 $\boldsymbol{N}\in\mathbb{C}^{N\times L}$ 假设所有元素是相互独立的，每个元素遵循复高斯分布 $\mathcal{CN}(0,\sigma^2)$。在常规情况下有 $M\gg N$，因此模型是欠定的。在信号源较少的情况下，$K\ll M$，源矢量 $\boldsymbol{x}_l$ 为 K-稀疏的，定义第 l 个快拍的有效集合为

$$\mathcal{M}_l=\{m\in\mathbb{N}|\ x_{ml}\neq 0\}=\{m_1,m_2,\cdots,m_K\}$$

由于各快拍之间满足联合稀疏性，可以认定集合 $\mathcal{M}_l=\mathcal{M}$ 在快拍 l 中是一致的。此外，定义 $\boldsymbol{A}_{\mathcal{M}}\in\mathbb{C}^{N\times K}$ 只包含 $\boldsymbol{A}$ 对应的 K 个非零信号源的列，即

$$\boldsymbol{A}_{\mathcal{M}}=[\boldsymbol{a}_{m_1},\cdots,\boldsymbol{a}_{m_K}] \tag{4.198}$$

使用贝叶斯推理来解决线性问题（4.197），过程是从似然函数和先验模型确定目标源复振幅 $\boldsymbol{X}$ 的后验分布。假设加性噪声 $\boldsymbol{N}$ 为复高斯的数据似然，即给定信号源 $\boldsymbol{X}$ 的窄带测量数据 $\boldsymbol{Y}$ 的条件概率密度函数为噪声方差为 σ^2 的复高斯分布：

$$p\left(\boldsymbol{Y}\middle|\boldsymbol{X};\sigma^2\right)\propto\frac{\exp\left(-\frac{1}{\sigma^2}\|\boldsymbol{Y}-\boldsymbol{A}\boldsymbol{X}\|_F^2\right)}{(\pi\sigma^2)^{NL}} \tag{4.199}$$

假设复信号源振幅 x_{ml} 是相互独立的，遵循零均值，方差为

$$\gamma_m\in\boldsymbol{\gamma}=[\gamma_1,\cdots,\gamma_M]^{\mathrm{T}} \tag{4.200}$$

的复高斯分布，即

$$p_m(x_{ml};\gamma_m)=\begin{cases}\delta(x_{ml}), & \gamma_m=0\\ \dfrac{1}{\pi\gamma_m}\mathrm{e}^{-|x_{ml}|^2/\gamma_m}, & \gamma_m>0\end{cases} \tag{4.201}$$

联合先验

$$p(\boldsymbol{X};\boldsymbol{\gamma})=\prod_{l=1}^{L}\prod_{m=1}^{M}p_m(x_{ml};\gamma_m)=\prod_{l=1}^{L}\mathcal{CN}(\boldsymbol{0},\boldsymbol{\Gamma}) \tag{4.202}$$

每个快拍 $l\in\{1,\cdots,L\}$ 处的信号源矢量 $\boldsymbol{x}_l$ 满足矢量高斯分布，其协方差矩阵可能是奇异的，即

$$\boldsymbol{\Gamma}=\mathrm{diag}(\boldsymbol{\gamma})=E\left[\boldsymbol{x}_l\boldsymbol{x}_l^{\mathrm{H}}\right] \tag{4.203}$$

其中，$\mathrm{rank}(\boldsymbol{\Gamma})=\mathrm{card}(\mathcal{M})=K\leqslant M$，这里利用了信号源各快拍之间的独立性，$\boldsymbol{\Gamma}$ 的对角线元素，即超参数 $\boldsymbol{\gamma}\geqslant 0$ 表示信号源功率。当方差 $\gamma_m=0$ 时，对应的信号源幅值 $x_{ml}=0$，以此利用超参数 $\boldsymbol{\gamma}$ 控制模型的稀疏性。

根据上述先验假设和似然分布，得到 $\boldsymbol{X}$ 的后验概率密度可以写为

$$p\left(\boldsymbol{X}\middle|\boldsymbol{Y};\boldsymbol{\gamma},\sigma^2\right)=\frac{p\left(\boldsymbol{Y}\middle|\boldsymbol{X};\sigma^2\right)p(\boldsymbol{X};\boldsymbol{\gamma})}{p(\boldsymbol{Y};\boldsymbol{\gamma},\sigma^2)} \tag{4.204}$$

其中，对于给定的超参数 $\boldsymbol{\gamma}$ 和 σ^2，分母是数据的边缘分布，可视为概率密度函数的归一化因子，可以被忽略，因此

$$\begin{aligned}p\left(\boldsymbol{X}\middle|\boldsymbol{Y};\boldsymbol{\gamma},\sigma^2\right)&\propto p\left(\boldsymbol{Y}\middle|\boldsymbol{X};\sigma^2\right)p(\boldsymbol{X};\boldsymbol{\gamma})\\&\propto\frac{\mathrm{e}^{-\mathrm{tr}\left(\left(\boldsymbol{X}-\boldsymbol{\mu}_X\right)^{\mathrm{H}}\boldsymbol{\Sigma}_x^{-1}\left(\boldsymbol{X}-\boldsymbol{\mu}_X\right)\right)}}{\left(\pi^N\det\boldsymbol{\Sigma}_x\right)^L}\\&=\mathcal{CN}\left(\boldsymbol{\mu}_X,\boldsymbol{\Sigma}_x\right)\end{aligned} \tag{4.205}$$

其中，$p(\boldsymbol{Y}|\boldsymbol{X};\sigma^2)$和 $p(\boldsymbol{X};\boldsymbol{\gamma})$均是高斯分布，所以 $\boldsymbol{X}$ 的后验概率密度也满足高斯分布，其均值和协方差分别为

$$\boldsymbol{\mu}_X=\boldsymbol{\Gamma}\boldsymbol{A}^H\boldsymbol{\Sigma}_y^{-1}\boldsymbol{Y} \tag{4.206}$$

$$\boldsymbol{\Sigma}_x=\left(\frac{1}{\sigma^2}\boldsymbol{A}^{\mathrm{H}}\boldsymbol{A}+\boldsymbol{\Gamma}^{-1}\right)^{-1}=\boldsymbol{\Gamma}-\boldsymbol{\Gamma}\boldsymbol{A}^H\boldsymbol{\Sigma}_y^{-1}\boldsymbol{A}\boldsymbol{\Gamma} \tag{4.207}$$

其中，测量数据协方差 $\boldsymbol{\Sigma}_y$ 及其逆由式（4.197）和矩阵求逆引理导出，表示为

$$\boldsymbol{\Sigma}_y=E\left[\boldsymbol{y}_l\boldsymbol{y}_l^{\mathrm{H}}\right]=\sigma^2\boldsymbol{I}_N+\boldsymbol{A}\boldsymbol{\Gamma}\boldsymbol{A}^{\mathrm{H}} \tag{4.208}$$

$$\begin{aligned}\boldsymbol{\Sigma}_y^{-1}&=\sigma^{-2}\boldsymbol{I}_N-\sigma^{-2}\boldsymbol{A}\left(\frac{1}{\sigma^2}\boldsymbol{A}^{\mathrm{H}}\boldsymbol{A}+\boldsymbol{\Gamma}^{-1}\right)\boldsymbol{A}^{\mathrm{H}}\sigma^{-2}\\&=\sigma^{-2}\boldsymbol{I}_N-\sigma^{-2}\boldsymbol{A}\boldsymbol{\Sigma}_x\boldsymbol{A}^{\mathrm{H}}\sigma^{-2}\end{aligned} \tag{4.209}$$

可见，如果 $\boldsymbol{\gamma}$ 和 σ^2 已知，则输出 MAP 估计均值为

$$\hat{\boldsymbol{X}}_{\mathrm{MAP}}=\boldsymbol{\mu}_X=\boldsymbol{\Gamma}\boldsymbol{A}^{\mathrm{H}}\boldsymbol{\Sigma}_y^{-1}\boldsymbol{Y} \tag{4.210}$$

下面讨论超参数学习方法。4.2 节讨论了三种学习方法，这里采用证据最大法。

通过最大化式（4.204）中被视为常数的证据。证据是似然函数和先验分布在复信号源振幅 $\boldsymbol{X}$ 上乘积的积分：

$$\begin{aligned} p(\boldsymbol{Y};\boldsymbol{\gamma},\sigma^2) &= \int p\left(\boldsymbol{Y}\middle|\boldsymbol{X};\sigma^2\right)p(\boldsymbol{X};\boldsymbol{\gamma})\mathrm{d}\boldsymbol{X} \\ &= \frac{\mathrm{e}^{-\mathrm{tr}\left(\boldsymbol{Y}^{\mathrm{H}}\boldsymbol{\Sigma}_y^{-1}\boldsymbol{Y}\right)}}{(\pi^N \det\boldsymbol{\Sigma}_y)^L} \end{aligned} \tag{4.211}$$

得到 L 个快拍边缘对数似然为

$$\ln p(\boldsymbol{Y};\boldsymbol{\gamma},\sigma^2) \propto -\mathrm{tr}\left(\boldsymbol{Y}^{\mathrm{H}}\boldsymbol{\Sigma}_y^{-1}\boldsymbol{Y}\right) - L\ln\det\boldsymbol{\Sigma}_y \tag{4.212}$$

超参数估计 $\boldsymbol{\gamma}$ 和 σ^2 可以通过最大化证据 $\ln p(\boldsymbol{Y};\boldsymbol{\gamma},\sigma^2)$得到

$$(\hat{\boldsymbol{\gamma}},\hat{\sigma}^2) = \underset{\boldsymbol{\gamma}\geqslant 0,\sigma^2>0}{\arg\max}\ln p(\boldsymbol{Y};\boldsymbol{\gamma},\sigma^2) \tag{4.213}$$

取式（4.211）对对角元素 $\boldsymbol{\gamma}_m$ 的导数，其中

$$\frac{\partial\boldsymbol{\Sigma}_y^{-1}}{\partial\gamma_m} = -\boldsymbol{\Sigma}_y^{-1}\frac{\partial\boldsymbol{\Sigma}_y}{\partial\gamma_m}\boldsymbol{\Sigma}_y^{-1} = -\boldsymbol{\Sigma}_y^{-1}\boldsymbol{a}_m\boldsymbol{a}_m^{\mathrm{H}}\boldsymbol{\Sigma}_y^{-1} \tag{4.214}$$

$$\frac{\partial\ln\det(\boldsymbol{\Sigma}_y)}{\partial\gamma_m} = \mathrm{tr}\left(\boldsymbol{\Sigma}_y^{-1}\frac{\partial\boldsymbol{\Sigma}_y}{\partial\gamma_m}\right) = \boldsymbol{a}_m^{\mathrm{H}}\boldsymbol{\Sigma}_y^{-1}\boldsymbol{a}_m \tag{4.215}$$

于是得到

$$\begin{aligned} \frac{\partial\ln p(\boldsymbol{Y};\boldsymbol{\gamma},\sigma^2)}{\partial\gamma_m} &= \left\|\boldsymbol{Y}^{\mathrm{H}}\boldsymbol{\Sigma}_y^{-1}\boldsymbol{a}_m\right\|_2^2 - L\boldsymbol{a}_m^{\mathrm{H}}\boldsymbol{\Sigma}_y^{-1}\boldsymbol{a}_m \\ &= \left(\frac{\gamma_m^{(t)}}{\gamma_m^{(t+1)}}\right)^2\left\|\boldsymbol{Y}^{\mathrm{H}}\boldsymbol{\Sigma}_y^{-1}\boldsymbol{a}_m\right\|_2^2 - L\boldsymbol{a}_m^{\mathrm{H}}\boldsymbol{\Sigma}_y^{-1}\boldsymbol{a}_m \end{aligned} \tag{4.216}$$

其中，$\gamma_m^{(t)}$ 和 $\gamma_m^{(t+1)}$ 分别表示上次迭代和本次更新 γ_m 的估计值，这里引入二者的比值来获得 γ_m 的更新公式。

令式（4.216）等于零，给出 γ_m 的更新方式为

$$\gamma_m^{(t+1)} = \frac{\gamma_m^{(t)}}{\sqrt{L}}\left\|\boldsymbol{Y}^{\mathrm{H}}\boldsymbol{\Sigma}_y^{-1}\boldsymbol{a}_m\right\|_2\Big/\left(\boldsymbol{a}_m^{\mathrm{H}}\boldsymbol{\Sigma}_y^{-1}\boldsymbol{a}_m\right) \tag{4.217}$$

定义数据样本协方差矩阵 $\boldsymbol{S}_y$，表示为

$$\boldsymbol{S}_y = \boldsymbol{Y}\boldsymbol{Y}^{\mathrm{H}} / L \tag{4.218}$$

假设已经得到参数最优估计 $\boldsymbol{\Gamma}_{\mathcal{M}}$ 和 σ^2，根据 Jaffer 必要条件[21]有下述等式：

$$\boldsymbol{A}_{\mathcal{M}}^{\mathrm{H}}(\boldsymbol{S}_y-\boldsymbol{\Sigma}_y)\boldsymbol{A}_{\mathcal{M}}=0 \tag{4.219}$$

当 $\boldsymbol{S}_y$ 为正定矩阵时，可以用 $\boldsymbol{S}_y$ 替代式（4.217）中的 $\boldsymbol{\Sigma}_y$，得到

$$\gamma_m^{(t+1)}=\frac{\gamma_m^{(t)}}{\sqrt{L}}\left\|\boldsymbol{Y}^{\mathrm{H}}\boldsymbol{\Sigma}_y^{-1}\boldsymbol{a}_m\right\|_2\Big/\left(\boldsymbol{a}_m^{\mathrm{H}}\boldsymbol{S}_y^{-1}\boldsymbol{a}_m\right) \tag{4.220}$$

由于分母在迭代过程中不改变，式（4.220）估计的收敛速度应该更快。此外，通过 EM 算法或变分法，同样可以获得

$$\gamma_m^{(t+1)}=\frac{\left(\gamma_m^{(t)}\right)^2}{L}\left\|\boldsymbol{Y}^{\mathrm{H}}\boldsymbol{\Sigma}_y^{-1}\boldsymbol{a}_m\right\|_2^2+(\boldsymbol{\Sigma}_x)_{m,m} \tag{4.221}$$

为有所区分，本节中将式（4.217）、式（4.220）和式（4.221）分别标识为 SBL0、SBL1 和多快拍 SBL（multisnapshot SBL，MSBL）。EM 迭代中的参数估计序列已被证明收敛。然而，收敛只保证边缘对数似然达到局部最小化。

下面考虑噪声方差的估计方法。获得良好的噪声方差估计对于 SBL 算法的快速收敛很重要，因为它控制了峰值的锐度。设 $\boldsymbol{\Gamma}_{\mathcal{M}}=\mathrm{diag}(\boldsymbol{\gamma}_{\mathcal{M}})$为 K 个信号源协方差矩阵，和流形矩阵 $\boldsymbol{A}_{\mathcal{M}}$一起使证据最大化。对应的数据协方差矩阵为

$$\boldsymbol{\Sigma}_y=\sigma^2\boldsymbol{I}_N+\boldsymbol{A}_{\mathcal{M}}\boldsymbol{\Gamma}_{\mathcal{M}}\boldsymbol{A}_{\mathcal{M}}^{\mathrm{H}} \tag{4.222}$$

将式（4.222）代入式（4.219），有

$$\boldsymbol{A}_{\mathcal{M}}^{\mathrm{H}}(\boldsymbol{S}_y-\sigma^2\boldsymbol{I}_N)\boldsymbol{A}_{\mathcal{M}}=\boldsymbol{A}_{\mathcal{M}}^{\mathrm{H}}\boldsymbol{A}_{\mathcal{M}}\boldsymbol{\Gamma}_{\mathcal{M}}\boldsymbol{A}_{\mathcal{M}}^{\mathrm{H}}\boldsymbol{A}_{\mathcal{M}} \tag{4.223}$$

根据伪逆

$$\boldsymbol{A}_{\mathcal{M}}^{\dagger}=\left(\boldsymbol{A}_{\mathcal{M}}^{\mathrm{H}}\boldsymbol{A}_{\mathcal{M}}\right)^{-1}\boldsymbol{A}_{\mathcal{M}}^{\mathrm{H}} \tag{4.224}$$

分别在式（4.223）右乘式（4.224），同时左乘$\left(\boldsymbol{A}_{\mathcal{M}}^{\dagger}\right)^{\mathrm{H}}$，然后两边同时减去 $\boldsymbol{S}_y$ 得到

$$\sigma^2=\frac{1}{N-K}\mathrm{tr}\left(\left(\boldsymbol{I}_N-\boldsymbol{A}_{\mathcal{M}}\boldsymbol{A}_{\mathcal{M}}^{\dagger}\right)\boldsymbol{S}_y\right) \tag{4.225}$$

上述估计要求 $K<N$，对于小快拍数目会低估噪声。文献[2]、[5]、[6]、[22]、[23]中提出了噪声 σ^2 的几种 EM 估计方法。根据经验，以上几种方法和式（4.225）都不能很好地收敛。因此使用下述更新方法[23]：

$$(\sigma^2)^{(t+1)}=\frac{\dfrac{1}{L}\left\|\boldsymbol{Y}-\boldsymbol{A}\boldsymbol{\mu}_X\right\|_F^2+(\sigma^2)^{(t)}\left(M-\displaystyle\sum_{i=1}^{M}\frac{(\Sigma_x)_{i,i}}{\gamma_i}\right)}{N} \tag{4.226}$$

算法 4.2 总结了 MSBL 算法求解流程。

算法 4.2　MSBL 算法求解流程

输入：流形矩阵 $\boldsymbol{A}$、测量数据 $\boldsymbol{Y}$、稀疏度 K。

输出：信号源估计均值 $\boldsymbol{\mu}_X$ 。

初始化：$j=0$、$\sigma^2=\sigma_0^2$、$\boldsymbol{\gamma}=\boldsymbol{\gamma}_0$、容差 $\varepsilon_{\min}$ 和最大迭代次数 $j_{\max}$。

While（$\varepsilon>\varepsilon_{\min}$）and（$j<j_{\max}$）

$$j=j+1$$
$$\boldsymbol{\gamma}^{(j+1)}=\boldsymbol{\gamma}^{(j)}$$
$$\boldsymbol{\Gamma}=\mathrm{diag}(\boldsymbol{\gamma})$$
$$\boldsymbol{\Sigma}_y=\sigma^2\boldsymbol{I}_N+\boldsymbol{A}\boldsymbol{\Gamma}\boldsymbol{A}^{\mathrm{H}}$$
$$\boldsymbol{\mu}_X=\boldsymbol{\Gamma}\boldsymbol{A}^{\mathrm{H}}\boldsymbol{\Sigma}_y^{-1}\boldsymbol{Y}$$

$$\gamma_m^{(j+1)}=\frac{\gamma_m^{(j)}}{\sqrt{L}}\left\|\boldsymbol{Y}^{\mathrm{H}}\boldsymbol{\Sigma}_y^{-1}\boldsymbol{a}_m\right\|_2\Big/\left(\boldsymbol{a}_m^{\mathrm{H}}\boldsymbol{\Sigma}_y^{-1}\boldsymbol{a}_m\right) \quad \text{(SBL0)}$$

$$\gamma_m^{(j+1)}=\frac{\gamma_m^{(j)}}{\sqrt{L}}\left\|\boldsymbol{Y}^{\mathrm{H}}\boldsymbol{\Sigma}_y^{-1}\boldsymbol{a}_m\right\|_2\Big/\left(\boldsymbol{a}_m^{\mathrm{H}}\boldsymbol{S}_y^{-1}\boldsymbol{a}_m\right) \quad \text{(SBL1)}$$

$$\gamma_m^{(j+1)}=\frac{\left(\gamma_m^{(j)}\right)^2}{L}\left\|\boldsymbol{Y}^{\mathrm{H}}\boldsymbol{\Sigma}_y^{-1}\boldsymbol{a}_m\right\|_2^2+(\boldsymbol{\Sigma}_x)_{m,m} \quad \text{(MSBL)}$$

$$M=\{m\in\mathbb{N}|\boldsymbol{\gamma}\text{的}K_s\text{个最大峰值对应序号}\}=\{m_1,\cdots,m_K\}$$

$$\boldsymbol{A}=(\boldsymbol{a}_{m_1},\cdots,\boldsymbol{a}_{m_K})$$

$$(\sigma^2)^{(j+1)}=\frac{\dfrac{1}{L}\left\|\boldsymbol{Y}-\boldsymbol{A}\boldsymbol{\mu}_X\right\|_F^2+(\sigma^2)^{(j)}\left(M-\sum_{i=1}^{M}\dfrac{(\Sigma_x)_{i,i}}{\gamma_i}\right)}{N}$$

$$\varepsilon=\left\|\boldsymbol{\gamma}^{(j+1)}-\boldsymbol{\gamma}^{(j)}\right\|_1\Big/\left\|\boldsymbol{\gamma}^{(j)}\right\|_1$$

若 $\varepsilon<\varepsilon_{\min}$ 或 $j>j_{\max}$，终止迭代。

End

4.6　性 能 验 证

本章对贝叶斯压缩波束形成方法进行了详细论述，并分析了其相对于其他压缩波束形成方法的理论优势。本节将从仿真实验角度给出 SBL 算法的性能验证。由于我们已经在第 3 章讨论过压缩波束形成与谱分析方法的性能比较，本节重点强调 SBL 算法几种实现方式与其他压缩波束形成方法（局限于多快拍的情况）。在单快拍或多快拍的情况下，我们可以通过重构性能-快拍数目性能讨论定量分析。

4.6.1 多快拍信号重构实验

我们仍然先从直观上给出不同方法的定性分析，在多快拍情况下，观察各波束形成方法在信号源幅值重构方面的能力。仿真采用60阵元、半波长间距的ULA，在DOA[−80°, 80°]范围内随机产生 8 个信号，即认为待恢复信号的稀疏度为 8，在该范围内均匀划分波束 $M = 256$；多快拍信号源的生成方式遵循 2.3.4 节的一阶自回归流程，共包含相互独立的 $L = 100$ 个快拍数据，相关系数$\rho = 0$。测量数据包含加性高斯白噪声，噪声功率由 SNR 定义。本节选择下述压缩波束形成方法对信号源进行重构：M-FOCUSS、M-OMP 和 M-BP（其中，M-代表多快拍的标识，并将在标注中省略），还包括三种贝叶斯压缩波束形成的实现方法，记为

MSBL：稀疏超参数$\boldsymbol{\gamma}$学习利用式（4.221），噪声方差学习利用式（4.226）；

SBL0：稀疏超参数$\boldsymbol{\gamma}$学习利用式（4.217），噪声方差学习利用式（4.225）；

SBL1：稀疏超参数$\boldsymbol{\gamma}$学习利用式（4.220），噪声方差学习利用式（4.225）。

其中，信号源的均值和方差估计方法都是一致的。这几种多快拍 SBL 算法在计算和要求上有所不同，MSBL 算法是传统的实现方法，可以通过 EM 算法或变分法推导出来，并且稀疏超参数和噪声方差的学习可以转化为只与信号源 $\boldsymbol{X}$ 的均值和方差有关的迭代形式，而且原理上对快拍数目 L 和阵元数目 N 没有要求；注意到，式（4.217）、式（4.220）和式（4.225）都是与测量数据 $\boldsymbol{Y}$ 的统计方差有关的，在使用时，需要保证 $L \geqslant 2N$ 使得 $\boldsymbol{S}_y$ 是非奇异的；此外，计算噪声方差时，还要求 $N > K$，即阵元数目严格大于稀疏度，而且显然还需要预知稀疏度。但是在本节中，我们假设上述条件都是可以满足的，从而来观察几种实现方式的有效性。

此外，在 FOCUSS 算法中，令 $p = 0.1$ 来更好地近似$\mathcal{L}_0$ 优化性能；BP 算法通过令 FOCUSS 算法的 $p = 0.999$ 来近似实现。

图 4.6 为 SNR = 40dB 时，六种方法的信号幅值重构结果。对于所有的 SBL 类方法，设定收敛阈值为 10^{-4}。取重构得到的 100 个快拍信号的后两个快拍结果，并将 5 次蒙特卡罗仿真结果同时标识在图中，这样仍然能够一定程度上看出它们的性能特点。首先，采用 FOCUSS 算法和 BP 算法，在高 SNR 条件下，靠近阵列中心的角度均能够获得较高的重构精度，尤其是 FOCUSS 算法；在阵列外侧，信号的重构精度明显降低，BP 算法的估值普遍偏低，FOCUSS 算法估计的不确定性也变得更强。类似于 3.5 节的结论，OMP 算法对相互靠近的多个信号会出现估计性能降低的现象，包括信号幅值估计和 DOA 位置估计都会出现偏差，因此从恢复误差看，结果并不算理想。最后，在三种 SBL 估计方法中，MSBL 和 SBL1 均得到了较高的重构精度，而 SBL0 的重构精度在阵列外侧明显降低，这一点与 FOCUSS 算法类似。

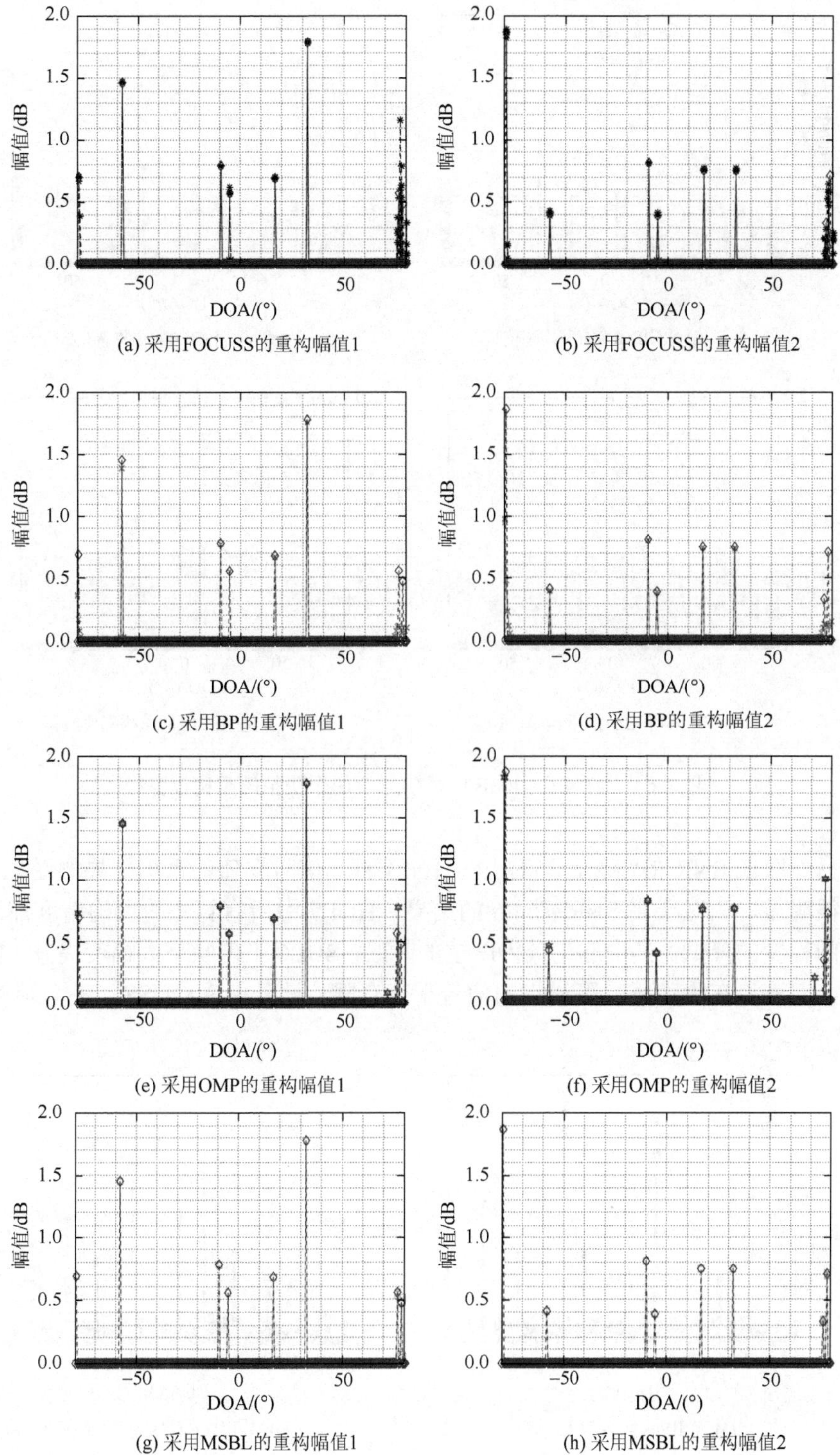

(a) 采用FOCUSS的重构幅值1

(b) 采用FOCUSS的重构幅值2

(c) 采用BP的重构幅值1

(d) 采用BP的重构幅值2

(e) 采用OMP的重构幅值1

(f) 采用OMP的重构幅值2

(g) 采用MSBL的重构幅值1

(h) 采用MSBL的重构幅值2

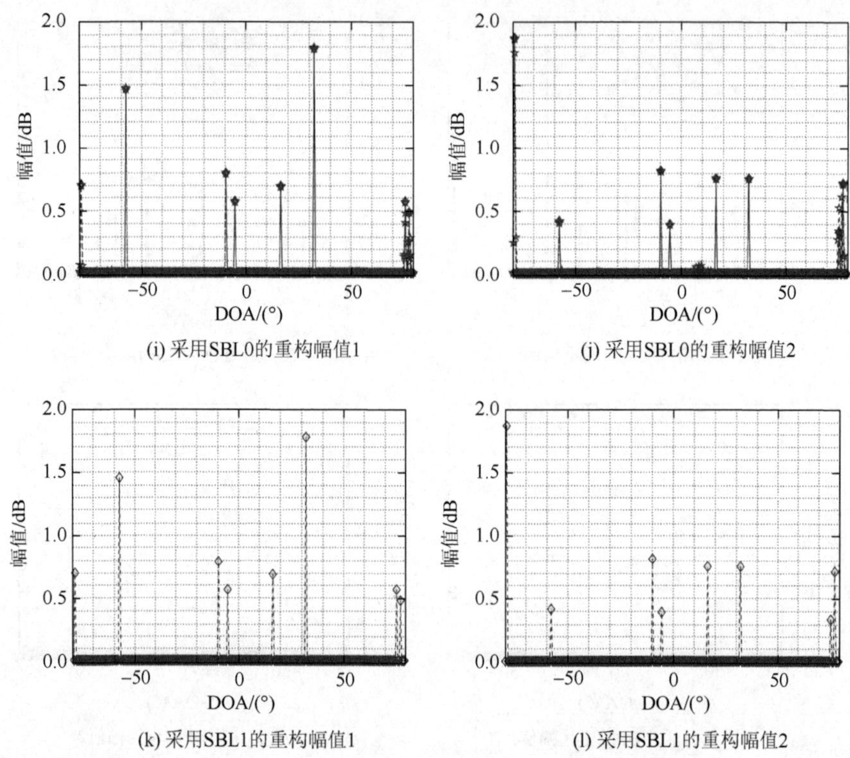

(i) 采用SBL0的重构幅值1　　(j) 采用SBL0的重构幅值2

(k) 采用SBL1的重构幅值1　　(l) 采用SBL1的重构幅值2

图 4.6　当 SNR = 40dB 时，信号后两个快拍的重构幅值

另外取低 SNR 的情况，当 SNR = 10dB 时，信号幅值的重构结果如图 4.7 所示。很明显，相对于高 SNR 图 4.6 的结果，图 4.7 中所有算法的重构精度都发生了不同程度的降低。其中恶化最为严重的时候，SBL0 不但噪声大幅度提升，信号几乎全部淹没在噪声里，可辨识的信号十分有限。此外，FOCUSS、BP、MSBL

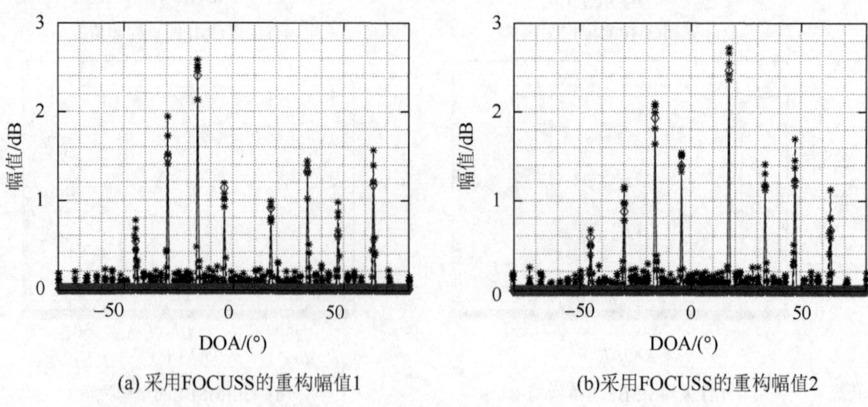

(a) 采用FOCUSS的重构幅值1　　(b)采用FOCUSS的重构幅值2

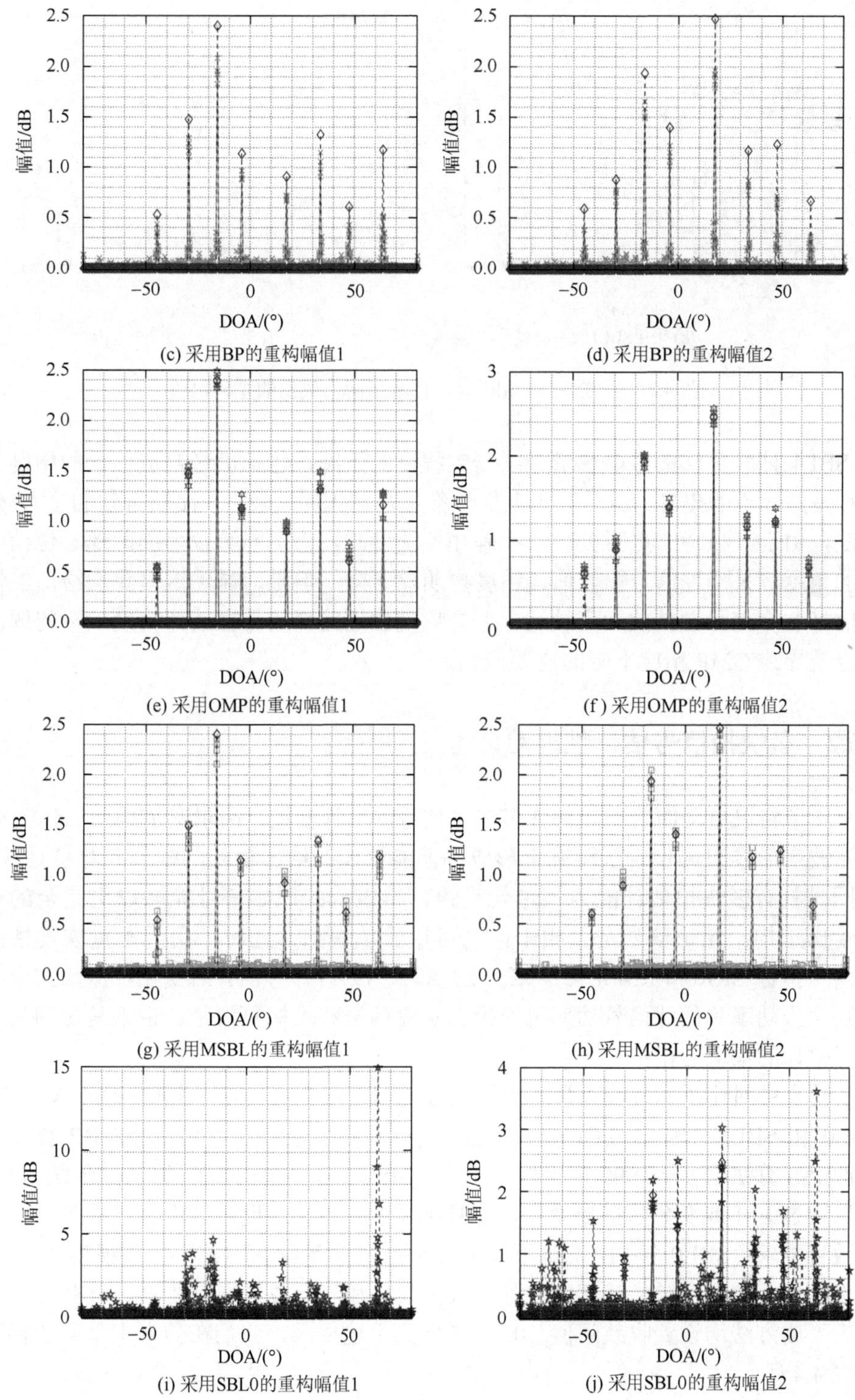

(c) 采用BP的重构幅值1

(d) 采用BP的重构幅值2

(e) 采用OMP的重构幅值1

(f) 采用OMP的重构幅值2

(g) 采用MSBL的重构幅值1

(h) 采用MSBL的重构幅值2

(i) 采用SBL0的重构幅值1

(j) 采用SBL0的重构幅值2

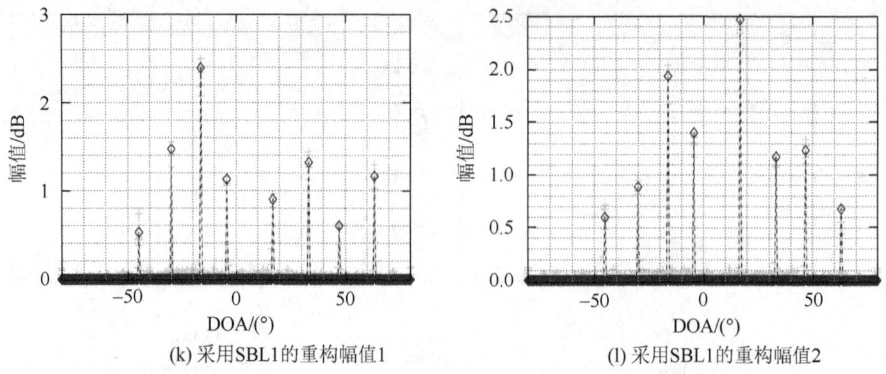

(k) 采用SBL1的重构幅值1　　(l) 采用SBL1的重构幅值2

图 4.7　当 SNR = 10dB 时，信号后两个快拍的重构幅值

和 SBL1 四种算法的性能也遭受了一定程度的下降，包括信号幅值估计的精度下降和基底噪声的提升，但是基本上信号都是可辨识的；最后，比较有趣的是 OMP 算法，由于其独特的更新机制，在确知稀疏度时，仍然能够较为准确地定位信号源的角度，只不过信号幅值估计精度也明显下降。但是，显然这里我们给出的情况恰好 8 个信号源彼此距离较远，并未展现出近距离信号源估计精度下降问题，这也是导致 OMP 精度下降的重要原因。

4.6.2　多快拍信号估计性能验证

本节将以更全面的方式评估多快拍信号的估计性能。不同于功率谱估计方法，压缩波束形成和贝叶斯压缩波束形成不但能够同时给出信号的幅值和相位估计，还同时具有多快拍估计能力。也就是说，待重构的原始信号能够以更完全的形式给出重构，无论信号是否相干，也可用于单快拍。此时，用于衡量恢复性能的两个指标 SRR 和 RMSE[式（2.178）和式（2.179）]也有所变化，原公式中的真实信号功率和估计信号功率替换为真实复信号和重构复信号，也就是说同时考虑了估计的幅值与相位。

仿真中对比了六种波束形成方法的性能，包括 FOCUSS、OMP、BP、MSBL、SBL0 和 SBL1。其中，FOCUSS 算法令 $p = 0.1$ 来近似$\mathcal{L}_0$优化性能；BP 算法令 FOCUSS 算法的 $p = 0.999$ 来近似$\mathcal{L}_1$优化。MSBL 是多快拍 SBL 算法的传统形式，可以通过 EM 或变分法推导得到，并且不需要知道稀疏度，也没有快拍数目或阵元数目要求；SBL0 和 SBL1 是不同于 MSBL 的参数学习方式，可以视为 SBL 的实现变体，需要知道稀疏度，并且对快拍数目和阵元数目均有要求。所有的 SBL 波束形成方法均设置收敛阈值 10^{-4}。考虑到上述要求，我们在仿真中采用的参数如表 4.4 所示。

表 4.4　仿真参数设置

参数	数值设置
阵元数目 N	60
预成波束数目 M	256
快拍数目 L	300
波束角范围	$-80°\sim80°$
快拍相关系数 ρ	0
稀疏度 K	8
SNR/dB	30
SRR 阈值 η	10^{-2}
蒙特卡罗仿真次数	200

我们考察了快拍数目 $L\in[10, 180]$时多快拍信号的重构结果，如图 4.8（a）～（c）所示。其中，FOCUSS 算法和 BP 算法受快拍数目的影响并不大，在 $L=10$ 时，其性能已经稳定，并不会再随着 L 的增加而提高精度。OMP 算法在角度定位方面具有最佳估计效果，但是并不能完美估计所有信号源；MSBL 算法和 SBL1 算法明显略胜一筹，能够在信号估计和角度定位两方面均实现较好的精度。从计算速度上，原本 MSBL 算法的单次迭代计算量并不算低，但是它的收敛速度更快，尤其当快拍数目多时，它的计算速度较快，但是显然，OMP 算法在计算效率上领先所有其他方法。

阵元数目与算法性能的关系曲线如图 4.8（d）～（f）所示。除了 FOCUSS 算法之外，其他算法均满足随着阵元数目增加，重构精度明显提升的规律。原本从图 4.8（d）可看出 FOCUSS 算法也具有这样的规律，但是性能提升并未让它识别出更多的信号源，反而由于 N 的增加 SRR 比率下降，在一定程度上受 SNR 制约。从 RMSE 和 SRR 看，MSBL 和 SBL1 两种贝叶斯压缩波束形成方法同时具有明确的重构优势，但是 SBL0 只有在阵元数目 N 足够大时，才勉强具有与其他方法类似的能力。OMP 算法仍然具有与图 4.8（a）～（c）中相似的结论，即它更善于进行 DOA 估计，但是整体上信号幅值估计精度低于 SBL 算法。

如图 4.8（g）～（i）所示，OMP 算法的角度定位能力和信号估计精度在 SNR$\in$[10, 70]dB 几乎不受影响，在稀疏度不变的情况下，显示了相当好的稳定性，尤其是较强的 DOA 估计能力；MSBL 算法和 SBL1 算法在 SNR≥30dB 的情况下，能够实现 DOA 和信号估计精度两方面全面超越 OMP 算法。而其他方法，包括 FOCUSS 算法和 BP 算法，性能上不及 SBL 类方法，但是在 SNR 足够高的情况下，也能够实现令人满意的精度。

最后，我们讨论各类方法估计性能与稀疏度之间的关系，结果如图 4.8（j）～(l) 所示。与上述其他结果不同之处在于，OMP 算法受稀疏度的影响最明显，随着稀疏度的增加，信号估计精度下降，而且 DOA 估计结果也显著恶化。在 SNR = 30dB 时，MSBL 算法和 SBL1 算法的目标重构优势已经非常明确，在 RMSE 和 SRR 两方

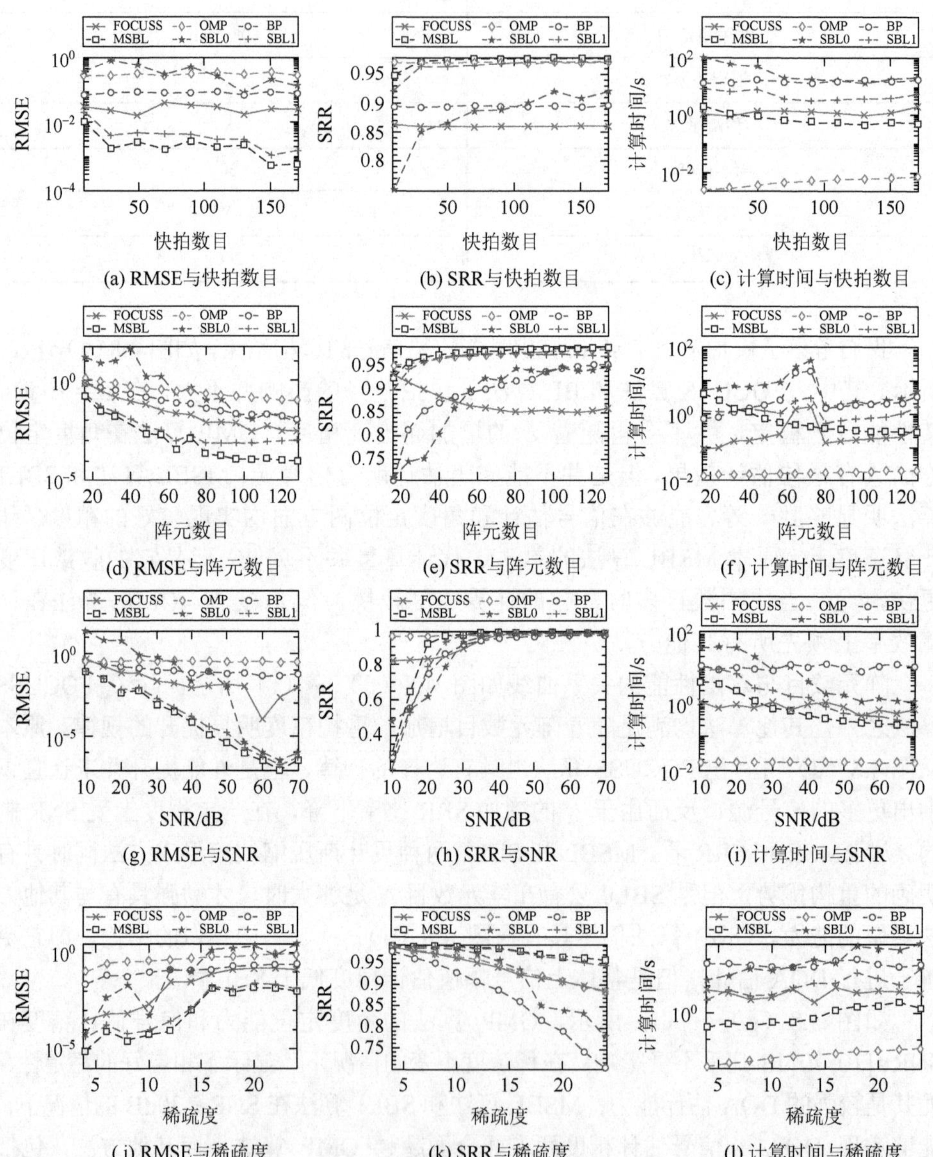

图 4.8　基于 FOCUSS、OMP、BP、MSBL、SBL0 和 SBL1 六种波束形成方法的估计性能与快拍数目、阵元数目、SNR 和稀疏度的关系

面均远强于其他方法，尤其是在稀疏度较多的情况下，其优势更加明显。另外，随着稀疏度的增加，OMP 算法的计算量也随之增加，这是贪婪法的主要特点。

总结几种算法在仿真中的特点，我们得出下述结论。

（1）三种多快拍的贝叶斯压缩波束形成方法中，MSBL 和 SBL1 两种算法的性能是最好的，其中 MSBL 算法稍强于 SBL1 算法，而 SBL0 算法的性能并不具有明显的优势。

（2）FOCUSS 算法和 BP 算法的精度明显不及 SBL 算法，受 SNR、阵元数目和稀疏度的影响均比较明显。

（3）OMP 算法相对比较稳定，受稀疏度的影响剧烈，更适用于低 SNR 情况下的 DOA 估计。

参考文献

[1] Giri R，Rao B. Type I and type II Bayesian methods for sparse signal recovery using scale mixtures[J]. IEEE Transactions on Signal Processing，2016，64（13）：3418-3428.

[2] Tipping M E. Sparse Bayesian learning and the relevance vector machine[J]. Journal of Machine Learning Research，2001，1：211-244.

[3] Babacan S D，Molina R，Katsaggelos A K. Bayesian compressive sensing using laplace priors[J]. IEEE Transactions on Image Processing，2010，19（1）：53-63.

[4] Lehmann E L，Casella G. Theory of Point Estimation[M]. New York：Springer Science & Business Media，2006.

[5] Zhang Z L，Rao B D. Sparse signal recovery with temporally correlated source vectors using sparse Bayesian learning[J]. IEEE Journal of Selected Topics in Signal Processing，2011，5（5）：912-926.

[6] Wipe D P，Rao B D. An empirical Bayesian strategy for solving the simultaneous sparse approximation problem[J]. IEEE Transactions on Signal Processing，2007，55（7）：3704-3716.

[7] Jeff Wu C F. On the convergence properties of the EM algorithm[J]. The Annals of Statistics，1983，11（1）：95-103.

[8] Li C，Zhou T，Guo Q J，et al. Compressive beamforming based on multiconstraint Bayesian framework[J]. IEEE Transactions on Geoscience and Remote Sensing，2021，59（11）：9209-9223.

[9] Tzikas D G，Likas A C，Galatsanos N P. The variational approximation for Bayesian inference[J]. IEEE Signal Processing Magazine，2008，25（6）：131-146.

[10] Andrieu C，de Freitas N，Doucet A，et al. An introduction to MCMC for machine learning[J]. Machine Learning，2003，50（1-2）：5-43.

[11] Nikou C，Galatsanos N P，Likas A C. A class-adaptive spatially variant mixture model for image segmentation[J]. IEEE Transactions on Image Processing，2007，16（4）：1121-1130.

[12] Neapolitan R E. Learning Bayesian Networks[M]. Upper Saddle River：Pearson Prentice Hall，2004.

[13] Bishop C M，Nasrabadi N M. Pattern Recognition and Machine Learning[M]. New York：Springer，2006.

[14] Parisi G，Shankar R. Statistical field theory[J]. Physics Today，1988，41（12）：110.

[15] Wipf D P. Bayesian Methods for Finding Sparse Representations[D]. La Jolla：University of California，San Diego，2006.

[16] Luenberger D G，Ye Y Y. Linear and Nonlinear Programming[M]. New York：Springer，2008.

[17] Donoho D L，Elad M. Optimally sparse representation in general（nonorthogonal）dictionaries via ℓ1

minimization[J]. Proceedings of the National Academy of Sciences，2003，100（5）：2197-2202.

[18] Fuchs J J. On sparse representations in arbitrary redundant bases[J]. IEEE Transactions on Information Theory，2004，50（6）：1341-1344.

[19] Tropp J A. Greed is good：Algorithmic results for sparse approximation[J]. IEEE Transactions on Information Theory，2004，50（10）：2231-2242.

[20] Donoho D L. For most large underdetermined systems of linear equations the minimal ℓ1-norm solution is also the sparsest solution[J]. Communications on Pure and Applied Mathematics，2006，59（6）：797-829.

[21] Jaffer A G. Maximum likelihood direction finding of stochastic sources：A separable solution[C]. International Conference on Acoustics，Speech，and Signal Processing，New York，2002：2893-2896.

[22] Wipf D P，Rao B D. Sparse Bayesian learning for basis selection[J]. IEEE Transactions on Signal Processing，2004，52（8）：2153-2164.

[23] Zhang Z L，Jung T P，Makeig S，et al. Spatiotemporal sparse Bayesian learning with applications to compressed sensing of multichannel physiological signals[J]. IEEE Transactions on Neural Systems and Rehabilitation Engineering，2014，22（6）：1186-1197.

第 5 章　贝叶斯压缩波束形成快速实现

由第 4 章内容可知，稀疏贝叶斯学习作为一种常用的稀疏信号重构方法，在一系列实验中展现了优越的性能。然而，SBL 算法在每次迭代中都至少涉及一次矩阵求逆。其计算复杂度随着问题规模的增加而显著增加，这妨碍了它在许多实际问题中的应用。本节从三个角度来降低 SBL 的计算量，其中，稀疏增减法在每次迭代中动态地调整稀疏度，并提出确定的准则判定信号源的增加和移除，从而降低每次迭代中问题的维度并加速迭代收敛；空间交替法和松弛证据下界（evidence lower bound，ELBO）最大化从两个角度给出避免计算矩阵求逆的方法，从而有效降低每次迭代的计算量。

5.1　稀疏增减法

以单快拍模型式（2.54）为例：

$$\boldsymbol{y} = \boldsymbol{A}\boldsymbol{x} + \boldsymbol{n} \tag{5.1}$$

利用多层次贝叶斯模型来解决上述问题，分层使用拉普拉斯先验。在贝叶斯模型中，所有未知量都被视为随机变量，具有指定的概率分布。给未知信号分配一个先验分布 $p(\boldsymbol{x};\boldsymbol{\gamma})$，观测矢量 $\boldsymbol{y}$ 具有条件分布随机过程 $p(\boldsymbol{y}|\boldsymbol{x};\beta)$，在贝叶斯推理中用作似然函数，其中 $\beta = 1/\sigma^2$ 是噪声方差的逆。CS 重构问题的贝叶斯模型要求定义所有未知量和观测量的联合分布 $p(\boldsymbol{x}, \boldsymbol{\gamma}, \beta, \boldsymbol{y})$。在本书中，使用以下概率密度分解：

$$p(\boldsymbol{x},\boldsymbol{\gamma},\beta,\boldsymbol{y}) = p(\boldsymbol{y}|\boldsymbol{x};\beta)\,p(\boldsymbol{x};\boldsymbol{\gamma})\,p(\boldsymbol{\gamma})\,p(\beta) \tag{5.2}$$

观测噪声是独立的高斯分布，均值为零和方差等价于 β^{-1}，即

$$p\left(\boldsymbol{y}|\boldsymbol{x};\beta\right) = \mathcal{CN}\left(\boldsymbol{y}|\boldsymbol{A}\boldsymbol{x},\beta^{-1}\right) \tag{5.3}$$

参数 β 必定为正实数，且满足伽马先验，设置如下：

$$p\left(\beta|a^{\beta},b^{\beta}\right) = \text{Gamma}\left(\beta|a^{\beta},b^{\beta}\right) \tag{5.4}$$

其中，伽马分布定义为

$$\text{Gamma}\left(\xi|a^{\xi},b^{\xi}\right) = \frac{(b^{\xi})^{a^{\xi}}}{\Gamma(a^{\xi})}\xi^{a^{\xi}-1}\exp(-b^{\xi}\xi) \tag{5.5}$$

ξ 的均值和方差分别为

$$E[\xi]=\langle\xi\rangle=\frac{a^{\xi}}{b^{\xi}} \tag{5.6}$$

$$\operatorname{Var}[\xi]=\frac{a^{\xi}}{(b^{\xi})^{2}} \tag{5.7}$$

以此为基础，先定义多层次模型的第一层分布，使用以下先验：

$$p\left(\boldsymbol{x}|\boldsymbol{\gamma}\right)=\prod_{i=1}^{M}\boldsymbol{X}\mathcal{N}\left(x_i|0,\gamma_i\right) \tag{5.8}$$

即信号源之间满足独立、同分布假设。根据 4.1 节的介绍，为了克服拉普拉斯分布与似然函数中观测模型不共轭的问题，通过对超参数$\boldsymbol{\gamma}$ 定义第二层超先验，即

$$p\left(\gamma_i|\lambda\right)=\operatorname{Gamma}\left(\gamma_i|1,\frac{\lambda}{2}\right)=\frac{\lambda}{2}\exp\left(-\frac{\lambda\gamma_i}{2}\right),\quad \gamma_i\geqslant 0,\lambda\geqslant 0 \tag{5.9}$$

结合式（5.8），容易得到

$$\begin{aligned}p(\boldsymbol{x};\lambda)&=\int p(\boldsymbol{x};\boldsymbol{\gamma})p\left(\boldsymbol{\gamma}|\lambda\right)\mathrm{d}\boldsymbol{\gamma}\\&=\prod_i\int p(x_i;\gamma_i)p\left(\gamma_i|\lambda\right)\mathrm{d}\gamma_i\\&=\frac{\lambda^{M/2}}{2^M}\exp\left(-\sqrt{\lambda}\sum_i|x_i|\right)\end{aligned} \tag{5.10}$$

最后，为λ构建以下超先验分布：

$$p(\lambda|\nu)=\operatorname{Gamma}(\lambda|\nu/2,\nu/2) \tag{5.11}$$

这样就构成了一个三阶段的多层次贝叶斯模型。在该模型中，前两个层次先验式（5.8）和式（5.9）共同构成一个拉普拉斯分布，这一点从式（5.10）也可以看出。最后一个层次式（5.11）用于对λ进行估计。

需要说明的是，之所以构建式（5.11）为 λ 的先验分布，一方面固然是保证与前一层次的共轭匹配，另一方面是它足够灵活，能够很容易地提供对 λ 的一系列约束，例如当$\nu\to 0$时，有

$$p(\lambda)\propto\frac{1}{\lambda} \tag{5.12}$$

我们得到的是非常模糊宽泛的先验信息；而当$\nu\to\infty$时，可以得到非常准确的先验信息：

$$p(\lambda)=\begin{cases}1, & \lambda=1\\0, & \text{其他}\end{cases} \tag{5.13}$$

同时注意到，通过使用先验定义$\operatorname{Gamma}(a|\nu/2,\nu/2)$，能够使超先验有更大的灵活性，但代价是必须估计一个额外的参数 a。原理上，可以从先验分布

Gamma($v/2$, $v/2$)采样获得 λ，然后对 Gamma(1, $\lambda/2$)分布进行 M 次独立采样获得γ_i，最后对$\mathcal{CN}(0, \gamma_i)$分布进行抽样可得 x_i。

有了上述三层次的贝叶斯模型和先验分布，就能通过贝叶斯推理完成超参数学习，推理准则是基于后验分布的，即

$$p\left(\boldsymbol{x}, \boldsymbol{\gamma}, \lambda, \beta \middle| \boldsymbol{y}\right) = \frac{p(\boldsymbol{x}, \boldsymbol{\gamma}, \lambda, \beta, \boldsymbol{y})}{p(\boldsymbol{y})} \tag{5.14}$$

其中，$p(\boldsymbol{y})$不能直接用解析法获得闭合形式，因此，采用近似法进行计算。利用第二类最大似然方法来执行贝叶斯推理（即证据最大法），推理过程基于以下分解：

$$p\left(\boldsymbol{x}, \boldsymbol{\gamma}, \lambda, \beta \middle| \boldsymbol{y}\right) = p\left(\boldsymbol{x} \middle| \boldsymbol{y}; \boldsymbol{\gamma}, \beta, \lambda\right) p\left(\boldsymbol{\gamma}, \beta, \lambda \middle| \boldsymbol{y}\right) \tag{5.15}$$

有向图模型中只考虑相邻层次变量的依赖关系，条件后验 $p(\boldsymbol{x}|\boldsymbol{y}; \beta, \boldsymbol{\gamma})$是一个包含超参数的多元高斯分布，这个过程在第 4 章已详细交代。直接给出其均值和协方差为

$$\boldsymbol{\mu} = \beta \boldsymbol{\Sigma} \boldsymbol{A}^{\mathrm{H}} \boldsymbol{y} \tag{5.16}$$

$$\boldsymbol{\Sigma} = (\beta \boldsymbol{A}^{\mathrm{H}} \boldsymbol{A} + \boldsymbol{\Lambda})^{-1} \tag{5.17}$$

其中，

$$\boldsymbol{\Lambda} = \mathrm{diag}(1/\gamma_i) \tag{5.18}$$

现在利用式（5.15）中的 $p(\boldsymbol{\gamma}, \beta, \lambda|\boldsymbol{y})$来估计超参数，也就是用于最大化求解的“证据”，或第二类极大似然中应用的似然函数。在求解过程中，我们用退化分布来表示 $p(\boldsymbol{\gamma}, \beta, \lambda|\boldsymbol{y})$，即使用分布在其模态处 delta 函数代替原分布，相对于假设后验分布在模态附近达到非常尖锐的峰值。然后，根据

$$p\left(\boldsymbol{\gamma}, \beta, \lambda \middle| \boldsymbol{y}\right) = \frac{p(\boldsymbol{y}, \boldsymbol{\gamma}, \beta, \lambda)}{p(\boldsymbol{y})} \propto p(\boldsymbol{y}, \boldsymbol{\gamma}, \beta, \lambda) \tag{5.19}$$

相当于通过联合分布 $p(\boldsymbol{y}, \boldsymbol{\gamma}, \beta, \lambda)$的最大值估计超参数，这需要对 $p(\boldsymbol{y}, \boldsymbol{x}, \boldsymbol{\gamma}, \beta, \lambda)$关于 $\boldsymbol{x}$ 的积分获得。因此，可以得到

$$\begin{aligned}
p(\boldsymbol{y}, \boldsymbol{\gamma}, \beta, \lambda) &= \int p\left(\boldsymbol{y} \middle| \boldsymbol{x}; \beta\right) p(\boldsymbol{x}; \boldsymbol{\gamma}) p\left(\boldsymbol{\gamma} \middle| \lambda\right) p(\lambda) p(\beta) \mathrm{d}\boldsymbol{x} \\
&= \left(\frac{1}{2\pi}\right)^{N/2} \left|\beta^{-1} \boldsymbol{I} + \boldsymbol{A} \boldsymbol{\Lambda}^{-1} \boldsymbol{A}^{\mathrm{H}}\right|^{-1/2} \\
&\quad \times \exp\left[-\frac{1}{2} \boldsymbol{y}^{\mathrm{H}} (\beta^{-1} \boldsymbol{I} + \boldsymbol{A} \boldsymbol{\Lambda}^{-1} \boldsymbol{A}^{\mathrm{H}})^{-1} \boldsymbol{y}\right] p\left(\boldsymbol{\gamma} \middle| \lambda\right) p(\lambda) p(\beta) \\
&= \left(\frac{1}{2\pi}\right)^{N/2} |\boldsymbol{C}|^{-1/2} \exp\left[-\frac{1}{2} \boldsymbol{y}^{\mathrm{H}} \boldsymbol{C}^{-1} \boldsymbol{y}\right] p\left(\boldsymbol{\gamma} \middle| \lambda\right) p(\lambda) p(\beta)
\end{aligned} \tag{5.20}$$

其中，

$$\boldsymbol{C}=\beta^{-1}\boldsymbol{I}+\boldsymbol{A}\boldsymbol{\varLambda}^{-1}\boldsymbol{A}^{\mathrm{H}} \tag{5.21}$$

为测量数据的协方差矩阵。

对式（5.20）的对数进行最大化求解，即代价函数为

$$\begin{aligned}\mathcal{L}=&-\frac{1}{2}\ln|\boldsymbol{C}|-\frac{1}{2}\boldsymbol{y}^{\mathrm{H}}\boldsymbol{C}^{-1}\boldsymbol{y}+M\ln\frac{\lambda}{2}-\frac{\lambda}{2}\sum_{i}\gamma_i\\&+\frac{\nu}{2}\ln\frac{\nu}{2}-\ln\Gamma\left(\frac{\nu}{2}\right)+\left(\frac{\nu}{2}-1\right)\ln\lambda-\frac{\nu}{2}\lambda\\&+(a^{\beta}-1)\ln\beta-b^{\beta}\beta\end{aligned} \tag{5.22}$$

为实现上述代价函数的最大化求解，需要完成一些化简，化简过程中需要用到下述等式：

$$|\boldsymbol{C}|=|\boldsymbol{\varLambda}|^{-1}\left|\beta^{-1}\boldsymbol{I}\right|\left|\boldsymbol{\varLambda}+\beta\boldsymbol{A}^{\mathrm{H}}\boldsymbol{A}\right|=|\boldsymbol{\varLambda}|^{-1}\left|\beta^{-1}\boldsymbol{I}\right|\left|\boldsymbol{\varSigma}^{-1}\right| \tag{5.23}$$

于是

$$\ln|\boldsymbol{C}|=-\ln|\boldsymbol{\varLambda}|-N\ln\beta-\ln|\boldsymbol{\varSigma}| \tag{5.24}$$

根据 Woodbury 等式得到

$$\begin{aligned}\boldsymbol{C}^{-1}&=(\beta^{-1}\boldsymbol{I}+\boldsymbol{A}\boldsymbol{\varLambda}^{-1}\boldsymbol{A}^{\mathrm{H}})^{-1}\\&=\beta\boldsymbol{I}-\beta\boldsymbol{A}(\boldsymbol{\varLambda}+\beta\boldsymbol{A}^{\mathrm{H}}\boldsymbol{A})^{-1}\boldsymbol{A}^{\mathrm{H}}\beta\\&=\beta\boldsymbol{I}-\beta\boldsymbol{A}\boldsymbol{\varSigma}\boldsymbol{A}^{\mathrm{H}}\beta\end{aligned} \tag{5.25}$$

因此有

$$\begin{aligned}\boldsymbol{y}^{\mathrm{H}}\boldsymbol{C}^{-1}\boldsymbol{y}&=\beta\boldsymbol{y}^{\mathrm{H}}\boldsymbol{y}-\beta\boldsymbol{y}^{\mathrm{H}}\boldsymbol{A}\boldsymbol{\varSigma}\boldsymbol{A}^{\mathrm{H}}\beta\boldsymbol{y}\\&=\beta\boldsymbol{y}^{\mathrm{H}}(\boldsymbol{y}-\boldsymbol{A}\boldsymbol{\mu})\\&=\beta\|\boldsymbol{y}-\boldsymbol{A}\boldsymbol{\mu}\|^2+\beta\boldsymbol{\mu}^{\mathrm{H}}\boldsymbol{A}^{\mathrm{H}}(\boldsymbol{y}-\boldsymbol{A}\boldsymbol{\mu})\\&=\beta\|\boldsymbol{y}-\boldsymbol{A}\boldsymbol{\mu}\|^2+\boldsymbol{\mu}^{\mathrm{H}}\boldsymbol{\varLambda}\boldsymbol{\mu}\end{aligned} \tag{5.26}$$

其中，最后一步的等式应用了式（5.16）和式（5.17）。将上述恒等式代入式（5.22），代价函数$\mathcal{L}$对 γ_i 求导得到

$$\frac{\mathrm{d}\mathcal{L}}{\mathrm{d}\gamma_i}=\frac{1}{2}\left(-\frac{1}{\gamma_i}+\frac{\left\langle|x_i|^2\right\rangle}{\gamma_i^2}-\lambda\right) \tag{5.27}$$

其中，

$$\left\langle|x_i|^2\right\rangle=|\mu_i|^2+\varSigma_{i,i} \tag{5.28}$$

取式（5.27）的导数为零，得到

$$\gamma_i = -\frac{1}{2\lambda} + \sqrt{\frac{1}{4\lambda^2} + \frac{\langle |x_i|^2 \rangle}{\lambda}} \tag{5.29}$$

同理，通过对每个超参数求式（5.22）的导数并将其设为零，可以类似地得到其他超参数的更新公式：

$$\lambda = \frac{M-1+\nu/2}{\sum_i \gamma_i/2+\nu/2} \tag{5.30}$$

$$\beta = \frac{N/2+a^{\beta}}{\langle \|\boldsymbol{y}-\boldsymbol{A}\boldsymbol{x}\|^2 \rangle/2+b^{\beta}} \tag{5.31}$$

最后，还需要通过最大化式（5.22）来估计 ν，相当于求解以下方程：

$$\ln\frac{\nu}{2}+1-\psi\left(\frac{\nu}{2}\right)+\ln\lambda-\lambda=0 \tag{5.32}$$

其中，$\psi(x)$函数是对数-$\Gamma(x)$函数的导数，称为 Digamma 函数，表示为

$$\psi(x) = \frac{\mathrm{d}\ln\Gamma(x)}{\mathrm{d}x} = \frac{\Gamma'(x)}{\Gamma(x)} \tag{5.33}$$

方程（5.32）没有闭合形式的解，因此必须采用数值法求解。

上述方法是常规的证据最大化在拉普拉斯先验 SBL 中的应用，其有一个主要缺点：需要计算式（5.16）和式（5.17）中 M 个方程的解，原理上需要 $O(M^3)$计算量。此外，由于模型（5.1）中的系统是 $N \ll M$ 欠定的，该模型求解的主要困难在于数值误差。虽然矩阵 $\boldsymbol{\Sigma}$ 可以用 Woodbury 矩阵等式写成

$$\begin{aligned}\boldsymbol{\Sigma} &= \boldsymbol{\Lambda}^{-1} - \boldsymbol{\Lambda}^{-1}\boldsymbol{A}^{\mathrm{H}}(\beta^{-1}\boldsymbol{I}+\boldsymbol{A}\boldsymbol{\Lambda}^{-1}\boldsymbol{A}^{\mathrm{H}})^{-1}\boldsymbol{A}\boldsymbol{\Lambda}^{-1} \\ &= \boldsymbol{\Lambda}^{-1} - \boldsymbol{\Lambda}^{-1}\boldsymbol{A}^{\mathrm{H}}\boldsymbol{C}^{-1}\boldsymbol{A}\boldsymbol{\Lambda}^{-1}\end{aligned} \tag{5.34}$$

这样，计算量可降低至 $O(N^3)$，但是仍然不适合实际应用。稀疏增减法不更新整个矢量，只更新矢量中的一个元素。当超参数为 0 时，对应的项将被剔除，因为信号是稀疏的，所以有大量的 0 元素，因此能十分有效地降低算法计算量。按照这种思想，得到快速次优解。将代价函数式（5.22）中的矩阵写成[1]

$$\begin{aligned}\boldsymbol{C} &= \beta^{-1}\boldsymbol{I} + \sum_i \gamma_i \boldsymbol{a}_i \boldsymbol{a}_i^{\mathrm{H}} \\ &= \beta^{-1}\boldsymbol{I} + \sum_{j\neq i} \gamma_j \boldsymbol{a}_j \boldsymbol{a}_j^{\mathrm{H}} + \gamma_i \boldsymbol{a}_i \boldsymbol{a}_i^{\mathrm{H}} \\ &= \boldsymbol{C}_{-i} + \gamma_i \boldsymbol{a}_i \boldsymbol{a}_i^{\mathrm{H}}\end{aligned} \tag{5.35}$$

其中，$\boldsymbol{C}_{-i}$表示 $\boldsymbol{C}$ 不包括第 i 个基。

利用式（5.35）中的 Woodbury 恒等式得到

$$\boldsymbol{C}^{-1}=\boldsymbol{C}_{-i}^{-1}-\frac{\boldsymbol{C}_{-i}^{-1}\boldsymbol{a}_i\boldsymbol{a}_i^{\mathrm{H}}\boldsymbol{C}_{-i}^{-1}}{1/\gamma_i+\boldsymbol{a}_i^{\mathrm{H}}\boldsymbol{C}_{-i}^{-1}\boldsymbol{a}_i} \tag{5.36}$$

利用行列式恒等式，容易得到

$$|\boldsymbol{C}|=\left|\boldsymbol{C}_{-i}\right|\left|1+\gamma_i\boldsymbol{a}_i^{\mathrm{H}}\boldsymbol{C}_{-i}^{-1}\boldsymbol{a}_i\right| \tag{5.37}$$

将式（5.37）代入式（5.22），将$\mathcal{L}$仅作为$\boldsymbol{\gamma}$的函数，写成

$$\begin{aligned}\mathcal{L}(\boldsymbol{\gamma})&=-\frac{1}{2}\left(\ln\left|\boldsymbol{C}_{-i}\right|+\boldsymbol{y}^{\mathrm{H}}\boldsymbol{C}_{-i}^{-1}\boldsymbol{y}+\frac{\lambda}{2}\sum_{j\neq i}\gamma_j\right)\\&\quad+\frac{1}{2}\left(\ln\frac{1}{1+\gamma_i s_i}+\frac{\left|q_i\right|^2\gamma_i}{1+\gamma_i s_i}-\lambda\gamma_i\right)\\&=\mathcal{L}(\boldsymbol{\gamma}_{-i})+l(\gamma_i)\end{aligned} \tag{5.38}$$

其中，

$$l(\gamma_i)=\frac{1}{2}\left[\ln(1/(1+\gamma_i s_i))+\left(\left|q_i\right|^2\gamma_i/(1+\gamma_i s_i)\right)-\lambda\gamma_i\right] \tag{5.39}$$

$$s_i=\boldsymbol{a}_i^{\mathrm{H}}\boldsymbol{C}_{-i}^{-1}\boldsymbol{a}_i \tag{5.40}$$

$$q_i=\boldsymbol{a}_i^{\mathrm{H}}\boldsymbol{C}_{-i}^{-1}\boldsymbol{y} \tag{5.41}$$

我们注意到，s_i和q_i两个标量与γ_i无关，是由于矩阵$\boldsymbol{C}_{-i}$是与γ_i无关的，而下标中$-i$的含义就是排除与γ_i有关的分量。通过这种分离方式，式（5.38）中与γ_i有关的代价函数也被分离出来。那么我们怎样判定第i个基是否应该包含进来，或者是否有第i个源为零呢？当第i个分量发生变化时，保持其他超参数不变，将$\mathcal{L}(\boldsymbol{\gamma})$对$\gamma_i$求导得到

$$\begin{aligned}\frac{\mathrm{d}\mathcal{L}(\boldsymbol{\gamma})}{\mathrm{d}\gamma_i}=\frac{\mathrm{d}l(\gamma_i)}{\mathrm{d}\gamma_i}&=\frac{1}{2}\left[-\frac{s_i}{1+\gamma_i s_i}+\frac{\left|q_i\right|^2}{(1+\gamma_i s_i)^2}-\lambda\right]\\&=-\frac{1}{2}\left[\frac{\gamma_i^2\left(\lambda s_i^2\right)+\gamma_i\left(s_i^2+2\lambda s_i\right)+\left(\lambda+s_i-\left|q_i\right|^2\right)}{(1+\gamma_i s_i)^2}\right]\end{aligned} \tag{5.42}$$

令上述导数为零，实际上也就是分子为零，因为分母是严格大于零的。待求解的关于γ_i的方程是二次方程，具有下述解：

$$\begin{aligned}\gamma_i&=\frac{-s_i(s_i+2\lambda)\pm s_i\sqrt{(s_i+2\lambda)^2-4\lambda\left(s_i-\left|q_i\right|^2+\lambda\right)}}{2\lambda s_i^2}\\&=\frac{-s_i(s_i+2\lambda)\pm s_i\sqrt{\varDelta}}{2\lambda s_i^2}\end{aligned} \tag{5.43}$$

其中，

$$\varDelta=(s_i+2\lambda)^2-4\lambda\left(s_i-\left|q_i\right|^2+\lambda\right)>0 \tag{5.44}$$

由于 $s_i>0$，$\lambda>0$，所以当$\left|q_i\right|^2-s_i<\lambda$时，$\sqrt{\varDelta}<s_i+2\lambda$，式（5.43）中的两个解都是负的，并且由于$\left.\mathrm{d}l(\gamma_i)/\mathrm{d}\gamma_i\right|_{\gamma_i=0}<0$，二次曲线的最大值出现在$\gamma_i=0$，也就是此时只能取$\gamma_i=0$。另外，如果$\left|q_i\right|^2-s_i>\lambda$，有两个实数解，一个是负的不考虑，另一个是正的为方差估计：

$$\gamma_i=\frac{-s_i(s_i+2\lambda)+s_i\sqrt{(s_i+2\lambda)^2-4\lambda\left(s_i-\left|q_i\right|^2+\lambda\right)}}{2\lambda s_i^2} \tag{5.45}$$

此时，由于$\left.\mathrm{d}l(\gamma_i)/\mathrm{d}\gamma_i\right|_{\gamma_i=0}>0$和$\left.\mathrm{d}l(\gamma_i)/\mathrm{d}\gamma_i\right|_{\gamma_i=\infty}<0$，式（5.45）中得到的方差估计是$l\left(\gamma_i\right)$的最大值。综上所述，保持除$\gamma_i$外的$\mathcal{L}(\boldsymbol{\gamma})$的所有分量不变时，$\boldsymbol{\gamma}$的最大值为

$$\gamma_i=\begin{cases}\dfrac{-s_i(s_i+2\lambda)+s_i\sqrt{(s_i+2\lambda)^2-4\lambda\left(s_i-\left|q_i\right|^2+\lambda\right)}}{2\lambda s_i^2}, & \left|q_i\right|^2-s_i>\lambda \\ 0, & \text{其他}\end{cases} \tag{5.46}$$

使用式（5.46）的规则更新超参数γ_i，则所有参量 s_i、q_i、$\boldsymbol{\mu}$ 和 $\boldsymbol{\Sigma}$ 都会得到有效更新，这种方式对提高计算效率至关重要。对于所有基矢量 $\boldsymbol{a}_i$，可以通过以下恒等式高效地计算参数 q_i 和 s_i：

$$S_i=\beta\boldsymbol{a}_i^{\mathrm{H}}\boldsymbol{a}_i-\beta^2\boldsymbol{a}_i^{\mathrm{H}}\boldsymbol{A\Sigma A}^{\mathrm{H}}\boldsymbol{a}_i \tag{5.47}$$

$$Q_i=\beta\boldsymbol{a}_i^{\mathrm{H}}\boldsymbol{y}-\beta^2\boldsymbol{a}_i^{\mathrm{H}}\boldsymbol{A\Sigma A}^{\mathrm{H}}\boldsymbol{y} \tag{5.48}$$

$$s_i=\frac{S_i}{1-\gamma_i S_i} \tag{5.49}$$

$$q_i=\frac{Q_i}{1-\gamma_i S_i} \tag{5.50}$$

在更新过程中，对$\boldsymbol{\mu}$和$\boldsymbol{\Sigma}$进行计算涉及$\boldsymbol{A}$和$\boldsymbol{\gamma}$时，只需要排除$\boldsymbol{\gamma}$中的零元素和对应的基矢量$\boldsymbol{a}_i$，保留非零项。可以发现，对于信号源非零元素较少的情况，计算$\boldsymbol{\Sigma}$矩阵求逆的计算量会大幅度降低。实际上，单次迭代中只需要更新一个分量γ_i即可。至此，我们给出上述算法的具体流程总结如下。

采用算法 5.1 对 γ_i 进行更新时，需要选择一个 γ_i 为更新对象，可以随机选择一个基矢量，或选择使得代价 $\mathcal{L}(\boldsymbol{\gamma})$ 增加最大的 γ_i 进行更新，可以使收敛速度更快。γ_i 的更新会导致基矢量和对应信号源非零分量的增减，稀疏度同时发生变化，我们称该算法为稀疏增减法。

算法 5.1 稀疏增减法计算流程

输入：流形矩阵 $\boldsymbol{A}$，测量数据 $\boldsymbol{y}$。

输出：信号源幅值估计均值 $\boldsymbol{\mu}$、协方差 $\boldsymbol{\Sigma}$ 和稀疏超参数 $\boldsymbol{\gamma}$。

流程：

初始化超参数 $\boldsymbol{\gamma}=\mathbf{0}$ 和 $\lambda=0$

While 未达到收敛

选择一个分量 γ_i 及对应的基矢量 $\boldsymbol{a}_i$

If $|q_i|^2-s_i>\lambda$ & $\gamma_i=0$

增加 γ_i 及其对应基矢量到模型中

Else if $|q_i|^2-s_i>\lambda$ & $\gamma_i>0$

重新估计并更新 γ_i

Else if $|q_i|^2-s_i<\lambda$

令 $\gamma_i=0$ 并剔除模型

End if

根据式（5.16）和式（5.17）更新 $\boldsymbol{\mu}$ 和 $\boldsymbol{\Sigma}$

根据式（5.47）～式（5.50）更新参数 q_i 和 s_i

根据式（5.30）更新 λ

根据式（5.32）更新 ν

End While

最后，我们给出一个简单的一维算例来定性衡量其稀疏信号重构能力和运算速度，结果如图 5.1 所示。其中，$M=512$，$N=120$，采用的比对方法包括 BP 算法、传统的 BCS 算法（或 SBL 算法）、OMP 算法、逐步正交匹配追踪（stagewise orthogonal matching pursuit，StOMP）结合恒虚警阈值检测（记为 FAR 算法）[2] 和梯度投影稀疏重建（gradient projection for sparse reconstrution，GPSR）算法[3]。从重构准确度看，除了 GPSR 算法的误差较高，达到 0.2186 之外，其他算法的误差几乎可以忽略。从计算效率上，BCS 算法和稀疏增减法的平均运行时间约为

0.1s，BP 算法为 0.15s，其他算法为 0.01s 左右。尽管看起来 BCS 算法和稀疏增减法的计算量略高于除了 BP 之外的其他算法，但是其性能优势却是非常明显的，这一点从第 4 章的分析中可以看出。此外，由于一维信号的模型规模很小，通过更大数据量的情况可以明确看到，稀疏增减法具有明显的计算效率优势。

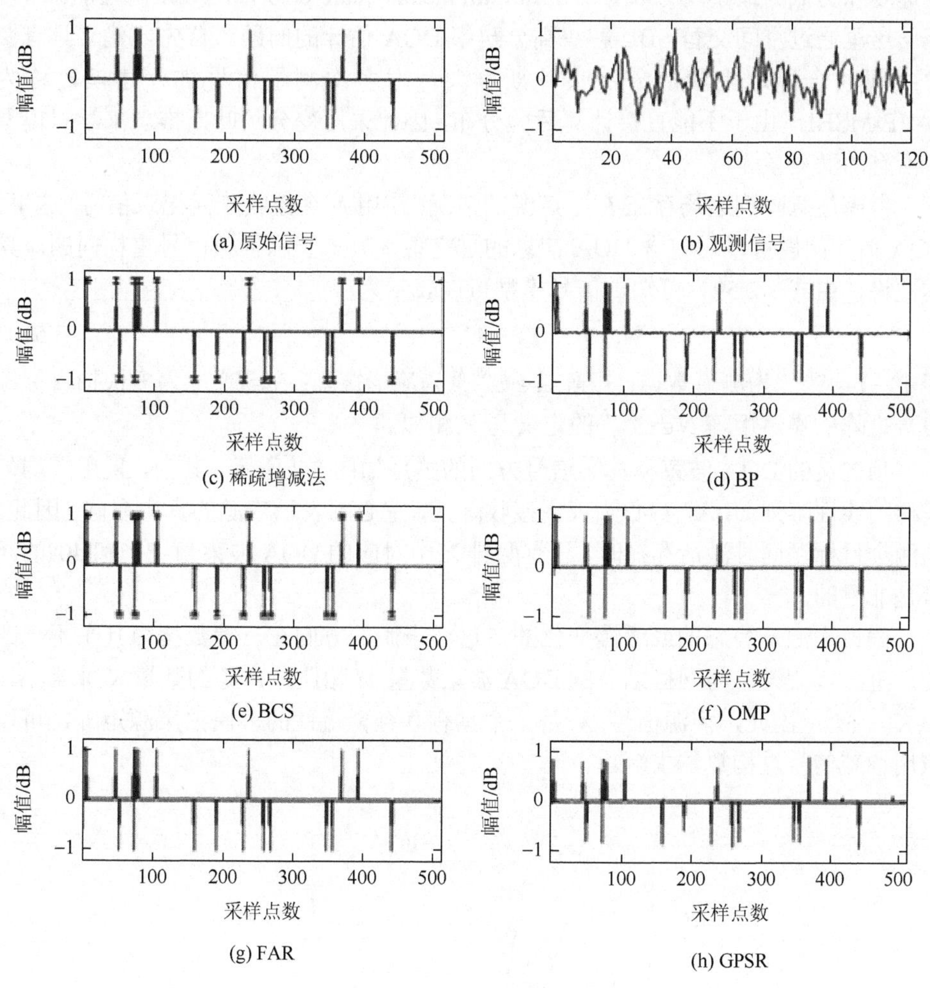

图 5.1　一维点信号源重构结果

5.2　空间交替法

虽然 SBL 算法具有较强的鲁棒性和其他一些优越之处，然而这类算法有一个普遍的缺点，传统迭代方式在每次计算中都涉及矩阵求逆，导致计算量随信号源维度增加而显著提高。5.1 节通过将稀疏超参数矢量逐元素独立地分离出来，按顺序更新和剔除，因此信号的非零项越少，方法的加速能力越强，所以性能是与问题和信号有关的。本节介绍一种基于空间交替变分估计（space alternate variational estimation，SAVE）的算法，将基于变分贝叶斯推理的 SBL 算法的维度降低到标量水平[4]。实验结果表明，与其他快速 SBL 算法相比，SAVE 算法具有更快的收敛速度和更低的最小均方误差（minimum mean square error，MMSE）性能。

这里通过空间交替 SBL 解决高分辨率 DOA 估计的问题。首先，建立具有快拍之间联合稀疏先验的分层贝叶斯框架，对多次测量信号进行建模，称为 SAVE-MSBL。由于不能直接计算后验分布，因此采用变分贝叶斯推理来学习模型中所有的潜变量。

考虑任意阵列远场存在 K 个声源的情况，使用 N 个接收阵元记录信号。这里，DOA 估计问题可以用包含 DOA 信息的过完备字典来表示稀疏信号重构问题。具体地说，由式（2.59）可知，信号模型可以表示为

$$\boldsymbol{Y} = \boldsymbol{A}\boldsymbol{X} + \boldsymbol{N} \tag{5.51}$$

其中，$\boldsymbol{Y} \in \mathbb{C}^{N\times L}$ 为测量数据；矩阵 $\boldsymbol{A} \in \mathbb{C}^{N\times M}$ 为流形矩阵；$\boldsymbol{X} \in \mathbb{C}^{M\times L}$ 为多快拍目标源信号矩阵；噪声矩阵 $\boldsymbol{N} \in \mathbb{C}^{N\times L}$ 的定义与 $\boldsymbol{X}$ 相似。

预定义的 DOA 波束和真实信号方向的关系如图 5.2 所示。其中，采用了均匀采样的线性阵列 ULA，实心圆表示接收阵元，空心圆表示声源的真实方向。因此，当两个目标源同时激活存在时，只有两排 $\boldsymbol{X}$ 中对应的 DOA 波束角–30°和 40°的元素是非零的。

假设声源是静态的或缓慢变化的，这样声源的方向在一帧数据内几乎不会改变；进一步假设，与网格划分的 DOA 波束数量 M 相比，声源的数量 K 非常小，即 $K \ll M$ 。因此，声源信号 $\boldsymbol{X}$ 是一个具有联合稀疏性的多快拍声源矩阵，可以应用稀疏信号重构算法求解。

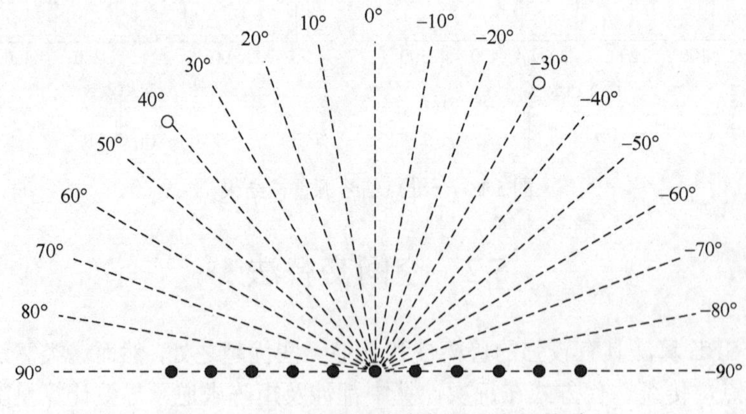

图 5.2 DOA 波束与真实信号方向的关系

本算法采用多层次贝叶斯框架对信号矩阵建模。首先，假设各波束信号源之间彼此独立。利用零均值的矢量复高斯分布描述第 m 个波束信号源 $\boldsymbol{x}_m$，并给出协方差矩阵 $\lambda_m^{-1}\boldsymbol{I}_L$，即

$$p(\boldsymbol{X};\boldsymbol{\lambda})=\prod_{m=1}^{M}\mathcal{CN}\left(\boldsymbol{x}_m|0,\lambda_m^{-1}\boldsymbol{I}_L\right) \tag{5.52}$$

其中，$\boldsymbol{\lambda}=[\lambda_1,\lambda_2,\cdots,\lambda_M]^{\mathrm{T}}$ 为超参数矢量；λ_m 为与第 m 个波束信号源 $\boldsymbol{x}_m$ 振幅相关的超参数；$\boldsymbol{I}_L$ 为 $L\times L$ 的单位阵；$\mathcal{CN}(\cdot)$为复高斯分布并且 λ_m 是 $\boldsymbol{x}_m$ 的精度。该算法对单个快拍使用同一精度 λ_m，从而促进了信号源快拍之间的联合稀疏性[5]。另外，必须注意 $\boldsymbol{x}_m$ 对应的是信号源 $\boldsymbol{X}$ 的第 m 行元素，按照本书的标注习惯，可以理解为这里用到的 $\boldsymbol{x}_m$ 是 $\boldsymbol{X}$ 的第 m 行转置，并且这种写法在表达似然和先验分布时并不会造成混淆。

在层次结构的第二层，我们假设精度变量是独立的，并遵循伽马分布：

$$p\left(\boldsymbol{\lambda}|\boldsymbol{\gamma}\right)=\prod_{m=1}^{M}\mathrm{Gamma}\left(\lambda_m|1,\gamma_m\right) \tag{5.53}$$

这里选择伽马分布为先验分布有两个原因：①伽马分布是复高斯分布中变量 λ_m 的共轭先验，我们容易得到可跟踪的后验概率密度；②边缘分布

$$\int p\left(\boldsymbol{X};\boldsymbol{\lambda}\right)p\left(\boldsymbol{\lambda}|\boldsymbol{\gamma}\right)\mathrm{d}\boldsymbol{\lambda} \tag{5.54}$$

为 Student-t 分布，具有天然的稀疏性。

为了便于推断 $\boldsymbol{\gamma}$，进一步假设 $\boldsymbol{\gamma}$ 中各元素符合独立、相同的伽马分布，即

$$p(\boldsymbol{\gamma})=\prod_{m=1}^{M}\mathrm{Gamma}\left(\gamma_m|a,b\right) \tag{5.55}$$

其中，a 和 b 为模型参数。

下面考虑似然函数及其相关超分布。在复高斯噪声假设下，似然函数可以写成

$$p\left(\boldsymbol{Y}|\boldsymbol{X};\rho\right)=\prod_{l=1}^{L}\mathcal{CN}\left(\boldsymbol{y}_l|\boldsymbol{A}\boldsymbol{x}_l,\rho^{-1}\boldsymbol{I}_N\right) \tag{5.56}$$

其中，ρ 为噪声精度。

为了便于处理，假定 ρ 服从如下的伽马分布：

$$p(\rho)=\Gamma\left(\rho|c,d\right) \tag{5.57}$$

其中，c 和 d 为模型参数。

设 $\boldsymbol{\Theta}=\{\boldsymbol{X},\boldsymbol{\lambda},\boldsymbol{\gamma},\rho\}$ 表示隐藏变量的集合，则联合概率密度函数可以写成

$$p(\boldsymbol{Y},\boldsymbol{\Theta})=p\left(\boldsymbol{Y}|\boldsymbol{X};\rho\right)p\left(\boldsymbol{X};\boldsymbol{\lambda}\right)p\left(\boldsymbol{\lambda}|\boldsymbol{\gamma}\right)p(\boldsymbol{\gamma})p(\rho) \tag{5.58}$$

完整的后验概率密度 $p(\boldsymbol{\Theta}|\boldsymbol{Y})$的闭合表达式需要计算关于 $\boldsymbol{Y}$ 的边缘概率密度函数，这是十分困难的。因此，利用因子化分布的变分法来获得真实后验的近似：

$$q(\boldsymbol{\Theta}) = q(\rho)\left(\prod_{m=1}^{M} q(\boldsymbol{x}_m) q(\lambda_m) q(\gamma_m)\right) \tag{5.59}$$

显然，这里同时利用了超参数 $\boldsymbol{X}$、$\boldsymbol{\lambda}$ 和 $\boldsymbol{\gamma}$ 对各快拍之间的独立性。$q(\boldsymbol{\Theta})$是完整后验 $p(\boldsymbol{\Theta}|\boldsymbol{Y})$的近似。变分方法通过最大化以下变分目标函数来最小化 $p(\boldsymbol{\Theta}|\boldsymbol{Y})$和 $q(\boldsymbol{\Theta})$之间的 Kullback-Leibler（KL）散度或 KL 距离：

$$\mathcal{L} = E_{q(\boldsymbol{\Theta})}[\ln p(\boldsymbol{Y}, \boldsymbol{\Theta})] - E_{q(\boldsymbol{\Theta})}[\ln q(\boldsymbol{\Theta})] \tag{5.60}$$

其中，$E_q[\cdot]$为分布 q 上的期望算子，即

$$E_q[p(x)] = \int q(x) p(x) \mathrm{d}x \tag{5.61}$$

由于每层先验均属于共轭指数族，则对于某个潜变量，变分分布的目标函数可以写成

$$\ln q(\boldsymbol{\Theta}_i) = E_{q(\overline{\boldsymbol{\Theta}}_i)}[\ln p(\boldsymbol{Y}, \boldsymbol{\Theta})] + C \tag{5.62}$$

其中，C 为一个与估计参数无关的常量；$\boldsymbol{\Theta}_i$ 为式（5.59）中的某一个变量；$\overline{\boldsymbol{\Theta}}_i$ 为集合 $\boldsymbol{\Theta}$ 中排除变量 $\boldsymbol{\Theta}_i$ 之外其他所有潜变量构成的集合。

如式（5.62）所示，为了得到各参数的迭代公式，需要获得联合分布的对数形式。将所有分布式（5.52）～式（5.57）代入式（5.58）中，得到联合概率密度分布：

$$\begin{aligned}\ln p(\boldsymbol{Y}, \boldsymbol{\Theta}) = {} & NL \ln\rho - \rho \| \boldsymbol{Y} - \boldsymbol{A}\boldsymbol{X} \|_F^2 \\ & + L\sum_{m=1}^{M} \ln\lambda_m - \sum_{m=1}^{M} \lambda_m \boldsymbol{x}_m \boldsymbol{x}_m^{\mathrm{H}} + \sum_{m=1}^{M} \ln\gamma_m \\ & - \sum_{m=1}^{M} \gamma_m \lambda_m + (a-1)\sum_{m=1}^{M} \ln\gamma_m \\ & - b\sum_{m=1}^{M} \gamma_m + (c-1)\ln\rho - d\rho + \text{const}\end{aligned} \tag{5.63}$$

接下来，只需要将式（5.63）代入式（5.62）来推导近似对数后验分布。波束信号源 $\boldsymbol{x}_m$ 的近似后验分布为

$$\begin{aligned}\ln q(\boldsymbol{x}_m) = -\mathrm{tr}\Big[& \boldsymbol{x}_m^* \left(\boldsymbol{a}_m^{\mathrm{H}} \boldsymbol{a}_m + \langle \lambda_m \rangle\right) \boldsymbol{x}_m^{\mathrm{T}} \\ & - \langle\rho\rangle \boldsymbol{x}_m^* \boldsymbol{a}_m^{\mathrm{H}} \left(\boldsymbol{Y} - \boldsymbol{A}_{\bar{m}} \langle \boldsymbol{X}_{\bar{m}} \rangle\right) \\ & - \langle\rho\rangle \left(\boldsymbol{Y} - \boldsymbol{A}_{\bar{m}} \langle \boldsymbol{X}_{\bar{m}} \rangle\right)^{\mathrm{H}} \boldsymbol{a}_m \boldsymbol{x}_m^{\mathrm{T}} \Big] + \text{const}\end{aligned} \tag{5.64}$$

其中，

$$\begin{aligned}\langle \boldsymbol{X}_{\bar{m}} \rangle &= E_{q(\boldsymbol{X}_{\bar{m}})}[\boldsymbol{X}_{\bar{m}}] \\ &= [\boldsymbol{\mu}_1, \cdots, \boldsymbol{\mu}_{m-1}, \boldsymbol{\mu}_{m+1}, \cdots, \boldsymbol{\mu}_M]^{\mathrm{T}}\end{aligned} \tag{5.65}$$

$$\langle \rho \rangle = E_{q(\rho)}[\rho] \tag{5.66}$$

$$\langle \lambda_m \rangle = E_{q(\lambda_m)}[\lambda_m] \tag{5.67}$$

$\langle\bullet\rangle$ 为 $E_q(\bullet)$的缩写；tr[•]为迹运算；$\boldsymbol{a}_m$ 为 $\boldsymbol{A}$ 的第 m 列；$\boldsymbol{A}_{\bar{m}}$ 为矩阵 $\boldsymbol{A}$ 的第 m 列 $\boldsymbol{a}_m$ 被移除后形成的新矩阵；$\boldsymbol{X}_{\bar{m}}$ 为矩阵 $\boldsymbol{X}$ 的第 m 行 $\boldsymbol{x}_m^{\mathrm{T}}$被移除后形成的新矩阵。

根据式（5.64），信号源分布服从 $q(\boldsymbol{x}_m) = \mathcal{CN}(\boldsymbol{x}_m|\boldsymbol{\mu}_m, \sigma_m^2)$，其中

$$\sigma_m^2 = \left(N\langle\rho\rangle + \langle\lambda_m\rangle\right)^{-1} \tag{5.68}$$

$$\boldsymbol{\mu}_m = \sigma_m^2\langle\rho\rangle\left(\boldsymbol{Y} - \boldsymbol{A}_{\bar{m}}\langle\boldsymbol{X}_{\bar{m}}\rangle\right)^{\mathrm{T}}\boldsymbol{a}_m^* \tag{5.69}$$

并且满足 $\boldsymbol{a}_m^{\mathrm{H}}\boldsymbol{a}_m = N$。

$\boldsymbol{\lambda}$、$\boldsymbol{\gamma}$ 和 ρ 可以用类似的方法导出，这里仅给出最终结果。

$q(\lambda_m)$分布：$q(\lambda_m) = \mathrm{Gamma}(\alpha_{\lambda_m}, \beta_{\lambda_m})$，其中

$$\alpha_{\lambda_m} = 1 + L \tag{5.70}$$

$$\beta_{\lambda_m} = \boldsymbol{\mu}_m^{\mathrm{H}}\boldsymbol{\mu}_m + L\sigma_m^2 + \langle\gamma_m\rangle \tag{5.71}$$

$$\langle\lambda_m\rangle = \frac{\alpha_{\lambda_m}}{\beta_{\lambda_m}} \tag{5.72}$$

$q(\gamma_m)$分布：$q(\gamma_m) = \mathrm{Gamma}(\alpha_{\gamma_m}, \beta_{\gamma_m})$，其中

$$\alpha_{\gamma_m} = 1 + a \tag{5.73}$$

$$\beta_{\gamma_m} = \langle\lambda_m\rangle + b \tag{5.74}$$

$$\langle\gamma_m\rangle = \frac{\alpha_{\gamma_m}}{\beta_{\gamma_m}} \tag{5.75}$$

$q(\rho)$分布：$q(\rho) = \mathrm{Gamma}(\alpha_\rho, \beta_\rho)$，其中

$$\alpha_\rho = NL + c \tag{5.76}$$

$$\begin{aligned}\beta_\rho &= \|\boldsymbol{Y} - \boldsymbol{A}\langle\boldsymbol{X}\rangle\|_F^2 + L\mathrm{tr}[\boldsymbol{\Sigma}\boldsymbol{A}^{\mathrm{H}}\boldsymbol{A}] + d \\ &= \|\boldsymbol{Y} - \boldsymbol{A}\langle\boldsymbol{X}\rangle\|_F^2 + NL\sum_{m=1}^{M}\sigma_m^2 + d\end{aligned} \tag{5.77}$$

$$\langle\rho\rangle = \frac{\alpha_\rho}{\beta_\rho} \tag{5.78}$$

其中，$\boldsymbol{\Sigma} = \mathrm{diag}\left[\sigma_1^2, \sigma_2^2, \cdots, \sigma_M^2\right]$。上述用于求解多快拍模型的快速 SBL 算法称为 SAVE-MSBL。利用空间交替方法，避免了传统 MSBL 算法烦琐的计算矩阵逆运算。此外，除了直接使用上述公式，还可以通过引入辅助矩阵 $\hat{\boldsymbol{Y}}$ 进一步降低计算复杂度，并将该矩阵视为 $\boldsymbol{Y}$ 的近似。只需要通过减去或加上 $\boldsymbol{a}_m\boldsymbol{\mu}_m^{\mathrm{T}}$，在式（5.69）和式（5.77）中的 $\boldsymbol{A}_{\bar{m}}\langle\boldsymbol{X}_{\bar{m}}\rangle$ 和 $\boldsymbol{A}\langle\boldsymbol{X}\rangle$ 都可以直接通过计算 $\boldsymbol{a}_m\boldsymbol{\mu}_m^{\mathrm{T}}$来更新。具体步骤总结于算法 5.2。

算法 5.2　SAVE-MSBL 算法流程

输入：矩阵 $\boldsymbol{A}$ 和测量数据 $\boldsymbol{Y}$。

输出：$\boldsymbol{X}$ 的估计均值 $[\boldsymbol{\mu}_1, \boldsymbol{\mu}_2, \cdots, \boldsymbol{\mu}_m]^{\mathrm{T}}$ 。

流程：

初始化：参数 a，b，c 和 d；$\boldsymbol{\mu}_m$，λ_m，γ_m，ρ，σ_m^2；辅助矩阵 $\hat{\boldsymbol{Y}} = \boldsymbol{A}(\boldsymbol{X})$。

While 未收敛

for $m = 1, 2, \cdots, M$

$\boldsymbol{\lambda}^{\mathrm{old}} = \boldsymbol{\lambda}$

更新 $\hat{\boldsymbol{Y}}$ ：$\hat{\boldsymbol{Y}} = \hat{\boldsymbol{Y}} - a_m \boldsymbol{\mu}_m^{\mathrm{T}}$

利用式（5.68）更新 σ_m^2

更新 $\boldsymbol{\mu}_m$：$\boldsymbol{\mu}_m = \sigma_m^2 \langle\rho\rangle \left(\boldsymbol{Y} - \boldsymbol{A}_{\bar{m}} \langle \boldsymbol{X}_{\bar{m}} \rangle\right)^{\mathrm{T}} \boldsymbol{a}_m^*$

更新 $\hat{\boldsymbol{Y}}$ ：$\hat{\boldsymbol{Y}} = \hat{\boldsymbol{Y}} - \boldsymbol{a}_m \boldsymbol{\mu}_m^{\mathrm{T}}$

利用式（5.72）更新 $\langle \lambda_m \rangle$

利用式（5.75）更新 $\langle \gamma_m \rangle$

End for

利用式（5.78）更新 $\langle \rho \rangle$

更新收敛误差　$\mathrm{err} = \left\|\boldsymbol{\lambda} - \boldsymbol{\lambda}^{\mathrm{old}}\right\|_2^2 \Big/ \left\|\boldsymbol{\lambda}^{\mathrm{old}}\right\|_2^2$

End while

下面通过仿真测试 SAVE-MSBL 算法的稀疏信号重构性能。待重构的信号为正弦信号组成的四个声源，并且所有声源的功率相等，每个声源的初始相位是随机生成的。假设使用 15 个阵元的 ULA 接收信号，加入高斯白噪声，SNR 设置为 10dB，快拍数目为 10。将−60°～60°的扇形水平面定义为目标空间，以 3°网格间距均匀划分，总网格点的数量为 41，并根据这些网格点预先计算阵列对应的流形矩阵 $\boldsymbol{A}$。四个正弦声源的 DOA 分别是−33°、−27°、−12°和−3°。图 5.3 显示了 CBF 算法、MVDR 算法、SRP-PHAT 算法[6]和 SAVE-MSBL 算法的估计结果。可以看到，CBF 算法和 SRP-PHAT 算法无法分离位于−33°和−27°的两个声源，但 MVDR 算法和本节提出的 SAVE-MSBL 算法在这种情况下仍然有效。

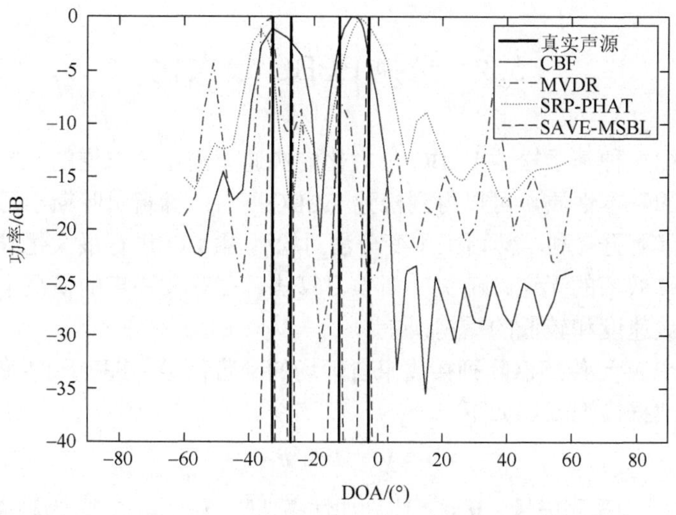

图 5.3　各种对比方法的分辨率性能曲线

现在继续测试 SAVE-MSBL 算法相对于快拍数目的性能。蒙特卡罗运算的次数设为 1000 次。将该算法与 CBF 算法以及广泛使用的 MSBL 算法进行比较，信号重构的均方根误差结果如图 5.4 所示。可以看出，快拍数目在 1～3 之间增加，所有方法的恢复性能都有了显著提高。仿真结果表明，与 CBF 算法和 MSBL 算法相比，SAVE-MSBL 算法具有更好的恢复精度。

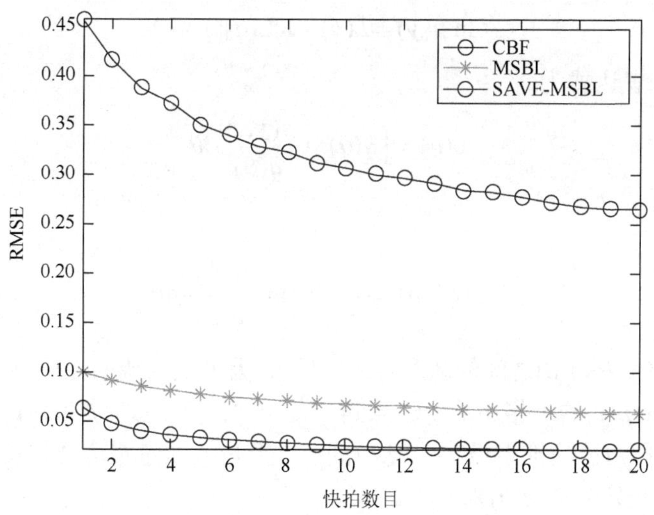

图 5.4　不同快拍数目情况下算法的恢复精度

5.3　松弛 ELBO 最大化

本节介绍一种基于松弛 ELBO 最大化的快速无需矩阵求逆的 SBL 算法[7]。利用光滑函数的基本性质，可以得到松弛 ELBO，它比稀疏贝叶斯学习使用的传统 ELBO 在计算上更有利。然后采用变分法对松弛 ELBO 进行最大化求解，从而得到一种高计算效率的无逆稀疏贝叶斯学习算法。在存在噪声的情况下，该算法具有较快的收敛速度和较低的重构误差。

考虑一个 N 元传感器阵列接收来自远场的窄带信号。在基于 CS 的 DOA 估计中，单快拍数据模型表述如下：

$$\boldsymbol{y} = \boldsymbol{A}\boldsymbol{x} + \boldsymbol{n} \tag{5.79}$$

其中，$\boldsymbol{y} \in \mathbb{C}^{N\times 1}$ 为观测矢量；$\boldsymbol{n} \in \mathbb{C}^{N\times 1}$ 为加性高斯噪声；$\boldsymbol{A} \in \mathbb{C}^{N\times M}$ 为测量矩阵或流形矩阵，定义为 $\boldsymbol{A} = [\boldsymbol{a}(\theta_1), \boldsymbol{a}(\theta_2), \cdots, \boldsymbol{a}(\theta_M)]$，$\boldsymbol{a}(\theta_m)$为列矢量或原子。$\boldsymbol{\theta} = [\theta_1, \theta_2, \cdots, \theta_I]$ 表示层次模型中的潜变量，并假设变量数目为 I。贝叶斯推理的目的是找到给定测量数据的潜变量的后验分布，即 $p(\boldsymbol{\theta}|\boldsymbol{y})$。在变分推断中，后验分布 $p(\boldsymbol{\theta}|\boldsymbol{y})$近似为变分分布 $q(\boldsymbol{\theta})$，可以表示为

$$q(\boldsymbol{\theta}) = \prod_{i=1}^{I} q(\boldsymbol{\theta}_i) \tag{5.80}$$

KL 散度最小化等价于最大化证据下界，即 ELBO。ELBO 是测量数据边缘概率对数 $\ln p(\boldsymbol{y})$的下界。由变分法可知，测量数据的边缘概率可以分解为两项，即

$$\ln p(\boldsymbol{y}) = L(q) + \mathrm{KL}(q \,\|\, p) \tag{5.81}$$

其中，ELBO 表达式为

$$L(q) = \int q(\boldsymbol{\theta}) \ln \frac{p(\boldsymbol{y}, \boldsymbol{\theta})}{q(\boldsymbol{\theta})} \mathrm{d}\boldsymbol{\theta} \tag{5.82}$$

并且

$$\mathrm{KL}(q \,\|\, p) = -\int q(\boldsymbol{\theta}) \ln \frac{p(\boldsymbol{\theta}|\boldsymbol{y})}{q(\boldsymbol{\theta})} \mathrm{d}\boldsymbol{\theta} \tag{5.83}$$

$\mathrm{KL}(q\|p)$为 $p(\boldsymbol{\theta}|\boldsymbol{y})$和 $q(\boldsymbol{\theta})$之间的散度或 KL 距离。因为根据熵的性质有 $\mathrm{KL}(q\|p) \geqslant 0$，所以 $L(q)$是 $\ln p(\boldsymbol{y})$的严格下界。注意到，式（5.81）的左边项 $\ln p(\boldsymbol{y})$与 $q(\boldsymbol{\theta})$无关。因此，最大化 $L(q)$等价于最小化 $\mathrm{KL}(q\|p)$。于是，通过最大化 $L(q)$，后向分布 $p(\boldsymbol{\theta}|\boldsymbol{y})$可以用变分分布 $q(\boldsymbol{\theta})$来逼近。

在变分稀疏贝叶斯学习框架中，$\boldsymbol{x}$ 至少存在两层先验信息。第一层 $\boldsymbol{x}$ 首先被赋予以 $\boldsymbol{\alpha}$ 为特征的高斯先验分布，即

$$p(\boldsymbol{x};\boldsymbol{\alpha})=\prod_{m=1}^{M}p(x_m;\alpha_m)=\prod_{m=1}^{M}\mathcal{CN}\left(x_m|0,\alpha_m^{-1}\right) \tag{5.84}$$

其中，$\boldsymbol{\alpha}=\{\alpha_m\}$为控制信号 $\boldsymbol{x}$ 稀疏性的非负超参数。第二层指定伽马分布为超参数 α_m 的超先验，即

$$p(\boldsymbol{\alpha})=\prod_{m=1}^{M}\text{Gamma}\left(\alpha_m|a,b\right)=\prod_{m=1}^{M}\Gamma^{-1}(a)b^a\alpha_m^{a-1}\mathrm{e}^{-b\alpha_m} \tag{5.85}$$

其中，Gamma(a, b)为伽马分布；$\Gamma(a)$为以 a 为参数的伽马函数。

同时，假设噪声服从均值为零、协方差矩阵为$(1/\gamma)\boldsymbol{I}$ 的高斯分布，并指定参数γ 遵循伽马分布超先验：

$$p(\gamma)=\text{Gamma}\left(\gamma|c,d\right)=\Gamma^{-1}(c)d^c\gamma^{c-1}\mathrm{e}^{-d\gamma} \tag{5.86}$$

为了解决传统 SBL 算法计算复杂度高的问题，引入松弛 ELBO 最大化方案，即 $L(q)$的下界。原始的 ELBO 可以表示为

$$\begin{aligned}L(q)&=\int q(\boldsymbol{\theta})\ln\frac{p(\boldsymbol{y},\boldsymbol{\theta})}{q(\boldsymbol{\theta})}\mathrm{d}\boldsymbol{\theta}\\&=\int q(\boldsymbol{\theta})\ln\frac{p\left(\boldsymbol{y}|\boldsymbol{x};\gamma\right)p(\boldsymbol{x};\boldsymbol{\alpha})p(\boldsymbol{\alpha})p(\gamma)}{q(\boldsymbol{\theta})}\mathrm{d}\boldsymbol{\theta}\end{aligned} \tag{5.87}$$

为了得到松弛的 ELBO，首先引入实数域的光滑函数基本性质[8]。

性质 5.1　设 f: $\mathbb{R}^M\to\mathbb{R}$ 是连续可微函数，具有利普希茨（Lipschitz）连续梯度，并且对应 Lipschitz 常数为 $T(f)$。则对于任意常数 $T\geqslant T(f)$，有

$$f(\boldsymbol{u})\leqslant f(\boldsymbol{v})+\left\langle\nabla f(\boldsymbol{v}),(\boldsymbol{u}-\boldsymbol{v})\right\rangle+\frac{T}{2}\|\boldsymbol{u}-\boldsymbol{v}\|_2^2 \tag{5.88}$$

对于任意 $\boldsymbol{u},\boldsymbol{v}\in\mathbb{R}^M$，式（5.88）成立。

利用性质 5.1，可以开发实数域的快速 SBL 稀疏信号重构方法。然而在本书的 DOA 估计或信号幅值估计中，明显难以满足需求。为此，在上述性质的基础上，进一步扩展到复数域的光滑函数性质。

性质 5.2　设 f: $\mathbb{C}^M\to\mathbb{R}$ 是连续可微函数，具有 Lipschitz 连续梯度，并且对应的 Lipschitz 常数为 T，即对于任意矢量 $\boldsymbol{u},\boldsymbol{v}\in\mathbb{C}^M$，满足

$$\left\|\nabla f(\boldsymbol{u})-\nabla f(\boldsymbol{v})\right\|\leqslant T\|\boldsymbol{u}-\boldsymbol{v}\| \tag{5.89}$$

则有

$$f(\boldsymbol{u})\leqslant f(\boldsymbol{v})+2\,\text{Re}\left[\left\langle\nabla f(\boldsymbol{v}),(\boldsymbol{u}-\boldsymbol{v})\right\rangle\right]+T\|\boldsymbol{u}-\boldsymbol{v}\|_2^2 \tag{5.90}$$

其中，Re[·]表示取所有元素的实部。

证明 对于任意矢量 $\boldsymbol{u}, \boldsymbol{v} \in \mathbb{C}^M$，有

$$\begin{aligned} f(\boldsymbol{u}) &= f(\boldsymbol{v}) + 2\int_0^1 \mathrm{Re}\left[\left\langle \nabla f(\boldsymbol{v}+\tau(\boldsymbol{u}-\boldsymbol{v})), (\boldsymbol{u}-\boldsymbol{v})\right\rangle\right]\mathrm{d}\tau \\ &= f(\boldsymbol{v}) + 2\,\mathrm{Re}\left[\left\langle \nabla f(\boldsymbol{v}), (\boldsymbol{u}-\boldsymbol{v})\right\rangle\right] \\ &\quad + 2\int_0^1 \mathrm{Re}\left[\left\langle \nabla f(\boldsymbol{v}+\tau(\boldsymbol{u}-\boldsymbol{v})) - \nabla f(\boldsymbol{v}), (\boldsymbol{u}-\boldsymbol{v})\right\rangle\right]\mathrm{d}\tau \end{aligned} \tag{5.91}$$

因此

$$\begin{aligned} &\left| f(\boldsymbol{u}) - f(\boldsymbol{v}) - 2\,\mathrm{Re}\left[\left\langle \nabla f(\boldsymbol{v}), (\boldsymbol{u}-\boldsymbol{v})\right\rangle\right]\right| \\ &= \left|\int_0^1 2\,\mathrm{Re}\left[\left\langle \nabla f(\boldsymbol{v}+\tau(\boldsymbol{u}-\boldsymbol{v})) - \nabla f(\boldsymbol{v}), (\boldsymbol{u}-\boldsymbol{v})\right\rangle\right]\mathrm{d}\tau\right| \\ &\leqslant \int_0^1 \left|\left\langle \nabla f\left(\boldsymbol{v}+\tau\left(\boldsymbol{u}-\boldsymbol{v}\right)\right) - \nabla f\left(\boldsymbol{v}\right), \left(\boldsymbol{u}-\boldsymbol{v}\right)\right\rangle\right|\mathrm{d}\tau \\ &\quad + \int_0^1 \left|\left\langle (\boldsymbol{u}-\boldsymbol{v}), \nabla f(\boldsymbol{v}+\tau(\boldsymbol{u}-\boldsymbol{v})) - \nabla f(\boldsymbol{v})\right\rangle\right|\mathrm{d}\tau \\ &\leqslant 2\int_0^1 \left\|\nabla f\left(\boldsymbol{v}+\tau\left(\boldsymbol{u}-\boldsymbol{v}\right)\right) - \nabla f\left(\boldsymbol{v}\right)\right\| \left\|\boldsymbol{u}-\boldsymbol{v}\right\|\mathrm{d}\tau \\ &\leqslant 2\int_0^1 \tau T \left\|\boldsymbol{u}-\boldsymbol{v}\right\|^2 \mathrm{d}\tau = T\left\|\boldsymbol{u}-\boldsymbol{v}\right\|^2 \end{aligned} \tag{5.92}$$

将式（5.92）中绝对值的项打开，得到两个不等式，其中之一便是式（5.90），得证。

这里有必要强调，函数 f 的 Lipschitz 条件及 Lipschitz 常数在实数域和复数域的形式稍有不同。这是由于导数的定义方式不同，例如给定函数

$$f(\boldsymbol{x}) = \left\|\boldsymbol{y} - \boldsymbol{A}\boldsymbol{x}\right\|_2^2 \tag{5.93}$$

若 $\boldsymbol{x} \in \mathbb{R}^M$，则

$$\nabla f(\boldsymbol{x}) = 2\boldsymbol{A}^{\mathrm{T}}(\boldsymbol{A}\boldsymbol{x} - \boldsymbol{y}) \tag{5.94}$$

此时考察 Lipschitz 条件式（5.89），不等式左边

$$\begin{aligned} \left\|\nabla f(\boldsymbol{u}) - \nabla f(\boldsymbol{v})\right\| &= \left\|2\boldsymbol{A}^{\mathrm{T}}\boldsymbol{A}(\boldsymbol{u}-\boldsymbol{v})\right\| \\ &\leqslant 2\left\|\boldsymbol{A}^{\mathrm{T}}\boldsymbol{A}\right\|\left\|\boldsymbol{u}-\boldsymbol{v}\right\| \\ &\leqslant 2\lambda_{\max}(\boldsymbol{A}^{\mathrm{T}}\boldsymbol{A})\left\|\boldsymbol{u}-\boldsymbol{v}\right\| \end{aligned} \tag{5.95}$$

其中，应用了矩阵范数定义式（1.42）。此时满足条件的 Lipschitz 常数：

$$T = 2\lambda_{\max}(\boldsymbol{A}^{\mathrm{T}}\boldsymbol{A}) \tag{5.96}$$

若 $\boldsymbol{x} \in \mathbb{C}^M$，则

$$\nabla f(\boldsymbol{x}) = \frac{\mathrm{d}f(\boldsymbol{x})}{\mathrm{d}\boldsymbol{x}^{\mathrm{H}}} = \boldsymbol{A}^{\mathrm{H}}(\boldsymbol{A}\boldsymbol{x} - \boldsymbol{y}) \tag{5.97}$$

再利用 Lipschitz 条件式（5.89），不等式左边

$$\begin{aligned}\|\nabla f(\boldsymbol{u})-\nabla f(\boldsymbol{v})\| &= \left\|\boldsymbol{A}^{\mathrm{H}}\boldsymbol{A}(\boldsymbol{u}-\boldsymbol{v})\right\| \\ &\leqslant \left\|\boldsymbol{A}^{\mathrm{H}}\boldsymbol{A}\right\|\|\boldsymbol{u}-\boldsymbol{v}\| \\ &\leqslant \lambda_{\max}(\boldsymbol{A}^{\mathrm{H}}\boldsymbol{A})\|\boldsymbol{u}-\boldsymbol{v}\|\end{aligned} \tag{5.98}$$

此时满足条件的 Lipschitz 常数为

$$T=\lambda_{\max}(\boldsymbol{A}^{\mathrm{H}}\boldsymbol{A}) \tag{5.99}$$

对比实数域和复数域 Lipschitz 常数的定义发现，二者是不能简单地将实数域结果通过转置和共轭转置变换转到复数域的。在给出的二次函数式（5.93）中，二者之间存在 2 倍的差别。

此外，为了便于将松弛 ELBO 最大化的方法扩展到多快拍情况，下面提出复数域矩阵变量光滑函数性质。

性质 5.3　设 f: $\mathbb{C}^{N\times M}\to\mathbb{R}$ 是连续可微函数，对于各列 $\boldsymbol{x}_l$ 具有 Lipschitz 连续梯度，并且对应 Lipschitz 常数为 T_l，即对于任意矩阵 $\boldsymbol{U},\boldsymbol{V}\in\mathbb{C}^{N\times M}$，其列矢量 $\boldsymbol{u}_l$ 和 $\boldsymbol{v}_l$ 满足

$$\|\nabla_l f(\boldsymbol{u}_l)-\nabla_l f(\boldsymbol{v}_l)\|\leqslant T_l\|\boldsymbol{u}_l-\boldsymbol{v}_l\| \tag{5.100}$$

其中，$\nabla_l f$ 表示对第 l 个列矢量的导数，则有

$$\sum_{l=1}^{L} f(\boldsymbol{u}_l)\leqslant\sum_{l=1}^{L} f(\boldsymbol{v}_l)+\sum_{l=1}^{L}2\operatorname{Re}\left[\left\langle\nabla_l f(\boldsymbol{v}_l),(\boldsymbol{u}_l-\boldsymbol{v}_l)\right\rangle\right]+\sum_{l=1}^{L}T_l\|\boldsymbol{u}_l-\boldsymbol{v}_l\|_2^2 \tag{5.101}$$

进一步，如果函数 f 对各列是线性可分的，即可以写成

$$f(\boldsymbol{U})=\sum_{l=1}^{L}h(\boldsymbol{u}_l) \tag{5.102}$$

那么式（5.101）可以简化为

$$f(\boldsymbol{U})\leqslant f(\boldsymbol{V})+2\operatorname{tr}\{\operatorname{Re}[(\boldsymbol{U}-\boldsymbol{V})^{\mathrm{H}}\nabla f(\boldsymbol{V})]\}+T\|\boldsymbol{U}-\boldsymbol{V}\|_F^2 \tag{5.103}$$

证明　将 $f(\boldsymbol{X})$视为 $\boldsymbol{X}$ 各列的多元函数 $f(x_1,x_2,\cdots,x_L)$，对于 $\forall l\in\{1,\cdots,L\}$，根据性质 5.2 可以得到

$$f(\boldsymbol{u}_l)\leqslant f(\boldsymbol{v}_l)+2\operatorname{Re}\left[\left\langle\nabla_l f(\boldsymbol{v}_l),(\boldsymbol{u}_l-\boldsymbol{v}_l)\right\rangle\right]+T_l\|\boldsymbol{u}_l-\boldsymbol{v}_l\|_2^2 \tag{5.104}$$

则将各 l 累加起来，可以得到

$$\sum_{l=1}^{L} f(\boldsymbol{u}_l)\leqslant\sum_{l=1}^{L} f(\boldsymbol{v}_l)+\sum_{l=1}^{L}2\operatorname{Re}\left[\left\langle\nabla_l f(\boldsymbol{v}_l),(\boldsymbol{u}_l-\boldsymbol{v}_l)\right\rangle\right]+\sum_{l=1}^{L}T_l\|\boldsymbol{u}_l-\boldsymbol{v}_l\|_2^2 \tag{5.105}$$

因此式（5.101）得证。在满足式（5.102）线性可分的条件下，对每一项函数 $h(\boldsymbol{u}_l)$ 有

$$h(\boldsymbol{u}_l)\leqslant h(\boldsymbol{v}_l)+2\operatorname{Re}\left[\left\langle\nabla h(\boldsymbol{v}_l),(\boldsymbol{u}_l-\boldsymbol{v}_l)\right\rangle\right]+T\|\boldsymbol{u}_l-\boldsymbol{v}_l\|_2^2 \tag{5.106}$$

注意到，在式（5.106）中，Lipschitz 常数 T 只与函数 $h(\cdot)$有关，因此去掉列标号 l。将各 l 累加起来，并利用式（5.102）得到

$$\begin{aligned} f(\boldsymbol{U}) &\leqslant f(\boldsymbol{V}) + 2\operatorname{Re}\left[\sum_{l=1}^{L}\left\langle \nabla h(\boldsymbol{v}_l), (\boldsymbol{u}_l - \boldsymbol{v}_l)\right\rangle\right] + T\left\|\boldsymbol{U}-\boldsymbol{V}\right\|_F^2 \\ &\leqslant f(\boldsymbol{V}) + 2\operatorname{Re}[\operatorname{tr}\{(\boldsymbol{U}-\boldsymbol{V})^{\mathrm{H}}\nabla f(\boldsymbol{V})\}] + T\left\|\boldsymbol{U}-\boldsymbol{V}\right\|_F^2 \end{aligned} \tag{5.107}$$

式（5.103）得证。

例如，考虑将函数

$$f(\boldsymbol{X}) = \left\|\boldsymbol{Y} - \boldsymbol{A}\boldsymbol{X}\right\|_F^2 \tag{5.108}$$

写成

$$f(\boldsymbol{X}) = \left\|\boldsymbol{Y} - \boldsymbol{A}\boldsymbol{X}\right\|_F^2 = \sum_{l=1}^{L}\left\|\boldsymbol{y}_l - \boldsymbol{A}\boldsymbol{x}_l\right\|_2^2 \tag{5.109}$$

显然满足式（5.102）规定的线性可分性。因此，根据式（5.103）得到

$$\begin{aligned} f(\boldsymbol{X}) &\leqslant f(\boldsymbol{Z}) + 2\operatorname{tr}\{\operatorname{Re}[(\boldsymbol{X}-\boldsymbol{Z})^{\mathrm{H}}\boldsymbol{A}^{\mathrm{H}}(\boldsymbol{A}\boldsymbol{Z}-\boldsymbol{Y})]\} + T\left\|\boldsymbol{X}-\boldsymbol{Z}\right\|_F^2 \\ &\leqslant f(\boldsymbol{Z}) + \operatorname{tr}\{(\boldsymbol{X}-\boldsymbol{Z})^{\mathrm{H}}\boldsymbol{A}^{\mathrm{H}}(\boldsymbol{A}\boldsymbol{Z}-\boldsymbol{Y})\} + \operatorname{tr}\{(\boldsymbol{A}\boldsymbol{Z}-\boldsymbol{Y})^{\mathrm{H}}\boldsymbol{A}(\boldsymbol{X}-\boldsymbol{Z})\} \\ &\quad + T\left\|\boldsymbol{X}-\boldsymbol{Z}\right\|_F^2 \end{aligned} \tag{5.110}$$

1. 单快拍模型求解

下面首先推导单快拍情况下松弛 ELBO 最大化的求解方法。根据性质 5.2，可以得到$p(\boldsymbol{y}|\boldsymbol{x};\gamma)$的下界为

$$\begin{aligned} p(\boldsymbol{y}|\boldsymbol{x};\gamma) &= \frac{\gamma^{N/2}}{\sqrt{2\pi}}\exp\left(-\frac{\gamma}{2}\|\boldsymbol{y}-\boldsymbol{A}\boldsymbol{x}\|_2^2\right) \\ &\geqslant \frac{\gamma^{N/2}}{\sqrt{2\pi}}\exp\left(-\frac{\gamma}{2}g(\boldsymbol{x},\boldsymbol{z})\right) \stackrel{\text{def}}{=} F(\boldsymbol{y},\boldsymbol{x},\boldsymbol{z},\gamma) \end{aligned} \tag{5.111}$$

其中，

$$\begin{aligned} g(\boldsymbol{x},\boldsymbol{z}) &= \|\boldsymbol{y}-\boldsymbol{A}\boldsymbol{z}\|_2^2 + 2\operatorname{Re}[(\boldsymbol{x}-\boldsymbol{z})^{\mathrm{H}}\boldsymbol{A}^{\mathrm{H}}(\boldsymbol{A}\boldsymbol{z}-\boldsymbol{y})] + T\|\boldsymbol{x}-\boldsymbol{z}\|_2^2 \\ &= \|\boldsymbol{y}-\boldsymbol{A}\boldsymbol{z}\|_2^2 + (\boldsymbol{x}-\boldsymbol{z})^{\mathrm{H}}\boldsymbol{A}^{\mathrm{H}}(\boldsymbol{A}\boldsymbol{z}-\boldsymbol{y}) + (\boldsymbol{A}\boldsymbol{z}-\boldsymbol{y})^{\mathrm{H}}\boldsymbol{A}(\boldsymbol{x}-\boldsymbol{z}) \\ &\quad + T\|\boldsymbol{x}-\boldsymbol{z}\|_2^2 \end{aligned} \tag{5.112}$$

显然，式（5.112）中的不等式对任何 $\boldsymbol{z}$ 都成立，当 $\boldsymbol{x}=\boldsymbol{z}$ 时，不等式取等号。结合式（5.87）和式（5.112），最终得到松弛 ELBO 为

$$L(q) \geqslant \tilde{L}(q,\boldsymbol{z}) = \int q(\boldsymbol{\theta})\ln\frac{G(\boldsymbol{y},\boldsymbol{\theta},\boldsymbol{z})}{q(\boldsymbol{\theta})}\mathrm{d}\boldsymbol{\theta} \tag{5.113}$$

其中，

$$G(\boldsymbol{y},\boldsymbol{\theta},\boldsymbol{z}) \stackrel{\text{def}}{=} F(\boldsymbol{y},\boldsymbol{x},\boldsymbol{z},\gamma)p(\boldsymbol{x}|\boldsymbol{\alpha})p(\boldsymbol{\alpha})p(\gamma) \tag{5.114}$$

松弛 ELBO 可以进一步表示为

$$\begin{aligned}\tilde{L}(q,z) &= \int q(\boldsymbol{\theta})\ln\frac{G(\boldsymbol{y},\boldsymbol{\theta},z)}{q(\boldsymbol{\theta})}\mathrm{d}\boldsymbol{\theta} \\ &= \int q(\boldsymbol{\theta})\ln\frac{G(\boldsymbol{y},\boldsymbol{\theta},z)h(z)}{q(\boldsymbol{\theta})h(z)}\mathrm{d}\boldsymbol{\theta} \\ &= \int q(\boldsymbol{\theta})\ln\frac{\tilde{G}(\boldsymbol{y},\boldsymbol{\theta},z)}{q(\boldsymbol{\theta})}\mathrm{d}\boldsymbol{\theta} - \ln h(z)\end{aligned} \tag{5.115}$$

其中，

$$\widetilde{G}(\boldsymbol{y},\boldsymbol{\theta},\boldsymbol{z}) \overset{\text{def}}{=} G(\boldsymbol{y},\boldsymbol{\theta},\boldsymbol{z})h(\boldsymbol{z}) \tag{5.116}$$

$h(\boldsymbol{z})$是归一化项，使得$\widetilde{G}(\boldsymbol{y},\boldsymbol{\theta},\boldsymbol{z})$是严格的概率密度分布，表示为

$$h(\boldsymbol{z}) \overset{\text{def}}{=} \frac{1}{\int G(\boldsymbol{y},\boldsymbol{\theta},\boldsymbol{z})\mathrm{d}\boldsymbol{\theta}\mathrm{d}\boldsymbol{Y}} \tag{5.117}$$

下面采用变分法求取各潜变量的估计方程。与常规变分法稍有区别的是，在对 $\boldsymbol{z}$ 进行估计时，穿插了 EM 算法，因此可以将除 $\boldsymbol{z}$ 之外的其他参数后验概率密度的估计过程视为 E 步，$\boldsymbol{z}$ 估计过程视为 M 步，即求取期望最大值。

更新 $q_x(\boldsymbol{x})$：忽略与 $\boldsymbol{x}$ 无关的项，可以计算出 $q_x(\boldsymbol{x})$的近似变分后验分布：

$$\begin{aligned}\ln q_x(\boldsymbol{x}) &\propto \left\langle \ln\tilde{G}(\boldsymbol{y},\boldsymbol{\theta},\boldsymbol{z})\right\rangle_{q_\alpha(\boldsymbol{\alpha}),\,q_\gamma(\gamma)} \\ &\propto \left\langle \ln F(\boldsymbol{y},\boldsymbol{x},\boldsymbol{z},\gamma) + \ln p\left(\boldsymbol{x}|\boldsymbol{\alpha}\right)\right\rangle_{q_\alpha(\boldsymbol{\alpha}),\,q_\gamma(\gamma)} \\ &\propto -\frac{1}{2}\boldsymbol{x}^{\mathrm{H}}\left(T\langle\gamma\rangle\boldsymbol{I}+\boldsymbol{\Lambda}\right)\boldsymbol{x} - \frac{1}{2}\langle\gamma\rangle\boldsymbol{x}^{\mathrm{H}}(\boldsymbol{A}^{\mathrm{H}}(\boldsymbol{A}\boldsymbol{z}-\boldsymbol{y})-T\boldsymbol{z})\end{aligned} \tag{5.118}$$

其中，

$$\boldsymbol{\Lambda} \overset{\text{def}}{=} \operatorname{diag}\{\alpha_1,\cdots,\alpha_M\} \tag{5.119}$$

很明显，$q_x(\boldsymbol{x})$符合高斯分布，其均值和协方差矩阵分别为

$$\boldsymbol{\mu} = \langle\gamma\rangle\boldsymbol{\Sigma}(T\boldsymbol{z}-\boldsymbol{A}^{\mathrm{H}}(\boldsymbol{A}\boldsymbol{z}-\boldsymbol{y})) \tag{5.120}$$

$$\boldsymbol{\Sigma} = \left(T\langle\gamma\rangle\boldsymbol{I}+\boldsymbol{\Lambda}\right)^{-1} \tag{5.121}$$

更新 $q_\alpha(\boldsymbol{\alpha})$：近似后验分布 $q_\alpha(\boldsymbol{\alpha})$的推导过程遵循

$$\begin{aligned}\ln q_\alpha(\boldsymbol{\alpha}) &\propto \left\langle \ln\tilde{G}(\boldsymbol{y},\boldsymbol{\theta},\boldsymbol{z})\right\rangle_{q_x(\boldsymbol{x})} \\ &\propto \left\langle \ln p\left(\boldsymbol{x}|\boldsymbol{\alpha}\right) + \ln p(\boldsymbol{\alpha})\right\rangle_{q_x(\boldsymbol{x})} \\ &\propto \sum_{m=1}^{M}\left\{\left(a-\frac{1}{2}\right)\ln\alpha_m - \left(\frac{\left\langle |x_m|^2\right\rangle}{2}+b\right)\alpha_m\right\}\end{aligned} \tag{5.122}$$

在式（5.122）中，超参数 $\boldsymbol{\alpha}$ 符合以 $\tilde{a}$ 和 $\tilde{b}_m$ 为参数的、具有独立同分布的伽马分布，即

$$q_\alpha(\boldsymbol{\alpha}) = \prod_{m=1}^{M} \text{Gamma}\left(\alpha_m; \tilde{a}, \tilde{b}_m\right) \tag{5.123}$$

其中，

$$\tilde{a} = a + \frac{1}{2} \tag{5.124}$$

$$\tilde{b}_m = b + \frac{1}{2}\left\langle |x_m|^2 \right\rangle \tag{5.125}$$

更新 $q_\gamma(\gamma)$：$q_\gamma(\gamma)$ 的近似后验为

$$\begin{aligned} \ln q_\gamma(\gamma) &\propto \left\langle \ln \tilde{G}(\boldsymbol{y}, \boldsymbol{\theta}, \boldsymbol{z}) \right\rangle_{q_x(\boldsymbol{x})} \\ &\propto \left\langle \ln F(\boldsymbol{y}, \boldsymbol{x}, \boldsymbol{z}, \gamma) + \ln p(\gamma) \right\rangle_{q_x(\boldsymbol{x})} \\ &\propto \left(c - 1 + \frac{N}{2}\right) \ln \gamma - \left(\frac{1}{2}\left\langle g(\boldsymbol{x}, \boldsymbol{z}) \right\rangle + d\right)\gamma \end{aligned} \tag{5.126}$$

类似于 $\boldsymbol{\alpha}$，参数 γ 符合伽马分布，即

$$q_\gamma(\gamma) = \text{Gamma}(\gamma; \tilde{c}, \tilde{d}) \tag{5.127}$$

其中，

$$\tilde{c} = c + \frac{N}{2} \tag{5.128}$$

$$\tilde{d} = d + \frac{1}{2}\left\langle g(\boldsymbol{x}, \boldsymbol{z}) \right\rangle \tag{5.129}$$

上述计算过程中涉及的期望计算统一总结为

$$\left\langle \alpha_m \right\rangle = \frac{\tilde{a}}{\tilde{b}_m} \tag{5.130}$$

$$\left\langle \gamma \right\rangle = \frac{\tilde{c}}{\tilde{d}} \tag{5.131}$$

$$\left\langle |x_m|^2 \right\rangle = |\mu_m|^2 + \Sigma_{m,m} \tag{5.132}$$

$$\begin{aligned} \left\langle g(\boldsymbol{x}, \boldsymbol{z}) \right\rangle = &\| \boldsymbol{y} - \boldsymbol{A}\boldsymbol{z} \|_2^2 + 2\,\text{Re}[(\boldsymbol{\mu} - \boldsymbol{z})^{\text{H}} \boldsymbol{A}^{\text{H}} (\boldsymbol{A}\boldsymbol{z} - \boldsymbol{y})] \\ &+ T\left(\| \boldsymbol{\mu} - \boldsymbol{z} \|_2^2 + \text{tr}(\boldsymbol{\Sigma})\right) \end{aligned} \tag{5.133}$$

其中，μ_m 为 $\boldsymbol{\mu}$ 的第 m 个元素；$\Sigma_{m,m}$ 为 $\boldsymbol{\Sigma}$ 对角线上的第 m 个元素。

下面通过 M 步实现参数 $\boldsymbol{z}$ 的 EM 估计。首先需要解决下述优化问题：

$$\boldsymbol{z}^{(t+1)} = \arg\max_{z} \left\langle \ln G(\boldsymbol{y}, \boldsymbol{\theta}, \boldsymbol{z}) \right\rangle_{q(\boldsymbol{\theta};\, \boldsymbol{z}^{(t)})} \overset{\text{def}}{=} Q\left(\boldsymbol{z} \middle| \boldsymbol{z}^{(t)}\right) \tag{5.134}$$

然后求 $Q(z|z^{(t)})$对 z 的导数：

$$
\begin{aligned}
\frac{\partial Q\left(z\middle|z^{(t)}\right)}{\partial z^{\mathrm{H}}} &= \left\langle \frac{\partial g(\boldsymbol{x}, z)}{\partial z^{\mathrm{H}}} \right\rangle_{q(\theta;\, z^{(t)})} \\
&= \left\langle \frac{\partial}{\partial z^{\mathrm{H}}} \Big[(\boldsymbol{y} - \boldsymbol{A}\boldsymbol{x})^{\mathrm{H}} (\boldsymbol{y} - \boldsymbol{A}z) \right. \\
&\quad \left. - (\boldsymbol{y} - \boldsymbol{A}z)^{\mathrm{H}} \boldsymbol{A}(\boldsymbol{x} - z) + T \|\boldsymbol{x} - z\|_2^2 \Big] \right\rangle_{q(\theta;\, z^{(t)})} \\
&= \left\langle \left(T\boldsymbol{I} - \boldsymbol{A}^{\mathrm{H}}\boldsymbol{A}\right)\left(z - \boldsymbol{x}\right) \right\rangle_{q(\theta;\, z^{(t)})}
\end{aligned} \tag{5.135}
$$

由式（5.98）和式（5.99）中对常数 T 的定义，必然有

$$
T\boldsymbol{I} - \boldsymbol{A}^{\mathrm{H}}\boldsymbol{A} > 0 \tag{5.136}
$$

定义表达式对于方阵 $\boldsymbol{A}>0$ 意味着矩阵 $\boldsymbol{A}$ 是正定矩阵，$\boldsymbol{A}\geqslant 0$ 表示半正定矩阵。因此由 $Q(z|z^{(t)})$对 z 的导数为零直接得到

$$
z = \boldsymbol{\mu} \tag{5.137}
$$

为了清晰起见，将本节提出的算法总结如下：

（1）给定 z 的当前估计，根据迭代公式更新后验近似 $q_x(\boldsymbol{x})$、$q_\alpha(\boldsymbol{\alpha})$和 $q_\gamma(\gamma)$。

（2）根据式（5.137）更新参数 z。

（3）继续上述迭代，直到$\|\boldsymbol{\mu}^{(t)}-\boldsymbol{\mu}^{(t-1)}\|\leqslant\varepsilon$，其中$\varepsilon$为预先设定的容差。

相对于原始的变分法求解结果，松弛 ELBO 最大化方法求得的信号源近似后验分布 $q_x(\boldsymbol{x})$的更新，虽然仍然需要计算 $M\times M$ 矩阵的逆，然而协方差矩阵现在变成了对角阵。因此，这里介绍的方法是不需要任何矩阵求逆操作的，计算复杂度从原本的 $O(M^3)$降低至 $O(M)$，此时的主要计算量已经全部转移到矩阵乘法计算，从而大大节省了运算成本。

2. 多快拍模型求解

引入光滑函数复矩阵形式，多快拍模型似然函数具有如下性质：

$$
\begin{aligned}
p\left(\boldsymbol{Y}\middle|\boldsymbol{X};\gamma\right) &= \frac{\gamma^{NL/2}}{(2\pi)^{NL/2}} \exp\left(-\frac{\gamma}{2}\|\boldsymbol{Y} - \boldsymbol{A}\boldsymbol{X}\|_F^2\right) \\
&\geqslant \frac{\gamma^{NL/2}}{(2\pi)^{NL/2}} \exp\left[-\frac{\gamma}{2} g(\boldsymbol{X}, \boldsymbol{Z})\right] \overset{\text{def}}{=} F(\boldsymbol{Y}, \boldsymbol{X}, \boldsymbol{Z}, \gamma)
\end{aligned} \tag{5.138}
$$

其中，

$$
g(\boldsymbol{X}, \boldsymbol{Z}) \overset{\text{def}}{=} \|\boldsymbol{Y} - \boldsymbol{A}\boldsymbol{Z}\|_F^2 + \mathrm{tr}[(\boldsymbol{X} - \boldsymbol{Z})^{\mathrm{H}} \boldsymbol{A}^{\mathrm{H}} (\boldsymbol{A}\boldsymbol{Z} - \boldsymbol{Y}) + (\boldsymbol{A}\boldsymbol{Z} - \boldsymbol{Y})^{\mathrm{H}} \boldsymbol{A}(\boldsymbol{X} - \boldsymbol{Z})] + T\|\boldsymbol{X} - \boldsymbol{Z}\|_F^2 \tag{5.139}
$$

类似于单快拍情况，通过引入先验信息建立多层次贝叶斯模型，包括

$$p(\gamma) = \mathrm{Gamma}(\gamma|a, b) \tag{5.140}$$

$$p(\boldsymbol{X}; \boldsymbol{\alpha}) = \frac{1}{(2\pi)^{ML/2}|\boldsymbol{\Lambda}|^{L/2}} \exp\left[-\frac{1}{2}\mathrm{tr}(\boldsymbol{X}^{\mathrm{H}}\boldsymbol{\Lambda}^{-1}\boldsymbol{X})\right] \tag{5.141}$$

$$p(\boldsymbol{\alpha}) = \prod_{m=1}^{M} \mathrm{Gamma}\left(\alpha_m|a, b\right) \tag{5.142}$$

其中，

$$\boldsymbol{\Lambda} = \left[\alpha_1^{-1}, \alpha_2^{-1}, \cdots, \alpha_M^{-1}\right] \tag{5.143}$$

基于上述假设，我们给出多快拍模型的变分后验分布详细推算过程。

更新 $q(\boldsymbol{X})$:

$$\begin{aligned}
\ln q(\boldsymbol{X}) &\propto \left\langle \ln F(\boldsymbol{Y}, \boldsymbol{X}, \boldsymbol{Z}, \gamma) + \ln p(\boldsymbol{X}; \boldsymbol{\alpha}) \right\rangle_{q(\boldsymbol{\alpha})q(\gamma)} \\
&\propto \left\langle -\frac{\gamma}{2}\left\{\mathrm{tr}[(\boldsymbol{X}-\boldsymbol{Z})^{\mathrm{H}}\boldsymbol{A}^{\mathrm{H}}(\boldsymbol{A}\boldsymbol{Z}-\boldsymbol{Y})\right.\right. \\
&\quad \left.\left. +(\boldsymbol{A}\boldsymbol{Z}-\boldsymbol{Y})^{\mathrm{H}}\boldsymbol{A}(\boldsymbol{X}-\boldsymbol{Z})] + T\|\boldsymbol{X}-\boldsymbol{Z}\|_F^2\right\} - \frac{1}{2}\mathrm{tr}(\boldsymbol{X}^{\mathrm{H}}\boldsymbol{\Lambda}^{-1}\boldsymbol{X}) \right\rangle_{q(\boldsymbol{\alpha})q(\gamma)} \\
&\propto -\frac{\langle\gamma\rangle}{2}\left\{\mathrm{tr}\left[(\boldsymbol{X}-\boldsymbol{Z})^{\mathrm{H}}\boldsymbol{A}^{\mathrm{H}}(\boldsymbol{A}\boldsymbol{Z}-\boldsymbol{Y}) + (\boldsymbol{A}\boldsymbol{Z}-\boldsymbol{Y})^{\mathrm{H}}\boldsymbol{A}(\boldsymbol{X}-\boldsymbol{Z})\right] + T\|\boldsymbol{X}-\boldsymbol{Z}\|_F^2\right\} \\
&\quad -\frac{1}{2}\mathrm{tr}(\boldsymbol{X}^{\mathrm{H}}\langle\boldsymbol{\Lambda}\rangle^{-1}\boldsymbol{X})
\end{aligned} \tag{5.144}$$

尽管可以预料，$q(\boldsymbol{X})$必定满足矩阵高斯分布，但是为了方便辨识其均值和协方差，将式（5.144）对 $\boldsymbol{X}^{\mathrm{H}}$ 求导，得到

$$\begin{aligned}
\frac{\mathrm{d}}{\mathrm{d}\boldsymbol{X}^{\mathrm{H}}}\ln q(\boldsymbol{X}) &\propto -\frac{\langle\gamma\rangle}{2}[\boldsymbol{A}^{\mathrm{H}}(\boldsymbol{A}\boldsymbol{Z}-\boldsymbol{Y}) + T(\boldsymbol{X}-\boldsymbol{Z})] - \frac{1}{2}\langle\boldsymbol{\Lambda}\rangle^{-1}\boldsymbol{X} \\
&\propto -\frac{\langle\gamma\rangle}{2}\boldsymbol{A}^{\mathrm{H}}(\boldsymbol{A}\boldsymbol{Z}-\boldsymbol{Y}) - \frac{\langle\gamma\rangle T}{2}\boldsymbol{X} + \frac{\langle\gamma\rangle T}{2}\boldsymbol{Z} - \frac{1}{2}\langle\boldsymbol{\Lambda}\rangle^{-1}\boldsymbol{X} \\
&\propto \frac{1}{2}\langle\gamma\rangle[T\boldsymbol{Z} - \boldsymbol{A}^{\mathrm{H}}(\boldsymbol{A}\boldsymbol{Z}-\boldsymbol{Y})] - \frac{1}{2}\left(\langle\gamma\rangle T\boldsymbol{I} + \boldsymbol{\Lambda}^{-1}\right)\boldsymbol{X}
\end{aligned} \tag{5.145}$$

根据式（5.144），容易得到 $q(\boldsymbol{X})$的均值和协方差矩阵分别为

$$\boldsymbol{M} = \langle\gamma\rangle\boldsymbol{\Sigma}[T\boldsymbol{Z} - \boldsymbol{A}^{\mathrm{H}}(\boldsymbol{A}\boldsymbol{Z}-\boldsymbol{Y})] \tag{5.146}$$

$$\boldsymbol{\Sigma} = (\langle\gamma\rangle T\boldsymbol{I} + \boldsymbol{\Lambda}^{-1})^{-1} \tag{5.147}$$

更新 $q(\boldsymbol{\alpha})$:

$$\begin{aligned}
\ln q(\boldsymbol{\alpha}) &\propto \left\langle \ln p(\boldsymbol{X};\boldsymbol{\alpha}) + \ln p(\boldsymbol{\alpha}) \right\rangle_{q(\boldsymbol{X})} \\
&\propto \left\langle -\frac{L}{2}\ln|\boldsymbol{\Lambda}| - \frac{1}{2}\mathrm{tr}(\boldsymbol{X}^{\mathrm{H}}\boldsymbol{\Lambda}^{-1}\boldsymbol{X}) + \sum_{m=1}^{M}(a-1)\ln\alpha_m - \sum_{m=1}^{M} b\alpha_m \right\rangle_{q(\boldsymbol{X})} \\
&\propto \left\langle \frac{L}{2}\sum_{m=1}^{M}\ln\alpha_m - \frac{1}{2}\sum_{m=1}^{M}\alpha_m \|\boldsymbol{X}_{m\cdot}\|_2^2 + (a-1)\sum_{m=1}^{M}\ln\alpha_m - b\sum_{m=1}^{M}\alpha_m \right\rangle_{q(\boldsymbol{X})} \\
&\propto \left(a-1+\frac{L}{2}\right)\sum_{m=1}^{M}\ln\alpha_m - \sum_{m=1}^{M}\left(\frac{\|\boldsymbol{M}_{m\cdot}\|_2^2 + \Sigma_{m,m}}{2} + b\right)\alpha_m
\end{aligned} \tag{5.148}$$

其中，$\boldsymbol{M}_{m\cdot}$为矩阵 $\boldsymbol{M}$ 的第 m 行。

由式（5.148）可见，超参数 $\boldsymbol{\alpha}$ 仍然符合以 $\tilde{a}$ 和 $\tilde{b}_m$ 为参数的、具有独立同分布的伽马分布，即

$$q(\boldsymbol{\alpha}) = \prod_{m=1}^{M}\mathrm{Gamma}\left(\alpha_m; \tilde{a}, \tilde{b}_m\right) \tag{5.149}$$

其中，

$$\tilde{a} = a + \frac{L}{2} \tag{5.150}$$

$$\tilde{b}_m = \frac{\|\boldsymbol{M}_{m\cdot}\|_2^2 + \Sigma_{m,m}}{2} + b \tag{5.151}$$

更新 $q(\gamma)$：

$$\begin{aligned}
\ln q(\gamma) &\propto \left\langle \ln F(\boldsymbol{Y},\boldsymbol{X},\boldsymbol{Z},\gamma) + \ln p(\gamma) \right\rangle_{q(\boldsymbol{X})} \\
&\propto \left\langle \frac{NL}{2}\ln\gamma - \frac{\gamma}{2}g(\boldsymbol{X},\boldsymbol{Z}) + (c-1)\ln\gamma - d\gamma \right\rangle_{q(\boldsymbol{X})} \\
&\propto \left(c-1+\frac{NL}{2}\right)\ln\gamma - \left[\frac{1}{2}\left\{\|\boldsymbol{Y}-\boldsymbol{A}\boldsymbol{Z}\|_F^2 + \mathrm{tr}[(\boldsymbol{M}-\boldsymbol{Z})^{\mathrm{H}}\boldsymbol{A}^{\mathrm{H}}(\boldsymbol{A}\boldsymbol{Z}-\boldsymbol{Y})\right.\right. \\
&\quad \left.\left. +(\boldsymbol{A}\boldsymbol{Z}-\boldsymbol{Y})^{\mathrm{H}}\boldsymbol{A}(\boldsymbol{M}-\boldsymbol{Z})] + T\left(\|\boldsymbol{M}-\boldsymbol{Z}\|_F^2 + \mathrm{tr}\boldsymbol{\Sigma}\right)\right\} + d\right]\gamma
\end{aligned} \tag{5.152}$$

超参数 γ 的近似后验符合伽马分布，即

$$q(\gamma) = \mathrm{Gamma}(\gamma; \tilde{c}, \tilde{d}) \tag{5.153}$$

其中，

$$\tilde{c} = c + \frac{NL}{2} \tag{5.154}$$

$$\tilde{d} = \frac{1}{2}\Big(\|\boldsymbol{Y} - \boldsymbol{AZ}\|_F^2 + \operatorname{tr}[(\boldsymbol{M} - \boldsymbol{Z})^{\mathrm{H}} \boldsymbol{A}^{\mathrm{H}} (\boldsymbol{AZ} - \boldsymbol{Y}) \\ + (\boldsymbol{AZ} - \boldsymbol{Y})^{\mathrm{H}} \boldsymbol{A}(\boldsymbol{M} - \boldsymbol{Z})] + T\left(\|\boldsymbol{M} - \boldsymbol{Z}\|_F^2 + \operatorname{tr}\boldsymbol{\Sigma}\right)\Big) + d \tag{5.155}$$

最后，参数 $\boldsymbol{Z}$ 是由下面的最小化推导出来的，即

$$\boldsymbol{Z}^{(t)} = \arg\max_{\boldsymbol{Z}} \left\langle \ln\left(F(\boldsymbol{Y}, \boldsymbol{X}, \boldsymbol{Z}, \gamma) p\left(\boldsymbol{X}; \boldsymbol{\alpha}\right) p(\boldsymbol{\alpha}) p(\gamma)\right)\right\rangle_{q(\boldsymbol{\theta};\, \boldsymbol{Z}^{(t-1)})} \tag{5.156}$$

其中，

$$\begin{aligned}\ln q(\boldsymbol{Z}) &\propto \left\langle \ln F(\boldsymbol{Y}, \boldsymbol{X}, \boldsymbol{Z}, \gamma)\right\rangle_{q(\boldsymbol{X})} \\ &\propto \Big\langle \|\boldsymbol{Y} - \boldsymbol{AZ}\|_F^2 + \operatorname{tr}[(\boldsymbol{X} - \boldsymbol{Z})^{\mathrm{H}} \boldsymbol{A}^{\mathrm{H}} (\boldsymbol{AZ} - \boldsymbol{Y}) \\ &\quad + (\boldsymbol{AZ} - \boldsymbol{Y})^{\mathrm{H}} \boldsymbol{A}(\boldsymbol{X} - \boldsymbol{Z})] + T\|\boldsymbol{X} - \boldsymbol{Z}\|_F^2 \Big\rangle_{q(\boldsymbol{X})} \\ &\propto \|\boldsymbol{Y} - \boldsymbol{AZ}\|_F^2 + \operatorname{tr}[(\boldsymbol{M} - \boldsymbol{Z})^{\mathrm{H}} \boldsymbol{A}^{\mathrm{H}} (\boldsymbol{AZ} - \boldsymbol{Y})] + \operatorname{tr}[(\boldsymbol{AZ} - \boldsymbol{Y})^{\mathrm{H}} \boldsymbol{A}(\boldsymbol{M} - \boldsymbol{Z})] \\ &\quad - T\operatorname{tr}(\boldsymbol{M}^{\mathrm{H}}\boldsymbol{Z}) - T\operatorname{tr}(\boldsymbol{Z}^{\mathrm{H}}\boldsymbol{M}) + T\operatorname{tr}(\boldsymbol{Z}^{\mathrm{H}}\boldsymbol{Z})\end{aligned} \tag{5.157}$$

只需要取 $\ln q(\boldsymbol{Z})$ 关于 $\boldsymbol{Z}^{\mathrm{H}}$ 的导数，并令其等于零，得到

$$\frac{\partial \ln q(\boldsymbol{Z})}{\partial \boldsymbol{Z}^{\mathrm{H}}} = \left\langle (\boldsymbol{A}^{\mathrm{H}}\boldsymbol{A} - T\boldsymbol{I})(\boldsymbol{X} - \boldsymbol{Z})\right\rangle = 0 \tag{5.158}$$

于是有

$$\boldsymbol{Z} = \boldsymbol{M} \tag{5.159}$$

至此，我们完成了松弛 ELBO 最大化方法从实数域→复数域→复数域多快拍的逐步扩展，根据上述迭代公式，可以参照单快拍情况给出多快拍无逆 SBL 算法的步骤。

（1）给定 $\boldsymbol{Z}$ 的当前估计，根据迭代公式更新后验近似 $q(\boldsymbol{X})$、$q(\boldsymbol{\alpha})$ 和 $q(\gamma)$。

（2）根据式（5.159）更新参数 $\boldsymbol{Z}$。

（3）继续上述迭代，直到 $\|\boldsymbol{M}^{(t)} - \boldsymbol{M}^{(t-1)}\|_F \leqslant \varepsilon$，其中 ε 为预先设定的容差。

3. 仿真结果

下面通过仿真结果来说明所提出算法的性能[7]。这里将该方法称为无逆 SBL（inverse-free sparse Bayesian learning，IF-SBL）算法。在仿真中，a、b、c 和 d 四个参数均取 10^{-10}。选择下述先进的稀疏信号重构方法与 IF-SBL 算法进行比较，包括快速 SBL（fast sparse Bayesian learning，F-SBL）[9]、快速迭

代收缩阈值算法（fast iterative shrinkage-thresholding algorithm，FISTA）[8]，以及一种高效的基于 GAMP 的 SBL（generalized approximate message passing-sparse Bayesian learning，GAMP-SBL）[10]。在 FISTA 中使用的正则化参数是经过精心选择的，以达到最佳性能。由于问题规模较大，常规的 SBL 算法未包括在我们的实验中。然而，在小数据集上的数值结果表明它的性能与 F-SBL 算法相似。

待重构的一维稀疏信号是随机产生的，其中 K 个非零项按正态分布产生。图 5.5（a）描述了各算法的成功率与阵元数目 N 的关系，其中预成波束数目 $M = 5000$，稀疏度 $K = 500$，不含测量噪声。结果为 10^3 次程序独立运行结果的平均。我们看到在无噪声的情况下，F-SBL 算法和 GAMP-SBL 算法具有最好的性能。由于对 ELBO 的松弛，IF-SBL 算法产生了一定的性能损失。尽管如此，我们提出的 IF-SBL 算法比 FISTA 有明显的性能优势。图 5.5（b）展示了各算法在存在高斯噪声时的归一化均方误差（normalized mean squared error，NMSE），其中将 SNR 设置为 20dB。从图 5.5（b）可以看出，IF-SBL 算法对噪声具有更好的鲁棒性，在中等比例的 N/M 下重构误差更小。

在图 5.6（a）中，将各算法的平均计算时间绘制为关于预成波束数目 M 的曲线，因为算法的计算量主要与 M 有关。其中设置 $N = M/2$，$K = M/10$，SNR = 20dB。在上述设置下，所有方法都可以得到可靠的重构结果。我们看到，与 GAMP-SBL 算法相似，IF-SBL 算法所需的平均计算时间只会随着信号维度的变大而略有增加，而 F-SBL 算法和 FISTA 算法则会随着 M 的增加平均计算时间急剧增加。IF-SBL 算

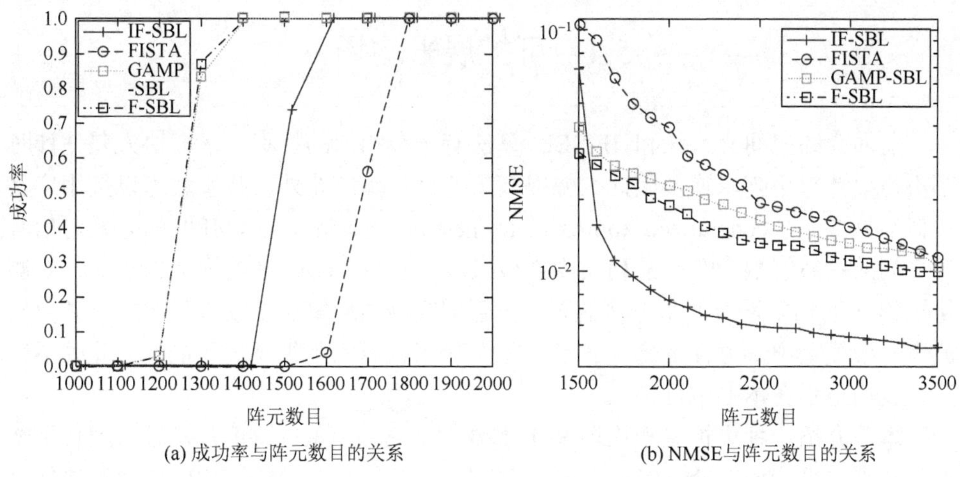

(a) 成功率与阵元数目的关系

(b) NMSE与阵元数目的关系

图 5.5　比较各算法的重构性能与阵元数目的关系

法具有这样快速运行速度的原因可以从图 5.6（b）中看出来，IF-SBL 算法的收敛速度要比 F-SBL 和 FISTA 两种算法快得多。F-SBL 算法从一个空的支持集开始，然后迭代地包含新的基本拟合数据。在有噪声的情况下，这个过程可能需要更长的时间达到收敛。从图 5.6（b）可以看出，F-SBL 算法需要 1000 多次迭代才能收敛，FISTA 算法需要 600 多次迭代才能收敛，而 IF-SBL 算法只需 120 次迭代即可收敛。此外，F-SBL 算法每次迭代都需要进行矩阵求逆运算。随着迭代过程的进行，求逆矩阵的维度越来越大。因此，F-SBL 算法的平均计算时间随着信号维度的增大而迅速增加也就不足为奇了。

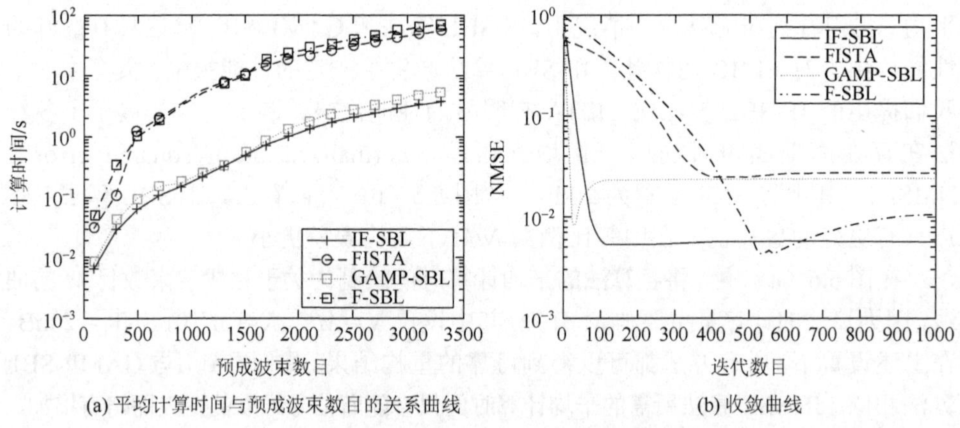

(a) 平均计算时间与预成波束数目的关系曲线　(b) 收敛曲线

图 5.6　各算法计算时间与迭代收敛性比较

5.4　可扩展平均场

前面介绍空间交替法和 IF-SBL 算法有一个相似的特点，求取协方差估计时都不需要计算矩阵求逆，因此大幅提高了计算效率。此外，其实还可以采用广义近似消息传递（generalized approximate message passing，GAMP）的方式对信号源之间的关系解耦合[11]，从而实现高效求解。然而，GAMP 的固有缺点是，对测量矩阵 $\boldsymbol{A}$ 的相干性有非常严格的要求，否则容易出现算法不收敛。在本书涉及的波束形成模型中，由 $\boldsymbol{A}$ 的定义式（2.53），相干性要求是很难满足的，因此并不适用，我们也不在本书中讨论。

本节介绍一种可扩展平均场 SBL 算法[12]，它利用 KL 校正技术导出结合了结构化和因式平均场变分 SBL 算法的变分自由能泛函，扩展了 SBL 快速算法的设计框架。有趣的是，空间交替法和 IF-SBL 算法均可以通过特殊化泛函统一起来。

我们先回顾一下变分法的思路，通过空间交替法和 IF-SBL 算法引出统一的代价函数。在 SBL 算法中，假设噪声 $\boldsymbol{n}$ 是独立等分布的正态分布，均值为零，精度为τ，从而得出分布为

$$p(\boldsymbol{y}|\boldsymbol{x};\tau)=(2\pi)^{-\frac{N}{2}}\tau^{\frac{N}{2}}\exp\left\{-\frac{\tau}{2}\|\boldsymbol{y}-\boldsymbol{A}\boldsymbol{x}\|_2^2\right\} \tag{5.160}$$

噪声精度τ通常是未知的，设其服从伽马先验分布：

$$p(\tau)=\frac{\lambda_0^{v_0}}{\Gamma(v_0)}\tau^{v_0-1}\mathrm{e}^{-\lambda_0\tau} \tag{5.161}$$

其中，$\Gamma(\cdot)$为伽马函数。

为提升后验估计的稀疏重构性能，假设每个信号成分 x_i 都服从先验正态分布，且均值为零、精度为ξ_i，即

$$p(x_i;\xi_i)=(2\pi)^{-\frac{1}{2}}\xi_i^{\frac{1}{2}}\exp\left\{-\frac{1}{2}\xi_i|x_i|^2\right\} \tag{5.162}$$

其中，ξ_i为正实数，$\boldsymbol{\xi}$中的元素服从以下伽马先验分布：

$$p(\xi_i)=\frac{\beta_0^{\alpha_0}}{\Gamma(\alpha_0)}\xi_i^{\alpha_0-1}\mathrm{e}^{-\beta_0\xi_i} \tag{5.163}$$

正如前文在讲述 SBL 的处理方法中所指出的，这种层次化的先验非常有效地提高了稀疏性，这是因为对超参数$\boldsymbol{\xi}$边缘化之后降为 $\boldsymbol{x}$ 的 Student-t 分布不是对数凹的，SBL 先验比对数凹的拉普拉斯先验更有利于提高稀疏性。

从贝叶斯定理中可以得到给定数据 $\boldsymbol{x}$、$\boldsymbol{\xi}$和τ的后验分布：

$$p\left(\boldsymbol{x},\boldsymbol{\xi},\tau\middle|\boldsymbol{y}\right)=\frac{p(\boldsymbol{y},\boldsymbol{x},\boldsymbol{\xi},\tau)}{p(\boldsymbol{y})} \tag{5.164}$$

其中，$p(\boldsymbol{y},\boldsymbol{x},\boldsymbol{\xi},\tau)$为联合概率分布：

$$p(\boldsymbol{y},\boldsymbol{x},\boldsymbol{\xi},\tau)=p\left(\boldsymbol{y}\middle|\boldsymbol{x};\tau\right)p(\boldsymbol{x};\boldsymbol{\xi})p(\boldsymbol{\xi})p(\tau) \tag{5.165}$$

通过对 $\boldsymbol{x}$、$\boldsymbol{\xi}$和τ的联合概率分布进行边缘化得到证据 $p(\boldsymbol{y})$。$\boldsymbol{x}$ 和 $\boldsymbol{y}$ 的联合分布为

$$p(\boldsymbol{x},\boldsymbol{y})=\left\langle p\left(\boldsymbol{x},\boldsymbol{y};\boldsymbol{\xi},\tau\right)\right\rangle_{p(\boldsymbol{\xi},\tau)}=\left\langle p\left(\boldsymbol{y}\middle|\boldsymbol{x};\tau\right)p\left(\boldsymbol{x};\boldsymbol{\xi}\right)\right\rangle_{p(\boldsymbol{\xi},\tau)} \tag{5.166}$$

SBL 变分法以下述可分解的因式

$$q(\boldsymbol{x},\boldsymbol{\xi},\tau)=q(\boldsymbol{x})q(\boldsymbol{\xi})q(\tau) \tag{5.167}$$

近似后验分布 $p\left(\boldsymbol{x},\boldsymbol{\xi},\tau\middle|\boldsymbol{y}\right)$，方法是通过最小化从 p 到 q 的 K-L 散度：

$$D_{\mathrm{KL}}[q\|p]=\left\langle \ln\frac{q(\boldsymbol{x},\boldsymbol{\xi},\tau)}{p\left(\boldsymbol{x},\boldsymbol{\xi},\tau\middle|\boldsymbol{y}\right)}\right\rangle_{q(\boldsymbol{x},\boldsymbol{\xi},\tau)} \tag{5.168}$$

对式（5.168）的代数重排表明，最小化这个散度相当于最大化 $\ln p(\boldsymbol{y})$ 的下限：

$$\ln p(\boldsymbol{y})\geqslant L[q]\overset{\mathrm{def}}{=}\left\langle \ln p(\boldsymbol{y},\boldsymbol{x},\boldsymbol{\xi},\tau)-\ln q(\boldsymbol{x},\boldsymbol{\xi},\tau)\right\rangle_{q(\boldsymbol{x},\boldsymbol{\xi},\tau)} \tag{5.169}$$

该下限通常被称为证据下限或 ELBO。变分法并非固定 q 的形式取所需的期望值并优化最终目标函数，而是在满足式（5.167）中因子化条件的所有后验分布 q 上最大化 ELBO。例如，保持 $q(\boldsymbol{\xi})$和 $q(\tau)$固定，最优的 $q(\boldsymbol{x})$有如下形式：

$$q(\boldsymbol{x}) = Z_{\boldsymbol{x}}^{-1} \exp\left\{\left\langle \ln p(\boldsymbol{y}, \boldsymbol{x}, \boldsymbol{\xi}, \tau)\right\rangle_{q(\xi)q(\tau)}\right\} \tag{5.170}$$

其中，$Z_{\boldsymbol{x}}^{-1}$ 确保 $q(\boldsymbol{x})$在变量域上的总积分等于 1。

采用同样的方式，对所有其他因子取对数联合期望值进行指数化和归一化，可以得到 $q(\boldsymbol{\xi})$和 $q(\tau)$的更新形式：

$$\ln q(\boldsymbol{x}) \propto -\frac{\langle \tau \rangle_{q(\tau)}}{2}\|\boldsymbol{y} - \boldsymbol{A}\boldsymbol{x}\|_2^2 - \frac{1}{2}\boldsymbol{x}^{\mathrm{H}}\langle \boldsymbol{\varXi} \rangle_{q(\xi)}\boldsymbol{x} \tag{5.171}$$

$$\boldsymbol{\varXi} \stackrel{\text{def}}{=} \operatorname{diag}(\xi) \tag{5.172}$$

表明 $q(\boldsymbol{x})$满足多元正态分布，其均值$\boldsymbol{\mu}$和协方差矩阵$\boldsymbol{\varGamma}$如下：

$$\boldsymbol{\mu} = \langle \tau \rangle \boldsymbol{\varGamma}\boldsymbol{A}^{\mathrm{H}}\boldsymbol{y} \tag{5.173}$$

$$\boldsymbol{\varGamma} = \boldsymbol{\varLambda}^{-1} = \left(\langle \tau \rangle \boldsymbol{A}^{\mathrm{H}}\boldsymbol{A} + \langle \boldsymbol{\varXi} \rangle\right)^{-1} \tag{5.174}$$

同样，更新后的 $q(\boldsymbol{\xi})$是每个ξ_i上独立伽马分布的乘积，其参数为

$$\alpha = \alpha_0 + \frac{1}{2} \tag{5.175}$$

$$\beta_i = \beta_0 + \frac{1}{2}|\mu_i|^2 + \frac{1}{2}\varGamma_{i,i} \tag{5.176}$$

$q(\tau)$同样服从伽马分布，参数表示为

$$\nu = \nu_0 + \frac{N}{2} \tag{5.177}$$

$$\lambda = \lambda_0 + \frac{1}{2}\|\boldsymbol{y} - \boldsymbol{A}\boldsymbol{\mu}\|_2^2 + \frac{1}{2}\operatorname{tr}(\boldsymbol{A}^{\mathrm{H}}\boldsymbol{A}\boldsymbol{\varGamma}) \tag{5.178}$$

经过上述更新，τ和$\boldsymbol{\xi}$的期望值有以下形式：

$$\langle \tau \rangle = \nu\lambda^{-1} \tag{5.179}$$

$$\langle \xi_i \rangle = \alpha\beta_i^{-1} \tag{5.180}$$

对均值$\boldsymbol{\mu}$、协方差矩阵$\boldsymbol{\varGamma}$和超参数均值$\langle \tau \rangle$、$\langle \xi \rangle$的顺序更新构成了变分法的一次迭代。由于变分法需要存储 $M \times M$ 矩阵并求逆，对于高维度问题它是难以应用的。因此，需要一个更有效的替代方法来逼近后验 $p(\boldsymbol{x}, \boldsymbol{\xi}, \tau|\boldsymbol{y})$。

下面，我们简要总结空间交替法和 IF-SBL 算法的过程，因为本节介绍的算法中综合了这两种算法的某些特征。在空间交替法中，采用了完全因数化的近似方法来代替式（5.167），这样，每次迭代复杂度就会降低一个数量级。在 IF-SBL 算法中，对 ELBO 进行约束并采用 EM 算法求解，更大程度上降低了复杂度。但是，我们将证明，这种方法会导致 q 的分布变成具有未知变量、完全不同的分布。

在空间交替法中，采用了一个不同的近似后验分布来代替式（5.167）：

$$q(\boldsymbol{x},\boldsymbol{\xi},\tau)=q(\tau)q(\boldsymbol{\xi})\prod_{i=1}^{M}q(x_i) \tag{5.181}$$

可以看出，这种近似忽略了所有$(x_i, x_j)(i\neq j)$之间的后验相关性。用式（5.181）代替式（5.167）主要影响$q(\boldsymbol{x})$的更新：每个$q(x_i)$现在可以独立于其他的更新，并且有对数形式：

$$\ln q(x_i)\propto -\frac{1}{2}\Lambda_{i,i}|x_i|^2+\frac{1}{2}\left\langle\langle\tau\rangle[\boldsymbol{A}^{\mathrm{H}}\boldsymbol{y}]_i-\sum_{j\neq i}\Lambda_{ij}\mu\right\rangle x_i^* \tag{5.182}$$

因此，更新后的$q(x_i)$是一个正态分布，其平均值为μ_i、方差为γ_i，表示为

$$\mu_i=\Lambda_{i,i}^{-1}\left(\langle\tau\rangle[\boldsymbol{A}^{\mathrm{H}}\boldsymbol{y}]_i-\sum_{i\neq j}\Lambda_{i,j}\mu_j\right) \tag{5.183}$$

$$\gamma_i=\Lambda_{i,i}^{-1}=\left(\langle\tau\rangle[\boldsymbol{A}^{\mathrm{H}}\boldsymbol{A}]_{ii}+\langle\xi_i\rangle\right)^{-1} \tag{5.184}$$

而β和λ的更新实际上是一种符号更替：

$$\beta_i=\beta_0+\frac{1}{2}|\mu_i|^2+\frac{1}{2}\gamma_i \tag{5.185}$$

$$\lambda=\lambda_0+\frac{1}{2}\|\boldsymbol{y}-\boldsymbol{A}\boldsymbol{\mu}\|_2^2+\frac{1}{2}\sum_{i=1}^{M}[\boldsymbol{A}^{\mathrm{H}}\boldsymbol{A}]_{ii}\gamma_i \tag{5.186}$$

空间交替法每次迭代都需要$O(M^2)$次运算，而传统的变分法则需要$O(M^3)$次。采用完全因式分解的近似法不需要对$M\times M$的矩阵$\boldsymbol{\Lambda}$进行求逆，这是向高效 SBL 算法迈出的重要一步。然而，空间交替法中对$q(x_i)$的串行更新导致实际收敛变慢，并且仍然需要存储测量矩阵$\boldsymbol{A}$。

SBL 推断的复杂性很大程度上是因为似然函数中的$\mathcal{L}_2$准则，它通常会引起$\boldsymbol{x}$中元素之间的后验相关性。虽然空间交替法使用的因子化近似法从协方差矩阵中去除了这些相关性，但是均值μ_i在序列更新中仍然受到影响。实际上，每个μ_i元素的空间交替法更新包括从模型中去除所有$\mu_i(i\neq j)$的影响。

在 IF-SBL 中，$\boldsymbol{x}$的元素在对数联合概率密度函数中通过使用性质 5.1～性质 5.3 进行范数约束解耦合，更新的因子$q(\boldsymbol{x})$采取对数形式：

$$\begin{aligned}\ln q(\boldsymbol{x};\boldsymbol{z})\propto & -\frac{1}{2}\boldsymbol{x}^{\mathrm{H}}\left(T\langle\gamma\rangle\boldsymbol{I}+\langle\boldsymbol{\Xi}\rangle\right)\boldsymbol{x}\\ & -\frac{1}{2}\langle\gamma\rangle\boldsymbol{x}^{\mathrm{H}}\left(\boldsymbol{A}^{\mathrm{H}}(\boldsymbol{A}\boldsymbol{z}-\boldsymbol{y})-T\boldsymbol{z}\right)\end{aligned} \tag{5.187}$$

因此，对于任何$\boldsymbol{z}$，IF-SBL 中更新后的$q(\boldsymbol{x})$有下述均值和方差：

$$\hat{\boldsymbol{\mu}}=\langle\gamma\rangle\hat{\boldsymbol{\Gamma}}(\boldsymbol{A}^{\mathrm{H}}(\boldsymbol{A}\boldsymbol{z}-\boldsymbol{y})-T\boldsymbol{z}) \tag{5.188}$$

$$\hat{\boldsymbol{\Gamma}}=\left(T\boldsymbol{I}+\langle\boldsymbol{\Xi}\rangle\right)^{-1} \tag{5.189}$$

由于协方差都是对角阵，$q(\boldsymbol{x};\boldsymbol{z})$更新参数是用到了矩阵 $\boldsymbol{A}^{\mathrm{H}}$ 和 $\boldsymbol{A}$ 有关的矩阵-矢量乘积，这也是本方法的主要计算量来源。β 和 λ 的 IF-SBL 更新形式与式（5.185）和式（5.186）相同，其中 γ_i 用 $\Gamma_{i,i}$ 的估计值代替。最后，IF-SBL 的 $\boldsymbol{z}$ 更新是简单地采用 $\boldsymbol{z}=\boldsymbol{\mu}$。

尽管 IF-SBL 算法在计算上比变分法更高效，但它不再提供真实后验分布的有效近似。更确切地说，IF-SBL 最大化的目标函数与变分法和空间交替法的 ELBO 都不同。

由于 SBL 模型的条件共轭结构，通过分析有可能对 $p\left(\boldsymbol{x},\tau,\xi\middle|\boldsymbol{y}\right)$ 同时边缘化 τ 和 $\boldsymbol{\xi}$。利用 $\ln(\cdot)$的凹性，可以用 Jensen 不等式来约束 $\ln p(\boldsymbol{y})$并获得其变分下限：

$$\begin{aligned}\ln p(\boldsymbol{y};\boldsymbol{\xi},\tau)&\geqslant\left\langle\ln\frac{p(\boldsymbol{y},\boldsymbol{x};\boldsymbol{\xi},\tau)}{q(\boldsymbol{x};\theta)}\right\rangle_{q(\boldsymbol{x};\boldsymbol{\theta})}\stackrel{\text{def}}{=}L_1[q]\\&=\langle\ln p(\boldsymbol{y},\boldsymbol{x};\boldsymbol{\xi},\tau)\rangle+H(\boldsymbol{\theta})\\&=\left\langle\ln p\left(\boldsymbol{y}\middle|\boldsymbol{x};\tau\right)\right\rangle+\langle\ln p(\boldsymbol{x};\boldsymbol{\xi})\rangle+H(\boldsymbol{\theta})\\&=-\frac{\tau}{2}\left\langle\|\boldsymbol{y}-\boldsymbol{A}\boldsymbol{x}\|_2^2\right\rangle-\frac{1}{2}\operatorname{tr}\left(\boldsymbol{\Xi}\left\langle\boldsymbol{x}\boldsymbol{x}^{\mathrm{H}}\right\rangle\right)+H(\boldsymbol{\theta})+\ln Z(\boldsymbol{\xi},\tau)\end{aligned} \tag{5.190}$$

其中，$q(\boldsymbol{x};\boldsymbol{\theta})$为近似后验分布，$H(\boldsymbol{\theta})$为其熵值，即

$$H(\boldsymbol{\theta})\stackrel{\text{def}}{=}-\langle\ln q(\boldsymbol{x};\boldsymbol{\theta})\rangle_{q(\boldsymbol{x};\boldsymbol{\theta})} \tag{5.191}$$

所有包含τ和$\boldsymbol{\xi}$的余项整合成 $Z(\boldsymbol{\xi},\tau)$，即

$$Z(\xi,\tau)\stackrel{\text{def}}{=}(2\pi)^{-\frac{M+N}{2}}\tau^{\frac{N}{2}}\left(\prod_{i=1}^{M}\xi_i\right)^{\frac{1}{2}} \tag{5.192}$$

为了进一步简化符号，暂时引入以下函数：

$$f_0(\boldsymbol{\theta})\stackrel{\text{def}}{=}\frac{1}{2}\left\langle\|\boldsymbol{y}-\boldsymbol{A}\boldsymbol{x}\|_2^2\right\rangle \tag{5.193}$$

$$f_i(\boldsymbol{\theta})\stackrel{\text{def}}{=}\frac{1}{2}\left\langle|x_i|^2\right\rangle,\forall i\in\{1,2,\cdots,M\} \tag{5.194}$$

中间的变分限$\mathcal{L}_1$就可以简化为

$$L_1[q]=-\tau f_0(\boldsymbol{\theta})-\sum_{i=1}^{M}\xi_i f_i(\boldsymbol{\theta})+H(\boldsymbol{\theta})+\ln Z(\boldsymbol{\xi},\tau) \tag{5.195}$$

通过对$\mathcal{L}_1$取指数并对 $p(\boldsymbol{\xi};\tau)$进行边缘化，可以得到 KL 校正的下限 L_{KL}：

$$\begin{aligned}\ln p(\boldsymbol{y}) &\geqslant \ln\left\langle \mathrm{e}^{L_1}\right\rangle_{p(\xi,\tau)} \stackrel{\text{def}}{=} L_{\mathrm{KL}}[q] \\ &\propto \ln\left\langle \tau^{\frac{N}{2}}\mathrm{e}^{-\tau f_0(\boldsymbol{\theta})}\right\rangle_{p(\tau)} + \sum_{i=1}^{M}\ln\left\langle \xi_i^{\frac{1}{2}}\mathrm{e}^{-\xi_i f_i(\boldsymbol{\theta})}\right\rangle_{p(\xi_i)} + H(\boldsymbol{\theta})\end{aligned} \tag{5.196}$$

考虑到上述每个期望都是一个单变量伽马积分，直接给出 KL 校正泛函：

$$\begin{aligned}L_{\mathrm{KL}}[q] &\propto \ln\frac{\lambda_0^{\nu_0}}{\Gamma(\nu_0)}\frac{\Gamma(\nu)}{\lambda^{\nu}} + \sum_{i=1}^{M}\ln\frac{\beta_0^{\alpha_0}}{\Gamma(\alpha_0)}\frac{\Gamma(\alpha)}{\beta_i^{\alpha}} + H(\boldsymbol{\theta}) \\ &\propto -\nu\ln\lambda(\boldsymbol{\theta}) - \alpha\sum_{i=1}^{M}\ln\beta_i(\boldsymbol{\theta}) + H(\boldsymbol{\theta})\end{aligned} \tag{5.197}$$

其中，

$$\nu = \nu_0 + \frac{N}{2} \tag{5.198}$$

$$\alpha = \alpha_0 + \frac{1}{2} \tag{5.199}$$

$$\lambda(\boldsymbol{\theta}) = \lambda_0 + f_0(\boldsymbol{\theta}) = \lambda_0 + \frac{1}{2}\left\langle \|\boldsymbol{y}-\boldsymbol{A}\boldsymbol{x}\|_2^2\right\rangle \tag{5.200}$$

$$\beta_i(\boldsymbol{\theta}) = \beta_0 + f_i(\boldsymbol{\theta}) = \beta_0 + \frac{1}{2}\left\langle |x_i|^2\right\rangle \tag{5.201}$$

按照优化的通常做法，最终的变分目标函数应定义为 KL 校正下限的负值：

$$L(\boldsymbol{\theta}) \stackrel{\text{def}}{=} -L_{\mathrm{KL}}[q(\boldsymbol{x};\boldsymbol{\theta})] \tag{5.202}$$

这样 SBL 框架中的变分推断就等价于求取代价函数 L 相对于参数$\boldsymbol{\theta}$的最小化。根据变分族 $q(\boldsymbol{x};\boldsymbol{\theta})$ 的选取方式不同，$\boldsymbol{\theta}$和代价函数的实际定义有所不同。用 Q_{SMF} 表示结构化平均场族，即 $\mathbb{C}^M$ 空间内矢量正态分布的集合；用 Q_{MF} 表示平均场族，即 $\mathbb{C}^M$ 空间内完全因子化的正态分布集合。最后，我们将给出 Q_{SMF} 和 Q_{MF} 对应的参数$\boldsymbol{\theta}$和代价函数的定义及其更新公式。

1. 结构化平均场更新

当 $q(\boldsymbol{x};\boldsymbol{\theta})$取结构化平均场时，变分参数$\boldsymbol{\theta}=\{\boldsymbol{\mu},\boldsymbol{\Gamma}\}$，其中$\boldsymbol{\mu}$和$\boldsymbol{\Gamma}$分别是 M 维正态分布的均值矢量和协方差矩阵。代价函数 L 中的项则有以下形式：

$$\lambda(\boldsymbol{\mu},\boldsymbol{\Gamma}) = \lambda_0 + \frac{1}{2}\|\boldsymbol{y}-\boldsymbol{A}\boldsymbol{\mu}\|_2^2 + \frac{1}{2}\mathrm{tr}(\boldsymbol{A}^{\mathrm{H}}\boldsymbol{A}\boldsymbol{\Gamma}) \tag{5.203}$$

$$\beta_i(\boldsymbol{\mu},\boldsymbol{\Gamma}) = \beta_0 + \frac{1}{2}|\mu_i|^2 + \frac{1}{2}\Gamma_{i,i} \tag{5.204}$$

对$\boldsymbol{\mu}$取梯度可以得到中间结果：

$$\begin{aligned}\nabla_{\mu}L(\boldsymbol{\mu},\boldsymbol{\Gamma})&=\frac{\nu}{\lambda(\boldsymbol{\mu},\boldsymbol{\Gamma})}\nabla_{\mu}\lambda(\boldsymbol{\mu})+\sum_{i=1}^{M}\frac{\alpha}{\beta_i(\boldsymbol{\mu},\boldsymbol{\Gamma})}\nabla_{\mu}\beta_i(\boldsymbol{\mu})\\&\approx\langle\tau\rangle^{(t)}\nabla_{\mu}\lambda(\boldsymbol{\mu})+\sum_{i=1}^{M}\langle\xi_i\rangle^{(t)}\nabla_{\mu}\beta_i(\boldsymbol{\mu})\end{aligned}\tag{5.205}$$

其中，$\langle\tau\rangle^{(t)}$和$\langle\xi_i\rangle^{(t)}$由当前迭代的估计值$\boldsymbol{\mu}$和$\boldsymbol{\Gamma}$计算得出。用这些期望值代替精确值，令梯度等于零，并求解$\boldsymbol{\mu}$可得到

$$\boldsymbol{\mu}^{(t+1)}=\langle\tau\rangle^{(t)}\left(\langle\tau\rangle^{(t)}\boldsymbol{A}^{\mathrm{H}}\boldsymbol{A}+\langle\boldsymbol{\Xi}\rangle^{(t)}\right)^{-1}\boldsymbol{A}^{\mathrm{H}}\boldsymbol{y}\tag{5.206}$$

这就是$\boldsymbol{\mu}$的变分法更新，对$\boldsymbol{\Gamma}$同样适用：

$$\boldsymbol{\Gamma}^{(t+1)}=\left(\langle\tau\rangle^{(t)}\boldsymbol{A}^{\mathrm{H}}\boldsymbol{A}+\langle\boldsymbol{\Xi}\rangle^{(t)}\right)^{-1}\tag{5.207}$$

换句话说，变分法更新最大化了$\boldsymbol{\mu}$和$\boldsymbol{\Gamma}$的结构化平均场 ELBO，也是代价函数$L(\boldsymbol{\mu},\boldsymbol{\Gamma})$的局部下降方向。此外，变分法对$\tau$和$\boldsymbol{\xi}$的更新可以看成$L(\boldsymbol{\mu},\boldsymbol{\Gamma})$局部下降自然得到的副产物。

2. 平均场更新

当$q(\boldsymbol{x};\boldsymbol{\theta})$取平均场时，变分参数变为$\boldsymbol{\theta}=\{\boldsymbol{\mu},\boldsymbol{\gamma}\}$，其中$\boldsymbol{\mu}$和$\boldsymbol{\gamma}$分别是$M$维正态分布的均值矢量和协方差对角矢量。代价函数$L$中的项则有以下形式：

$$\beta_i(\boldsymbol{\mu},\boldsymbol{\gamma})=\beta_0+\frac{1}{2}|\mu_i|^2+\frac{1}{2}\gamma_i\tag{5.208}$$

$$\lambda(\boldsymbol{\mu},\boldsymbol{\gamma})=\lambda_0+\frac{1}{2}\|\boldsymbol{y}-\boldsymbol{A}\boldsymbol{\mu}\|_2^2+\frac{1}{2}\boldsymbol{\eta}^{\mathrm{T}}\boldsymbol{\gamma}\tag{5.209}$$

$$H(\boldsymbol{\gamma})=\frac{1}{2}\sum_{i=1}^{M}\ln\gamma_i\tag{5.210}$$

其中，$\boldsymbol{\eta}=\mathrm{diag}(\boldsymbol{A}^{\mathrm{H}}\boldsymbol{A})$。在这种情况下，通过和变分法相同的局部下降法来更新$\boldsymbol{\mu}$，也会得到式（5.206）中的结果。此时恰好得到空间交替法中$\boldsymbol{\gamma}$的更新公式，即

$$\gamma_i^{(t+1)}=\left(\langle\tau\rangle^{(t)}\eta_i+\langle\xi_i\rangle^{(t)}\right)^{-1}\tag{5.211}$$

比较$L(\boldsymbol{\mu},\boldsymbol{\Gamma})$和$L(\boldsymbol{\mu},\boldsymbol{\gamma})$的局部下降方向可以看出，从$Q_{\mathrm{SMF}}$到$Q_{\mathrm{MF}}$的转变降低了$\boldsymbol{A}$耦合对方差更新的影响，但并没有从均值更新中消除这种影响，这是因为均值更新仍然需要求解一个线性系统。

虽然平均场假设能够简化$\boldsymbol{\gamma}$的更新到$O(M)$，但$\boldsymbol{\mu}$更新时需要的计算量仍然过高。具体来说，就是在空间交替中，每个$q(x_i)$串行更新的计算量都要达到$O(M)$。另外，平均场更新需要求解一个线性系统。

为了避免这种不算高效的扩展方式，同时保证平均场代价函数下降，我们使用了最大化-最小化（MM）框架中的技术。利用性质 5.2 同样将$\mathcal{L}_2$项$\|\boldsymbol{y}-\boldsymbol{A\mu}\|_2^2$展开，从而得到式（5.209）中优化函数$\lambda(\boldsymbol{\mu},\boldsymbol{\gamma})$的代理函数：

$$\Lambda(\boldsymbol{\mu},\boldsymbol{\gamma};\boldsymbol{\delta})=\lambda_0+\frac{1}{2}\|\boldsymbol{y}-\boldsymbol{A\delta}\|_2^2+\frac{1}{2}(\boldsymbol{\mu}-\boldsymbol{\delta})^{\mathrm{H}}\boldsymbol{A}^{\mathrm{H}}(\boldsymbol{A\delta}-\boldsymbol{y})$$

$$+\frac{1}{2}(\boldsymbol{A\delta}-\boldsymbol{y})^{\mathrm{H}}\boldsymbol{A}(\boldsymbol{\mu}-\boldsymbol{\delta})+\frac{T}{2}\|\boldsymbol{\mu}-\boldsymbol{\delta}\|_2^2+\frac{1}{2}\boldsymbol{\eta}^{\mathrm{T}}\boldsymbol{\gamma} \qquad (5.212)$$

将式（5.212）代入式（5.197），并最终得出$L(\boldsymbol{\mu},\boldsymbol{\gamma})$的优化函数的代理函数：

$$L'(\boldsymbol{\mu},\boldsymbol{\gamma};\boldsymbol{\delta})=\nu\ln\Lambda(\boldsymbol{\mu},\boldsymbol{\gamma};\boldsymbol{\delta})+\alpha\sum_{i=1}^{M}\ln\beta_i(\boldsymbol{\mu},\boldsymbol{\gamma})-\frac{1}{2}\sum_{i=1}^{M}\ln\gamma_i \qquad (5.213)$$

在构建代理函数的过程中可见，对于所有的$\boldsymbol{\mu}$和$\boldsymbol{\delta}$，$L'(\boldsymbol{\mu},\boldsymbol{\gamma},\boldsymbol{\delta})\geqslant L(\boldsymbol{\mu},\boldsymbol{\gamma})$，并且

$$L'(\boldsymbol{\mu},\boldsymbol{\gamma},\boldsymbol{\mu})=L(\boldsymbol{\mu},\boldsymbol{\gamma}) \qquad (5.214)$$

通过局部下降法可以得到变分法和空间交替法的更新公式：

$$\boldsymbol{\mu}^{(t+1)}=\boldsymbol{D}^{(t)}\boldsymbol{\zeta}^{(t)} \qquad (5.215)$$

其中，

$$\boldsymbol{\zeta}^{(t)}\overset{\text{def}}{=}\langle\tau\rangle^{(t)}(T\boldsymbol{\mu}^{(t)}-\boldsymbol{A}^{\mathrm{H}}(\boldsymbol{A}\boldsymbol{\mu}^{(t)}-\boldsymbol{y})) \qquad (5.216)$$

$$\boldsymbol{D}^{(t)}\overset{\text{def}}{=}\left(T\langle\tau\rangle^{(t)}\boldsymbol{I}+\langle\boldsymbol{\varXi}\rangle^{(t)}\right)^{-1} \qquad (5.217)$$

在代理函数 $L'(\boldsymbol{\mu},\boldsymbol{\gamma},\boldsymbol{\mu})$的优化求解中，将$\boldsymbol{\delta}=\boldsymbol{\mu}^{(t)}$代入到迭代公式中即得到了式(5.215)。然后利用平均场假设，得到与空间交替法中相同的$\boldsymbol{\gamma}$的更新式(5.211)。

由于$\boldsymbol{D}^{(t)}$为对角正定矩阵，并且$\boldsymbol{\zeta}^{(t)}$可以用$\boldsymbol{A}$和$\boldsymbol{A}^{\mathrm{H}}$矩阵矢量乘法来计算更新，更新的复杂程度和 IF-SBL 中计算$q(\boldsymbol{x};\boldsymbol{z})$分布一样。与 IF-SBL 不同的是，这些更新在平均场 SBL 代价函数上下降的同时可以提升平均场 ELBO。完整的快速平均场 SBL 算法（以下称为 FMF-SBL）的计算流程如下。

算法 5.3　FMF-SBL 算法计算流程

输入：流形矩阵$\boldsymbol{A}$，测量数据$\boldsymbol{y}$；先验参数ν_0、λ_0、α_0、β_0。

输出：信号源幅值估计均值$\boldsymbol{\mu}$和协方差矩阵 diag($\boldsymbol{\gamma}$)。

流程：

初始化下列常数：

$T=\lambda_{\max}(\boldsymbol{A}^{\mathrm{H}}\boldsymbol{A})$

$\boldsymbol{\eta}=\mathrm{diag}(\boldsymbol{A}^{\mathrm{H}}\boldsymbol{A})$

$$\nu = \nu_0 + \frac{N}{2}$$

$$\alpha = \alpha_0 + \frac{1}{2}$$

$$\xi_i = \frac{\alpha_0}{\beta_0}, \quad i = 1, 2, \cdots, M$$

$$\tau = \frac{\nu_0}{\lambda_0}$$

$$\boldsymbol{\mu} = \mathbf{0}$$

迭代

$$\boldsymbol{\mu} = \left(T\langle\tau\rangle \boldsymbol{I} + \langle\boldsymbol{\Xi}\rangle^{(t)}\right)^{-1} \langle\tau\rangle (T\boldsymbol{\mu} - \boldsymbol{A}^{\mathrm{H}}(\boldsymbol{A}\boldsymbol{\mu} - \boldsymbol{y}))$$

$$\gamma_i = \left(\langle\tau\rangle \eta_i + \langle\xi_i\rangle\right)^{-1}$$

$$\beta_i = \beta_0 + \frac{1}{2}|\mu_i|^2 + \frac{1}{2}\gamma_i$$

$$\lambda = \lambda_0 + \frac{1}{2}\|\boldsymbol{y} - \boldsymbol{A}\boldsymbol{\mu}\|_2^2 + \frac{1}{2}\boldsymbol{\eta}^{\mathrm{T}}\boldsymbol{\gamma}$$

$$\xi_i = \frac{\alpha}{\beta_i}$$

$$\tau = \frac{\nu}{\lambda}$$

直至收敛

FMF-SBL 算法能够有效地推断$p(\boldsymbol{x}, \xi, \tau|\boldsymbol{y})$的后验分布平均场近似，但忽略了$\boldsymbol{x}$各元素之间的相关性，导致对后验边缘方差的系统性估计过低。这一效应在测量通道数目较大时更为明显，表明对可用测量数据的利用不足。如果能够更有效地获得结构化平均场估计，那么估计性能有望进一步提升。

参 考 文 献

[1] Babacan S D，Molina R，Katsaggelos A K. Bayesian compressive sensing using Laplace priors[J]. IEEE Transactions on Image Processing，2010，19（1）：53-63.

[2] Donoho D L，Tsaig Y，Drori I，et al. Sparse solution of underdetermined systems of linear equations by stagewise orthogonal matching pursuit[J]. IEEE Transactions on Information Theory，2012，58（2）：1094-1121.

[3] Figueiredo M A，Nowak R D，Wright S J. Gradient projection for sparse reconstruction：Application to compressed sensing and other inverse problems[J]. IEEE Journal of Selected Topics in Signal Processing，2007，1（4）：586-597.

[4] Bai Z L，Shi L M，Jensen J R，et al. Acoustic DOA estimation using space alternating sparse Bayesian learning[J].

EURASIP Journal on Audio，Speech，and Music Processing，2021，14：1-19.

[5] Malioutov D，Cetin M，Willsky A S. A sparse signal reconstruction perspective for source localization with sensor arrays[J]. IEEE Transactions on Signal Processing，2005，53（8）：3010-3022.

[6] Dibiase J H，Silverman H F，Brandstein M S. Robust localization in reverberant rooms[M]//Brandstein M，Ward D. Microphone Arrays. Berlin：Springer，2001：157-180.

[7] Duan H P，Yang L X，Fang J，et al. Fast inverse-free sparse Bayesian learning via relaxed evidence lower bound maximization [J]. IEEE Signal Processing Letters，2017，24（6）：774-778.

[8] Beck A，Teboulle M. A fast iterative shrinkage-thresholding algorithm for linear inverse problems[J]. SIAM Journal on Imaging Sciences，2009，2（1）：183-202.

[9] Tipping M E，Faul A C. Fast marginal likelihood maximisation for sparse Bayesian models[C]. The Ninth International Workshop on Artificial Intelligence & Statistics，Key West，2003：276-283.

[10] Fang J，Zhang L Z，Li H B. Two-dimensional pattern-coupled sparse Bayesian learning via generalized approximate message passing [J]. IEEE Transactions on Image Processing，2016，25（6）：2920-2930.

[11] Al-Shoukairi M，Schniter P，Rao B D. A GAMP-based low complexity sparse Bayesian learning algorithm[J]. IEEE Transactions on Signal Processing，2017，66（2）：294-308.

[12] Worley B. Scalable mean-field sparse Bayesian learning[J]. IEEE Transactions on Signal Processing，2019，67（24）：6314-6326.

第 6 章　贝叶斯压缩波束形成与稀疏表示

第 3 章和第 4 章介绍了利用 CS 和 SBL 算法求解波束形成模型的具体过程，经过验证，在 DOA 和信号幅值估计应用中实现了显著高于谱估计方法的性能特征。这是由于在进行 SBL 求解时，加入了目标源信号的先验信息，能够获得远超过谱估计的重构结果。这里的先验信息具有广泛的意义，主要包括源信号结构特点和稀疏分布特性。例如，当假设目标源信号具有分块稀疏结构时，对应存在一种块 SBL 算法实现高性能求解，该方法在文献中得到了广泛的研究和应用，文献[1]和[2]提出了相应的多快拍模型。另一种与多快拍结构非常相似的假设为多任务 BCS（multi-task Bayesian compressive sensing，MT-BCS）[3]，而且 MT-BCS 在处理多视-多基宽带宽微波成像问题时，展现出了令人满意的成像性能[4]。

另一种更有普遍性意义的先验信息是信号的稀疏分布特征。具体方法是，假设信号在某个变换域内是稀疏的，即对应的变换系数具有稀疏性，那么我们称该变换为稀疏变换，对应的变换域为稀疏变换域。将原本不具有稀疏性的目标源信号投影到稀疏域，通过 CS 或 SBL 重构变换系数，再反变换到原信号域即可实现高精度重构。因此，稀疏变换也称为对目标源信号的稀疏表示。稀疏表示思想被广泛应用于各种变换方法。在图像处理和微波成像应用中，树状小波变换广泛应用于与 SBL 相结合的稀疏重构工作中，而且证明其性能优于其他 CS 方法[5-7]。将稀疏表示方法结合 CS 原本是非常方便的，只需要在原优化问题中直接加入约束项或保真项即可实现，从这一点上看，似乎任意其他形式的稀疏变换方法与 SBL 结合也不是一件难事，如全变差（total variation，TV）[8]、非局部全变差（non-local total variation，NLTV）[9]、曲线波[10, 11]和剪切波[12, 13]等。而且对于复杂的情况，应用多重约束（或多重稀疏表示）来提高重构性能更为合适[14]。到目前为止，多数情况下采用综合法实现有约束的 SBL 算法[5, 15-17]。然而，基于综合法的稀疏表示 SBL 存在两方面重要缺陷：一是所采用的稀疏表示方法必须为可逆变换，如傅里叶变换、小波变换等，而针对不可逆变换，如 TV 和 NLTV，这种方式无法直接采用。特别地，文献[18]和[19]提出，对 TV 约束的 SBL 算法可采用近似方式实现。显然，这类方法具有专用性，难以扩展到更一般变换的情况。而且，如果考虑应用在字典学习方法中，不但通过训练得到的字典（即稀疏变换对应的矩阵）不能保证可逆性，而且甚至并非方阵，此时完全无法采用综合法；二是我们只能采用一种变换，而需要多重稀疏表示的情况依然无法采用综合法。

为了解决上述问题，一种理想的方式是采用分析法引入约束 SBL 算法，为此有学者提出一种 POE（product of experts）方法实现了多重稀疏表示 SBL[20-22]，然而，该方法在推导过程中是有明显缺陷的，无法构成完整的多层次贝叶斯模型图，在理论方面仍然存疑。本章介绍的另一种基于多重稀疏表示的 SBL 算法就用于解决这一问题。

6.1　TV 稀疏表示方法

本节先介绍基于综合法的稀疏表示 SBL 实现方法，因为综合法是最直接方便的。以多快拍模型为起点，得到

$$\boldsymbol{Y}=\boldsymbol{A}\boldsymbol{X}+\boldsymbol{N}=\boldsymbol{A}\boldsymbol{D}^{-1}\boldsymbol{S}+\boldsymbol{N}=\boldsymbol{\varPsi}\boldsymbol{S}+\boldsymbol{N} \tag{6.1}$$

其中，引入了可逆的稀疏变换矩阵 $\boldsymbol{D}\in\mathbb{C}^{M\times M}$，满足

$$\boldsymbol{S}=\boldsymbol{D}\boldsymbol{X} \tag{6.2}$$

其中，$\boldsymbol{S}$ 为对应稀疏域的变换系数。

这里只考虑线性变换，但实际上有关变换的讨论可以延伸到更广义的变换方式。引入矩阵

$$\boldsymbol{\varPsi}=\boldsymbol{A}\boldsymbol{D}^{-1} \tag{6.3}$$

显然，只要通过 3.4 节的多快拍贝叶斯压缩波束形成即可直接估计系数矩阵 $\boldsymbol{S}$，然后通过如下公式重构多快拍信号源 $\boldsymbol{X}$：

$$\boldsymbol{X}=\boldsymbol{D}^{-1}\boldsymbol{S} \tag{6.4}$$

需要注意的是，尽管在式（6.2）中假设变换矩阵为方阵，而实际采用的稀疏变换很可能是普通矩阵，但是只要保证逆变换能够无损地或近似无损地恢复原信号即可。常见的快速傅里叶变换、小波变换等均满足该要求，因此这里应注意将变换的可逆性与矩阵的可逆性区分开。

由上述分析可见，采用综合法引入稀疏变换 $\boldsymbol{D}$ 有两个限制，即可逆性和单一性。典型的变换，如 TV、NLTV 和高阶 TV 都具有不可逆性，很难找到相应的逆变换，通过综合法引入到 SBL 中存在较大困难。但是正如所述，我们对逆变换的要求是能够无损地或近似无损地恢复原信号，那么即使逆矩阵不存在，但是能够实现近似无损恢复原信号的逆变换可能存在。我们以最常用的一阶 TV 变换为例，列举引入正则化的方式，并介绍一种寻求 TV 逆变换的方案[18]。

由于具有保留目标或信号边缘的能力，TV 正则化是信号和图像处理中常用的技术。TV 正则化是通过惩罚相邻采样信号或图像值的差异来实现的，实际上就是希望完整地保留不连续位置。它的变换矩阵 $\boldsymbol{D}\in\mathbb{R}^{(M-1)\times M}$ 可以写成

$$D_{i,j}=\begin{cases}1, & j=i+1\\ -1, & j=i\\ 0, & \text{其他}\end{cases} \tag{6.5}$$

因此，TV 也可以视为比例有限差分近似梯度。典型的情况，对于只有有限几个跳跃不连续的分段常数信号，$\boldsymbol{Dx}=\boldsymbol{s}$ 是稀疏的，因为在这种情况下，$\boldsymbol{D}$ 是到边缘域的精确变换。TV 正则化特别常用的原因是，在许多问题中，感兴趣的信号或图像本身大多具有平滑性或者变化较小，只有少数边缘。同理，在水下探测和测绘应用中，海底地形多数具有比较平滑的边缘，大型的目标也有明显的轮廓，这就导致在水下阵列信号处理中，TV 也能有用武之地。

采用 MAP 法实现信号重构，加入特定的稀疏表示是很容易的，以无噪声的情况为例，将优化问题（3.18）改写成

$$\begin{aligned}&\min_{\boldsymbol{x}}\ \|\boldsymbol{Dx}\|_0\\ &\text{s.t.}\ \ \boldsymbol{y}=\boldsymbol{Ax}\end{aligned} \tag{6.6}$$

其中，$\boldsymbol{D}$ 为引入的稀疏表示方法，可以是 TV 或者其他变换方式。上述修改也比较容易理解，因为可以写成

$$\begin{aligned}&\min_{\boldsymbol{x}}\ \|\boldsymbol{s}\|_0\\ &\text{s.t.}\ \ \boldsymbol{y}=\boldsymbol{Ax},\boldsymbol{Dx}=\boldsymbol{s}\end{aligned} \tag{6.7}$$

而变换系数 $\boldsymbol{s}$ 是稀疏的。以此为基础，改写成其他含噪声情况和$\mathcal{L}_p$（$0<p\leqslant 1$）近似是顺理成章的。上述方式就是以分析法引入稀疏表示，并不需要 $\boldsymbol{D}$ 是可逆的。但是对于具有贝叶斯框架，并没有明确的优化模型表达，也难以直接采用分析法引入，所以不得不采用式（6.1）～式（6.4）的综合法实现。

那么对于式（6.5）定义的 TV 变换，显然是不可逆的情况。如何找到合适的 TV 逆变换 $\boldsymbol{V}$，使得 $\boldsymbol{x}=\boldsymbol{Vs}$？为了研究这个问题，我们可能首先想到采用右伪逆 $\boldsymbol{D}^{\dagger}=\boldsymbol{D}^{\mathrm{T}}(\boldsymbol{DD}^{\mathrm{T}})^{-1}$ 作为逆变换 $\boldsymbol{V}$。由于 $\boldsymbol{D}$ 是欠定的并且不满秩，一般情况下 $\boldsymbol{D}^{\dagger}\boldsymbol{Dx}\neq\boldsymbol{x}$。抽象地说，将 $\boldsymbol{x}$ 映射到 TV 域并通过伪逆映射“返回”很可能不会返回到同一个空间。但是可以通过伪逆启发，进一步调整思路。具体地说，转换后的信号必须根据真实信号的均值或其归一化零分量傅里叶系数进行调整，即对于任意矢量 $\boldsymbol{x}\in\mathbb{C}^M$，采用

$$\boldsymbol{x}=\boldsymbol{D}^{\dagger}\boldsymbol{Dx}+\overline{\boldsymbol{x}} \tag{6.8}$$

其中，$\boldsymbol{x}$ 的均值为

$$\overline{\boldsymbol{x}}=\frac{1}{M}\sum_{i=1}^{M}x_i \tag{6.9}$$

TV 变换矩阵 $\boldsymbol{D}$ 满足

$$(\boldsymbol{D}^{\dagger}\boldsymbol{D})_{i,j}=\begin{cases}\dfrac{M-1}{M}, & i=j\\ -\dfrac{1}{M}, & \text{其他}\end{cases} \tag{6.10}$$

对于每个 $j\in\{1,2,\cdots,M\}$，有

$$x_j=\frac{M-1}{M}x_j-\frac{1}{M}\sum_{\substack{i=1\\ i\neq j}}^{M}x_i+\frac{1}{M}\sum_{i=1}^{M}x_i=(\boldsymbol{D}^{\dagger}\boldsymbol{D}\boldsymbol{x})_j+\overline{x} \tag{6.11}$$

如图 6.1 所示，我们对比了通过 $\boldsymbol{D}^{\dagger}\boldsymbol{D}\boldsymbol{x}$ 和式（6.8）两种方式对一维分段常信号进行恢复的结果，显然调整之后恢复的精度大幅度提高。利用该公式，我们还可以通过用高阶 TV 算子替换 $\boldsymbol{D}$ 来计算高阶 TV 变换的逆变换。然而，上述信息并没有提供获取公式中所需真实信号平均值的方法。有时可以通过某种方式给出估计均值。例如，当 $\boldsymbol{x}$ 是另一个信号的梯度时，可以得到零分量傅里叶系数为 0。另外，当我们直接测量傅里叶数据时，只需要将归一化零分量加回去。在阵列信号处理应用中，所采用模型的流形矩阵式（2.53）显然满足傅里叶变换形式，因此从原理上可以将阵列中心通道的测量数据作为均值近似。

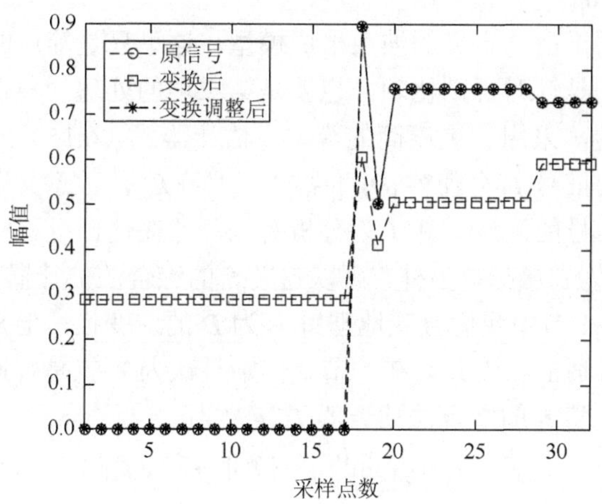

图 6.1　一维分段常信号通过式（6.8）调整前后信号的恢复结果

根据上述方法，可以将 TV 正则化结合到 SBL 求解中。首先应将原模型改写成

$$\boldsymbol{y}=\boldsymbol{A}\boldsymbol{D}^{\dagger}\boldsymbol{s}+\boldsymbol{n} \tag{6.12}$$

然后按照 SBL 的原流程对 $\boldsymbol{s}$ 进行稀疏重构，将感兴趣的信号 $\boldsymbol{x}$ 恢复为矢量高斯后验分布的均值：

$$\hat{\boldsymbol{x}}=\boldsymbol{D}^{\dagger}\boldsymbol{\mu}_s+\overline{\boldsymbol{x}} \tag{6.13}$$

其中，$\boldsymbol{\mu}_s$ 为最终估计输出的 $\boldsymbol{s}$ 信号均值。

显然，上述过程只针对 TV 变换有效，而实际情况中可能遇到很多不可逆的变换，如果不能够研究清楚综合法和分析法的内在联系和规律是无法解决更一般化的问题的。6.2 节将讨论相关问题。

6.2　综合法与分析法等效性讨论

6.1 节已经从模型构建的角度描述了当引入稀疏变换时，综合法与分析法的具体形式。从表面上看，只有逆变换存在时才能建立精确的等效模型。本节从$\mathcal{L}_1$优化问题的角度讨论综合法与分析法的等效性。

假设模型具有高斯噪声，即

$$\boldsymbol{y}=\boldsymbol{f}_0+\boldsymbol{n} \tag{6.14}$$

其中，$\boldsymbol{n}\sim\mathcal{N}(0,\sigma^2\boldsymbol{I}_n)$，$\boldsymbol{f}_0\in\mathbb{R}^n$ 为真实信号。假设 $\boldsymbol{D}\in\mathbb{R}^{m\times n}$ 表示通用的分析法运算符，则 $\boldsymbol{f}_0$ 的分析法估计器 $\hat{\boldsymbol{f}}_A$ 可以定义为下述优化：

$$\hat{\boldsymbol{f}}_A:=\arg\min_{\boldsymbol{f}\in\mathbb{R}^n}\|\boldsymbol{y}-\boldsymbol{f}\|_2^2+2\lambda\|\boldsymbol{D}\boldsymbol{f}\|_1 \tag{6.15}$$

其中，权系数$\lambda>0$。

注意到，不同于前述定义的波束形成模型，这里只是简单的去噪模型，但是在本节中的分析均是针对正则化项，也就是第二项的处理，与保真项无关，所以这里为了表达方便，采用了更精简的模型。估计器式（6.15）的基本原理是，我们提前知道真实的信号 $\boldsymbol{f}_0$ 会使得$\|\boldsymbol{D}\boldsymbol{f}_0\|_1$ 很小，具有$\mathcal{L}_1$ 范数意义下的稀疏性。在分析法估计器中，信号的候选估计 $\boldsymbol{f}$ 为分析对象，即在估计过程中，利用 $\boldsymbol{f}$ 的变换域稀疏特征 $\boldsymbol{D}\boldsymbol{f}$ 作为罚函数。另外，可以定义 $\boldsymbol{f}_0$ 的综合法估计器 $\hat{\boldsymbol{f}}_S$。设 $\boldsymbol{V}\in\mathbb{R}^{n\times p}$ 为通用的字典，在 6.1 节中我们直观地理解 $\boldsymbol{V}$ 为 $\boldsymbol{D}$ 的逆变换，但是当逆运算难以获得时，明显是不合适的。因此，在本节我们姑且认为 $\boldsymbol{V}$ 就是普通的字典矩阵，其列构成信号原子。将 $\boldsymbol{f}_0$ 的综合法估计器 $\hat{\boldsymbol{f}}_S$ 定义为

$$\hat{\boldsymbol{f}}_S=\boldsymbol{V}\arg\min_{\boldsymbol{\beta}\in\mathbb{R}^p}\left\{\|\boldsymbol{y}-\boldsymbol{V}\boldsymbol{\beta}\|_2^2+2\lambda\|\boldsymbol{\beta}\|_1\right\} \tag{6.16}$$

该估计器的基本原理是，我们提前知道真实信号 $\boldsymbol{f}_0$ 可以写成 $\boldsymbol{V}$ 的列稀疏线性组合，也叫字典原子，即

$$\boldsymbol{f}_0=\boldsymbol{V}\boldsymbol{\beta}_0 \tag{6.17}$$

其中，$\boldsymbol{\beta}_0$ 会使得$\|\boldsymbol{\beta}_0\|_0$ 很小。因此，综合法估计器权衡字典原子与测量数据线性组合的$\mathcal{L}_2$ 范数保真项$\|\boldsymbol{y}-\boldsymbol{V}\boldsymbol{\beta}_0\|_2^2$ 和系数的$\mathcal{L}_1$ 范数，即正则化项$\|\boldsymbol{\beta}\|_1$。该估计量称为综合法估计量，因为信号的候选估计量 $\boldsymbol{f}=\boldsymbol{V}\boldsymbol{\beta}$ 是由字典原子的线性组合“综合”合成的。针对上述两种形式，我们致力于解决以下问题。

（1）我们能找到全变差正则化估计的综合法表达式吗？

（2）如果能，其综合法表达式是怎样的？

（3）全变差正则化估计的综合法表达式是否有利于我们对理论性质的理解和证明？

为此，假设 $\boldsymbol{f}_0$ 可以写成字典原子的某个线性组合，即满足式（6.17）。考虑两个问题。

（1）在某个 LASSO 问题中，索引系数集合 $U \subseteq [p]$对应的列不列入罚函数（$[p]$为集合$[1, 2, \cdots, p]$的简记），即

$$\hat{\boldsymbol{\beta}} := \arg\min_{\boldsymbol{\beta} \in \mathbb{R}^p} \left\| \boldsymbol{y} - \left[\boldsymbol{V}_U \ \ \boldsymbol{V}_{-U} \right] \boldsymbol{\beta} \right\|_2^2 + 2\lambda \left\| \boldsymbol{\beta}_{-U} \right\|_1 \tag{6.18}$$

其中，$\boldsymbol{V}_U$表示字典 $\boldsymbol{V}$ 的索引 U 对应列构成的新字典；$\boldsymbol{V}_{-U}$表示字典 $\boldsymbol{V}$ 在$[p]$中除去索引 U 剩余索引对应的新字典，换句话说，按照顺序将 $\boldsymbol{V}_U$和 $\boldsymbol{V}_{-U}$组合起来就构成了原字典 $\boldsymbol{V}$。

（2）另外一种 LASSO 问题写成：

$$\hat{\boldsymbol{\beta}}^{\Pi} := \arg\min_{\boldsymbol{\beta} \in \mathbb{R}^p} \left\| \boldsymbol{y} - \left[\boldsymbol{V}_U \ \ \boldsymbol{A}_U \boldsymbol{V}_{-U} \right] \boldsymbol{\beta} \right\|_2^2 + 2\lambda \left\| \boldsymbol{\beta}_{-U} \right\|_1 \tag{6.19}$$

其中，$\boldsymbol{A}_U$为由 $\boldsymbol{V}$ 的对应列构成的反投影矩阵：

$$\boldsymbol{A}_U = \boldsymbol{I} - \boldsymbol{\Pi}_U \tag{6.20}$$

其中，$\boldsymbol{\Pi}_U$ 为对应的正交投影矩阵：

$$\boldsymbol{\Pi}_U = \boldsymbol{V}_U \left(\boldsymbol{V}_U^{\mathrm{T}} \boldsymbol{V}_U \right)^{-1} \boldsymbol{V}_U^{\mathrm{T}} \tag{6.21}$$

则对应两种估计写成

$$\hat{\boldsymbol{f}} := \left[\boldsymbol{V}_U \ \ \boldsymbol{V}_{-U} \right] \hat{\boldsymbol{\beta}} \tag{6.22}$$

和

$$\hat{\boldsymbol{f}}^{\Pi} := \left[\boldsymbol{V}_U \ \ \boldsymbol{A}_U \boldsymbol{V}_{-U} \right] \hat{\boldsymbol{\beta}}^{\Pi} \tag{6.23}$$

我们给出以下结果。

引理 6.1　由式（6.18）和式（6.19）定义的两个 LASSO 问题，估计结果满足

$$\hat{\boldsymbol{f}} = \hat{\boldsymbol{f}}^{\Pi} \tag{6.24}$$

下面从 Moore-Penrose 伪逆的角度来考虑分析算子 $\boldsymbol{D}$ 和字典 $\boldsymbol{V}$ 的关系，给出引理 6.2。

引理 6.2　设 $\boldsymbol{D} \in \mathbb{R}^{n \times n}$ 是可逆阵，因此有 $\boldsymbol{V} = \boldsymbol{D}^{-1}$。设 $U \subseteq [n]$是 $\boldsymbol{D}$ 的行索引，索引集的势$|U| = u$，可以展开为

$$\left[\boldsymbol{V}_U \ \ \boldsymbol{V}_{-U} \right] = \begin{bmatrix} \boldsymbol{D}_U \\ \boldsymbol{D}_{-U} \end{bmatrix}^{-1} \tag{6.25}$$

其中，$V_U \in \mathbb{R}^{n\times u}$；$V_{-U} \in \mathbb{R}^{n\times(n-u)}$。于是，$D_{-U} \in \mathbb{R}^{(n-u)\times n}$ 的 Moore-Penrose 伪逆 $D_{-U}^{\dagger} \in \mathbb{R}^{n\times(n-u)}$ 为

$$D_{-U}^{\dagger} = A_U V_{-U} \tag{6.26}$$

其中，

$$A_U = I_n - V_U\left(V_U^{\mathrm{T}} V_U\right)^{-1} V_U^{\mathrm{T}} \tag{6.27}$$

注意，分析算子 D 和字典 V 对应的 D_U 和 V_U 分别是行索引、列索引构成的矩阵，在本节中的表达需要区分。由引理 6.2 得知，一个满行秩 $D_{-U}\in\mathbb{R}^{(n-u)\times n}$ 欠定矩阵的 Moore-Penrose 伪逆可以通过如下方式得到。

（1）将 u 个线性无关的行加到 D_{-U} 上，即将 $D_U\in\mathbb{R}^{u\times n}$ 加到 D_{-U} 上，得到可逆阵 D。

（2）求 D 的逆得到 V。

（3）求 $V_{-U}\in\mathbb{R}^{n\times(n-u)}$ 在 $V_U\in\mathbb{R}^{n\times u}$ 列空间上的反投影。

以上述引理为基础，我们开始讨论分析法与综合法之间的关系。它们的主要区别在于综合法是构造出来的，它告诉我们如何使用字典原子的稀疏线性组合来构造估计器。也就是说，它允许我们进行模型选择，选择字典中与描述信号相关的列。在分析法中，未知的 $f\in\mathbb{R}^n$ 的维数相对较小，而在综合法中，未知的 $\beta\in\mathbb{R}^p$ 的维数可以非常大。在分析法估计器中，当计算正则化项 $\|Df\|_1$ 时，Df 的所有行有相同的权重。根据分析算子 D 的特征，分欠定、可逆两种情况讨论它们的关系（在稀疏表示中几乎不会涉及超定情况，本书不做进一步讨论）。

1. 欠定情况

引理 6.3（欠定情况：$m<n$）　设 $D\in\mathbb{R}^{m\times n}(m<n)$ 是秩为 m 的分析算子。设 $\Pi_D := \Pi_{\mathrm{rowspan}(D)}$ 表示 D 在行空间上的投影矩阵，设反投影 $A_D := I_n - \Pi_D$，我们有

$$\hat{f}_A = \hat{f}_S + A_D y \tag{6.28}$$

其中，综合法估计量由字典 $V = D^{\dagger}$ 得到，并且 $D^{\dagger}\in\mathbb{R}^{n\times m}$ 是 D 的 Moore-Penrose 伪逆。现在我们推导出一个更方便的综合法估计的表达式，即引理 6.4。

引理 6.4　设 $D\in\mathbb{R}^{m\times n}$，其中 $m = n-u$，它满足行满秩 $\mathrm{rank}(D) = n-u$。设 $A\in\mathbb{R}^{u\times n}$ 为行满秩矩阵，并且满足 $\tilde{D} := \begin{bmatrix} A \\ D \end{bmatrix}$ 是可逆的。记

$$V = [V_U\ \ V_{-U}] = \tilde{D}^{-1} \tag{6.29}$$

得到

$$\begin{aligned}\hat{f}_A &= \arg\min_{f\in\mathbb{R}^n} \| y - f \|_2^2 + 2\lambda \| Df \|_1 \\ &= [V_U\ \ V_{-U}]\arg\min_{\beta\in\mathbb{R}^n} \left\| y - [V_U\ \ V_{-U}]\beta \right\|_n^2 + 2\lambda \left\| \beta_{-U} \right\|_1\end{aligned} \tag{6.30}$$

2. 可逆情况

引理 6.5（可逆的情况：$m=n$ 且 $\boldsymbol{D}$ 是非奇异的）　可逆 $\boldsymbol{D}\in\mathbb{R}^{n\times n}$ 的分析法估计量 $\hat{\boldsymbol{f}}_A$ 和 $\boldsymbol{V}=\boldsymbol{D}^{-1}$ 的综合估计量 $\hat{\boldsymbol{f}}_S$ 是等价的。

引理 6.5 的结论是显然的，并且在 6.1 节有所讨论。

至此，我们总结了定理 6.1 来寻找一个通用分析法估计器的综合形式。

定理 6.1　设 $\boldsymbol{D}\in\mathbb{R}^{m\times n}$ 为 $\text{rank}(\boldsymbol{D})=r\leqslant\min\{m,n\}$ 的矩阵。令 T_i 表示 $\boldsymbol{D}$ 的一组行索引，满足索引集的势 $|T_i|=r$，$\text{rank}(\boldsymbol{D}_{T_i})=r$。

我们需要通过以下步骤找到一个等价的综合法问题的字典，对应分析算子 $\boldsymbol{D}$ 的分析法问题。

（1）找到所有可能的 T_i，即满足 $|T_i|=r$ 和 $\text{rank}(\boldsymbol{D}_{T_i})=r$。

（2）找到 $n-r$ 个行矢量，它们属于空间 $\mathcal{N}(\boldsymbol{D})=\mathcal{N}(\boldsymbol{D}_{T_i}),\ \forall i$。这些行矢量构成矩阵 $\boldsymbol{A}\in\mathbb{R}^{(n-r)\times n}$。

（3）对矩阵 $\boldsymbol{B}_i=\begin{bmatrix}\boldsymbol{A}\\ \boldsymbol{D}_{T_i}\end{bmatrix}$ 求逆，得到 $\boldsymbol{B}_i^{-1}=\begin{bmatrix}\boldsymbol{J} & \tilde{\boldsymbol{V}}^i\end{bmatrix},\ \tilde{\boldsymbol{V}}^i\in\mathbb{R}^{n\times r}$。

（4）利用所有 $\tilde{\boldsymbol{V}}^i$ 构成矩阵 $\tilde{\boldsymbol{V}}=\{\tilde{\boldsymbol{V}}^i\}_i$。

（5）通过 $\tilde{\boldsymbol{V}}$ 的列归一化来获得归一化字典 $\boldsymbol{V}$，满足 $\boldsymbol{DV}$ 的列 $\mathcal{L}_1$-范数等于 1。

（6）对字典 $\boldsymbol{V}$ 进行修整，即如果 $\boldsymbol{V}_k$ 在 $\pm\boldsymbol{V}_{-k}$ 的凸包中，则丢弃索引为 k 的列。

（7）得到字典 $\boldsymbol{V}$。

定理 6.1 的优点是它能够在统一的流程中处理欠定、可逆和超定的情况，并且由此我们可以得到推论 6.1。

推论 6.1　设矩阵 $\boldsymbol{V}$ 和 $\boldsymbol{J}$ 根据定理 6.1 得到，并且

$$\begin{aligned}\hat{\boldsymbol{f}}_A&=\arg\min_{\boldsymbol{f}\in\mathbb{R}^n}\|\boldsymbol{y}-\boldsymbol{f}\|_2^2+2\lambda\|\boldsymbol{Df}\|_1\\&=[\boldsymbol{J}\ \ \boldsymbol{V}]\arg\min_{\boldsymbol{\beta}\in\mathbb{R}^p}\left\|\boldsymbol{y}-[\boldsymbol{J}\ \ \boldsymbol{V}]\boldsymbol{\beta}\right\|_2^2+2\lambda\left\|\boldsymbol{\beta}_{-[n-r]}\right\|_1\end{aligned}\tag{6.31}$$

利用上述理论，以 TV 变换为例，给出一阶 TV 和二阶 TV 对应的综合法字典矩阵。

（1）一阶 TV。

一阶 TV 的分析法算子 $\boldsymbol{D}$ 表达式为

$$D_{ij}=\begin{cases}-1, & j=i\\ +1, & j=i+1, i\in[n-1]\\ 0, & 其他\end{cases}\tag{6.32}$$

我们选择 $\boldsymbol{A}=[1,0,\cdots,0]\in\mathbb{R}^{1\times n}$，并且记

$$\boldsymbol{B}=\begin{bmatrix}\boldsymbol{A}\\ \boldsymbol{D}\end{bmatrix} \tag{6.33}$$

综合法字典 $\boldsymbol{V}$ 可以通过 $\boldsymbol{B}$ 得到，$\boldsymbol{V}=\boldsymbol{B}^{-1}$，写成

$$V_{ij}=1_{\{j\leqslant i\}},\quad i,j\in[n] \tag{6.34}$$

其中，$1_{\{j\leqslant i\}}$ 表示元素标号在满足条件 $j\leqslant i$ 时为 1，其他为 0。

（2）二阶 TV。

二阶 TV 的分析法算子 $\boldsymbol{D}$ 表达式为

$$D_{ij}=\begin{cases}+1, & j\in\{i,i+2\}\\ -2, & j=i+1, i\in\{n-2\}\\ 0, & 其他\end{cases} \tag{6.35}$$

我们选择

$$\boldsymbol{A}=\begin{bmatrix}1 & 0 & 0 & \cdots & 0\\ -1 & 1 & 0 & \cdots & 0\end{bmatrix}\in\mathbb{R}^{2\times n} \tag{6.36}$$

并且引入

$$\boldsymbol{B}=\begin{bmatrix}\boldsymbol{A}\\ \boldsymbol{D}\end{bmatrix} \tag{6.37}$$

综合法字典矩阵 $\boldsymbol{V}=\boldsymbol{B}^{-1}$，其中

$$V_1=\mathbf{1}_n, V_{ij}=1_{\{j\leqslant i\}}(i-j+1),\quad i\in[n], j\in[n]\setminus\{1\} \tag{6.38}$$

其中，$\mathbf{1}_n$ 代表全 1 列矢量。

至此，我们给出了通用变换矩阵的分析法算子 $\boldsymbol{D}$ 对应综合法字典的寻找方法，其步骤由定理 4.1 给出。但是显然，不同算子 $\boldsymbol{D}$ 对应的 $\boldsymbol{A}$ 的选择方式实际上并不具有唯一性，而需要一定的数学技巧才能完成，难以推广普及运用。因此，我们需要能找到更具通用性的 SBL 分析法来避开上述要求，以降低应用难度。

6.3 分 析 法

引入稀疏表示方法时，包含了一种特殊情况，当只采用恒等变换时，先验信息假设目标源信号是固有稀疏的。这里恒等变换是指，变换矩阵等于单位阵，固有稀疏意味着信号源本身具有稀疏性。显然，当目标本身不满足稀疏假设时，很容易出现重构性能降低甚至重构失败的情况。在水下阵列信号处理应用中，海洋环境比自由空间或空气中电磁探测环境复杂，如声速曲线变化、混响、多径干扰等均会造成目标源本身的稀疏性损失。此外，更重要的是，在很多情况下，目标是连续体或广泛分布，如大型的潜艇、海底地形和鱼群分布等，我们很难以简单

的固有稀疏假设实现高精度的目标重构。因此，本节要解决的问题是，如何采用分析法将稀疏表示方法结合到 SBL 中。

为了找到这样一种通用的办法来弥补综合法和分析法的障碍，6.2 节介绍的方法基于矩阵变换的数学手段解决问题，但是使用起来是有困难的，因为这样的变换并不唯一，而且针对不同的变换需要不同的数学技巧，其“通用性”比较有限。值得注意的是，有学者提出将分析法引入稀疏变换的方法，称之为 POE 方法[20-22]。而且，该方法在实现上还具有同时包含多重稀疏表示的能力。注意，这里的多重稀疏表示指的是同时采用多种变换方法，然后在联合变换域对变换系数进行重构。假设引入了 J 重稀疏变换（即采用 J 个变换方法或变换矩阵），表示为

$$\boldsymbol{S}_j = \boldsymbol{D}_j \boldsymbol{X} \tag{6.39}$$

其中，$j = 1, 2, \cdots, J$ 对应了 J 个稀疏变换域，展开后可以将式（6.39）写成

$$\left[\boldsymbol{S}_1\ \boldsymbol{S}_2\ \cdots\ \boldsymbol{S}_J\right] = \left[\boldsymbol{D}_1\ \boldsymbol{D}_2\ \cdots\ \boldsymbol{D}_J\right]\boldsymbol{X} \tag{6.40}$$

根据 POE 原理，只需要在模型式（6.1）两端同时乘以变换矩阵 $\boldsymbol{D}_j$，得到

$$\boldsymbol{D}_j \boldsymbol{Y} = \boldsymbol{D}_j \boldsymbol{A}\boldsymbol{X} + \boldsymbol{D}_j \boldsymbol{N} \tag{6.41}$$

增加定义一个观测得到的数据矩阵，即

$$\boldsymbol{Y}_j = \boldsymbol{D}_j \boldsymbol{Y} \tag{6.42}$$

利用算子 $\boldsymbol{D}_j$ 和 $\boldsymbol{A}$ 的可交换性质得到新的模型表达式：

$$\boldsymbol{Y}_j = \boldsymbol{D}_j \boldsymbol{A}\boldsymbol{X} + \boldsymbol{D}_j \boldsymbol{N} \Rightarrow \boldsymbol{A}\boldsymbol{D}_j \boldsymbol{X} + \boldsymbol{N}_j = \boldsymbol{A}\boldsymbol{S}_j + \boldsymbol{N}_j \tag{6.43}$$

其中，噪声矩阵满足分布：

$$\boldsymbol{N}_j \sim \prod_{l=1}^{L} \mathcal{CN}\left((\boldsymbol{n}_j)_l \middle| 0, \sigma^2 \boldsymbol{D}_j \boldsymbol{D}_j^{\mathrm{H}}\right) \tag{6.44}$$

即噪声的每个快拍 $(\boldsymbol{n}_j)_l$ 之间是相互独立的。利用上述方式，扩展得到 J 个新模型，并利用各个测量数据之间的独立性容易得到

$$p(\tilde{\boldsymbol{Y}}|\tilde{\boldsymbol{S}}) = \prod_{j=1}^{J} p(\boldsymbol{Y}_j \mid \boldsymbol{S}_j) \tag{6.45}$$

其中，

$$\tilde{\boldsymbol{Y}} = \left[\boldsymbol{Y}_1^{\mathrm{T}}\ \boldsymbol{Y}_2^{\mathrm{T}}\ \cdots\ \boldsymbol{Y}_J^{\mathrm{T}}\right]^{\mathrm{T}} \tag{6.46}$$

$$\tilde{\boldsymbol{S}} = \left[\boldsymbol{S}_1^{\mathrm{T}}\ \boldsymbol{S}_2^{\mathrm{T}}\ \cdots\ \boldsymbol{S}_J^{\mathrm{T}}\right]^{\mathrm{T}} \tag{6.47}$$

$$p\left(\boldsymbol{Y}_j|\boldsymbol{S}_j\right) = \mathcal{CN}\left(\boldsymbol{A}\boldsymbol{S}_j, \sigma^2 \boldsymbol{D}_j \boldsymbol{D}_j^{\mathrm{H}}\right) \tag{6.48}$$

至此，上述模型可以容易地求解，从而形成将多个约束或多重稀疏表示融合进 SBL 的、看似合理的方法。但是仔细检查会发现，推导过程中存在两个重要缺陷。

（1）稀疏表示矩阵 $\boldsymbol{D}_j$ 的维度有严格的限制。原则上必须保证 $\boldsymbol{D}_j$ 的列数同时与 $\boldsymbol{Y}$ 和 $\boldsymbol{X}$ 的行数相适应，在本书讨论的波束形成方法中，相当于强行限制了阵列

数目 N 与预成波束数目 M 必须一致，而这一点通常是不可能成立的。

（2）算子 $\boldsymbol{D}_j$ 和 $\boldsymbol{A}$ 的可交换性是本书方法的另一个重要前提条件，但这在大多数情况下是无法满足的，也没有确切证据能够保证在怎样的波束形成方案中能满足交换性条件。

综上所述，在理论上我们无法满足 POE 苛刻的前提条件，也难以保证算法在常规情况下的性能。因此，我们需要一种具有普遍意义的、无综合法限制的多重稀疏表示 SBL 算法。

1. 多重稀疏表示 SBL 算法

为解决上述问题，这里介绍一种多重稀疏表示 SBL 算法来解决多快拍波束形成模型，简称 M-MCRSBL[23]。给定源信号 $\boldsymbol{X}$ 和噪声方差 λ，测量数据 $\boldsymbol{Y}$ 的似然函数可以表示为

$$
\begin{aligned}
p(\boldsymbol{Y}|\boldsymbol{X};\lambda) &= \frac{1}{(2\pi\lambda)^{NL/2}}\exp\left[-\frac{1}{2\lambda}\|\boldsymbol{Y}-\boldsymbol{A}\boldsymbol{X}\|_F^2\right] \\
&= \frac{1}{(2\pi\lambda)^{NL/2}}\exp\left[-\frac{1}{2\lambda}\mathrm{tr}\left((\boldsymbol{Y}-\boldsymbol{A}\boldsymbol{X})^{\mathrm{H}}(\boldsymbol{Y}-\boldsymbol{A}\boldsymbol{X})\right)\right]
\end{aligned} \tag{6.49}
$$

假设采用 J 个稀疏变换，变换系数矩阵表示为

$$
\boldsymbol{S}_j = \boldsymbol{D}_j\boldsymbol{X}, \quad j = 1,2,\cdots,J \tag{6.50}
$$

其中，$\boldsymbol{D}_j \in \mathbb{C}^{M_j\times M}$ 是第 j 个稀疏变换矩阵；稀疏变换系数 $\boldsymbol{S}_j \in \mathbb{C}^{M_j\times L}$ 由式（6.50）决定，并且所有稀疏变换得到的变换系数维度可能是不一致的，变换矩阵 $\boldsymbol{D}_j$ 也未必是方阵。

因此条件概率密度：

$$
p(\boldsymbol{S}_j \mid \boldsymbol{X}) = \delta(\boldsymbol{S}_j - \boldsymbol{D}_j\boldsymbol{X}) \tag{6.51}
$$

其中，δ 为狄拉克（Dirac Delta）函数，表示为

$$
\delta(\boldsymbol{S}_j - \boldsymbol{D}_j\boldsymbol{X}) = \begin{cases} 1, & \boldsymbol{S}_j = \boldsymbol{D}_j\boldsymbol{X} \\ 0, & \text{其他} \end{cases} \tag{6.52}
$$

可见，与 POE 方法和综合法不同，这里采用的稀疏表示数量及稀疏变换系数的维度 M_j 是完全可选的，既不要求 $\boldsymbol{D}_j$ 是方阵，也不要求逆变换存在，这样就大大方便了稀疏表示方法的引入，包括自适应稀疏变换。

假设多快拍变换系数 $\boldsymbol{S}_j$ 是稀疏的，满足独立等分布的零均值高斯分布：

$$
\begin{aligned}
p(\boldsymbol{S}_j;\boldsymbol{\gamma}_j) &= \prod_{j=1}^{J}\mathcal{CN}(0,\boldsymbol{\Gamma}_j) \\
&= \frac{1}{(2\pi)^{M_jL/2}}\frac{1}{|\boldsymbol{\Gamma}_j|^{L/2}}\exp\left[-\frac{1}{2}\mathrm{tr}\left(\boldsymbol{S}_j^{\mathrm{H}}\boldsymbol{\Gamma}_j^{-1}\boldsymbol{S}_j\right)\right]
\end{aligned} \tag{6.53}
$$

其中，协方差矩阵 $\boldsymbol{\Gamma}_j = \mathrm{diag}(\boldsymbol{\gamma}_j)$ 为对角阵，各元素相互独立。将式（6.50）代入式（6.53）可得

$$p(\boldsymbol{S}_j;\boldsymbol{\gamma}_j)=\frac{1}{(2\pi)^{M_jL/2}}\frac{1}{\left|\boldsymbol{\Gamma}_j\right|^{L/2}}\exp\left[-\frac{1}{2}\mathrm{tr}\left(\boldsymbol{X}^{\mathrm{H}}\boldsymbol{D}_j^{\mathrm{H}}\boldsymbol{\Gamma}_j^{-1}\boldsymbol{D}_j\boldsymbol{X}\right)\right] \tag{6.54}$$

M-MCRSBL 多层次贝叶斯模型如图 6.2 所示。在图中，各变换之间是相互独立的，因此 $p(\boldsymbol{S}_j\,|\,\boldsymbol{X})$对于 $j = 1, 2, \cdots, J$ 是相互独立的。由此得到联合先验概率密度函数 $p(\boldsymbol{S}_1, \boldsymbol{S}_2, \cdots, \boldsymbol{S}_J\,|\,\boldsymbol{X})$的表达式：

$$p(\boldsymbol{S}_G|\boldsymbol{X})=p(\boldsymbol{S}_1,\boldsymbol{S}_2,\cdots,\boldsymbol{S}_J|\boldsymbol{X})=\prod_{j=1}^{J}p(\boldsymbol{S}_j|\boldsymbol{X}) \tag{6.55}$$

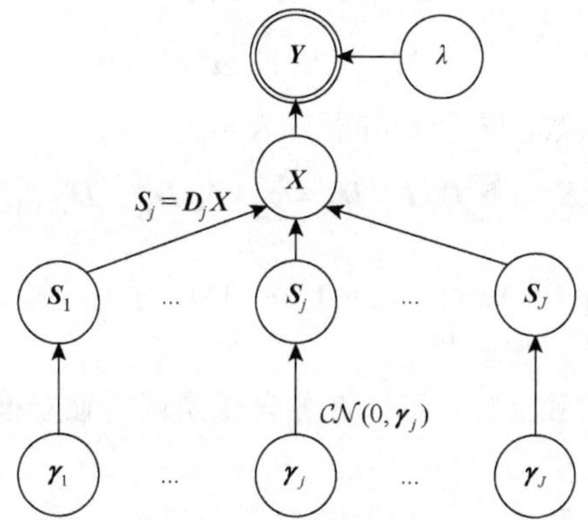

图 6.2　M-MCRSBL 多层次贝叶斯模型图

为了方便，我们引入一个索引集 $G=\{j=1,\cdots,J\}$ 对应稀疏变换的标号。根据贝叶斯定理，我们得到

$$p\left(\boldsymbol{X}|\boldsymbol{S}_G\right)\propto p\left(\boldsymbol{S}_G|\boldsymbol{X}\right)p\left(\boldsymbol{X}\right)=\prod_{j=1}^{J}p\left(\boldsymbol{S}_j|\boldsymbol{X}\right) \tag{6.56}$$

在式（6.56）中，假设 $\boldsymbol{X}$ 的先验概率 $p(\boldsymbol{X})$ 服从支持域内的均匀分布，通过这一合理假设能够保留贝叶斯模型中相邻层之间的共轭关系。至此，给定测量数据 $\boldsymbol{Y}$ 和超参数 $\boldsymbol{\gamma}_G$ 和 λ，后验概率 $\boldsymbol{X}$ 表示为

$$p\left(\boldsymbol{X}\,|\,\boldsymbol{Y};\boldsymbol{\gamma}_G,\lambda\right)=\frac{p\left(\boldsymbol{Y}|\boldsymbol{X};\lambda\right)p(\boldsymbol{X}\,|\,\boldsymbol{S}_G)p\left(\boldsymbol{S}_G;\boldsymbol{\gamma}_G\right)}{p\left(\boldsymbol{Y};\boldsymbol{S}_G,\boldsymbol{\gamma}_G\right)} \tag{6.57}$$

其中，分母 $p\left(\boldsymbol{Y};\boldsymbol{S}_G,\boldsymbol{\gamma}_G\right)$ 为证据。对于给定的参数，证据是分子概率密度的归一化，并不影响贝叶斯推理。由此我们得到

$$
\begin{aligned}
p\left(\boldsymbol{X} \mid \boldsymbol{Y};\boldsymbol{\gamma}_G,\lambda\right) &\propto p\left(\boldsymbol{Y}|\boldsymbol{X};\lambda\right)\prod_j p(\boldsymbol{S}_j \mid \boldsymbol{X})p\left(\boldsymbol{S}_j;\boldsymbol{\gamma}_j\right) \\
&\propto \exp\left[-\frac{1}{2\lambda}\operatorname{tr}\left((\boldsymbol{Y}-\boldsymbol{A}\boldsymbol{X})^{\mathrm{H}}(\boldsymbol{Y}-\boldsymbol{A}\boldsymbol{X})\right)-\frac{1}{2}\operatorname{tr}\left(\boldsymbol{X}^{\mathrm{H}}\left(\sum\nolimits_j \boldsymbol{D}_j^{\mathrm{H}}\boldsymbol{\Gamma}_j^{-1}\boldsymbol{D}_j\right)\boldsymbol{X}\right)\right] \\
&\propto \exp\left[-\frac{1}{2\lambda}\operatorname{tr}\left((\boldsymbol{Y}-\boldsymbol{A}\boldsymbol{X})^{\mathrm{H}}(\boldsymbol{Y}-\boldsymbol{A}\boldsymbol{X})\right)-\frac{1}{2}\operatorname{tr}(\boldsymbol{X}^{\mathrm{H}}\boldsymbol{\Sigma}_0\boldsymbol{X})\right]
\end{aligned}
\tag{6.58}
$$

其中，

$$
\boldsymbol{\Sigma}_0=\sum\nolimits_j \boldsymbol{D}_j^{\mathrm{H}}\boldsymbol{\Gamma}_j^{-1}\boldsymbol{D}_j \tag{6.59}
$$

由式（6.58）可知，后验概率 $p(\boldsymbol{X} \mid \boldsymbol{Y};\boldsymbol{\gamma}_G,\lambda)$ 满足矩阵高斯分布，其均值和方差为

$$
\boldsymbol{\Sigma}_X^{-1}=\lambda^{-1}\boldsymbol{A}^{\mathrm{H}}\boldsymbol{A}+\boldsymbol{\Sigma}_0 \tag{6.60}
$$

$$
\boldsymbol{M}_X=\lambda^{-1}\boldsymbol{\Sigma}_X\boldsymbol{A}^{\mathrm{H}}\boldsymbol{Y} \tag{6.61}
$$

进一步，我们将合成系数协方差矩阵展开表示为

$$
\boldsymbol{\Sigma}_0=\sum_j \boldsymbol{D}_j^{\mathrm{H}}\boldsymbol{\Gamma}_j^{-1}\boldsymbol{D}_j=\sum_{j,m}\gamma_{j(m)}^{-1}\boldsymbol{D}_{j(m,\cdot)}^{\mathrm{H}}\boldsymbol{D}_{j(m,\cdot)} \tag{6.62}
$$

其中，$\boldsymbol{D}_{j(m,\cdot)}$为矩阵 $\boldsymbol{D}_j$ 的第 m 行（$m=1,\cdots,M$）；$\gamma_{j(m)}$ 为矢量 $\boldsymbol{\gamma}_j$ 的第 m 个元素。下面采用期望最大法学习超参数。

考虑到变换系数的独立性，可以在各自变换域内独立推导出超参数 $\boldsymbol{\gamma}_G$。关于 $\boldsymbol{\gamma}_j$ 的 Q 函数表示为

$$
\begin{aligned}
Q(\boldsymbol{\gamma}_j) &= E_{X|Y}\left[\ln p\left(\boldsymbol{S}_j;\boldsymbol{\gamma}_j\right)\right] \\
&\propto E_{X|Y}\left[-\frac{L}{2}\ln\left|\Gamma_j\right|-\frac{1}{2}\operatorname{tr}\left(\boldsymbol{X}^{\mathrm{H}}\boldsymbol{D}_j^{\mathrm{H}}\boldsymbol{\Gamma}_j^{-1}\boldsymbol{D}_j\boldsymbol{X}\right)\right] \\
&\propto -\frac{L}{2}\sum_m \ln\gamma_{j(m)}-\frac{1}{2}\sum_m \gamma_{j(m)}^{-1}\boldsymbol{D}_{j(m,\cdot)}E_{X|Y}\left[\boldsymbol{X}\boldsymbol{X}^{\mathrm{H}}\right]\boldsymbol{D}_{j(m,\cdot)}^{\mathrm{H}} \\
&\propto -\frac{L}{2}\sum_m \ln\gamma_{j(m)}-\frac{1}{2}\sum_m \gamma_{j(m)}^{-1}\left[\boldsymbol{D}_j\left(L\boldsymbol{\Sigma}_X+\boldsymbol{M}_X\boldsymbol{M}_X^{\mathrm{H}}\right)\boldsymbol{D}_j^{\mathrm{H}}\right]_{(m,m)}
\end{aligned}
\tag{6.63}
$$

其中，$E_{X|Y}[\cdot]$为关于后验概率 $p(\boldsymbol{X} \mid \boldsymbol{Y};\boldsymbol{\gamma}_G,\lambda)$ 的均值；$\boldsymbol{X}_{(m,m)}$为矩阵 $\boldsymbol{X}$ 第 m 个对角线元素。

令 $Q(\boldsymbol{\gamma}_j)$ 关于 $\gamma_{j(m)}$ 的导数等于 0，求极值点可得

$$
\begin{aligned}
\gamma_{j(m)} &= \frac{1}{L}\left[\boldsymbol{D}_j\left(L\boldsymbol{\Sigma}_X+\boldsymbol{M}_X\boldsymbol{M}_X^{\mathrm{H}}\right)\boldsymbol{D}_j^{\mathrm{H}}\right]_{(m,m)} \\
&= \left[\boldsymbol{D}_j\left(\boldsymbol{\Sigma}_X+\boldsymbol{M}_X\boldsymbol{M}_X^{\mathrm{H}}/L\right)\boldsymbol{D}_j^{\mathrm{H}}\right]_{(m,m)}
\end{aligned}
\tag{6.64}
$$

利用前一次迭代估计的参数，我们提出一种改进的更新方案来代替式（6.64），即

$$\gamma_{j(m)}^{(t+1)}=\frac{\left[\boldsymbol{D}_j\left(\boldsymbol{M}_X\boldsymbol{M}_X^{\mathrm{H}}/L\right)\boldsymbol{D}_j^{\mathrm{H}}\right]_{(m,m)}}{1-\left(\hat{\gamma}_{j(m)}^{(t)}\right)^{-1}\left[\boldsymbol{D}_j\boldsymbol{\Sigma}_X\boldsymbol{D}_j^{\mathrm{H}}\right]_{(m,m)}} \tag{6.65}$$

根据实验，式（6.65）的收敛速度比式（6.64）更快。

下面推导参数 λ 的迭代公式。关于 λ 的 Q 函数表示为

$$\begin{aligned}Q(\lambda)&=E_{X|Y}\left[\ln p\left(\boldsymbol{Y}|\boldsymbol{X};\lambda\right)\right]\\&\propto E_{X|Y}\left[-\frac{NL}{2}\ln\lambda-\frac{1}{2\lambda}\mathrm{tr}\left((\boldsymbol{Y}-\boldsymbol{AX})^{\mathrm{H}}(\boldsymbol{Y}-\boldsymbol{AX})\right)\right]\\&\propto-\frac{NL}{2}\ln\lambda-\frac{1}{2\lambda}\Big[L\mathrm{tr}\left(\boldsymbol{\Sigma}_X\boldsymbol{A}^{\mathrm{H}}\boldsymbol{A}\right)\\&\quad+\mathrm{tr}\left((\boldsymbol{Y}-\boldsymbol{AM}_X)^{\mathrm{H}}(\boldsymbol{Y}-\boldsymbol{AM}_X)\right)\Big]\end{aligned} \tag{6.66}$$

取 Q 函数关于 λ 的导数为零，取极值可以得到

$$\lambda=\frac{1}{N}\mathrm{tr}\left(\boldsymbol{\Sigma}_X\boldsymbol{A}^{\mathrm{H}}\boldsymbol{A}\right)+\frac{1}{NL}\mathrm{tr}\left[(\boldsymbol{Y}-\boldsymbol{AM}_X)^{\mathrm{H}}(\boldsymbol{Y}-\boldsymbol{AM}_X)\right] \tag{6.67}$$

将式（6.60）代入式（6.67），得到

$$\boldsymbol{A}^{\mathrm{H}}\boldsymbol{A}=\lambda\left(\boldsymbol{\Sigma}_X^{-1}-\boldsymbol{\Sigma}_0\right) \tag{6.68}$$

将式（6.68）代入式（6.67），得到 λ 的更新公式：

$$\lambda^{(t+1)}=\frac{\lambda^{(t)}}{N}\left[M-\mathrm{tr}\left(\boldsymbol{\Sigma}_X\boldsymbol{\Sigma}_0\right)\right]+\frac{1}{NL}\mathrm{tr}\left[(\boldsymbol{Y}-\boldsymbol{AM}_X)^{\mathrm{H}}(\boldsymbol{Y}-\boldsymbol{AM}_X)\right] \tag{6.69}$$

其中，$\lambda^{(t)}$和 $\lambda^{(t+1)}$分别表示参数 λ 在上一次和本次迭代中的估计结果。

在我们的仿真和实验中，初始值的设置如下：$\lambda=10^{-9}$，$\boldsymbol{\gamma}_j$ 为全 1 矢量。算法的收敛条件为满足如下条件之一：

（1）达到最大迭代次数；

（2）容限 ε 小于一个预设值，这里容限定义为

$$\varepsilon=\max_j\left\|\boldsymbol{\gamma}_j^{(t+1)}-\boldsymbol{\gamma}_j^{(t)}\right\|_1\Big/\left\|\boldsymbol{\gamma}_j^{(t+1)}\right\|_1 \tag{6.70}$$

其中，$\boldsymbol{\gamma}_j^{(t+1)}$ 和 $\boldsymbol{\gamma}_j^{(t)}$ 分别表示当前迭代和前一次迭代估计的超参数值。

2. 算法对偶空间分析

至此，我们给出了 M-MCRSBL 框架，并采用 EM 算法推导了迭代求解公式。为了进一步阐述其机理，我们将在这部分内容中分析迭代公式的结构及其在 $\boldsymbol{x}$ 空间中的等价表达式，挖掘多重稀疏表示 SBL 与 CS 的内在关系。

首先，通过比较 M-MCRSBL 与传统的无约束 SBL 参数更新公式来分析算法的结构。对于无约束 SBL 算法，源信号 $\boldsymbol{X}$ 被认为是固有稀疏的，各元素相互独立且满足零均值高斯分布。而对于 M-MCRSBL 算法，采用的先验假设为变换系数

$\boldsymbol{S}_j$具有稀疏性。在实现上可以将M-MCRSBL视为SBL的扩展，因为如果将$\boldsymbol{D}_j=\boldsymbol{I}_M$（单位阵）代入则可以恢复传统SBL算法的迭代公式。

以MAP为基础的CS算法特点是直接采用了$\boldsymbol{x}$空间中的代价函数，这种方式有助于以解析的方式定义约束项和求解。为达到同样的目的，我们将M-MCRSBL的迭代公式转换到$\boldsymbol{x}$空间来表达，这一过程称为对偶空间分析。

我们首先通过对全数据概率相对于$\boldsymbol{x}$的边缘积分来推导我们模型中的证据：

$$\begin{aligned}p(\boldsymbol{Y};\boldsymbol{\gamma}_G,\lambda)&\propto\int_X p(\boldsymbol{Y}|\boldsymbol{X};\lambda)\prod_j p\left(\boldsymbol{X}|\boldsymbol{S}_j\right)p\left(\boldsymbol{S}_j;\boldsymbol{\gamma}_j\right)\mathrm{d}\boldsymbol{X}\\&\propto\frac{1}{(2\pi)^{\frac{NL}{2}}\left|\boldsymbol{\Sigma}_Y\right|^{\frac{L}{2}}}\exp\left(-\frac{1}{2}\boldsymbol{Y}^{\mathrm{H}}\boldsymbol{\Sigma}_Y^{-1}\boldsymbol{Y}\right)\end{aligned}\tag{6.71}$$

其中，测量数据协方差：

$$\boldsymbol{\Sigma}_Y=\lambda\boldsymbol{I}_N+\boldsymbol{A}\boldsymbol{\Sigma}_0^{-1}\boldsymbol{A}^{\mathrm{H}}\tag{6.72}$$

因此，$p(\boldsymbol{Y};\boldsymbol{\gamma}_G,\lambda)$服从高斯分布$\mathcal{CN}(\boldsymbol{0},\boldsymbol{\Sigma}_Y)$。根据矩阵求逆引理得到

$$\boldsymbol{\Sigma}_Y^{-1}=\lambda^{-1}\boldsymbol{I}_N-\lambda^{-1}\boldsymbol{A}\boldsymbol{\Sigma}_X\boldsymbol{A}^{\mathrm{H}}\lambda^{-1}\tag{6.73}$$

将证据写成对数形式，得到代价函数：

$$L\propto-\frac{L}{2}\ln\left|\boldsymbol{\Sigma}_Y\right|-\frac{1}{2}\boldsymbol{Y}^{\mathrm{H}}\boldsymbol{\Sigma}_Y^{-1}\boldsymbol{Y}\tag{6.74}$$

容易证明如下等式：

$$\boldsymbol{Y}^{\mathrm{H}}\boldsymbol{\Sigma}_Y^{-1}\boldsymbol{Y}=\min_{\boldsymbol{X}}\lambda^{-1}\left\|\boldsymbol{Y}-\boldsymbol{A}\boldsymbol{X}\right\|_F^2+\boldsymbol{X}^{\mathrm{H}}\boldsymbol{\Sigma}_0\boldsymbol{X}\tag{6.75}$$

其中，最小化问题的解恰好是式（6.61）得到的$\boldsymbol{M}_X$，这样我们就得到了证据上界，证据最大化等价于下面的最小化问题：

$$\boldsymbol{X}=\arg\min_{\boldsymbol{X}}\left\|\boldsymbol{Y}-\boldsymbol{A}\boldsymbol{X}\right\|_F^2+\lambda g(\boldsymbol{X})\tag{6.76}$$

其中，

$$g(\boldsymbol{X})=\min_{\gamma_j\geqslant0}\boldsymbol{X}^{\mathrm{H}}\boldsymbol{\Sigma}_0\boldsymbol{X}+\ln\left|\lambda\boldsymbol{I}_N+\boldsymbol{A}\boldsymbol{\Sigma}_0^{-1}\boldsymbol{A}^{\mathrm{H}}\right|\tag{6.77}$$

令

$$h(\boldsymbol{\gamma}_j)=\ln\left|\lambda\boldsymbol{I}_N+\boldsymbol{A}\boldsymbol{\Sigma}_0^{-1}\boldsymbol{A}^{\mathrm{H}}\right|\tag{6.78}$$

函数$h(\boldsymbol{\gamma}_j)$为凹函数，而且相对于$\boldsymbol{\gamma}_j$为非减函数，并且有式（6.79）成立：

$$h(\boldsymbol{\gamma}_j)=\min_{z_j\geqslant0}z_j^{\mathrm{H}}\boldsymbol{\gamma}_j-h^*(z_j)\tag{6.79}$$

其中，函数$h^*(z_j)$称为原函数$h(\boldsymbol{\gamma}_j)$的凹共轭函数，表示为

$$h^*(z_j)=\min_{\gamma_j\geqslant0}z_j^{\mathrm{H}}\boldsymbol{\gamma}_j-\ln\left|\lambda\boldsymbol{I}_N+\boldsymbol{A}\boldsymbol{\Sigma}_0^{-1}\boldsymbol{A}^{\mathrm{H}}\right|\tag{6.80}$$

将式（6.80）代入式（6.77），得到

$$g(\boldsymbol{X}) = \min_{\gamma_j \geqslant 0, z_j \geqslant 0} \boldsymbol{X}^{\mathrm{H}} \boldsymbol{\Sigma}_0 \boldsymbol{X} + \boldsymbol{z}_j^{\mathrm{H}} \boldsymbol{\gamma}_j - h^*(\boldsymbol{z}_j) \tag{6.81}$$

将式（6.62）代入式（6.81），得到在给定参数 $\boldsymbol{z}_j$ 的条件下，问题（6.77）的解为

$$\gamma_{j(m)} = \left(z_{j(m)}^{-\frac{1}{2}} \right)^* \boldsymbol{D}_{j(m,:)} \boldsymbol{X} \tag{6.82}$$

然后将式（6.82）代回式（6.81），得到

$$g(\boldsymbol{X}) = \min_{z_j \geqslant 0} \sum_m \left(2 z_{j(m)}^{\frac{1}{2}} \boldsymbol{D}_{j(m,:)} \boldsymbol{X} \right) - h^*(\boldsymbol{z}_j) \tag{6.83}$$

结合问题（6.80）和问题（6.82），求得 $z_{j(m)}$ 为

$$z_{j(m)}^{\frac{1}{2}} = \gamma_{j(m)}^{-1} \left[\boldsymbol{D}_{j(m,:)} \boldsymbol{\Sigma}_0^{-1} \boldsymbol{A}^{\mathrm{H}} \boldsymbol{\Sigma}_Y^{-1} \boldsymbol{A} \boldsymbol{\Sigma}_0^{-1} \boldsymbol{D}_{j(m,:)}^{\mathrm{H}} \right]^{\frac{1}{2}} \tag{6.84}$$

此时，可将式（6.84）代入式（6.76）得到优化问题：

$$\boldsymbol{X} = \arg\min_{\boldsymbol{X}} \| \boldsymbol{Y} - \boldsymbol{A}\boldsymbol{X} \|_F^2 + \lambda \sum_{j,m} 2 z_{j(m)}^{\frac{1}{2}} \boldsymbol{D}_{j(m,:)} \boldsymbol{X} \tag{6.85}$$

将式（6.84）代入式（6.85）并重新整理得到统一的 CS 算法格式：

$$\boldsymbol{X} = \arg\min_{\boldsymbol{X}} \| \boldsymbol{Y} - \boldsymbol{A}\boldsymbol{X} \|_F^2 + \lambda \sum_{j,m} w_{j(m)} \left| (\boldsymbol{D}_j \boldsymbol{X})_{(m)} \right| \tag{6.86}$$

其中，

$$w_{j(m)} = 2 z_{j(m)}^{\frac{1}{2}} \tag{6.87}$$

显然，式（6.86）是 M-MCRSBL 解的等价公式，其基本形式符合 $\boldsymbol{x}$ 空间中多重约束的重权 $\mathcal{L}_1$ 优化问题。由此我们证明了 M-MCRSBL 算法实际上相当于具有自适应参数能力的 MAP 问题。

6.4　性 能 验 证

本节通过求解多快拍波束形成模型仿真验证了 6.3 节提出的 M-MCRSBL 算法的性能。为此，本节引入了几种常用的波束形成方法与 M-MCRSBL 算法进行对比，包括传统的波束形成方法、多快拍贝叶斯压缩波束形成方法（MSBL 算法）、具有代表性的谱分析波束形成方法（MUSIC 算法）、基于交替方向方法的多快拍（multisnapshot-alternating direction method，M-ADM）LASSO[24]，以及用于多快拍模型的多重稀疏表示交替方法（multisnapshot-multiconstraint-alternating direction method，M-MC-ADM）。

1. 数值仿真初步结果

在不失一般性的前提下，按照以下步骤对几个特定的变换域生成一个复合信号。

（1）设稀疏信号 $\boldsymbol{s}_j$ 的稀疏度为 K_j（即具有 K_j 个非零项），则合成信号 $\boldsymbol{x}_j$（复合信号的第 j 部分）为

$$\boldsymbol{x}_j = \boldsymbol{V}_j \boldsymbol{s}_j \tag{6.88}$$

其中，$\boldsymbol{V}_j$ 为综合法稀疏表示的第 j 个算子。对于非可逆变换的综合法算子，通过文献[25]提出的矩阵变换非唯一地给出。具体地说，我们将在仿真中使用一阶和二阶 TV 变换的综合法算子。

（2）连接所有 J 个合成信号生成复合信号，即

$$\boldsymbol{x} = \left[\boldsymbol{x}_1^{\mathrm{T}} \ \cdots \ \boldsymbol{x}_J^{\mathrm{T}} \right]^{\mathrm{T}} \tag{6.89}$$

在本节仿真中，源信号重构仿真采用了三种稀疏变换，即恒等变换、一阶 TV 和二阶 TV。其中，恒等变换是指单位阵对应的变换，即变换前后信号不变。复合信号的稀疏度 K 定义为所有稀疏信号 $\boldsymbol{s}_j$ 的稀疏度之和，即 $K = \sum_j K_j$。因此，在蒙特卡罗仿真中，给定稀疏度 K_j，可以随机生成 $\boldsymbol{s}_j$，并重复获得复合信号 $\boldsymbol{x}$。

l 次快拍测量数据生成方式为

$$\boldsymbol{y}_l = \boldsymbol{A}\boldsymbol{x}_l + \boldsymbol{n}_l \tag{6.90}$$

对于一般的水声探测应用，目标源是从不同的角度作为多个快拍进行观测。考虑到相邻快拍附近的源功率变化不大，假设 $\boldsymbol{x}_l$ 幅值在 $l = 1, 2, \cdots, L$ 时保持不变，经实验数据验证，这一假设是合理的。而 $\boldsymbol{x}_l$ 的相位按照原复合信号方式生成。

在本节仿真中，从 SNR 的角度考虑了两种情况，即 SNR 取 40dB 和 10dB。对每个快拍分别添加复噪声，如式（6.91）所示，SNR 定义为

$$\mathrm{SNR} = 10\lg \frac{E\left[\left\| \boldsymbol{A}\boldsymbol{x}_l \right\|^2 \right]}{E\left[\left\| \boldsymbol{n}_l \right\|^2 \right]} \tag{6.91}$$

在仿真中，采用由 60 个单元组成的线性传感器阵列，单元间隔为 d，等于源的半波长。根据式（6.90）生成复合信号，并且复合信号的稀疏度取 $K = 15$，即每个变换（恒等变换、一阶 TV 和二阶 TV）$K_j = 5$。稀疏信号 $\boldsymbol{s}_j$ 为复信号，其幅值从支持域[0.5, 1]均匀随机生成，相位从[−90°，90°]均匀随机生成。仿真中测量快拍数目取 $L = 20$。预定义波束的角度网格满足[−90°: 0.70°: 90°]，即角度采样间隔为 0.70°，因此有预成波束数目 $M = 256$。

SNR 为 40dB 的归一化重构结果如图 6.3 所示。仿真中 M-MCRSBL 算法采用恒等变换、一阶 TV 和二阶 TV 三种约束。复合信号的第一部分相对于二阶 TV 是稀疏的，用来描述斜坡形状的目标；第二部分是固有稀疏的，对应恒等变换；第三部分相对于一阶 TV 是稀疏的，表示具有阶梯状轮廓的目标。由图 6.3（b）可见，取容差 $\varepsilon=10^{-3}$ 并达到收敛时，M-MCRSBL 算法能够以很高的准确度重构原信号幅值。与其他方法相比，传统波束形成的覆盖范围更窄，导致波束两端有较高的旁瓣。如图 6.3（d）所示，MUSIC 算法几乎无法恢复信号，频谱中只能观测到部分点源，连续源被重建为单峰，说明该算法很难用于非点目标的信号重构。MSBL 采用了多快拍 BCS 的快速计算，其稀疏度 K 需事先定义。而 M-ADM 和 M-MC-ADM 两种算法均采用了 ADMM 求解，导致在执行时存在大量参数需要根据经验设置。一般情况下，为使迭代达到收敛会对相关参数给出范围限制，然而为了使得重构性能达到最优，有必要谨慎地选择最优参数，选择结果也与问题本身有关。这就是 SBL 算法优于 CS 算法的部分原因（SBL 几乎不需要人工选择参数）。在本仿真中，参数选择为 $\mu=10^{-3}$，$\beta=0.5$，$\tau=0.1$ 和 $\gamma=0.5$。

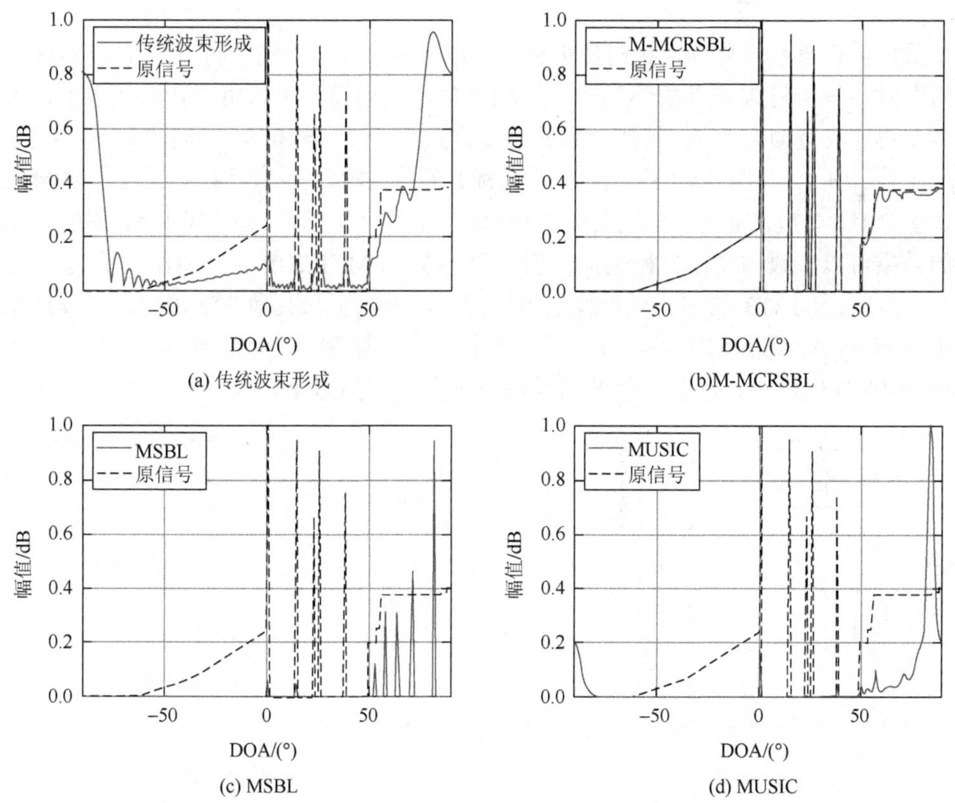

(a) 传统波束形成　(b)M-MCRSBL

(c) MSBL　(d) MUSIC

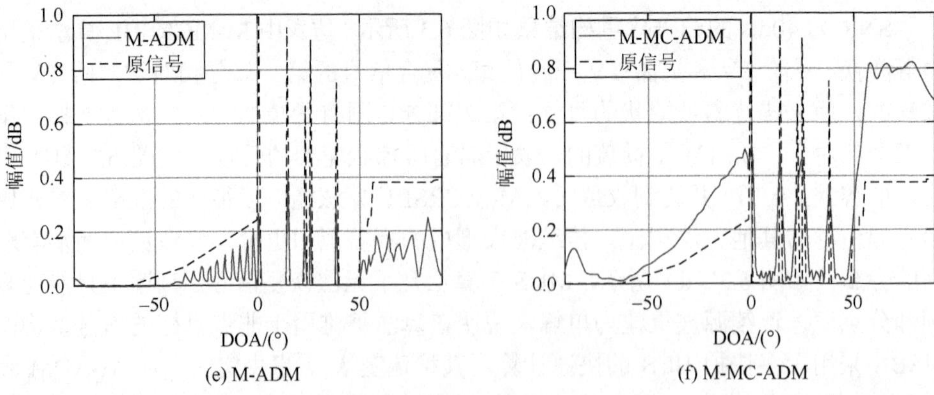

(e) M-ADM　　　　(f) M-MC-ADM

图 6.3　SNR 为 40dB 的归一化重构结果

M-MC-ADM 的问题表示为

$$\min_{X}\sum_{j=1}^{J}\omega_j\left\|\boldsymbol{D}_j\boldsymbol{X}\right\|_{2,1}+\frac{1}{2\mu}\left\|\boldsymbol{AX}-\boldsymbol{Y}\right\|_F^2 \tag{6.92}$$

其中，权重满足 $\sum_{j=1}^{J}\omega_j=1$。由于事先无法得知原问题的权重情况，最稳妥的方式是采用等权重正则化项，我们使用 $\omega_j=1/J$。在求解各个变换域的 M-MC-ADM 子问题时，只需将 $\boldsymbol{X}$ 重新表述为一个二次型最小化问题，可以用闭合形式求解，不需要再定义近似参数 τ。其他参数的设置方式如下：$\mu=10^{-3}$，$\beta_j=0.9$ 和 $\gamma_j=0.5$，$j=1,\cdots,J+1$。如图 6.3（e）所示，点目标源的重构精度较高，而连续的部分被重构成多个峰，会被错误地解释为若干个功率较大的点源。从图 6.3（f）中 M-MC-ADM 的结果可以大致识别出目标剖面，但明显不及 M-MCRSBL 算法的结果准确。

SNR 为 10dB 的归一化重构结果如图 6.4 所示。与其他方法相比，当噪声水平较高时，M-MCRSBL 算法在重构点目标和连续轮廓时仍然性能最好。同时，相对于 40dB 的情况，所有方法的结果都有一定程度的恶化。

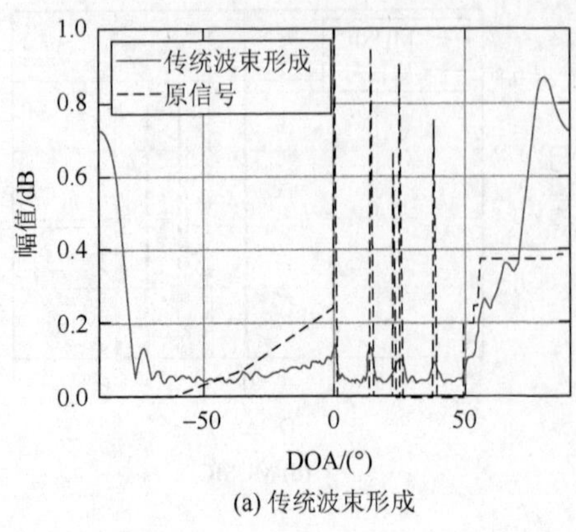

(a) 传统波束形成

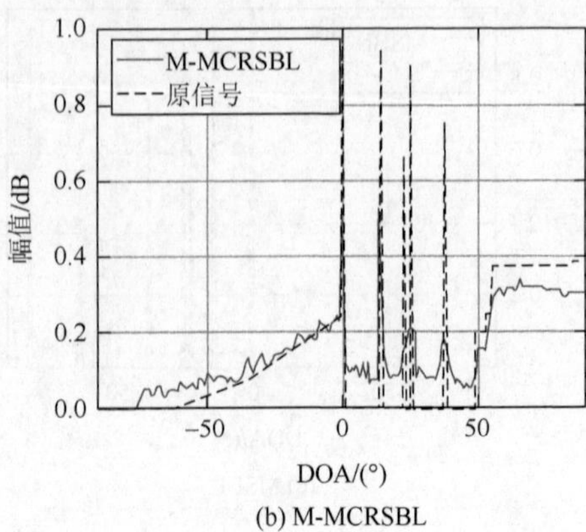

(b) M-MCRSBL

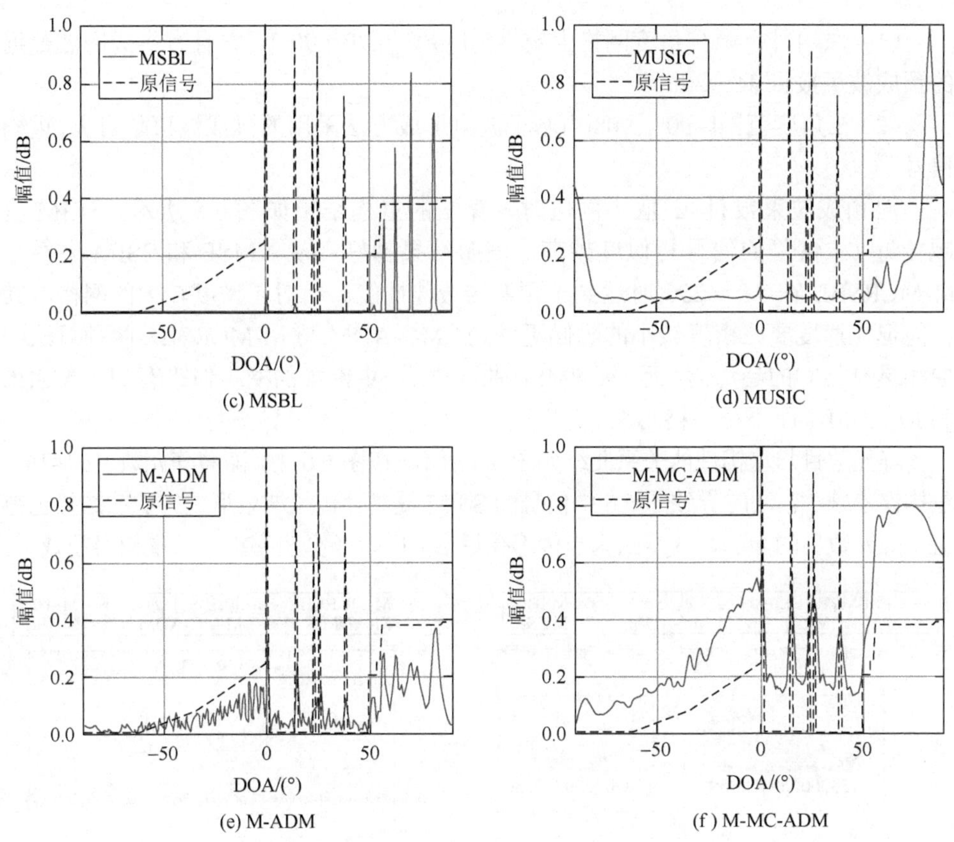

(c) MSBL　(d) MUSIC

(e) M-ADM　(f) M-MC-ADM

图 6.4　SNR 为 10dB 的归一化重构结果

2. 复合信号重构仿真

为了定量衡量所有方法的重构性能，采用 NMSE 和结构相似性指标度量（structure similarity index measure，SSIM）指数作为估计指标。由于波束形成需要在复数域计算，定义复数域的重构 NMSE 为

$$\mathrm{NMSE}(\hat{\boldsymbol{X}})=\frac{\left\|\hat{\boldsymbol{X}}-\boldsymbol{X}\right\|_F^2}{\left\|\boldsymbol{X}\right\|_F^2} \tag{6.93}$$

其中，$\hat{\boldsymbol{X}}$ 为信号估计值；$\boldsymbol{X}$ 为原信号。

SSIM 是对两个信号之间相似性的定量度量，体现了对象结构的属性[26]。采用蒙特卡罗仿真，随机生成稀疏信号 $\boldsymbol{s}_j$。每个结果都要进行 200 次重复实验，NMSE 和 SSIM 指数由实验的平均值求得。由于 MUSIC 只做伪谱估计，以下结果只考虑源目标的功率。

首先，为了验证角度网格失配误差对算法的影响，配置仿真参数如下。

（1）原始目标源在角度网格上定义为[−90°: 0.70°: 90°]，并且有生成回波数据的预成波束数目 $M = 256$。

（2）在角度范围[−90°，90°]内基于波束形成方法采用的预成波束数目 M_s 重构信号。

对预成波束数目 M_s 取不同值时，算法的重构结果如图 6.5 所示。SSIM 值越接近 1，恢复的信号相似度越高，表明结果越好。从 NMSE 和 SSIM 来看，M-MCRSBL 在 $M_s = 256$ 时达到了预期的最佳性能。而对于密度较大的网格，其性能退化速度要比密度较小的时候更慢。M-MC-ADM 与 M-MCRSBL 两种算法的曲线具有相同的趋势。然而，从 NMSE 曲线来看，更密集的网格似乎有利于 MSBL 和 M-ADM，而不是网格对准。

阵元数目与重构性能关系曲线如图 6.6 所示。在图 6.6 中，随着阵元数目的增加，重构误差减小，同时导致图 6.6 中信号的 SSIM 提高。传统波束形成方法的结果也得益于阵元数目的增加，这是因为当传感孔径增大时，角分辨率提高，重构误差减小。

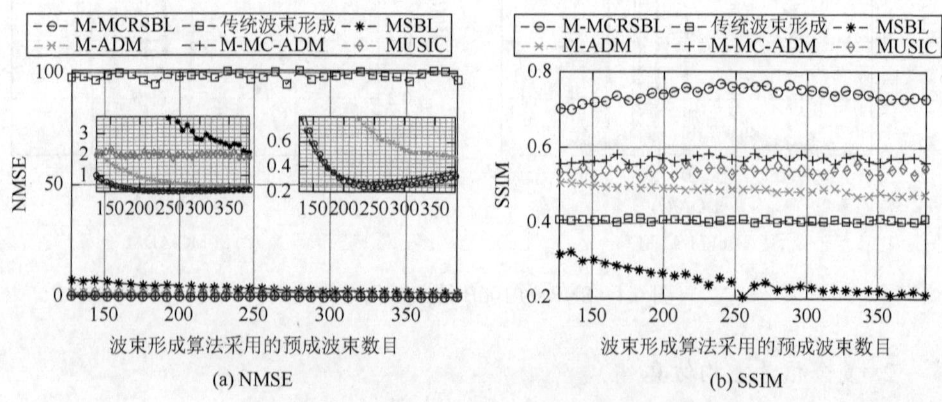

图 6.5　网格失配情况下的仿真结果

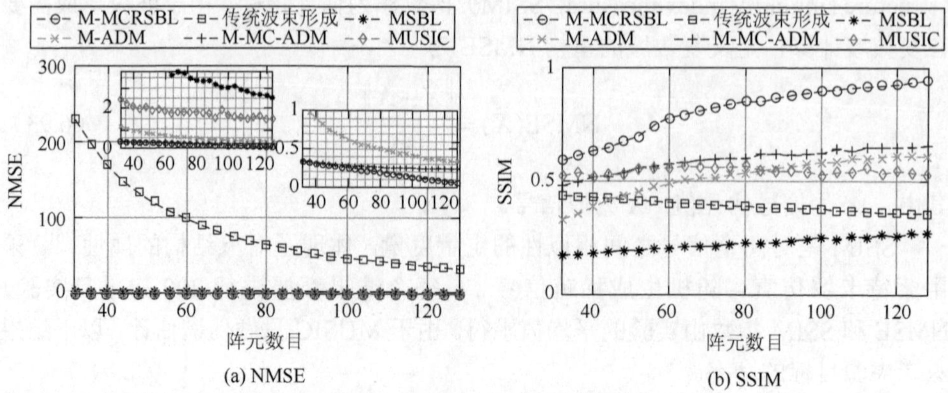

图 6.6　阵元数目与重构性能关系

目标源的稀疏度与重构性能关系曲线如图 6.7 所示。从图 6.7（b）的 SSIM 可以看出，稀疏度的依赖性很明显：随着稀疏度增加，重构性能下降。从图 6.7（b）中的 M-MCRSBL 和 M-ADM 两种算法曲线看，减少源稀疏度可以获得更好的性能。

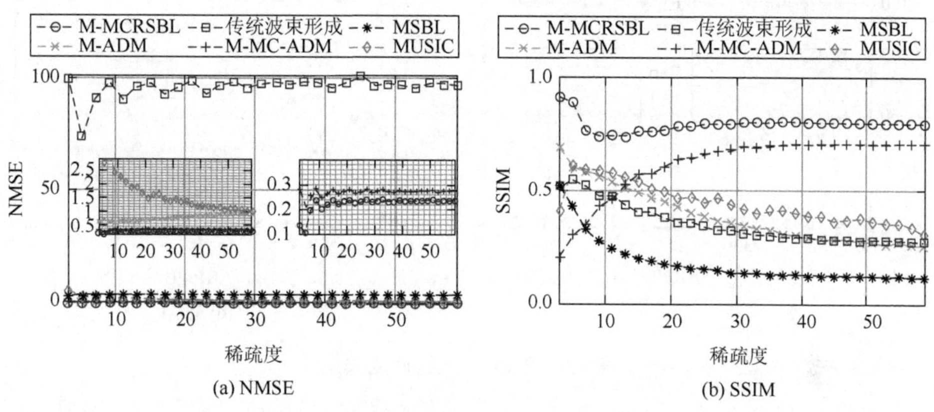

图 6.7　目标源的稀疏度与重构性能关系

图 6.8 给出了模型快拍数目与重构性能关系曲线。从 NMSE 和 SSIM 性能看，M-MCRSBL 和 M-MC-ADM 的性能可以随着快拍数目的增加而提高，MUSIC 也随快拍数目的增加呈提高趋势。

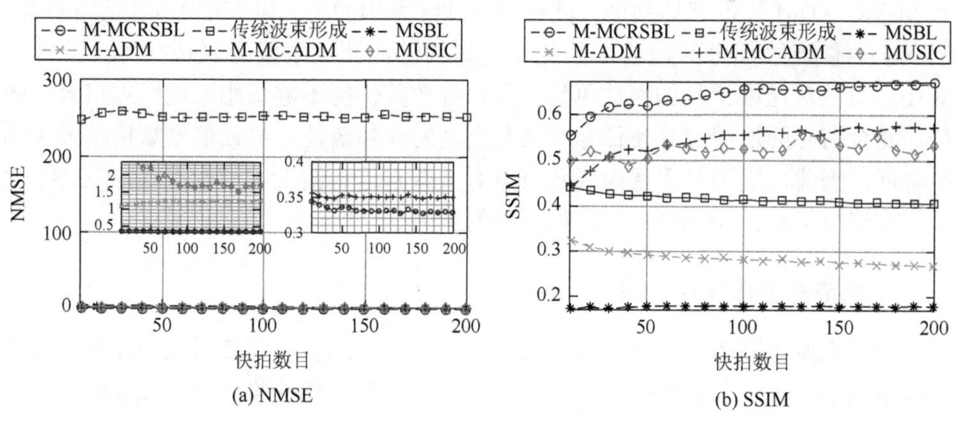

图 6.8　模型快拍数目与重构性能关系

最后，对不同 SNR 条件下算法的重构性能进行讨论，结果如图 6.9 所示。随着 SNR 的增加，M-MCRSBL、M-ADM、M-MC-ADM、MUSIC 等算法的 NMSE 越小，SSIM 越大，意味着算法的重构性能越好，而其他算法似乎改变不大。其原因可以从数值仿真初步结果中看出：在 SNR 较低的情况下，噪声水平上升，但 M-ADM 和 M-MC-ADM 算法连续部分的轮廓反而重构得更好。

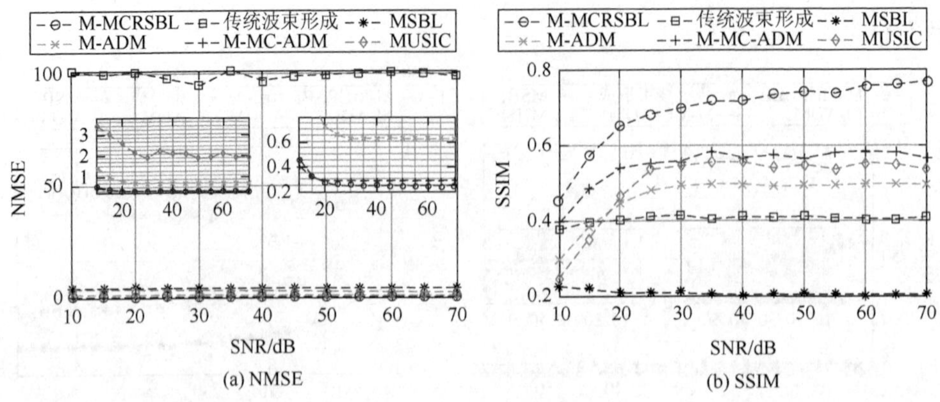

(a) NMSE　　(b) SSIM

图 6.9　SNR 与重构性能关系

总体来说，本节的仿真结论与之前的相关工作有很大的不同。在本书的工作中，目标源是由点源和连续轮廓两部分组成的，它们在恒等变换、一阶 TV 和二阶 TV 变换域中是稀疏的。从图 6.5～图 6.9 的结果可以看出，M-MCRSBL 算法的恢复性能在 NMSE 和 SSIM 上都明显优于其他方法。尽管所有压缩波束形成方法都能以较高的精度重构点源，其他压缩波束形成方法，包括 MSBL、M-ADM 和 M-MC-ADM 都没有达到令人满意的连续源重构能力。M-MC-ADM 的特点是，倾向于高估连续部分的幅值，因此在定量的性能测试中没有表现很好。此外，MSBL 算法对连续信号的高估更为明显，导致其性能不够理想。这一点很容易解释，复合信号的连续部分使目标源具有高度的非稀疏性，导致信号重构精度大幅度降低。因此，采用多重稀疏表示可以有效改善这种情况，这也是 M-MC-ADM 在所有情况下都比 M-ADM 表现得更好的原因。

3. 缺陷敏感性实验

对于变换矩阵 $\boldsymbol{D}_j$，从矩阵求逆角度，能够采用综合法直接引入稀疏变换需要矩阵 $\boldsymbol{D}_j$ 是满秩的。而分析法的优势在于，对于非满秩的变换依然可以执行。本节研究在变换矩阵不同的可逆性条件下算法的重构性能。本节设计了一个缺陷敏感性实验来定量地衡量这个近似的结果，其原理是基于以下分析法和综合法估计量之间的等价定理。

定理 6.2　假设复数域变换 $\boldsymbol{D}\in\mathbb{C}^{M\times N}$ 的秩 $\mathrm{rank}(\boldsymbol{D})=M$，而且 $N>M$。定义参数 $u=N-M$ 和满秩矩阵 $\boldsymbol{B}\in\mathbb{C}^{u\times N}$ 使得

$$\tilde{\boldsymbol{D}} = \begin{bmatrix} \boldsymbol{B} \\ \boldsymbol{D} \end{bmatrix} \tag{6.94}$$

为可逆阵。假设$\boldsymbol{V} = [\boldsymbol{V}_U \quad \boldsymbol{V}_{-U}] = \tilde{\boldsymbol{D}}^{-1}$，则

$$\begin{aligned} \hat{\boldsymbol{x}} &= \arg\min_{\boldsymbol{x}} \frac{1}{2\sigma^2}\|\boldsymbol{y} - \boldsymbol{A}\boldsymbol{x}\|_2^2 + \|\boldsymbol{D}\boldsymbol{x}\|_1 \\ &= \boldsymbol{V}\arg\min_{\boldsymbol{s}} \frac{1}{2\sigma^2}\|\boldsymbol{y} - [\boldsymbol{A}\boldsymbol{V}_U \quad \boldsymbol{A}\boldsymbol{V}_{-U}]\boldsymbol{s}\|_2^2 + \|\boldsymbol{s}_{-U}\|_1 \end{aligned} \tag{6.95}$$

其中，集合 $U = [u]$为对应标号，$-U = [N]/U$； $\hat{\boldsymbol{x}}$是 $\boldsymbol{x}$ 的估计值。

因此，根据定理 6.2，可以从非奇异阵 $\tilde{\boldsymbol{D}}$ 中去掉 u 行来构造一个非满秩变换 $\boldsymbol{D}$。较大的 u 表示变换的可逆性更差，因此这里的缺陷指非满秩情况，缺陷敏感性实验是为了验证不同缺陷 u 情况下算法的重构性能。一种可行且简便的方法是使用完全正交基的变换 $\tilde{\boldsymbol{D}}$，并采用蒙特卡罗仿真从 $\tilde{\boldsymbol{D}}$ 中随机剔除 u 行。在仿真中，我们使用了 Haar 小波和 Daubechies 小波。缺陷 u 与重构性能关系如图 6.10 所示。M-MCRSBL 算法由于采用了分析法引入稀疏变换，因此在处理非满秩变换时性能明显优于 M-MC-ADM 算法。此外，原始的压缩波束形成方法在处理高缺陷稀疏变换时是非常困难的，原因是稀疏变换系数的稀疏性可能会由于较低的变换维数而变差。例如，n 阶 TV 的缺陷可视为 n，仍然可以采用 M-MCRSBL 算法高精度重构目标源信号。

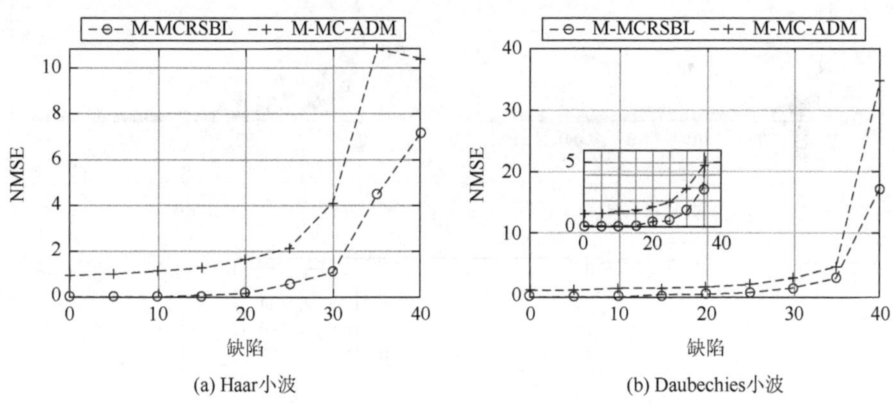

图 6.10 变换矩阵的缺陷 u 与重构性能关系

4. 收敛性和计算复杂度分析

首先，定义指标容限 Tol 来表征 M-MCRSBL 的收敛性：

$$\text{Tol} = \frac{\left\|\boldsymbol{X}^{(k)} - \boldsymbol{X}^{(k-1)}\right\|_F}{\left\|\boldsymbol{X}^{(k)}\right\|_F} \tag{6.96}$$

其中，$\boldsymbol{X}^{(k)}$和$\boldsymbol{X}^{(k-1)}$分别指多快拍信号在第 k 次迭代和 k–1 次迭代的估计值。在仿真中，当 Tol 降低到一个预定义值时，认定算法达到收敛。

本节分析了复信号数值仿真中各种算法的收敛速度。M-MCRSBL 算法收敛速度如图 6.11 所示。从图 6.11 中可以得出一些有用的结论。

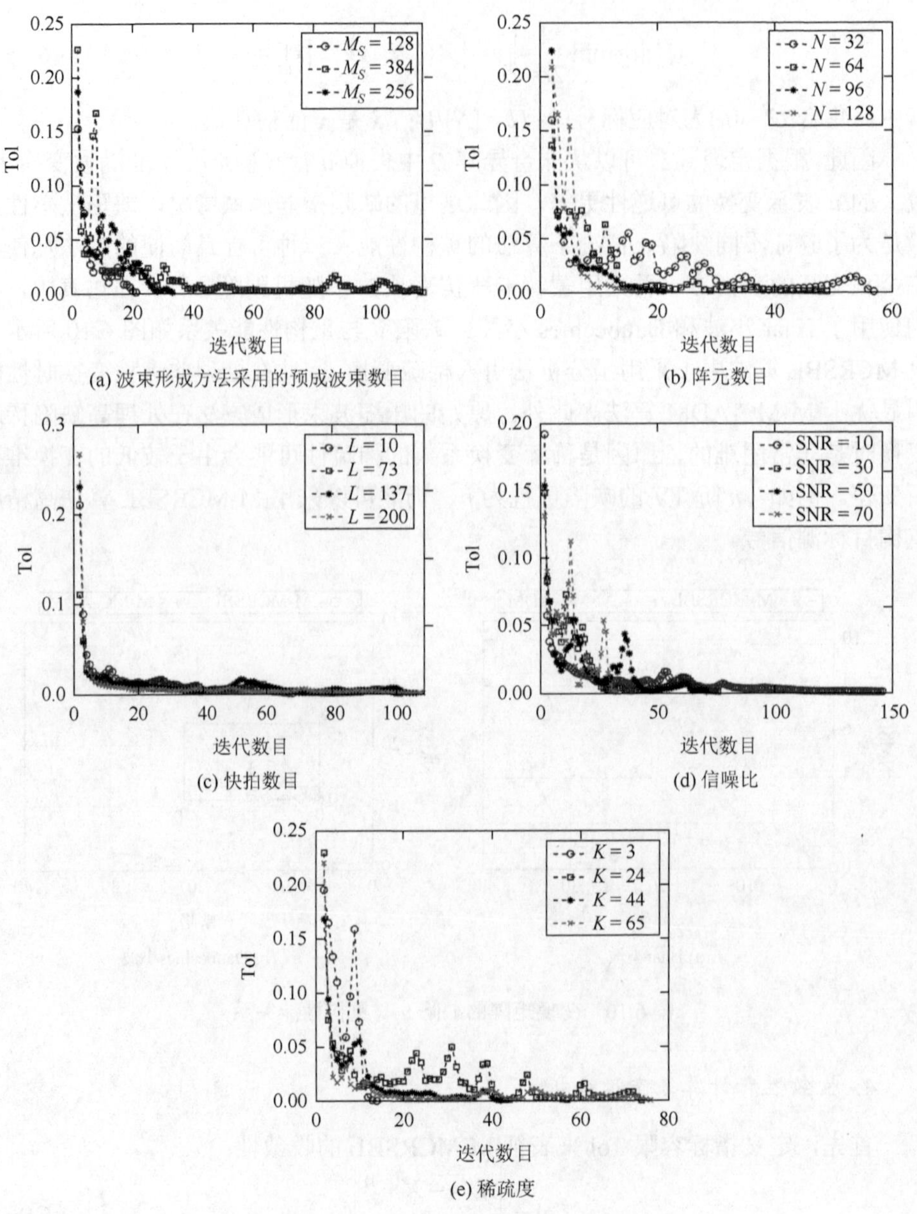

图 6.11　M-MCRSBL 算法收敛速度

（1）增加波束形成方法采用的预成波束数目和快拍数目时，需要更多的迭代次数来达到收敛。原因是随着 $\boldsymbol{X}$ 维度的增加，包括行和列的增加，收敛速度会降低。

（2）传感器阵元数目越多，SNR 越高，算法收敛速度越快。

（3）在波束形成模型中，收敛速度与稀疏度 K 的关系不明显。

M-MCRSBL 算法是 SBL 算法的扩展，与 SBL 相同，其计算开销主要由协方差矩阵决定，即矩阵求逆运算，其复杂度为 $O(M^3)$。而对于 M-MC-ADM 来说，矩阵乘法运算是计算量的主要来源，每次迭代的复杂度为 $O(M^2L)$。本节的仿真和实验程序均使用个人计算机来运行，计算机配置为：2 核 Intel（R）Xeon（R）CPU E5-2650，内存为 64GB。我们将每种算法的计算时间列于表 6.1 中。从计算时间看，M-MCRSBL 算法的运算复杂度与传统的 SBL 算法不相上下。而 MSBL 算法是 MMV 模型的加速方法，比 M-MCRSBL 算法快。此外，仿真中还发现取适当的稀疏表示组合有助于加快收敛速度。因此，M-MC-ADM 的收敛速度比 M-ADM 更快。

表 6.1　各算法的运算时间

算法	计算时间/s
传统波束形成方法	0.0030
M-MCRSBL	1.7206
MSBL	0.7949
MUSIC	0.0034
M-ADM	0.3887
M-MC-ADM	0.0676

5. 海试实验数据处理

为验证算法的实际性能，本节的海试实验基于 1996 年 5 月 10 日至 18 日在加利福尼亚州圣迭戈附近洛马角尖端约 12km 的近海水域进行的 SWellEx-96 实验声学数据[27]。实验中采用两个拖拽声源，分别为深源和浅源。在 S5 实验中，声源会同时辐射 50～400Hz 不同带宽、不同频率的声信号。本节只对深度约 9m 处的浅源感兴趣。声源同时发射 109Hz、127Hz、145Hz、163Hz、198Hz、232Hz、280Hz、335Hz 和 385Hz 共 9 个频率。

实验中使用 64 单元声传感器垂直线阵列（vertical line array，VLA）记录数据，该阵列从垂直向西倾斜 2°～3°。VLA 部署在水下 16.5m，阵元间隔 1.875m。工作期间，VLA 以 1500Hz 的采样率记录了完整的 75min 数据。其中，我们选取离源最近点的采样数据，即 59.5～61min 的数据，将这些数据分成 87 个有重叠的快拍。取 60min 时最近点对应的快拍，归一化波束形成谱如图 6.12 所示。在图中可以识别出发送的声源频谱，包括浅源、深源及多径信号。

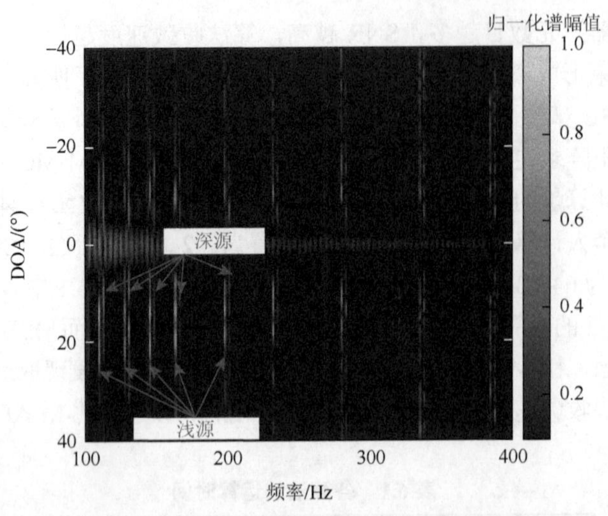

图 6.12　60min 时快拍的归一化波束形成谱

在实验中选取浅源的前 6 个频率，即 109Hz、127Hz、145Hz、163Hz、198Hz 和 232Hz，分别采用传统波束形成方法、M-MCRSBL（恒等变换和 Haar 小波稀疏表示）、MSBL、MUSIC、M-ADM 和 M-MC-ADM（恒等变换和 Haar 小波稀疏表示）6 种方法对数据进行处理。同时采用所有 87 组快拍数据，其归一化幅值图如图 6.13～图 6.18 所示，分别对应 6 个频率。上半部分是所有快拍重构源 $\boldsymbol{X}$ 的归一化幅值图，而下半部分是所有快拍重构 $\boldsymbol{X}$ 的均值曲线。从传统波束形成方法的结果看，除了声源谱线之外，所有频率都可以观察到严重的多径传播峰值。在 MUSIC 算法中，我们将源的数量设为 1。由于 MUSIC 算法使用多快拍数据并输出一维功率谱，因此不能通过逐快拍的方式重建 $\boldsymbol{X}$。M-ADM 和 M-MC-ADM 两种算法的参数设置仿真过程相同。

从图 6.13～图 6.18 的结果可以看出，MSBL、M-ADM 和 M-MC-ADM 三种算法在提高分辨率和抑制噪声方面具有优势。而采用恒等变换和 Haar 小波稀疏表示的 M-MCRSBL 不仅在分辨率上有显著提高，而且在抑制弱干扰源（如多径传播峰值）方面产生了作用。需要注意的是，这并不意味着 M-MCRSBL 能够直接减轻水下多径干扰，因为从传播模型角度看二者没有区别。如图 6.15（b）所示，M-MCRSBL 无法从多径干扰中识别出声源信号，当 $f = 145\text{Hz}$ 时，多径干扰信号的功率过高，无法抑制。另外，与 M-ADM 相比，采用恒等变换和 Haar 小波稀疏表示的 M-MC-ADM 性能增益较小。显然，M-MC-ADM 并没有很好地利用稀疏域特性。

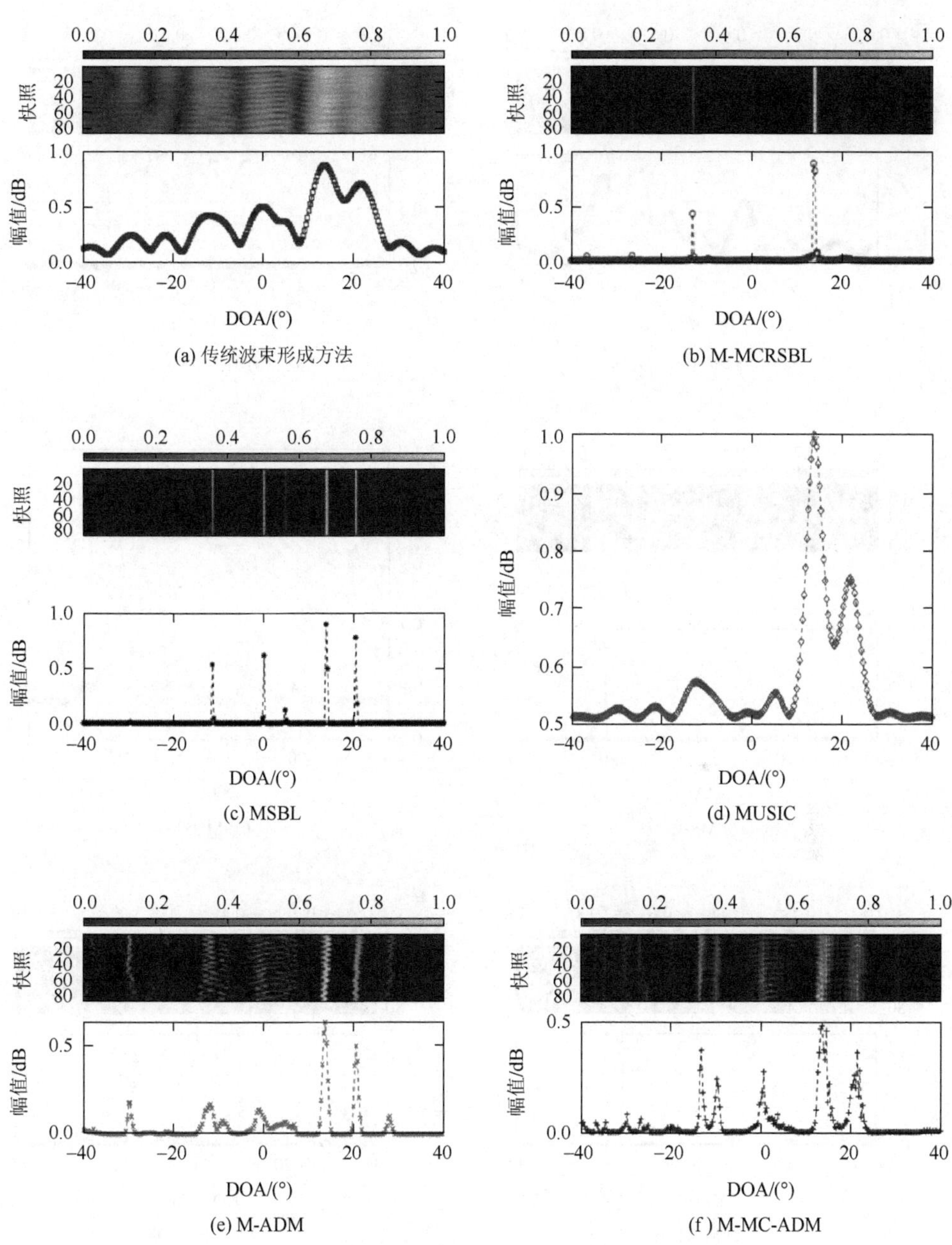

图 6.13　$f=109\text{Hz}$ 时采用各种算法的重构结果

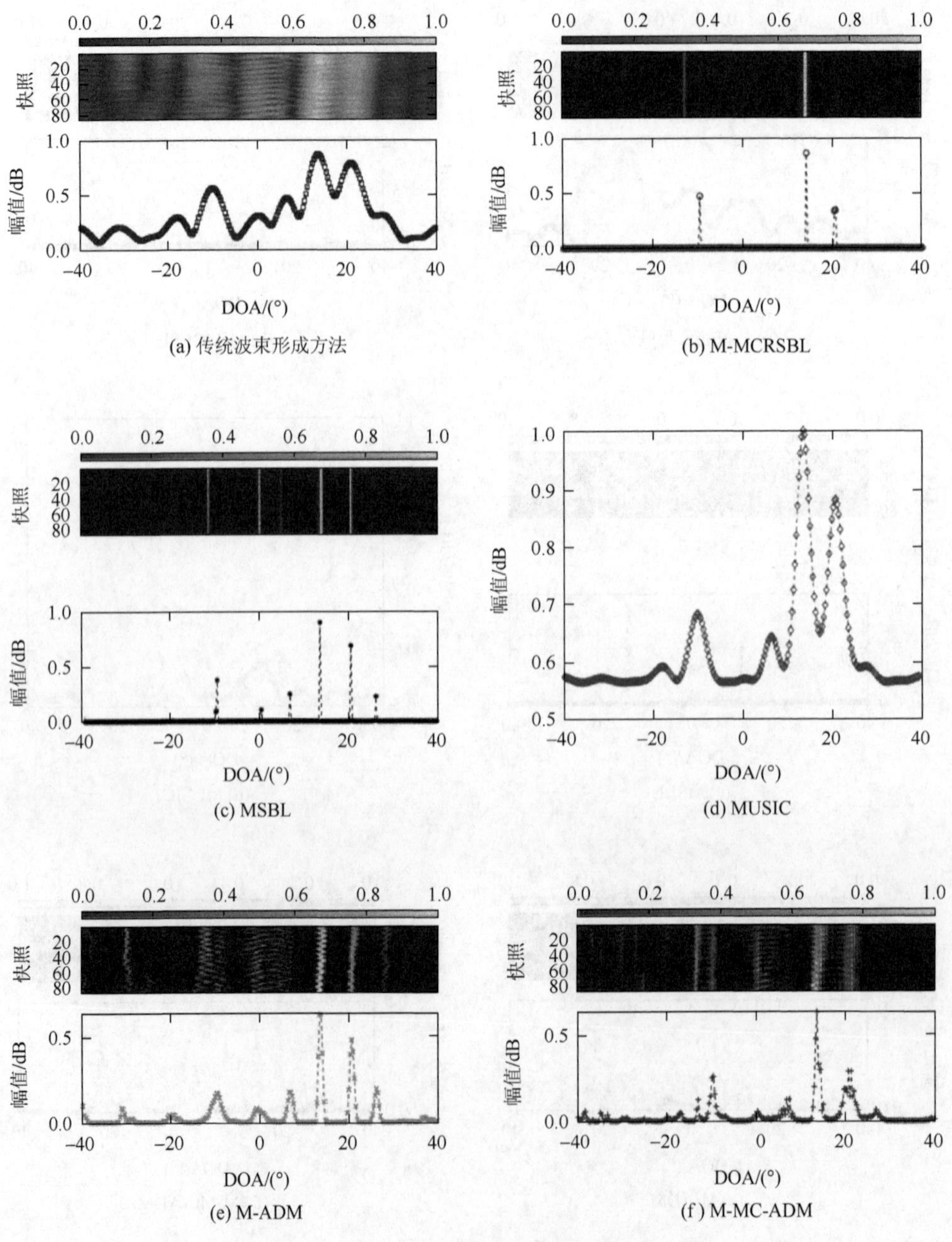

图 6.14　$f = 127\text{Hz}$ 时采用各种算法的重构结果

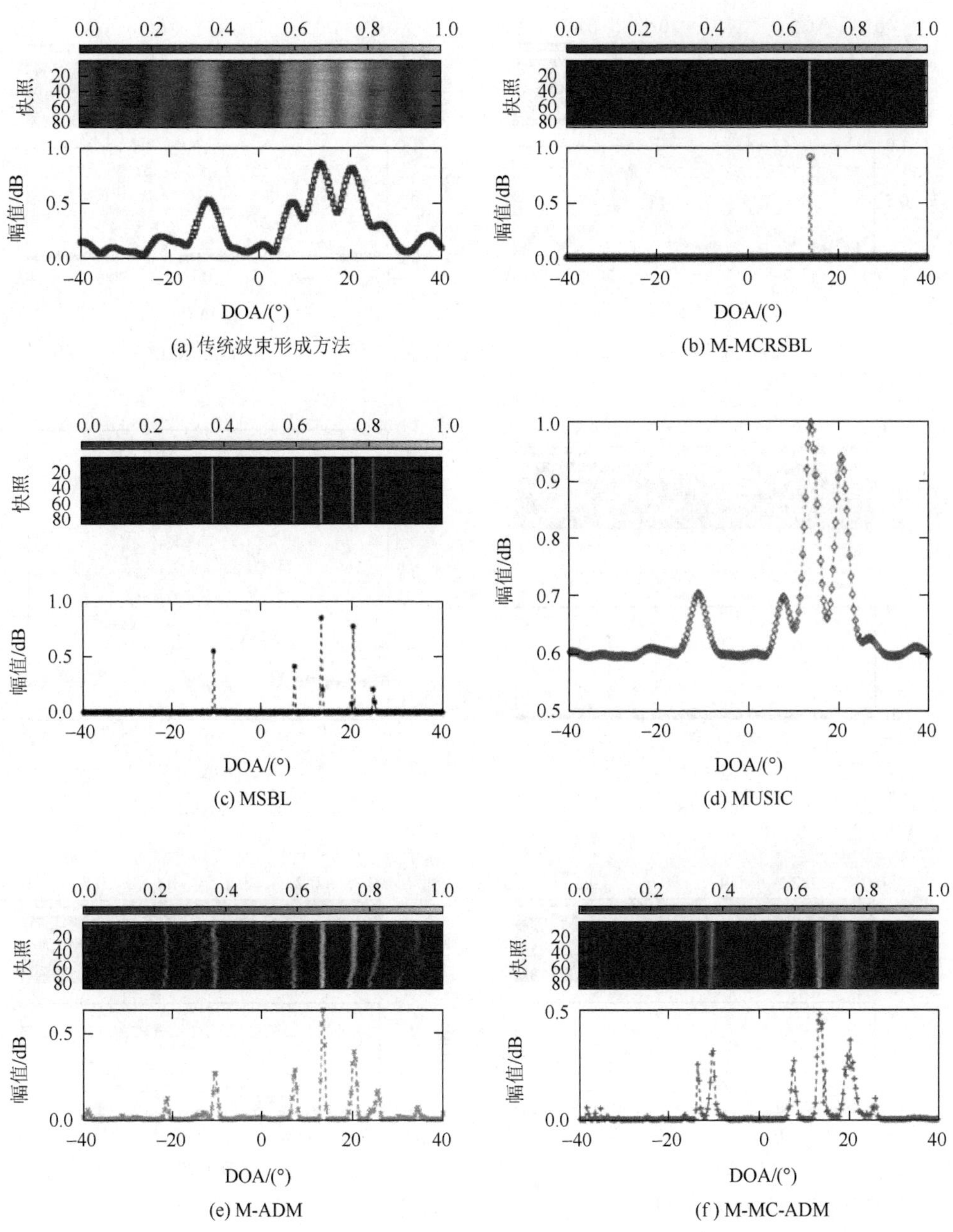

图 6.15　$f = 145\text{Hz}$ 时采用各种算法的重构结果

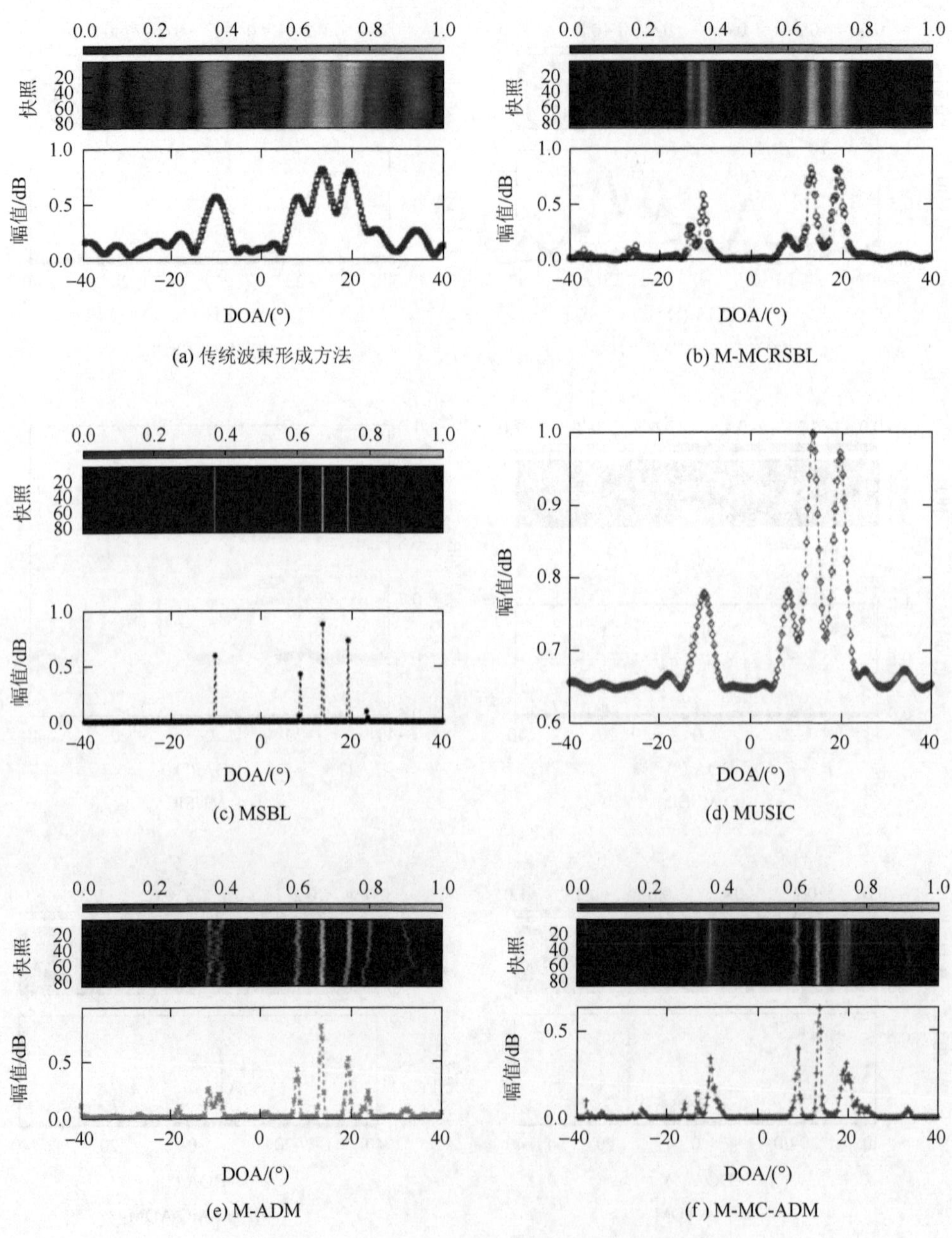

图 6.16　$f = 163\text{Hz}$ 时采用各种算法的重构结果

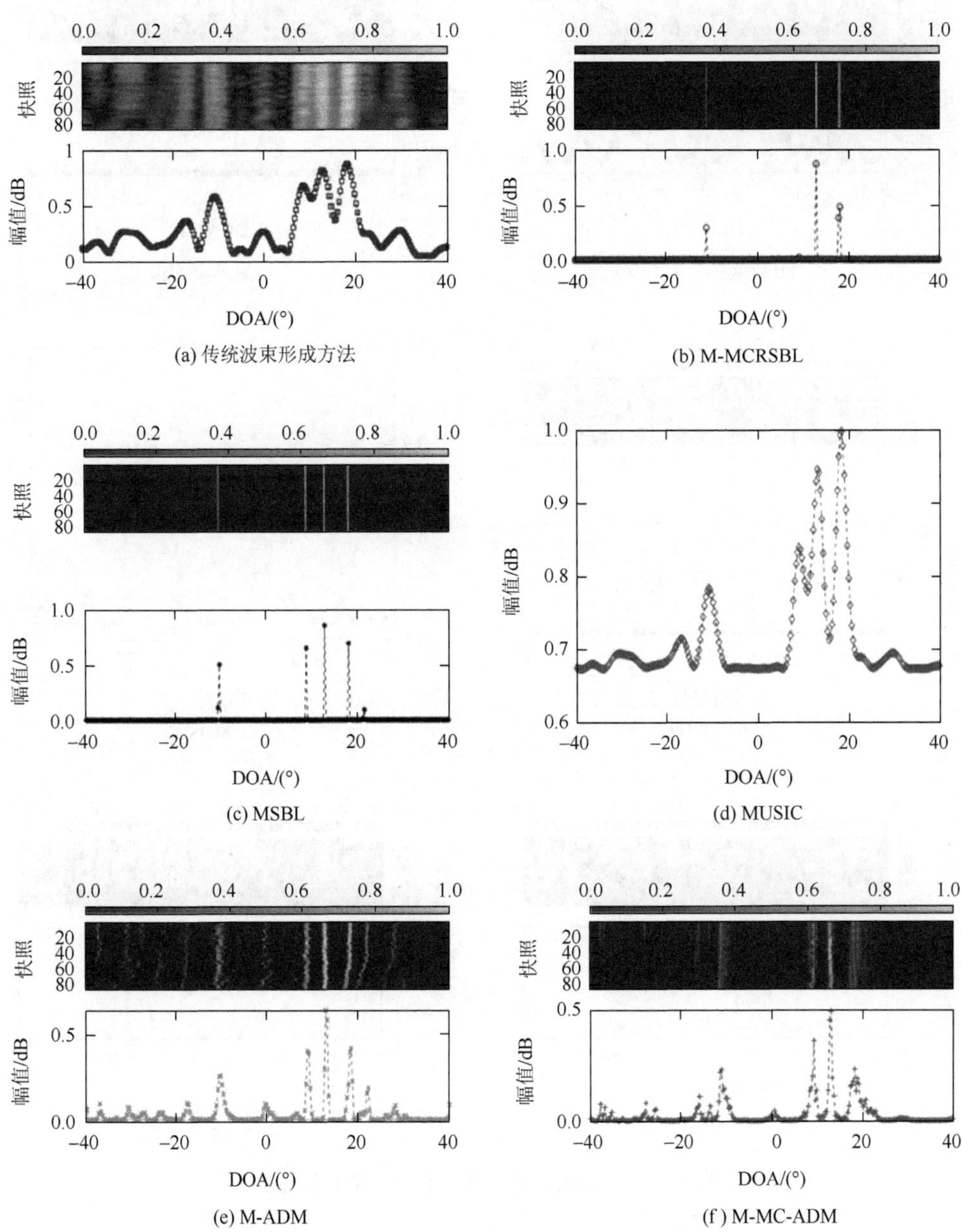

(a) 传统波束形成方法　(b) M-MCRSBL

(c) MSBL　(d) MUSIC

(e) M-ADM　(f) M-MC-ADM

图 6.17　$f = 198$Hz 时采用各种算法的重构结果

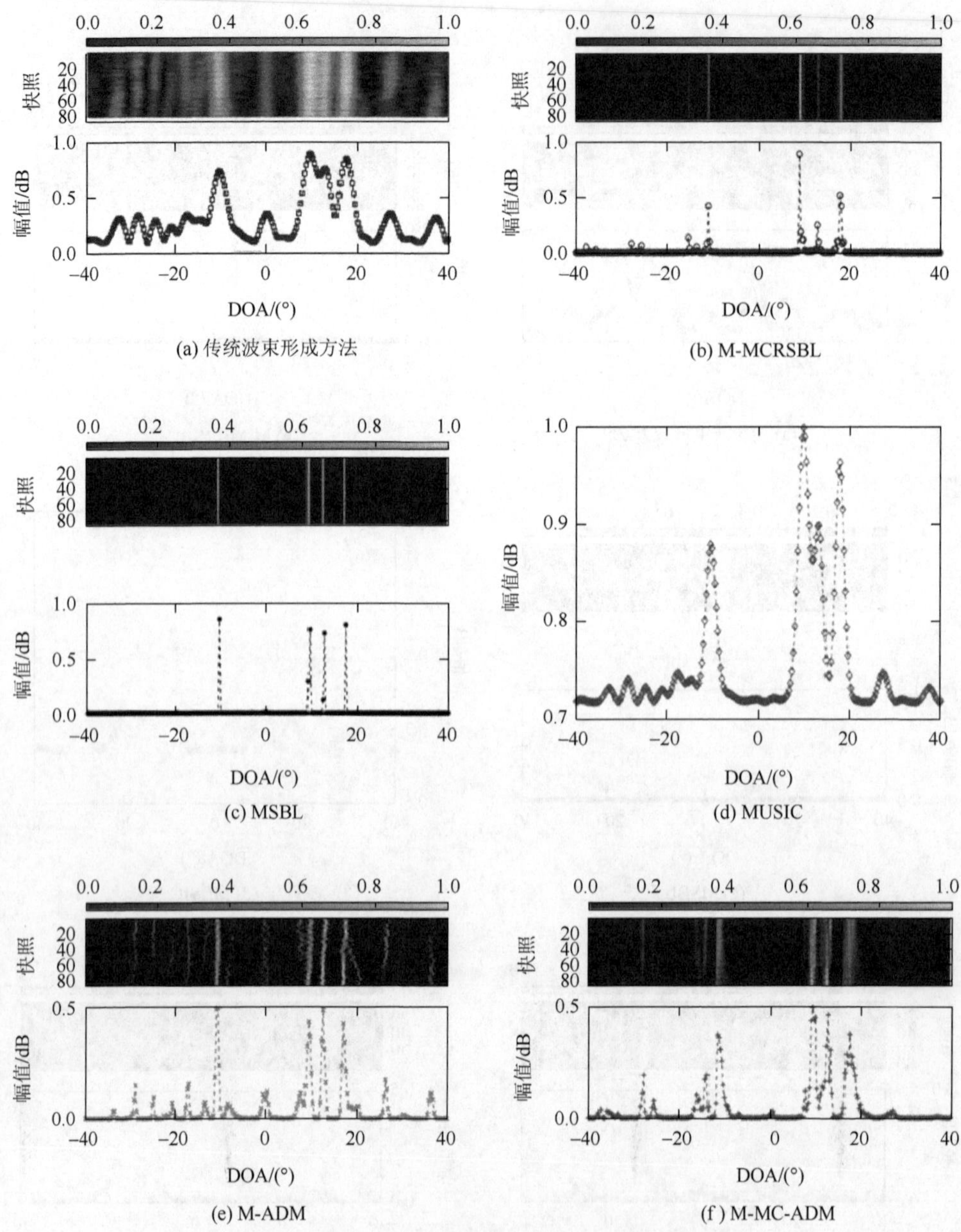

图 6.18　$f = 232\text{Hz}$ 时采用各种算法的重构结果

从上述仿真和实验结果看，多重稀疏表示 SBL 算法具有下述特点。

（1）对于复杂的目标源信号，很难直接采用压缩波束形成或者贝叶斯压缩波束形成实现高精度的信号恢复，有必要采用特定的稀疏变换或变换组。仿真结果表明，M-MCRSBL 算法明显优于其他算法，包括针对多快拍模型的 M-MC-ADM 算法。

（2）在水下声学实验数据处理中，采用 M-MCRSBL（恒等变换和 Haar 小波稀疏表示）不仅提高了波束形成的分辨率，而且可以有效地抑制低功率干扰源，如多径干扰信号。

总结起来，经数值仿真和海试实验数据证明，多重稀疏表示 SBL 算法可用于求解多快拍波束形成模型，并证明了比其他方法（包括压缩波束形成方法、多重稀疏表示压缩波束形成方法、SBL 算法和谱估计器 MUSIC 算法）具有更优的性能。

参 考 文 献

[1] Zhang Z L，Rao B D. Extension of SBL algorithms for the recovery of block sparse signals with intra-block correlation[J]. IEEE Transactions on Signal Processing，2013，61（8）：2009-2015.

[2] Zhang L，Wei W，Tian C N，et al. Exploring structured sparsity by a reweighted Laplace prior for hyperspectral compressive sensing[J]. IEEE Transactions on Image Processing，2016，25（10）：4974-4988.

[3] Ji S H，Dunson D，Carin L. Multitask compressive sensing[J]. IEEE Transactions on Signal Processing，2009，57（1）：92-106.

[4] Poli L，Oliveri G，Viani F，et al. MT-BCS-based microwave imaging approach through minimum-norm current expansion[J]. IEEE Transactions on Antennas and Propagation，2013，61（9）：4722-4732.

[5] Sadeghigol Z，Haddadi F，Kahaei M H. Bayesian compressive sensing using tree-structured complex wavelet transform[J]. IET Signal Processing，2015，9（5）：412-418.

[6] Anselmi N，Salucci M，Oliveri G，et al. Wavelet-based compressive imaging of sparse targets[J]. IEEE Transactions on Antennas and Propagation，2015，63（11）：4889-4900.

[7] Al Hilli A，Najafizadeh L，Petropulu A. Weighted sparse Bayesian learning （WSBL）for basis selection in linear underdetermined systems[J]. IEEE Transactions on Vehicular Technology，2019，68（8）：7353-7367.

[8] Liu D H，Kamilov U S，Boufounos P T. Compressive tomographic radar imaging with total variation regularization[C]. International Workshop on Compressed Sensing Theory and its Applications to Radar，Sonar and Remote Sensing，Aachen，2016：120-123.

[9] Jidesh P，K S H. Non-local total variation regularization models for image restoration[J]. Computers & Electrical Engineering，2018，67：114-133.

[10] Ma J W，Plonka G. The curvelet transform[J]. IEEE Signal Processing Magazine，2010，27（2）：118-133.

[11] Eslahi N，Aghagolzadeh A. Compressive sensing image restoration using adaptive curvelet thresholding and nonlocal sparse regularization[J]. IEEE Transactions on Image Processing，2016，25（7）：3126-3140.

[12] Kutyniok G，Lim W Q，Reisenhofer R. ShearLab 3D：Faithful digital shearlet transforms based on compactly supported shearlets[J]. ACM Transactions on Mathematical Software，2016，42（1）：1-42.

[13] Lim W Q. The discrete shearlet transform：A new directional transform and compactly supported shearlet frames[J]. IEEE Transactions on Image Processing，2010，19（5）：1166-1180.

[14] Chen J，Gao Y T，Ma C H，et al. Compressive sensing image reconstruction based on multiple regulation constraints[J]. Circuits Systems and Signal Processing，2017，36（4）：1621-1638.

[15] Anselmi N，Poli L，Oliveri G，et al. Iterative multiresolution Bayesian CS for microwave imaging[J]. IEEE Transactions on Antennas and Propagation，2018，66（7）：3665-3677.

[16] Guo L，Abbosh A M. Microwave imaging of nonsparse domains using born iterative method with wavelet transform and block sparse Bayesian learning[J]. IEEE Transactions on Antennas and Propagation，2015，63（11）：4877-4888.

[17] Wang M J，He X H，Qing L B，et al. Tree-structured Bayesian compressive sensing via generalised inverse Gaussian distribution[J]. IET Signal Processing，2016，11（3）：250-257.

[18] Churchill V，Gelb A. Total variation Bayesian learning via synthesis[J]. arXiv preprint arXiv：1905.01199，2019.

[19] Zheng Y L，Fraysse A，Rodet T. Efficient variational Bayesian approximation method based on subspace optimization[J]. IEEE Transactions on Image Processing，2015，24（2）：681-693.

[20] Chantas G，Galatsanos N，Likas A，et al. Variational Bayesian image restoration based on a product of t-distributions image prior[J]. IEEE Transactions on Image Processing，2008，17（10）：1795-1805.

[21] Chantas G，Galatsanos N P，Molina R，et al. Variational Bayesian image restoration with a product of spatially weighted total variation image priors[J]. IEEE Transactions on Image Processing，2009，19（2）：351-362.

[22] Babacan S D，Molina R，Katsaggelos A K. Sparse Bayesian image restoration[C]. IEEE International Conference on Image Processing，Hong Kong，2010：3577-3580.

[23] Li C，Zhou T，Guo Q J，et al. Compressive beamforming based on multiconstraint Bayesian framework[J]. IEEE Transactions on Geoscience and Remote Sensing，2021，59（11）：9209-9223.

[24] Liao A P，Yang X B，Xie J X，et al. Analysis of convergence for the alternating direction method applied to joint sparse recovery[J]. Applied Mathematics and Computation，2015，269：548-557.

[25] Ortelli F，van de Geer S. Synthesis and analysis in total variation regularization[J]. arXiv preprint arXiv：190106418，2019.

[26] Wang Z，Bovik A C，Sheikh H R，et al. Image quality assessment：From error visibility to structural similarity[J]. IEEE Transactions on Image Processing，2004，13（4）：600-612.

[27] Booth N O，Baxley P A，Rice J A，et al. Source localization with broad-band matched-field processing in shallow water[J]. IEEE Journal of Oceanic Engineering，1996，21（4）：402-412.

第 7 章　动态系统求解与非迭代贝叶斯压缩波束形成

本书的研究思路是，从声波传播理论出发，通过数值离散化获得线性方程组，而且一般满足欠定性。这样的方程组特点是，在给定多通道观测数据后，直接求解方程组，因此原理上只存在下述两种关系。

（1）单快拍：t 时刻观测数据 $\rightarrow t$ 时刻信号源估计。

（2）多快拍：快拍划分 $\rightarrow$ 多快拍方程求解 $\rightarrow$ 多快拍功率估计。

其中，单快拍就是单次测量，具体说就是用 t 时刻观测数据来估计 t 时刻信号源，原理上与之前时刻或之后时刻的观测数据、信号源估计结果都没有关系；多快拍就是多次测量，将多通道、多时刻观测数据进行快拍划分，划分方式需要考虑交叠，而且在多快拍求解时，尽量考虑不能存在较大的信号起伏，尤其是对于压缩波束形成，我们希望保留所有时刻信号的稀疏条件，即稀疏域不变。

本章将多次测量数据的关系整合起来，引入动态系统求解，结合滤波思想得到一种新型贝叶斯压缩波束形成方法——非迭代的实现。这种方法的特点是完全突破了传统 SBL 算法的框架，将超参数学习的迭代机制修正为估计和跟踪机制，因此在保障收敛性的前提下，对慢变系统尤其有效。

7.1　动态系统求解

不同于单独求解测量方程，本章要处理的动态系统同时包含观测数据的时序，并递归处理状态量，实际上就是利用贝叶斯最佳滤波或平滑来考虑统计框架下的逆问题。具体地说，将状态变量按照时序构成未知序列（$\boldsymbol{x}_1, \boldsymbol{x}_2, \cdots$），其中状态变量为标量或矢量；为了估计状态变量，需要用到含噪观测数据，同样按照时序构成矢量（$\boldsymbol{y}_1, \boldsymbol{y}_2, \cdots$），这样构成的动态测量模型如图 7.1 所示[1]。

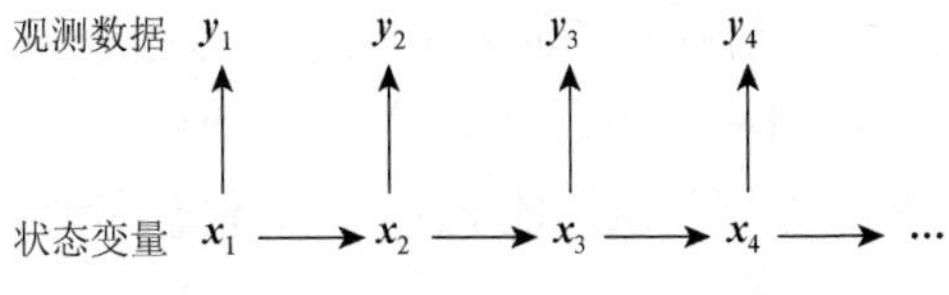

图 7.1　动态系统测量原理图

求解统计逆问题的目的是，利用给定观测数据（$\boldsymbol{y}_1, \boldsymbol{y}_2, \cdots, \boldsymbol{y}_T$）来估计状态变

量（$\boldsymbol{x}_1, \boldsymbol{x}_2, \cdots, \boldsymbol{x}_T$），表明在贝叶斯意义上，我们所要做的就是给定所有测量值来计算所有状态变量的后验分布，实际上就是贝叶斯定理的直接应用：

$$p(\boldsymbol{x}_1,\cdots,\boldsymbol{x}_T \mid \boldsymbol{y}_1,\cdots,\boldsymbol{y}_T)=\frac{p(\boldsymbol{y}_1,\cdots,\boldsymbol{y}_T \mid \boldsymbol{x}_1,\cdots,\boldsymbol{x}_T)p(\boldsymbol{x}_1,\cdots,\boldsymbol{x}_T)}{p(\boldsymbol{y}_1,\cdots,\boldsymbol{y}_T)} \tag{7.1}$$

其中，$p(\boldsymbol{x}_1,\cdots,\boldsymbol{x}_T)$ 为动态模型定义的先验分布；$p(\boldsymbol{y}_1,\cdots,\boldsymbol{y}_T \mid \boldsymbol{x}_1,\cdots,\boldsymbol{x}_T)$ 为测量的似然概率；$p(\boldsymbol{y}_1,\cdots,\boldsymbol{y}_T)$ 为证据，或者归一化常量，通过式（7.2）计算：

$$p(\boldsymbol{y}_1,\cdots,\boldsymbol{y}_T)=\int p(\boldsymbol{y}_1,\cdots,\boldsymbol{y}_T \mid \boldsymbol{x}_1,\cdots,\boldsymbol{x}_T)p(\boldsymbol{x}_1,\cdots,\boldsymbol{x}_T)\mathrm{d}(\boldsymbol{x}_1,\cdots,\boldsymbol{x}_T) \tag{7.2}$$

然而，这种全后验公式有一个严重的缺陷，每当我们获得一个新的测量值时，就必须重新计算全后验分布。这在动态估计中是面对的主要问题，也是这里要解决的问题。在动态估计中，通常一次测量获得一组观测数据，我们希望在每次测量后计算出最佳的可能估计。当时序增加时，全后验分布的维数也增加，这意味着单次时序的计算复杂度增加。因此，无论计算能力有多强，计算最终都将变得难以处理。如果没有额外的信息或限制性的近似，就无法在完整的后验计算中克服这个问题。

然而，只有当我们想要计算每个时序状态的完整后验分布时，才会出现上述问题。如果我们愿意稍微放松一点，并且只考虑到所选状态的边缘分布，计算就会变得轻松许多。为了实现这一点，我们还需要将动态模型限制为概率马尔可夫序列，事实证明，引入该模型带来的限制性多数情况下都没有问题。我们将状态和测量的模型假设为给定以下条件。

（1）初始时刻 $k=0$，初始分布为状态变量 $\boldsymbol{x}_0$ 的先验分布 $p(\boldsymbol{x}_0)$。

（2）动态模型（或状态转移模型）将动态系统及其不确定性描述为一种马尔可夫序列，由转移概率 $p(\boldsymbol{x}_k \mid \boldsymbol{x}_{k-1})$定义。

（3）测量模型描述了测量数据 $\boldsymbol{y}_k$ 与当前状态 $\boldsymbol{x}_k$ 的依赖关系，通常通过似然分布 $p(\boldsymbol{y}_k \mid \boldsymbol{x}_k)$来描述这种相关性。

因为计算所有时序的状态全联合分布在计算上是非常低效的，在实时应用中完全不必要。于是，在最佳滤波或贝叶斯滤波中只需要考虑以下边缘分布。

（1）滤波分布是给定当前和以前的测量值 $\boldsymbol{y}_1,\cdots,\boldsymbol{y}_k$，当前状态 $\boldsymbol{x}_k$ 的边缘分布：

$$p\left(\boldsymbol{x}_k \mid \boldsymbol{y}_1,\cdots,\boldsymbol{y}_k\right),\quad k=1,\cdots,T \tag{7.3}$$

（2）预测分布是当前时刻后 n 步的未来状态的边缘分布：

$$p\left(\boldsymbol{x}_{k+n} \mid \boldsymbol{y}_1,\cdots,\boldsymbol{y}_k\right),\quad k=1,\cdots,T,\ n=1,2,\cdots \tag{7.4}$$

（3）平滑分布是给定时序区间测量值 $\boldsymbol{y}_1,\cdots,\boldsymbol{y}_T$，状态变量 $\boldsymbol{x}_k$ 的边缘分布（$T>k$）：

$$p\left(\boldsymbol{x}_k \mid \boldsymbol{y}_1,\cdots,\boldsymbol{y}_T\right),\quad k=1,\cdots,T \tag{7.5}$$

三种边缘分布对应了三种状态估计问题，如图 7.2 所示。这里预测、滤波和平滑的命名依据主要是我们获得的测量数据时间分布与所需要估计时刻 k 的关系：当我们获知的观测数据很少、只以 k 时刻之前的观测结果作为估计依据时，需要预测器完成估计；当随时能够完整获知到估计时刻 k 的观测数据，并且能够按照时序逐次推进地对 $\boldsymbol{x}_k$ 进行估计时，这种估计器也称为滤波器；最后一种情况是，在得到了足够多时刻的观测数据后，反过来再估计之前某时刻的状态，有利于实现更精准的判断，这种情况称为平滑器。由于我们的目的是引入动态系统求解来解决波束形成问题，因此只涉及滤波和平滑，也就是本节将介绍的卡尔曼滤波器和 Rauch-Tung-Striebel（RTS）平滑器。其中，卡尔曼滤波（Kalman filter，KF）是离散线性滤波问题，具有闭合形式的求解方法。由于线性高斯模型假设的后验分布仍然是高斯分布，不需要数值逼近。同样，基于高斯分布假设，RTS 平滑器是线性高斯状态空间模型的闭合形式解。

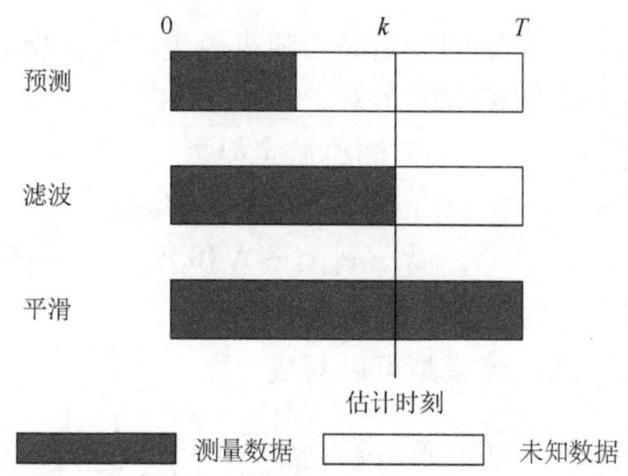

图 7.2　三种状态估计问题中测量数据时间分布与估计时刻的关系

以概率空间状态模型为基础，导出线性高斯离散时间最优滤波问题的卡尔曼滤波方程。首先，我们定义状态空间模型：离散时间状态空间模型或概率非线性滤波模型由一系列条件概率分布组成，描述为

$$\boldsymbol{x}_k \sim p(\boldsymbol{x}_k \mid \boldsymbol{x}_{k-1}) \tag{7.6}$$

$$\boldsymbol{y}_k \sim p(\boldsymbol{y}_k \mid \boldsymbol{x}_k) \tag{7.7}$$

其中，$k = 1, 2, \cdots$，并且 $\boldsymbol{x}_k \in \mathbb{C}^n$ 为 k 时刻的系统状态；$\boldsymbol{y}_k \in \mathbb{C}^m$ 为 k 时刻的测量值；$p(\boldsymbol{x}_k \mid \boldsymbol{x}_{k-1})$为描述状态转移的随机动态模型，动态模型可以是概率密度、计数测量或它们的组合，这取决于状态 $\boldsymbol{x}_k$ 是连续的、离散的还是混合的；$p(\boldsymbol{y}_k \mid \boldsymbol{x}_k)$是测量模型，即给定状态的测量值分布。

假设模型是马尔可夫模型，它具有以下两个性质。

性质 7.1（状态的马尔可夫性质）　状态 $\boldsymbol{x}_k(k = 1, 2, \cdots)$构成马尔可夫序列，若状态离散，则为马尔可夫链。马尔可夫性质意味着给定 $\boldsymbol{x}_{k-1}$，则 $\boldsymbol{x}_k$ 和所有未来的状态 $\boldsymbol{x}_{k+1}, \boldsymbol{x}_{k+2}, \cdots$, 独立于 $k-1$ 时刻之前的任何状态变量值，记为

$$p(\boldsymbol{x}_k \mid \boldsymbol{x}_{1:k-1}, \boldsymbol{y}_{1:k-1}) = p(\boldsymbol{x}_k \mid \boldsymbol{x}_{k-1}) \tag{7.8}$$

此外，给定当前状态，则过去独立于未来，即

$$p(\boldsymbol{x}_{k-1} \mid \boldsymbol{x}_{k:T}, \boldsymbol{y}_{k:T}) = p(\boldsymbol{x}_{k-1} \mid \boldsymbol{x}_k) \tag{7.9}$$

性质 7.2（测量值的条件独立性）　给定当前状态 $\boldsymbol{x}_k$，当前测量值 $\boldsymbol{y}_k$ 条件独立于过去的测量值和状态：

$$p(\boldsymbol{y}_k \mid \boldsymbol{x}_{1:k}, \boldsymbol{y}_{1:k-1}) = p(\boldsymbol{y}_k \mid \boldsymbol{x}_k) \tag{7.10}$$

容易发现，其实性质 7.1 和性质 7.2 恰好对应了式（7.6）和式（7.7），为使用状态转移模型和测量模型求解动态系统提供理论假设，摆脱对更早时刻或未来时刻的依赖关系，从而大幅度简化贝叶斯推理时模型的复杂度，这也是卡尔曼滤波的核心假设。

马尔可夫序列的一个简单例子是高斯随机游走。与含噪声的测量值相结合，我们得到以下概率状态空间模型的示例。

例 7.1（高斯随机游走）　高斯随机游走模型可以写成

$$x_k = x_{k-1} + w_{k-1}, w_{k-1} \sim \mathcal{N}(0,q) \tag{7.11}$$

$$y_k = x_k + e_k, e_k \sim \mathcal{N}(0,r) \tag{7.12}$$

其中，x_k 为状态变量；y_k 为测量值。

根据概率密度表达式，该模型可以写成

$$p(x_k \mid x_{k-1}) = \mathcal{N}(x_k \mid x_{k-1}, q) = \frac{1}{\sqrt{2\pi q}} \exp\left(-\frac{1}{2q}(x_k - x_{k-1})^2\right) \tag{7.13}$$

$$p(y_k \mid x_k) = \mathcal{N}(y_k \mid x_k, r) = \frac{1}{\sqrt{2\pi r}} \exp\left(-\frac{1}{2r}(y_k - x_k)^2\right) \tag{7.14}$$

显然，上述模型为实数域的离散时间标量状态空间模型。

下面考虑马尔可夫假设在卡尔曼滤波中是怎样使用的。利用马尔可夫假设和滤波模型式（7.6）和式（7.7），状态的联合先验分布 $p(\boldsymbol{x}_0, \cdots, \boldsymbol{x}_T)$ 和测量的联合似然 $p(\boldsymbol{y}_0, \cdots, \boldsymbol{y}_T \mid \boldsymbol{x}_0, \cdots, \boldsymbol{x}_T)$分别为

$$p(\boldsymbol{x}_0, \cdots, \boldsymbol{x}_T) = p(\boldsymbol{x}_0) \prod_{k=1}^{T} p(\boldsymbol{x}_k \mid \boldsymbol{x}_{k-1}) \tag{7.15}$$

$$p(\boldsymbol{y}_1, \cdots, \boldsymbol{y}_T \mid \boldsymbol{x}_0, \cdots, \boldsymbol{x}_T) = \prod_{k=1}^{T} p(\boldsymbol{y}_k \mid \boldsymbol{x}_k) \tag{7.16}$$

原理上，对于给定的时刻 T，我们可以简单地通过贝叶斯定理计算状态的后验分布：

$$\begin{aligned} p(\boldsymbol{x}_0, \cdots, \boldsymbol{x}_T \mid \boldsymbol{y}_1, \cdots, \boldsymbol{y}_T) &= \frac{p(\boldsymbol{y}_1, \cdots, \boldsymbol{y}_T \mid \boldsymbol{x}_0, \cdots, \boldsymbol{x}_T) p(\boldsymbol{x}_0, \cdots, \boldsymbol{x}_T)}{p(\boldsymbol{y}_1, \cdots, \boldsymbol{y}_T)} \\ &\propto p(\boldsymbol{y}_1, \cdots, \boldsymbol{y}_T \mid \boldsymbol{x}_0, \cdots, \boldsymbol{x}_T) p(\boldsymbol{x}_0, \cdots, \boldsymbol{x}_T) \end{aligned} \tag{7.17}$$

如本章开头所述，这种全贝叶斯规则的分布应用在实时系统中是不可行的，因为随着新观测值的到来，每个时间步长的计算量会无限制增加。我们只能据此处理小数据集，因为如果数据量是无限的，那么在某个时间点，计算终将变得困难。为了处理实时数据，我们需要一种算法，采用该算法在每个时间步长进行恒定的计算。

1. *最优滤波方程*

最优滤波的目的是在给定到时间步 k 的测量值的情况下，计算每个 k 时刻状态 $\boldsymbol{x}_k$ 的边缘后验分布 $p(\boldsymbol{x}_k \mid \boldsymbol{y}_{1:k})$。

贝叶斯滤波理论的基本方程由定理 7.1 给出。

定理 7.1（贝叶斯最优滤波方程）　计算预测分布 $p(\boldsymbol{x}_k \mid \boldsymbol{y}_{1:k-1})$的递推方程以及 k 时刻的滤波分布 $p(\boldsymbol{x}_k \mid \boldsymbol{y}_{1:k})$由以下贝叶斯滤波方程给出。

初始化：递归运算始于先验分布 $p(\boldsymbol{x}_0)$。

预测：给定动态模型，k 时刻状态 $\boldsymbol{x}_k$ 的预测分布可以通过 Chapman-Kolmogorov 方程计算得到

$$p(\boldsymbol{x}_k \mid \boldsymbol{y}_{1:k-1}) = \int p(\boldsymbol{x}_k \mid \boldsymbol{x}_{k-1}) p(\boldsymbol{x}_{k-1} \mid \boldsymbol{y}_{1:k-1}) \mathrm{d}\boldsymbol{x}_{k-1} \tag{7.18}$$

更新：给定 k 时刻测量值 $\boldsymbol{y}_k$，状态 $\boldsymbol{x}_k$ 的后验分布可以通过贝叶斯定理计算

$$p(\boldsymbol{x}_k \mid \boldsymbol{y}_{1:k}) = \frac{1}{Z_k} p(\boldsymbol{y}_k \mid \boldsymbol{x}_k) p(\boldsymbol{x}_k \mid \boldsymbol{y}_{1:k-1}) \tag{7.19}$$

其中，归一化常数 Z_k 如式（7.20）所示：

$$Z_k = \int p(\boldsymbol{y}_k \mid \boldsymbol{x}_k) p(\boldsymbol{x}_k \mid \boldsymbol{y}_{1:k}) \mathrm{d}\boldsymbol{x}_k \tag{7.20}$$

如果状态的某些分量是离散的，则相应的积分将替换为求和。

证明　给定 $\boldsymbol{y}_{1:k}$，$\boldsymbol{x}_k$ 和 $\boldsymbol{x}_{k-1}$ 的联合分布可以计算为

$$\begin{aligned} p(\boldsymbol{x}_k, \boldsymbol{x}_{k-1} \mid \boldsymbol{y}_{1:k-1}) &= p(\boldsymbol{x}_k \mid \boldsymbol{x}_{k-1}, \boldsymbol{y}_{1:k-1}) p(\boldsymbol{x}_{k-1} \mid \boldsymbol{y}_{1:k-1}) \\ &= p(\boldsymbol{x}_k \mid \boldsymbol{x}_{k-1}) p(\boldsymbol{x}_{k-1} \mid \boldsymbol{y}_{1:k-1}) \end{aligned} \tag{7.21}$$

其中，测量历史 $\boldsymbol{y}_{1:k-1}$ 的消失是由于序列 $\boldsymbol{x}_k(k = 1, 2, \cdots)$ 的马尔可夫性质，给定 $\boldsymbol{y}_{1:k-1}$ 条件下 $\boldsymbol{x}_k$ 的边缘分布可以通过对分布式（7.21）上的 $\boldsymbol{x}_{k-1}$ 进行积分来获得

$$p(\boldsymbol{x}_k \mid \boldsymbol{y}_{1:k-1}) = \int p(\boldsymbol{x}_k \mid \boldsymbol{x}_{k-1}) p(\boldsymbol{x}_{k-1} \mid \boldsymbol{y}_{1:k-1}) \mathrm{d}\boldsymbol{x}_{k-1} \tag{7.22}$$

如果 $\boldsymbol{x}_{k-1}$ 是离散的，则将上述积分替换为 $\boldsymbol{x}_{k-1}$ 上的求和。给定 $\boldsymbol{y}_k$ 和 $\boldsymbol{y}_{1:k-1}$ 时，$\boldsymbol{x}_k$ 的分布可以通过贝叶斯定理计算：

$$\begin{aligned} p(\boldsymbol{x}_k \mid \boldsymbol{y}_{1:k}) &= \frac{1}{Z_k} p(\boldsymbol{y}_k \mid \boldsymbol{x}_k, \boldsymbol{y}_{1:k-1}) p(\boldsymbol{x}_k \mid \boldsymbol{y}_{1:k-1}) \\ &= \frac{1}{Z_k} p(\boldsymbol{y}_k \mid \boldsymbol{x}_k) p(\boldsymbol{x}_k \mid \boldsymbol{y}_{1:k-1}) \end{aligned} \tag{7.23}$$

其中，归一化常数由式（7.20）给出。式（7.23）中测量历史 $\boldsymbol{y}_{1:k-1}$ 的消失是由于在给定 $\boldsymbol{x}_k$ 的条件下，$\boldsymbol{y}_k$ 对测量历史的条件独立性。

为了便于理解，通过图 7.3 和图 7.4 来可视化地说明预测和更新步骤的原理。首先，在图 7.3 中，预测通过动态模型传播前一测量步骤的状态分布，以便考虑动态模型中的不确定性，这一步经历了从 k–1 时刻到 k 时刻的时序转移，因此对应的方程也称为状态转移模型；在更新步骤中，如图 7.4 所示，在预测步骤得到的预测分布作为先验，似然分布由测量模型给出，根据贝叶斯定理，就可以得到当前时刻状态变量的后验分布。整个过程在定理 7.1 中已经完整给出。

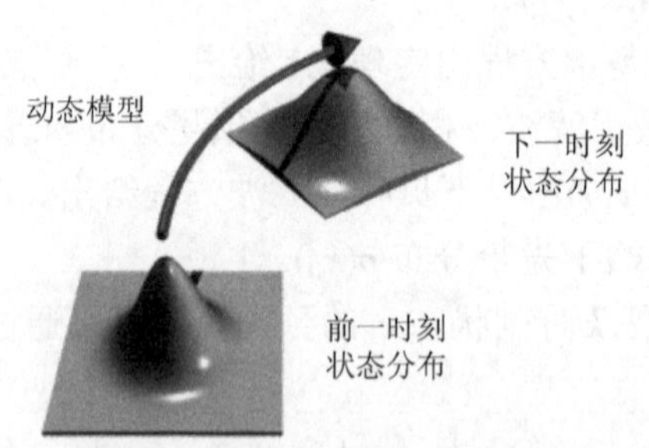

图 7.3　预测步骤的可视化说明

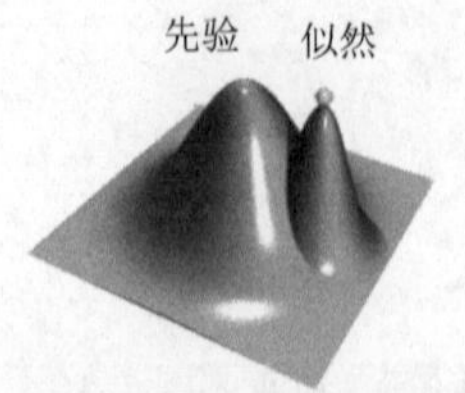

(a) 更新步骤之前来自测量似然和预测的先验分布

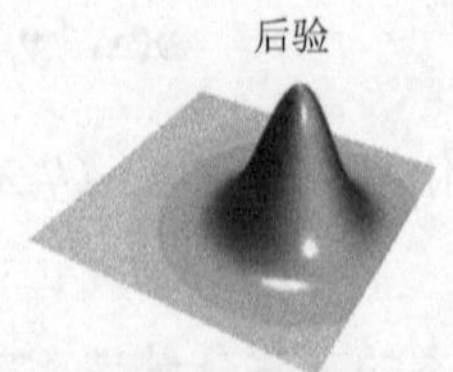

(b) 通过贝叶斯定理组合先验和似然后的后验分布

图 7.4　更新步骤的可视化说明

以定理 7.1 为基础，我们可以得到卡尔曼滤波器的计算方法。卡尔曼滤波器是离散时间滤波模型的最优滤波方程的闭合形式解，其中动态和测量模型为线性高斯模型：

$$\boldsymbol{x}_k = \boldsymbol{A}_{k-1}\boldsymbol{x}_{k-1} + \boldsymbol{q}_{k-1} \tag{7.24}$$

$$\boldsymbol{y}_k = \boldsymbol{H}_k\boldsymbol{x}_k + \boldsymbol{r}_k \tag{7.25}$$

其中，$\boldsymbol{x}_k \in \mathbb{C}^n$ 为状态变量；$\boldsymbol{y}_k \in \mathbb{C}^m$ 为测量值；$\boldsymbol{q}_{k-1} \sim \mathcal{CN}(0, \boldsymbol{Q}_{k-1})$为过程噪声；$\boldsymbol{r}_k \sim \mathcal{CN}(0, \boldsymbol{R}_k)$为测量噪声，且先验分布满足高斯分布 $\boldsymbol{x}_0 \sim \mathcal{CN}(\boldsymbol{m}_0, \boldsymbol{P}_0)$；$\boldsymbol{A}_{k-1}$ 是动态模型的转移矩阵；$\boldsymbol{H}_k$ 是测量模型矩阵。

将式（7.24）和式（7.25）写成概率密度模型：

$$p(\boldsymbol{x}_k \mid \boldsymbol{x}_{k-1}) = \mathcal{CN}(\boldsymbol{x}_k \mid \boldsymbol{A}_{k-1}\boldsymbol{x}_{k-1}, \boldsymbol{Q}_{k-1}) \tag{7.26}$$

$$p(\boldsymbol{y}_k \mid \boldsymbol{x}_k) = \mathcal{CN}(\boldsymbol{y}_k \mid \boldsymbol{H}_k\boldsymbol{x}_k, \boldsymbol{R}_k) \tag{7.27}$$

线性滤波模型式（7.24）和式（7.25）的最佳滤波方程可以以闭合形式给出，结果为高斯分布：

$$p(\boldsymbol{x}_k \mid \boldsymbol{y}_{1:k-1}) = \mathcal{CN}(\boldsymbol{x}_k \mid \boldsymbol{m}_k^-, \boldsymbol{P}_k^-) \tag{7.28}$$

$$p(\boldsymbol{x}_k \mid \boldsymbol{y}_{1:k}) = \mathcal{CN}(\boldsymbol{x}_k \mid \boldsymbol{m}_k, \boldsymbol{P}_k) \tag{7.29}$$

$$p(\boldsymbol{y}_k \mid \boldsymbol{y}_{1:k-1}) = \mathcal{CN}(\boldsymbol{y}_k \mid \boldsymbol{H}_k\boldsymbol{m}_k^-, \boldsymbol{S}_k) \tag{7.30}$$

上述分布的参数可通过以下卡尔曼滤波预测步骤和更新步骤计算。

（1）预测步骤：

$$\boldsymbol{m}_k^- = \boldsymbol{A}_{k-1}\boldsymbol{m}_{k-1} \tag{7.31}$$

$$\boldsymbol{P}_k^- = \boldsymbol{A}_{k-1}\boldsymbol{P}_{k-1}\boldsymbol{A}_{k-1}^{\mathrm{H}} + \boldsymbol{Q}_{k-1} \tag{7.32}$$

（2）更新步骤：

$$\boldsymbol{v}_k = \boldsymbol{y}_k - \boldsymbol{H}_k\boldsymbol{m}_k^- \tag{7.33}$$

$$\boldsymbol{S}_k = \boldsymbol{H}_k\boldsymbol{P}_k^-\boldsymbol{H}_k^{\mathrm{H}} + \boldsymbol{R}_k \tag{7.34}$$

$$\boldsymbol{K}_k = \boldsymbol{P}_k^-\boldsymbol{H}_k^{\mathrm{H}}\boldsymbol{S}_k^{-1} \tag{7.35}$$

$$\boldsymbol{m}_k = \boldsymbol{m}_k^- + \boldsymbol{K}_k\boldsymbol{v}_k \tag{7.36}$$

$$\boldsymbol{P}_k = \boldsymbol{P}_k^- - \boldsymbol{K}_k\boldsymbol{S}_k\boldsymbol{K}_k^{\mathrm{H}} \tag{7.37}$$

初始状态为给定的高斯先验分布 $\boldsymbol{x}_0 \sim \mathcal{CN}(\boldsymbol{m}_0, \boldsymbol{P}_0)$，同时定义了初始均值和协方差。

在给出卡尔曼滤波方程由来之前，需要先了解一些高斯分布的性质。首先将复数域矢量高斯分布写成下述形式：

$$\mathcal{CN}\left(\boldsymbol{x} \middle| \boldsymbol{m}, \boldsymbol{P}\right) = \frac{1}{(2\pi)^{n/2}\left|\boldsymbol{P}\right|^{1/2}} \exp\left(-\frac{1}{2}(\boldsymbol{x}-\boldsymbol{m})^{\mathrm{H}}\boldsymbol{P}^{-1}(\boldsymbol{x}-\boldsymbol{m})\right) \tag{7.38}$$

上述表达式已经在 1.3 节给过，这里为了适应本节的参数稍加改动。根据上述定义，得到引理 7.1。

引理 7.1（高斯变量的联合概率密度）　如果随机变量 $\boldsymbol{x} \in \mathbb{C}^n$ 和 $\boldsymbol{y} \in \mathbb{C}^m$ 具有高斯概率密度：

$$\boldsymbol{x} \sim \mathcal{CN}\left(\boldsymbol{x} \middle| \boldsymbol{m}, \boldsymbol{P}\right) \tag{7.39}$$

$$\boldsymbol{y} \mid \boldsymbol{x} \sim \mathcal{CN}\left(\boldsymbol{y} \middle| \boldsymbol{H}\boldsymbol{x} + \boldsymbol{u}, \boldsymbol{R}\right) \tag{7.40}$$

则 $\boldsymbol{x}$、$\boldsymbol{y}$ 的联合概率密度和 $\boldsymbol{y}$ 的边缘分布分别为

$$\begin{bmatrix} \boldsymbol{x} \\ \boldsymbol{y} \end{bmatrix} \sim \mathcal{CN}\left(\begin{bmatrix} \boldsymbol{m} \\ \boldsymbol{Hm}+\boldsymbol{u} \end{bmatrix}, \begin{bmatrix} \boldsymbol{P} & \boldsymbol{PH}^{\mathrm{H}} \\ \boldsymbol{HP} & \boldsymbol{HPH}^{\mathrm{H}}+\boldsymbol{R} \end{bmatrix}\right) \tag{7.41}$$

$$\boldsymbol{y} \sim \mathcal{CN}(\boldsymbol{Hm}+\boldsymbol{u}, \boldsymbol{HPH}^{\mathrm{H}}+\boldsymbol{R}) \tag{7.42}$$

引理 7.2（高斯变量的条件概率密度）　如果随机变量 $\boldsymbol{x}$ 和 $\boldsymbol{y}$ 具有联合高斯概率密度：

$$\boldsymbol{x}, \boldsymbol{y} \sim \mathcal{CN}\left(\begin{bmatrix} \boldsymbol{a} \\ \boldsymbol{b} \end{bmatrix}, \begin{bmatrix} \boldsymbol{A} & \boldsymbol{C} \\ \boldsymbol{C}^{\mathrm{H}} & \boldsymbol{B} \end{bmatrix}\right) \tag{7.43}$$

则 $\boldsymbol{x}$ 和 $\boldsymbol{y}$ 的边缘概率密度和条件概率密度分布为

$$\boldsymbol{x} \sim \mathcal{CN}(\boldsymbol{a}, \boldsymbol{A}) \tag{7.44}$$

$$\boldsymbol{y} \sim \mathcal{CN}(\boldsymbol{b}, \boldsymbol{B}) \tag{7.45}$$

$$\boldsymbol{x} \mid \boldsymbol{y} \sim \mathcal{CN}\left(\boldsymbol{a}+\boldsymbol{CB}^{-1}(\boldsymbol{y}-\boldsymbol{b}), \boldsymbol{A}-\boldsymbol{CB}^{-1}\boldsymbol{C}^{\mathrm{H}}\right) \tag{7.46}$$

$$\boldsymbol{y} \mid \boldsymbol{x} \sim \mathcal{CN}\left(\boldsymbol{b}+\boldsymbol{C}^{\mathrm{H}}\boldsymbol{A}^{-1}(\boldsymbol{x}-\boldsymbol{a}), \boldsymbol{B}-\boldsymbol{C}^{\mathrm{H}}\boldsymbol{A}^{-1}\boldsymbol{C}\right) \tag{7.47}$$

下面利用引理 7.1 和引理 7.2，得到卡尔曼滤波方程的推导过程。

（1）根据引理 7.1，给定 $\boldsymbol{y}_{1:k-1}$ 的 $\boldsymbol{x}_k$ 和 $\boldsymbol{x}_{k-1}$ 的联合分布为

$$\begin{aligned} p(\boldsymbol{x}_{k-1}, \boldsymbol{x}_k \mid \boldsymbol{y}_{1:k-1}) &= p(\boldsymbol{x}_k \mid \boldsymbol{x}_{k-1}) p(\boldsymbol{x}_{k-1} \mid \boldsymbol{y}_{1:k-1}) \\ &= \mathcal{CN}(\boldsymbol{x}_k \mid \boldsymbol{A}_{k-1}\boldsymbol{x}_{k-1}, \boldsymbol{Q}_{k-1}) \mathcal{CN}(\boldsymbol{x}_{k-1} \mid \boldsymbol{m}_{k-1}, \boldsymbol{P}_{k-1}) \\ &= \mathcal{CN}\left(\begin{bmatrix} \boldsymbol{x}_{k-1} \\ \boldsymbol{x}_k \end{bmatrix} \middle| \boldsymbol{m}', \boldsymbol{P}'\right) \end{aligned} \tag{7.48}$$

其中，

$$\boldsymbol{m}' = \begin{bmatrix} \boldsymbol{m}_{k-1} \\ \boldsymbol{A}_{k-1}\boldsymbol{m}_{k-1} \end{bmatrix} \tag{7.49}$$

$$\boldsymbol{P}' = \begin{bmatrix} \boldsymbol{P}_{k-1} & \boldsymbol{P}_{k-1}\boldsymbol{A}_{k-1}^{\mathrm{H}} \\ \boldsymbol{A}_{k-1}\boldsymbol{P}_{k-1} & \boldsymbol{A}_{k-1}\boldsymbol{P}_{k-1}\boldsymbol{A}_{k-1}^{\mathrm{H}}+\boldsymbol{Q}_{k-1} \end{bmatrix} \tag{7.50}$$

通过引理 7.2 可以计算 $\boldsymbol{x}_k$ 的边缘分布：

$$p(\boldsymbol{x}_k \mid \boldsymbol{y}_{1:k-1}) = \mathcal{CN}(\boldsymbol{x}_k \mid \boldsymbol{m}_k^-, \boldsymbol{P}_k^-) \tag{7.51}$$

其中，

$$\boldsymbol{m}_k^- = \boldsymbol{A}_{k-1}\boldsymbol{m}_{k-1} \tag{7.52}$$

$$\boldsymbol{P}_k^- = \boldsymbol{A}_{k-1}\boldsymbol{P}_{k-1}\boldsymbol{A}_{k-1}^{\mathrm{H}}+\boldsymbol{Q}_{k-1} \tag{7.53}$$

（2）通过引理 7.1，$\boldsymbol{y}_k$ 和 $\boldsymbol{x}_k$ 的联合分布为

$$\begin{aligned}p(\boldsymbol{x}_k,\boldsymbol{y}_k\mid\boldsymbol{y}_{1:k-1})&=p(\boldsymbol{y}_k\mid\boldsymbol{x}_k)p(\boldsymbol{x}_k\mid\boldsymbol{y}_{1:k-1})\\&=\mathcal{CN}(\boldsymbol{y}_k\mid\boldsymbol{H}_k\boldsymbol{x}_k,\boldsymbol{R}_k)N(\boldsymbol{x}_k\mid\boldsymbol{m}_k^-,\boldsymbol{P}_k^-)\\&=\mathcal{CN}\left(\begin{bmatrix}\boldsymbol{x}_k\\\boldsymbol{y}_k\end{bmatrix}\middle|\boldsymbol{m}'',\boldsymbol{P}''\right)\end{aligned}\tag{7.54}$$

其中，

$$\boldsymbol{m}''=\begin{bmatrix}\boldsymbol{m}_k^-\\\boldsymbol{H}_k\boldsymbol{m}_k^-\end{bmatrix}\tag{7.55}$$

$$\boldsymbol{P}''=\begin{bmatrix}\boldsymbol{P}_k^- & \boldsymbol{P}_k^-\boldsymbol{H}_k^{\mathrm{H}}\\\boldsymbol{H}_k\boldsymbol{P}_k^- & \boldsymbol{H}_k\boldsymbol{P}_k^-\boldsymbol{H}_k^{\mathrm{H}}+\boldsymbol{R}_k\end{bmatrix}\tag{7.56}$$

（3）通过引理 7.2，$\boldsymbol{x}_k$ 的条件分布是

$$p(\boldsymbol{x}_k\mid\boldsymbol{y}_k,\boldsymbol{y}_{1:k-1})=p(\boldsymbol{x}_k\mid\boldsymbol{y}_{1:k})=\mathcal{CN}(\boldsymbol{x}_k\mid\boldsymbol{m}_k,\boldsymbol{P}_k)\tag{7.57}$$

其中，

$$\boldsymbol{m}_k=\boldsymbol{m}_k^-+\boldsymbol{P}_k^-\boldsymbol{H}_k^{\mathrm{H}}(\boldsymbol{H}_k\boldsymbol{P}_k^-\boldsymbol{H}_k^{\mathrm{H}}+\boldsymbol{R}_k)^{-1}(\boldsymbol{y}_k-\boldsymbol{H}_k\boldsymbol{m}_k^-)\tag{7.58}$$

$$\boldsymbol{P}_k=\boldsymbol{P}_k^--\boldsymbol{P}_k^-\boldsymbol{H}_k^{\mathrm{H}}(\boldsymbol{H}_k\boldsymbol{P}_k^-\boldsymbol{H}_k^{\mathrm{H}}+\boldsymbol{R}_k)^{-1}\boldsymbol{H}_k\boldsymbol{P}_k^-\tag{7.59}$$

也可以按照式（7.31）～式（7.37）的形式书写。

例 7.2（高斯随机游走的卡尔曼滤波器）　假设我们按照时序观察例 7.1 中给出的高斯随机游走模型的测量值 y_k，并且希望估计每个时刻的状态值 x_k。在 $k-1$ 时刻之前的信息由高斯滤波概率密度可知：

$$p(x_{k-1}\mid y_{1:k-1})=\mathcal{CN}(x_{k-1}\mid m_{k-1},P_{k-1})\tag{7.60}$$

卡尔曼滤波预测和更新方程现在如下所示：

$$m_k^-=m_{k-1}\tag{7.61}$$

$$P_k^-=P_{k-1}+q\tag{7.62}$$

$$m_k=m_k^-+\frac{P_k^-}{P_k^-+r}(y_k-m_k^-)\tag{7.63}$$

$$P_k=P_k^--\frac{(P_k^-)^2}{P_k^-+r}\tag{7.64}$$

在例 7.2 中，信号和测量值均为标量实数，相当于二者只相差一个加性高斯白噪声，如图 7.5 所示；采用卡尔曼滤波器对各时刻状态进行估计，取均值得到如图 7.6 所示曲线，并同时标示出 95%分位点估计范围，相当于估计的不确定性范围。可见，卡尔曼滤波具有跟踪高斯随机游走信号的能力。

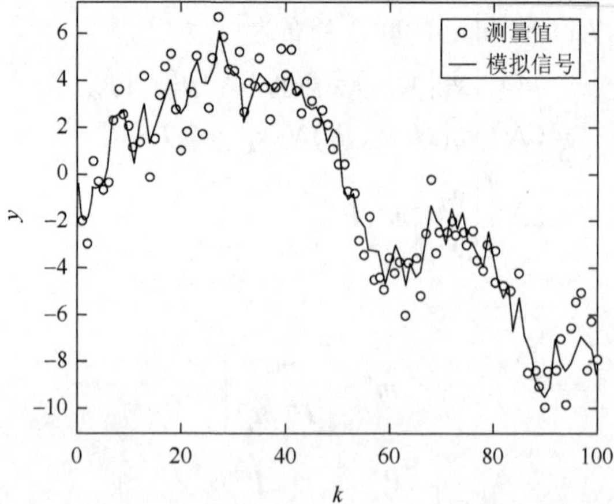

图 7.5　例 7.2 中卡尔曼滤波示例的模拟信号和测量值

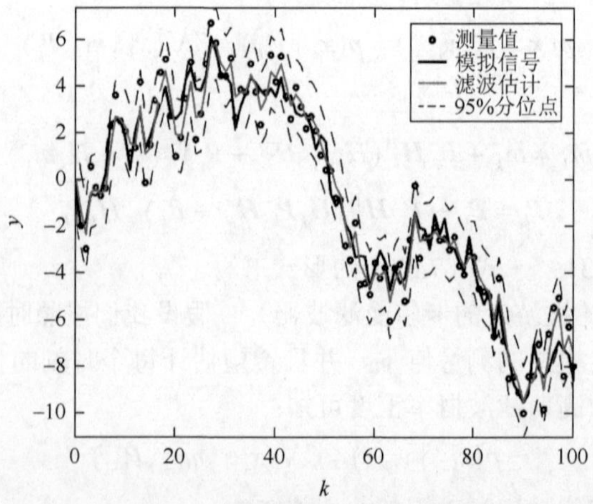

图 7.6　卡尔曼滤波示例的模拟信号、测量值和滤波估计

2. 最优平滑方程

最优平滑的目的是在观测到时间步长 T 的测量值后，计算 k 时刻状态 $\boldsymbol{x}_k$ 的边缘后验分布 $p(\boldsymbol{x}_k \mid \boldsymbol{y}_{1:T})$，其中 $T>k$。滤波和平滑之间的区别在于，最优滤波仅使用 k 时刻之前和 k 时刻获得的测量值并计算其估计值，但是最优平滑能够使用未来的测量值来计算估计值。在获得滤波后验状态分布后，定理 7.2 给出了 1 到 T 时刻的所有测量值为条件，计算每个时刻的边缘后验分布的方程。

定理 7.2（贝叶斯最优平滑方程）　计算任意时刻 $k<T$ 的平滑分布 $p(\boldsymbol{x}_k \mid \boldsymbol{y}_{1:T})$ 的反向递归方程由以下贝叶斯平滑方程给出：

$$p(\boldsymbol{x}_{k+1} \mid \boldsymbol{y}_{1:k}) = \int p(\boldsymbol{x}_{k+1} \mid \boldsymbol{x}_k) p(\boldsymbol{x}_k \mid \boldsymbol{y}_{1:k}) \mathrm{d}\boldsymbol{x}_k \tag{7.65}$$

$$p(\boldsymbol{x}_k \mid \boldsymbol{y}_{1:T}) = p(\boldsymbol{x}_k \mid \boldsymbol{y}_{1:k}) \int \left[\frac{p(\boldsymbol{x}_{k+1} \mid \boldsymbol{x}_k) p(\boldsymbol{x}_{k+1} \mid \boldsymbol{y}_{1:T})}{p(\boldsymbol{x}_{k+1} \mid \boldsymbol{y}_{1:k})} \right] \mathrm{d}\boldsymbol{x}_{k+1} \tag{7.66}$$

其中，$p(\boldsymbol{x}_k \mid \boldsymbol{y}_{1:k})$为 k 时刻的滤波分布；$p(\boldsymbol{x}_{k+1} \mid \boldsymbol{y}_{1:k})$为 $k+1$ 时刻的预测分布。如果某些状态分量是离散的，则积分由求和代替。

证明　基于马尔可夫性质，在给定 $\boldsymbol{x}_{k+1}$ 的条件下，状态 $\boldsymbol{x}_k$ 独立于 $\boldsymbol{y}_{k+1:T}$，这就能得出 $p(\boldsymbol{x}_k \mid \boldsymbol{x}_{k+1}, \boldsymbol{y}_{1:T}) = p(\boldsymbol{x}_k \mid \boldsymbol{x}_{k+1}, \boldsymbol{y}_{1:k})$。基于贝叶斯定理，在给定 $\boldsymbol{x}_{k+1}$ 和 $\boldsymbol{y}_{1:T}$ 的条件下 $\boldsymbol{x}_k$ 的分布可以表示为

$$\begin{aligned} p(\boldsymbol{x}_k \mid \boldsymbol{x}_{k+1}, \boldsymbol{y}_{1:T}) &= p(\boldsymbol{x}_k \mid \boldsymbol{x}_{k+1}, \boldsymbol{y}_{1:k}) \\ &= \frac{p(\boldsymbol{x}_k, \boldsymbol{x}_{k+1} \mid \boldsymbol{y}_{1:k})}{p(\boldsymbol{x}_{k+1} \mid \boldsymbol{y}_{1:k})} \\ &= \frac{p(\boldsymbol{x}_{k+1} \mid \boldsymbol{x}_k, \boldsymbol{y}_{1:k}) p(\boldsymbol{x}_k \mid \boldsymbol{y}_{1:k})}{p(\boldsymbol{x}_{k+1} \mid \boldsymbol{y}_{1:k})} \\ &= \frac{p(\boldsymbol{x}_{k+1} \mid \boldsymbol{x}_k) p(\boldsymbol{x}_k \mid \boldsymbol{y}_{1:k})}{p(\boldsymbol{x}_{k+1} \mid \boldsymbol{y}_{1:k})} \end{aligned} \tag{7.67}$$

联合分布 $\boldsymbol{x}_k$ 和 $\boldsymbol{x}_{k+1}$ 现在可以计算为

$$\begin{aligned} p(\boldsymbol{x}_k, \boldsymbol{x}_{k+1} \mid \boldsymbol{y}_{1:T}) &= p(\boldsymbol{x}_k \mid \boldsymbol{x}_{k+1}, \boldsymbol{y}_{1:T}) p(\boldsymbol{x}_{k+1} \mid \boldsymbol{y}_{1:T}) \\ &= p(\boldsymbol{x}_k \mid \boldsymbol{x}_{k+1}, \boldsymbol{y}_{1:k}) p(\boldsymbol{x}_{k+1} \mid \boldsymbol{y}_{1:T}) \\ &= \frac{p(\boldsymbol{x}_{k+1} \mid \boldsymbol{x}_k) p(\boldsymbol{x}_k \mid \boldsymbol{y}_{1:k}) p(\boldsymbol{x}_{k+1} \mid \boldsymbol{y}_{1:T})}{p(\boldsymbol{x}_{k+1} \mid \boldsymbol{y}_{1:k})} \end{aligned} \tag{7.68}$$

其中，$p(\boldsymbol{x}_{k+1} \mid \boldsymbol{y}_{1:T})$为 $k+1$ 时刻的平滑分布。给定 $\boldsymbol{y}_{1:T}$，$\boldsymbol{x}_k$ 的边缘分布通过对式（7.68）的 $\boldsymbol{x}_{k+1}$ 求积分（或求和）得到。

RTS 平滑可用于计算线性滤波模型式（7.24）和式（7.25）的封闭形式的平滑解，即分布

$$p(\boldsymbol{x}_k \mid \boldsymbol{y}_{1:T}) = \mathcal{CN}(\boldsymbol{x}_k \mid \boldsymbol{m}_k^s, \boldsymbol{P}_k^s) \tag{7.69}$$

与由卡尔曼滤波计算的解的不同之处在于，平滑解取决于整个测量数据 $\boldsymbol{y}_{1:T}$，而滤波解仅取决于在 k 时刻和 k 时刻之前获得的测量值，即测量值 $\boldsymbol{y}_{1:k}$。

定理 7.3（RTS 平滑）　离散时间固定区间 RTS 平滑（卡尔曼平滑）的反向递归方程如下：

$$\boldsymbol{m}_{k+1}^- = \boldsymbol{A}_k \boldsymbol{m}_k \tag{7.70}$$

$$\boldsymbol{P}_{k+1}^- = \boldsymbol{A}_k \boldsymbol{P}_k \boldsymbol{A}_k^{\mathrm{H}} + \boldsymbol{Q}_k \tag{7.71}$$

$$\boldsymbol{G}_k = \boldsymbol{P}_k \boldsymbol{A}_k^{\mathrm{H}} \left[\boldsymbol{P}_{k+1}^- \right]^{-1} \tag{7.72}$$

$$\boldsymbol{m}_k^s = \boldsymbol{m}_k + \boldsymbol{G}_k \left[\boldsymbol{m}_{k+1}^s - \boldsymbol{m}_{k+1}^- \right] \tag{7.73}$$

$$\boldsymbol{P}_k^s = \boldsymbol{P}_k + \boldsymbol{G}_k \left[\boldsymbol{P}_{k+1}^s - \boldsymbol{P}_{k+1}^- \right] \boldsymbol{G}_k^{\mathrm{H}} \tag{7.74}$$

其中，$\boldsymbol{m}_k$ 和 $\boldsymbol{P}_k$ 为由卡尔曼滤波计算得到的均值和协方差。

递归从最后一个时刻 T 开始，即

$$\boldsymbol{m}_T^s = \boldsymbol{m}_T, \quad \boldsymbol{P}_T^s = \boldsymbol{P}_T \tag{7.75}$$

而且注意到，前两个方程仅仅只是卡尔曼滤波预测方程。

证明 类似于卡尔曼滤波的情况，由引理 7.1，给定 $\boldsymbol{y}_{1:k}$、$\boldsymbol{x}_k$ 和 $\boldsymbol{x}_{k+1}$ 的联合分布为

$$\begin{aligned} p(\boldsymbol{x}_k, \boldsymbol{x}_{k+1} \mid \boldsymbol{y}_{1:k}) &= p(\boldsymbol{x}_{k+1} \mid \boldsymbol{x}_k) p(\boldsymbol{x}_k \mid \boldsymbol{y}_{1:k}) \\ &= \mathcal{CN}(\boldsymbol{x}_{k+1} \mid \boldsymbol{A}_k \boldsymbol{x}_k, \boldsymbol{Q}_k) \mathcal{CN}(\boldsymbol{x}_k \mid \boldsymbol{m}_k, \boldsymbol{P}_k) \\ &= \mathcal{CN}\left(\begin{bmatrix} \boldsymbol{x}_k \\ \boldsymbol{x}_{k+1} \end{bmatrix} \middle| \boldsymbol{m}_1, \boldsymbol{P}_1 \right) \end{aligned} \tag{7.76}$$

其中，

$$\boldsymbol{m}_1 = \begin{bmatrix} \boldsymbol{m}_k \\ \boldsymbol{A}_k \boldsymbol{m}_k \end{bmatrix} \tag{7.77}$$

$$\boldsymbol{P}_1 = \begin{bmatrix} \boldsymbol{P}_k & \boldsymbol{A}_k \boldsymbol{A}_k^{\mathrm{H}} \\ \boldsymbol{A}_k \boldsymbol{P}_k & \boldsymbol{A}_k \boldsymbol{P}_k \boldsymbol{A}_k^{\mathrm{H}} + \boldsymbol{Q}_k \end{bmatrix} \tag{7.78}$$

考虑到状态的马尔可夫性质，有

$$p(\boldsymbol{x}_k \mid \boldsymbol{x}_{k+1}, \boldsymbol{y}_{1:T}) = p(\boldsymbol{x}_k \mid \boldsymbol{x}_{k+1}, \boldsymbol{y}_{1:k}) \tag{7.79}$$

因此，由引理 7.2 和式（7.76），我们得到条件分布：

$$p(\boldsymbol{x}_k \mid \boldsymbol{x}_{k+1}, \boldsymbol{y}_{1:T}) = p(\boldsymbol{x}_k \mid \boldsymbol{x}_{k+1}, \boldsymbol{y}_{1:k}) = \mathcal{CN}(\boldsymbol{x}_k \mid \boldsymbol{m}_2, \boldsymbol{P}_2) \tag{7.80}$$

其中，

$$\boldsymbol{G}_k = \boldsymbol{P}_k \boldsymbol{A}_k^{\mathrm{H}} (\boldsymbol{A}_k \boldsymbol{P}_k \boldsymbol{A}_k^{\mathrm{H}} + \boldsymbol{Q}_k)^{-1} \tag{7.81}$$

$$\boldsymbol{m}_2 = \boldsymbol{m}_k + \boldsymbol{G}_k (\boldsymbol{x}_{k+1} - \boldsymbol{A}_k \boldsymbol{m}_k) \tag{7.82}$$

$$\boldsymbol{P}_2 = \boldsymbol{P}_k - \boldsymbol{G}_k (\boldsymbol{A}_k \boldsymbol{P}_k \boldsymbol{A}_k^{\mathrm{H}} + \boldsymbol{Q}_k) \boldsymbol{G}_k^{\mathrm{H}} \tag{7.83}$$

给定所有数据，$\boldsymbol{x}_k$ 和 $\boldsymbol{x}_{k+1}$ 的联合分布为

$$\begin{aligned} p(\boldsymbol{x}_k, \boldsymbol{x}_{k+1} \mid \boldsymbol{y}_{1:T}) &= p(\boldsymbol{x}_k \mid \boldsymbol{x}_{k+1}, \boldsymbol{y}_{1:T}) p(\boldsymbol{x}_{k+1} \mid \boldsymbol{y}_{1:T}) \\ &= \mathcal{CN}(\boldsymbol{x}_k \mid \boldsymbol{m}_2, \boldsymbol{P}_2) \mathcal{CN}(\boldsymbol{x}_{k+1} \mid \boldsymbol{m}_{k+1}^s, \boldsymbol{P}_{k+1}^s) \\ &= \mathcal{CN}\left(\begin{bmatrix} \boldsymbol{x}_{k+1} \\ \boldsymbol{x}_k \end{bmatrix} \middle| \boldsymbol{m}_3, \boldsymbol{P}_3 \right) \end{aligned} \tag{7.84}$$

其中，

$$\boldsymbol{m}_3 = \begin{bmatrix} \boldsymbol{m}_{k+1}^s \\ \boldsymbol{m}_k + \boldsymbol{G}_k (\boldsymbol{m}_{k+1}^s - \boldsymbol{A}_k \boldsymbol{m}_k) \end{bmatrix} \tag{7.85}$$

$$\boldsymbol{P}_3=\begin{bmatrix}\boldsymbol{P}_{k+1}^s & \boldsymbol{P}_{k+1}^s\boldsymbol{G}_k^{\mathrm{H}}\\ \boldsymbol{G}_k\boldsymbol{P}_{k+1}^s & \boldsymbol{G}_k\boldsymbol{P}_{k+1}^s\boldsymbol{G}_k^{\mathrm{H}}+\boldsymbol{P}_2\end{bmatrix} \tag{7.86}$$

因此，由引理 7.2，$\boldsymbol{x}_k$ 的边缘分布为

$$p(\boldsymbol{x}_k\mid \boldsymbol{y}_{1:T})=\mathcal{CN}(\boldsymbol{x}_k\mid \boldsymbol{m}_k^s,\boldsymbol{P}_k^s) \tag{7.87}$$

其中，

$$\boldsymbol{m}_k^s=\boldsymbol{m}_k+\boldsymbol{G}_k(\boldsymbol{m}_{k+1}^s-\boldsymbol{A}_k\boldsymbol{m}_k) \tag{7.88}$$

$$\boldsymbol{P}_k^s=\boldsymbol{P}_k+\boldsymbol{G}_k(\boldsymbol{P}_{k+1}^s-\boldsymbol{A}_k\boldsymbol{P}_k\boldsymbol{A}_k^{\mathrm{H}}-\boldsymbol{Q}_k)\boldsymbol{G}_k^{\mathrm{H}} \tag{7.89}$$

例 7.3（高斯随机游走的 RTS 平滑） 例 7.1 中给出的随机游走模型的 RTS 平滑由以下等式给出：

$$m_{k+1}^-=m_k \tag{7.90}$$

$$P_{k+1}^-=P_k+q \tag{7.91}$$

$$m_k^s=m_k+\frac{P_k}{P_{k+1}^-}(m_{k+1}^s-m_{k+1}^-) \tag{7.92}$$

$$P_k^s=P_k+\left(\frac{P_k}{P_{k+1}^-}\right)^2\left(P_{k+1}^s-P_{k+1}^-\right) \tag{7.93}$$

其中，m_k 和 P_k 为例 7.2 中卡尔曼滤波的更新平均值和协方差。

3. 线性动态系统的参数估计

下面介绍用于估计线性动态系统参数的 EM 算法。相关思想可以结合贝叶斯估计，用于时间序列的有监督和无监督建模。我们首先描述该模型，然后指出它与数据建模的关系。

根据动态和测量模型的线性高斯模型：

$$\boldsymbol{x}_k=\boldsymbol{A}\boldsymbol{x}_{k-1}+\boldsymbol{q}_{k-1} \tag{7.94}$$

$$\boldsymbol{y}_k=\boldsymbol{H}\boldsymbol{x}_k+\boldsymbol{r}_k \tag{7.95}$$

其中，$\boldsymbol{x}_k\in\mathbb{C}^n$ 为状态变量；$\boldsymbol{y}_k\in\mathbb{C}^m$ 为测量值；$\boldsymbol{q}_{k-1}\sim\mathcal{CN}(0,\boldsymbol{Q}_{k-1})$为过程噪声；$\boldsymbol{r}_k\sim\mathcal{CN}(0,\boldsymbol{R}_k)$为测量噪声。在常规系统中，我们只能观测系统的输出，状态和所有噪声变量是隐藏的。

基于式（7.94）和式（7.95），可以写出状态和输出的条件概率密度：

$$p(\boldsymbol{y}_k\mid \boldsymbol{x}_k)=\exp\left\{-\frac{1}{2}\left[\boldsymbol{y}_k-\boldsymbol{H}\boldsymbol{x}_k\right]^{\mathrm{H}}\boldsymbol{R}^{-1}\left[\boldsymbol{y}_k-\boldsymbol{H}\boldsymbol{x}_k\right]\right\}(2\pi)^{-m/2}\left|\boldsymbol{R}\right|^{-1/2} \tag{7.96}$$

$$p(\boldsymbol{x}_k\mid \boldsymbol{x}_{k-1})=\exp\left\{-\frac{1}{2}\left[\boldsymbol{x}_k-\boldsymbol{A}\boldsymbol{x}_{k-1}\right]^{\mathrm{H}}\boldsymbol{Q}^{-1}\left[\boldsymbol{x}_k-\boldsymbol{A}\boldsymbol{x}_{k-1}\right]\right\}(2\pi)^{-n/2}\left|\boldsymbol{Q}\right|^{-1/2} \tag{7.97}$$

由模型中隐含的马尔可夫性质：

$$p\left(\boldsymbol{x}_{1:T},\boldsymbol{y}_{1:T}\right)=p(\boldsymbol{x}_1)\prod_{k=2}^{T}p\left(\boldsymbol{x}_k\mid\boldsymbol{x}_{k-1}\right)\prod_{k=1}^{T}p\left(\boldsymbol{y}_k\mid\boldsymbol{x}_k\right) \tag{7.98}$$

假设高斯初始状态概率密度 $\boldsymbol{x}_1\sim\mathcal{CN}(\boldsymbol{m}_1,\boldsymbol{P}_1)$，即

$$p(\boldsymbol{x}_1)=\exp\left\{-\frac{1}{2}\left[\boldsymbol{x}_1-\boldsymbol{m}_1\right]^{\mathrm{H}}\boldsymbol{P}_1^{-1}\left[\boldsymbol{x}_1-\boldsymbol{m}_1\right]\right\}(2\pi)^{-n/2}\left|\boldsymbol{P}_1\right|^{-1/2} \tag{7.99}$$

因此，联合概率的对数是二次项之和：

$$\begin{aligned}\ln p\left(\boldsymbol{x}_{1:T},\boldsymbol{y}_{1:T}\right)=&-\sum_{k=1}^{T}\left(\frac{1}{2}\left[\boldsymbol{y}_k-\boldsymbol{H}\boldsymbol{x}_k\right]^{\mathrm{H}}\boldsymbol{R}^{-1}\left[\boldsymbol{y}_k-\boldsymbol{H}\boldsymbol{x}_k\right]\right)-\frac{T}{2}\ln\left|\boldsymbol{R}\right|\\&-\sum_{k=2}^{T}\left(\frac{1}{2}\left[\boldsymbol{x}_k-\boldsymbol{A}\boldsymbol{x}_{k-1}\right]^{\mathrm{H}}\boldsymbol{Q}^{-1}\left[\boldsymbol{x}_k-\boldsymbol{A}\boldsymbol{x}_{k-1}\right]\right)-\frac{T-1}{2}\ln\left|\boldsymbol{Q}\right|\\&-\frac{1}{2}\left[\boldsymbol{x}_1-\boldsymbol{m}_1\right]^{\mathrm{H}}\boldsymbol{P}_1^{-1}\left[\boldsymbol{x}_1-\boldsymbol{m}_1\right]-\frac{1}{2}\ln\left|\boldsymbol{P}_1\right|-\frac{T(m+n)}{2}\ln 2\pi\end{aligned} \tag{7.100}$$

如果只有系统的输出可以观测到，这个问题可以看成一个无监督的问题。也就是说，目标是建立观测的无条件概率密度模型。如果输入和输出都可以观测到，问题就会存在监督，即在给定输入的情况下对输出的条件概率密度建模。

根据 EM 算法，所有潜变量的估计包括 E 步骤和 M 步骤。首先，通过 E 步骤计算对数似然期望：

$$Q=E\left\{\ln p\left(\boldsymbol{x}_{1;T},\boldsymbol{y}_{1;T}\right)\mid\boldsymbol{y}_{1;T}\right\} \tag{7.101}$$

这个量取决于三个期望，即 $E[\boldsymbol{x}_k\mid\boldsymbol{y}_{1:T}]$、$E[\boldsymbol{x}_k\boldsymbol{x}_k^{\mathrm{H}}\mid\boldsymbol{y}_{1:T}]$和$E[\boldsymbol{x}_k\boldsymbol{x}_{k-1}^{\mathrm{H}}\mid\boldsymbol{y}_{1:T}]$，可以用下述符号表示：

$$\boldsymbol{m}_{k|T}=E\left[\boldsymbol{x}_k\mid\boldsymbol{y}_{1:T}\right] \tag{7.102}$$

$$\boldsymbol{C}_k=E\left[\boldsymbol{x}_k\boldsymbol{x}_k^{\mathrm{H}}\mid\boldsymbol{y}_{1:T}\right] \tag{7.103}$$

$$\boldsymbol{C}_{k,k-1}=E\left[\boldsymbol{x}_k\boldsymbol{x}_{k-1}^{\mathrm{H}}\mid\boldsymbol{y}_{1:T}\right] \tag{7.104}$$

注意，状态估计 $\boldsymbol{m}_{k|T}$ 和卡尔曼滤波的结果不同，因为它依赖于过去和未来的观测，而卡尔曼滤波估计 $E[\boldsymbol{x}_k\mid\boldsymbol{y}_{1:k}]$不依赖未来观测。同理，用 $\boldsymbol{m}_{k|\tau}$表示 $E[\boldsymbol{x}_k\mid\boldsymbol{y}_{1:\tau}]$，$\boldsymbol{P}_{k|\tau}$表示协方差 $\mathrm{Var}[\boldsymbol{x}_k\mid\boldsymbol{y}_{1:\tau}]$。这里首先说明参数估计算法的 M 步骤，然后介绍 E 步骤中如何计算上述期望。

系统的参数为 $\boldsymbol{A}$、$\boldsymbol{H}$、$\boldsymbol{R}$、$\boldsymbol{Q}$、$\boldsymbol{m}_1$ 和 $\boldsymbol{P}_1$。通过对对数似然期望求偏导数，将其设为 0 并求解，对每个参数进行重新估计，得到下列结果。

测量矩阵 $\boldsymbol{H}$：

$$\frac{\partial\boldsymbol{Q}}{\partial\boldsymbol{H}}=-\sum_{k=1}^{T}\boldsymbol{R}^{-1}\boldsymbol{y}_k\boldsymbol{m}_{k|T}^{\mathrm{H}}+\sum_{k=1}^{T}\boldsymbol{R}^{-1}\boldsymbol{H}\boldsymbol{C}_k=0 \tag{7.105}$$

$$\boldsymbol{H}^{\mathrm{new}}=\left(\sum_{k=1}^{T}\boldsymbol{y}_k\boldsymbol{m}_{k|T}^{\mathrm{H}}\right)\left(\sum_{k=1}^{T}\boldsymbol{C}_k\right)^{-1} \tag{7.106}$$

测量噪声协方差 $\boldsymbol{R}$：

$$\frac{\partial Q}{\partial \boldsymbol{R}^{-1}} = \frac{T}{2}\boldsymbol{R} - \sum_{k=1}^{T}\left(\frac{1}{2}\boldsymbol{y}_k\boldsymbol{y}_k^{\mathrm{H}} - \boldsymbol{H}\boldsymbol{m}_{k|T}\boldsymbol{y}_k^{\mathrm{H}} + \frac{1}{2}\boldsymbol{H}\boldsymbol{C}_k\boldsymbol{H}^{\mathrm{H}}\right) = 0 \tag{7.107}$$

$$\boldsymbol{R}^{\mathrm{new}} = \frac{1}{T}\sum_{k=1}^{T}\left(\boldsymbol{y}_k\boldsymbol{y}_k^{\mathrm{H}} - \boldsymbol{H}^{\mathrm{new}}\boldsymbol{m}_{k|T}\boldsymbol{y}_k^{\mathrm{H}}\right) \tag{7.108}$$

状态转移矩阵 $\boldsymbol{A}$：

$$\frac{\partial Q}{\partial \boldsymbol{A}} = -\sum_{k=2}^{T}\boldsymbol{Q}^{-1}\boldsymbol{C}_{k,k-1} + \sum_{k=2}^{T}\boldsymbol{Q}^{-1}\boldsymbol{A}\boldsymbol{C}_{k-1} = 0 \tag{7.109}$$

$$\boldsymbol{A}^{\mathrm{new}} = \left(\sum_{k=2}^{T}\boldsymbol{C}_{k,k-1}\right)\left(\sum_{k=2}^{T}\boldsymbol{C}_{k-1}\right)^{-1} \tag{7.110}$$

状态噪声协方差 $\boldsymbol{Q}$：

$$\frac{\partial Q}{\partial \boldsymbol{Q}^{-1}} = \frac{T-1}{2}\boldsymbol{Q} - \frac{1}{2}\sum_{k=2}^{T}\left(\boldsymbol{C}_k - \boldsymbol{A}\boldsymbol{C}_{k-1,k} - \boldsymbol{C}_{k,k-1}\boldsymbol{A}^{\mathrm{H}} + \boldsymbol{A}\boldsymbol{C}_{k-1}\boldsymbol{A}^{\mathrm{H}}\right) = 0 \tag{7.111}$$

$$\boldsymbol{Q}^{\mathrm{new}} = \frac{1}{T-1}\left(\sum_{k=2}^{T}\boldsymbol{C}_k - \boldsymbol{A}^{\mathrm{new}}\sum_{k=2}^{T}\boldsymbol{C}_{k-1,k}\right) \tag{7.112}$$

初始状态均值 $\boldsymbol{m}_1$：

$$\frac{\partial Q}{\partial \boldsymbol{m}_1} = (\boldsymbol{m}_{1|T} - \boldsymbol{m}_1)\boldsymbol{P}_1^{-1} = 0 \tag{7.113}$$

$$\boldsymbol{m}_1^{\mathrm{new}} = \boldsymbol{m}_{1|T} \tag{7.114}$$

初始状态协方差 $\boldsymbol{P}_1$：

$$\frac{\partial Q}{\partial \boldsymbol{P}_1^{-1}} = \frac{1}{2}\boldsymbol{P}_1 - \frac{1}{2}\left(\boldsymbol{C}_1 - \boldsymbol{m}_{1|T}\boldsymbol{m}_1^{\mathrm{H}} - \boldsymbol{m}_1\boldsymbol{m}_{1|T}^{\mathrm{H}} + \boldsymbol{m}_1\boldsymbol{m}_1^{\mathrm{H}}\right) = 0 \tag{7.115}$$

$$\boldsymbol{P}_1^{\mathrm{new}} = \boldsymbol{C}_1 - \boldsymbol{m}_{1|T}\boldsymbol{m}_{1|T}^{\mathrm{H}} \tag{7.116}$$

上述方程可以很容易地推广到多个观测序列，在估计初始状态协方差时，可以这样去做：假设有 N 个长度为 T 的观测序列，其中 $\boldsymbol{m}_{k|T}^{(i)}$ 为给定 k 时刻第 i 个序列时的状态估计，则

$$\bar{\boldsymbol{m}}_{k|T} = \frac{1}{N}\sum_{i=1}^{N}\boldsymbol{m}_{k|T}^{(i)} \tag{7.117}$$

那么初始状态协方差为

$$\boldsymbol{P}_1^{\mathrm{new}} = \boldsymbol{C}_1 - \bar{\boldsymbol{m}}_{1|T}\bar{\boldsymbol{m}}_{1|T}^{\mathrm{H}} + \frac{1}{N}\sum_{i=1}^{N}\left[\boldsymbol{m}_{1|T}^{(i)} - \bar{\boldsymbol{m}}_{1|T}\right]\left[\boldsymbol{m}_{1|T}^{(i)} - \bar{\boldsymbol{m}}_{1|T}\right]^{\mathrm{H}} \tag{7.118}$$

下面考虑 M 步骤中需要用到的统计信息，即 E 步骤。

采用下列卡尔曼滤波正向递归：

$$\boldsymbol{m}_{k|k-1} = \boldsymbol{A}\boldsymbol{m}_{k-1|k-1} \tag{7.119}$$

$$\boldsymbol{P}_{k|k-1} = \boldsymbol{A}\boldsymbol{P}_{k-1|k-1}\boldsymbol{A}^{\mathrm{H}} + \boldsymbol{Q} \tag{7.120}$$

$$\boldsymbol{K}_{k} = \boldsymbol{P}_{k|k-1}\boldsymbol{H}^{\mathrm{H}}(\boldsymbol{H}\boldsymbol{P}_{k|k-1}\boldsymbol{H}^{\mathrm{H}} + \boldsymbol{R})^{-1} \tag{7.121}$$

$$\boldsymbol{m}_{k|k} = \boldsymbol{m}_{k|k-1} + \boldsymbol{K}_{k}(\boldsymbol{y}_{k} - \boldsymbol{H}\boldsymbol{m}_{k|k-1}) \tag{7.122}$$

$$\boldsymbol{P}_{k|k} = \boldsymbol{P}_{k|k-1} - \boldsymbol{K}_{k}\boldsymbol{H}\boldsymbol{P}_{k|k-1} \tag{7.123}$$

其中，$\boldsymbol{m}_{1|0} = \boldsymbol{m}_1$，$\boldsymbol{P}_{1|0} = \boldsymbol{P}_1$。要计算 $\boldsymbol{m}_{k|T}$ 和 $\boldsymbol{C}_k = \boldsymbol{P}_{k|T} + \boldsymbol{x}_{k|T}\boldsymbol{x}_{k|T}^{\mathrm{H}}$，需要应用式（7.124）～式（7.126）来实现后向递归：

$$\boldsymbol{J}_{k-1} = \boldsymbol{P}_{t-1|t-1}\boldsymbol{A}^{\mathrm{H}}\boldsymbol{P}_{t|t-1}^{-1} \tag{7.124}$$

$$\boldsymbol{m}_{k-1|T} = \boldsymbol{m}_{k-1|k-1} + \boldsymbol{J}_{k-1}\left(\boldsymbol{m}_{k|T} - \boldsymbol{A}\boldsymbol{m}_{k-1|k-1}\right) \tag{7.125}$$

$$\boldsymbol{P}_{k-1|T} = \boldsymbol{P}_{k-1|k-1} + \boldsymbol{J}_{k-1}\left(\boldsymbol{P}_{k|T} - \boldsymbol{P}_{k|k-1}\right)\boldsymbol{J}_{k-1}^{\mathrm{H}} \tag{7.126}$$

我们还需要计算：

$$\boldsymbol{C}_{k,k-1} = \boldsymbol{P}_{k,k-1|T} + \boldsymbol{m}_{k|T}\boldsymbol{m}_{k-1|T}^{\mathrm{H}} \tag{7.127}$$

可以通过后向递归得到

$$\boldsymbol{P}_{k-1,k-2|T} = \boldsymbol{P}_{k-1|k-1}\boldsymbol{J}_{k-2}^{\mathrm{H}} + \boldsymbol{J}_{k-1}\left(\boldsymbol{P}_{k,k-1|T} - \boldsymbol{A}\boldsymbol{P}_{k-1|k-1}\right)\boldsymbol{J}_{k-2}^{\mathrm{H}} \tag{7.128}$$

其初始化为

$$\boldsymbol{P}_{T,T-1|T} = \left(\boldsymbol{I} - \boldsymbol{K}_T\boldsymbol{H}\right)\boldsymbol{A}\boldsymbol{P}_{T-1|T-1} \tag{7.129}$$

7.2　卡尔曼-贝叶斯压缩波束形成原理

第 5 章和第 6 章讨论的算法本质上是离线（offline）的，即它们在单个批处理中使用整个观测数据集。因此，当数据集较大时，这些算法的效率和可扩展性较差，尤其是对于高维度的情况。相比起来，在线算法一次处理小批量的观测数据，并按时间序列恢复稀疏矢量，实现复杂度较低。在线算法提供了测量和估计之间低延迟的好处，这在某些应用中可能会有用。而且更重要的是，上述离线算法对每组观测数据运行多次期望最大化估计过程，而在线计算的主要目的是用最少的资源实现一个简单的功能，所以这种实现方式是不可取的。于是，我们需要开发一种不需要参数调优并允许测量和估计之间有有限延迟的非迭代在线算法，用于重构具有共同支持域的稀疏矢量。具体地说，这里提到的非迭代的含义是，当每个观测矢量到达时，我们不进行迭代-收敛的过程，而是使用观测矢量进行一轮更新，并等待下一个观测矢量。此外，在线指的是按照到达的顺序以串行方式处理观测矢量，无须等待整个输入可用后才开始处理。

1. 问题设置

考虑以下多快拍模型：

$$\boldsymbol{y}_k = \boldsymbol{A}_k \boldsymbol{x}_k + \boldsymbol{w}_k, \quad k = 1, 2, \cdots \tag{7.130}$$

其中，$\boldsymbol{A}_k \in \mathbb{C}^{m\times N}$是在第 k 时刻的已知测量矩阵，本书中采用的是波束形成的流形矩阵；$\boldsymbol{y}_k \in \mathbb{C}^m$ 是带噪声的测量值；$\boldsymbol{w}_k$ 是均值为零、协方差为 $\boldsymbol{R}_k$ 的高斯分布噪声。

如果考虑简化的情况，假设所有噪声元素独立同分布，方差为β^{-1}，即测量方程对应的似然为

$$p(\boldsymbol{y}_k | \boldsymbol{x}_k; \beta) = \mathcal{CN}(\boldsymbol{A}\boldsymbol{x}_k, \beta^{-1}\boldsymbol{I}_m) \tag{7.131}$$

假设测量数 m 小于未知数 N，也就是欠定系统，我们在波束形成中遇到的多为欠定系统。未知信号源序列 $\boldsymbol{x}_k(k = 1, 2, \cdots)$是稀疏的，即非零项的数量 K 小于矢量的维度 N。而且 $\boldsymbol{x}_k$ 具有群稀疏性，即它们共享相同的支持域。这意味着所有稀疏矢量非零项的索引一致。此外，$\boldsymbol{x}_k(k = 1, 2, \cdots)$的非零项在时间上是相关的。稀疏矢量的时间相关性可以用一阶自回归过程建模，并由式（7.132）给出：

$$\boldsymbol{x}_k = \boldsymbol{D}\boldsymbol{x}_{k-1} + \boldsymbol{z}_k \tag{7.132}$$

定义 $\boldsymbol{x}_0 = \boldsymbol{0}$，而且 $\boldsymbol{D} \in [0, 1)^{N\times N}$是已知对角相关矩阵。注意，在模型中，稀疏矢量在时间上是相关的，但由于 $\boldsymbol{D}$ 和 $\boldsymbol{z}_k$ 的协方差都假设为是对角的，因此不存在矢量内部的相关性。此外，$\boldsymbol{z}_k$ 的支持域与 $\boldsymbol{x}_k(k = 1, 2, \cdots)$的支持域也保持一致。

本节的研究目的是在不存储所有观测数据的情况下实时估计稀疏矢量。测量和估计之间允许的最大延迟为$\Delta < \infty$，因此需要使用到 $k + \Delta$ 时刻的测量值 $\boldsymbol{y}^{k+\Delta}$递归地估计 $\boldsymbol{x}_k$。在本书中，使用下角标表示特定时刻变量的值（例如，$\boldsymbol{y}_k$ 表示 k 时刻的观测值），上角标表示到特定时刻的观测序列（例如，$\boldsymbol{y}^l$ 表示观测序列 $\boldsymbol{y}_k(k = 1, 2, \cdots, l)$。

受 SBL 算法[2]启发，本节设计一种在线 SBL 实现方案[3]。在恢复多快拍的稀疏矢量时，对未知矢量采用同一先验 $\boldsymbol{x}_k \sim \mathcal{CN}(0, \boldsymbol{\Gamma})$，其中协方差矩阵$\boldsymbol{\Gamma} \in \mathbb{R}_+^{N\times N}$是一个对角阵，沿着对角线有 N 个超参数$\boldsymbol{\gamma} \in \mathbb{R}_+^N$。在 SBL 算法中，计算$\boldsymbol{\gamma}$的最大似然估计$\boldsymbol{\gamma}_{\mathrm{ML}}$，进而给出稀疏矢量的 MAP 估计。

为了进行有效区分，接下来对比离线估计和在线估计超参数和稀疏矢量估计方法。

（1）在线估计：令$\boldsymbol{\gamma}^{k-1}$表示到 k–1 时刻超参数$\boldsymbol{\gamma}$的估计序列。在 k 时刻，要利用 $\boldsymbol{y}^{k+\Delta}$和$\boldsymbol{\gamma}^{k-1}$ 计算超参数的估计$\boldsymbol{\gamma}_k$，由于我们不想存储过去观测值的完整集合，因此只能使用一组测量值 $\boldsymbol{y}_t(t = k, k + 1, \cdots, k + \Delta)$和 $\boldsymbol{\gamma}_{k-1}$ 递归更新 $\boldsymbol{\gamma}_k$。

结合$\boldsymbol{\gamma}_k$、$\boldsymbol{x}_k$ 的在线估计为给定$\boldsymbol{y}^{k+\Delta}$的条件平均值。设$\boldsymbol{\Gamma}_t$是$\boldsymbol{x}_t$对应于$t = 1, 2, \cdots, k-1$的协方差，$\boldsymbol{\Gamma}_k$是 $\boldsymbol{x}_t$ 对应于 $t = k, k + 1, \cdots, k + \Delta$的协方差。相当于计算

$$\hat{\boldsymbol{x}}_k = E\left\{\boldsymbol{x}_k \mid \boldsymbol{y}^{k+\Delta}; \boldsymbol{\gamma}^{k-1}, \boldsymbol{\gamma}_k\right\} \tag{7.133}$$

显然，估计 $\hat{\boldsymbol{x}}_k$ 是在大小为$\Delta+1$ 的数据块上使用固定区间卡尔曼平滑获得的[4]。也就是说，$\boldsymbol{x}_k$ 是用测量值矢量的集合 $\boldsymbol{y}_t(t=k,k+1,\cdots,k+\Delta)$和$\boldsymbol{\gamma}_k$ 来实现递归更新。注意到，在 $\boldsymbol{x}_k$ 的估计中没有用到$\boldsymbol{\gamma}^{k-1}$。根据得到的$\boldsymbol{\gamma}_k$ 估计值，可以通过卡尔曼原理计算 $\boldsymbol{x}_k$ 的估计值。本节的主要工作是，开发一种用于估计$\boldsymbol{\gamma}_k$ 的递归在线技术及其收敛性分析。

（2）离线估计：在离线方法中，通过完整序列 $\boldsymbol{y}^K$ 给出$\boldsymbol{\gamma}$的最大似然估计，其中 K 表示总的观测次数[5]。$\boldsymbol{x}_k$ 的估计值计算为给定 $\boldsymbol{y}^K$ 的条件平均值。数学上表示为

$$\hat{\boldsymbol{x}}_k^{\mathrm{OFF}}=E\left\{\boldsymbol{x}_k \mid \boldsymbol{y}^K;\boldsymbol{\gamma}\right\} \tag{7.134}$$

其中，$k=1,2,\cdots,K$。离线估计算法通过在数据块 $\boldsymbol{y}^K$ 上使用固定区间卡尔曼平滑计算这些估计值。因此，离线算法和在线算法的主要目标是估计$\boldsymbol{\gamma}$。在离线情况下，使用整个观测集计算$\boldsymbol{\gamma}$的单个估计；在在线情况下，以递归方式使用小批量观测值计算估计序列。下面给出多快拍离线卡尔曼 SBL 算法（Kalman sparse Bayesian learning，KSBL）算法。

2. 离线 KSBL 算法

离线 KSBL 算法采用 EM 算法实现，该过程将未知 $\boldsymbol{x}^K$ 视为隐藏数据，将观测值 $\boldsymbol{y}^K$ 视为已知数据。EM 过程在两个步骤之间迭代：E 步骤和 M 步骤。令$\boldsymbol{\gamma}^{(r-1)}$为第 r 次迭代的$\boldsymbol{\gamma}$的估计。通过 E 步骤计算函数 $Q(\boldsymbol{\gamma},\boldsymbol{\gamma}^{(r-1)})$，即观测数据的边缘对数似然。通过 M 步骤计算最大化 Q 的超参数。

E 步骤：$Q(\boldsymbol{\gamma},\boldsymbol{\gamma}^{(r-1)})=E_{\boldsymbol{x}^K\mid\boldsymbol{y}^K;\boldsymbol{\gamma}^{(r-1)}}\{\ln p(\boldsymbol{y}^K,\boldsymbol{x}^K;\boldsymbol{\gamma})\}$

M 步骤：$\underset{\boldsymbol{\gamma}\in\mathbb{R}_+^N}{\arg\max}\, Q(\boldsymbol{\gamma},\boldsymbol{\gamma}^{(r-1)})$

简化得到的 $Q(\boldsymbol{\gamma},\boldsymbol{\gamma}^{(r-1)})$：

$$\begin{aligned}Q(\boldsymbol{\gamma},\boldsymbol{\gamma}^{(r-1)})=&c_K-\frac{K}{2}\ln|\boldsymbol{\Gamma}|-\frac{1}{2}\operatorname{tr}\left\{\boldsymbol{\Gamma}^{-1}\boldsymbol{C}_{1|K,\boldsymbol{\gamma}^{(r-1)}}\right\}\\&-\frac{1}{2}\sum_{t=2}^{K}\operatorname{tr}\left\{\boldsymbol{\Gamma}^{-1}(\mathrm{I}-\boldsymbol{D}^{\mathrm{H}}\boldsymbol{D})^{-1}\boldsymbol{T}_{t|K,\boldsymbol{\gamma}^{(r-1)}}\right\}\end{aligned} \tag{7.135}$$

其中，常数 c_K 独立于$\boldsymbol{\gamma}$，其他矩阵定义如下：

$$\boldsymbol{T}_{t|K,\boldsymbol{\gamma}^{(r-1)}}\overset{\mathrm{def}}{=}\boldsymbol{C}_{t|K,\boldsymbol{\gamma}^{(r-1)}}+\boldsymbol{D}\boldsymbol{C}_{t-1|K,\boldsymbol{\gamma}^{(r-1)}}\boldsymbol{D}^{\mathrm{H}}-\boldsymbol{C}_{t,t-1|K,\boldsymbol{\gamma}^{(r-1)}}\boldsymbol{D}^{\mathrm{H}}-\boldsymbol{D}\boldsymbol{C}_{t-1,t|K,\boldsymbol{\gamma}^{(r-1)}} \tag{7.136}$$

$$\boldsymbol{C}_{t|K,\boldsymbol{\gamma}^{(r-1)}}\overset{\mathrm{def}}{=}\boldsymbol{P}_{t|K,\boldsymbol{\gamma}^{(r-1)}}+\hat{\boldsymbol{x}}_{t|K,\boldsymbol{\gamma}^{(r-1)}}\hat{\boldsymbol{x}}_{t|K,\boldsymbol{\gamma}^{(r-1)}}^{\mathrm{H}} \tag{7.137}$$

$$\boldsymbol{C}_{t,t-1|K,\boldsymbol{\gamma}^{(r-1)}}\overset{\mathrm{def}}{=}\boldsymbol{P}_{t,t-1|K,\boldsymbol{\gamma}^{(r-1)}}+\hat{\boldsymbol{x}}_{t|K,\boldsymbol{\gamma}^{(r-1)}}\hat{\boldsymbol{x}}_{t-1|K,\boldsymbol{\gamma}^{(r-1)}}^{\mathrm{H}} \tag{7.138}$$

其中，$t\leqslant K$。这里均值

$$\hat{\boldsymbol{x}}_{t|K,\boldsymbol{\gamma}^{(r-1)}}=E\left\{\boldsymbol{x}_t \mid \boldsymbol{y}^K;\boldsymbol{\gamma}^{(r-1)}\right\} \tag{7.139}$$

协方差 $\boldsymbol{P}_{t|K,\boldsymbol{\gamma}^{(r-1)}}$ 和互协方差 $\boldsymbol{P}_{t,t-1|K,\boldsymbol{\gamma}^{(r-1)}}$ 定义为

$$\boldsymbol{P}_{t|K,\boldsymbol{\gamma}^{(r-1)}} \stackrel{\text{def}}{=} E\left\{\tilde{\boldsymbol{x}}_t\tilde{\boldsymbol{x}}_t^{\mathrm{H}} \mid \boldsymbol{y}^K;\boldsymbol{\gamma}^{(r-1)}\right\} \tag{7.140}$$

$$\boldsymbol{P}_{t,t-1|K,\boldsymbol{\gamma}^{(r-1)}} \stackrel{\text{def}}{=} E\left\{\tilde{\boldsymbol{x}}_t\tilde{\boldsymbol{x}}_{t-1}^{\mathrm{H}} \mid \boldsymbol{y}^K;\boldsymbol{\gamma}^{(r-1)}\right\} \tag{7.141}$$

其中，

$$\tilde{\boldsymbol{x}}_t = \boldsymbol{x}_t - \hat{\boldsymbol{x}}_{t|K,\boldsymbol{\gamma}^{(r-1)}} \tag{7.142}$$

变量 $\hat{\boldsymbol{x}}_{t|K,\boldsymbol{\gamma}^{(r-1)}}$、$\boldsymbol{P}_{t|K,\boldsymbol{\gamma}^{(r-1)}}$ 和 $\boldsymbol{P}_{t,t-1|K,\boldsymbol{\gamma}^{(r-1)}}$ 的计算使用固定间隔卡尔曼平滑[4]实现。在 M 步骤中，求解 $Q(\boldsymbol{\gamma}, \boldsymbol{\gamma}^{(r-1)})$关于$\boldsymbol{\gamma}$的最大化问题，得到

$$\boldsymbol{\gamma}^{(r)} = \frac{1}{K}\operatorname{diag}\left\{(\boldsymbol{I}-\boldsymbol{D}^{\mathrm{H}}\boldsymbol{D})^{-1}\sum_{t=2}^{K}\boldsymbol{T}_{t|K,\boldsymbol{\gamma}^{(r-1)}} + \boldsymbol{C}_{1|K,\boldsymbol{\gamma}^{(r-1)}}\right\} \tag{7.143}$$

注意到，估计 $\boldsymbol{x}_K$ 的延迟为 0，估计 $\boldsymbol{x}_{K-1}$ 的延迟为 1，以此类推。因此，离线 KSBL 算法的平均延迟为

$$\frac{1}{K}\sum_{t=1}^{K}(K-t) = \frac{K-1}{2} \tag{7.144}$$

下面考虑噪声参数β的估计过程。关于β的 Q 函数可以表示为

$$\begin{aligned} Q(\beta) &\propto E_K\left[\ln\prod_{t=1}^{K}p(\boldsymbol{y}_t \mid \boldsymbol{x}_t;\beta)\right] \\ &\propto -\frac{mK}{2}\ln\beta - \frac{1}{2\beta}\sum_{t=1}^{K}\left\|\boldsymbol{y}_t - \boldsymbol{A}\hat{\boldsymbol{x}}_{t|K}\right\|_2^2 + \operatorname{tr}[\boldsymbol{P}_{t|K}\boldsymbol{A}^{\mathrm{H}}\boldsymbol{A}] \end{aligned} \tag{7.145}$$

得到β的迭代公式为

$$\beta = \frac{1}{mK}\sum_{t=1}^{K}\left\|\boldsymbol{y}_t - \boldsymbol{A}\hat{\boldsymbol{x}}_{t|K}\right\|_2^2 + \operatorname{tr}[\boldsymbol{P}_{t|K}\boldsymbol{A}^{\mathrm{H}}\boldsymbol{A}] \tag{7.146}$$

7.3　在线算法实现

1. 在线 KSBL 算法

下面开始介绍在线算法。在在线 KSBL（online-Kalman sparse Bayesian learning，Online-KSBL）算法中，按顺序处理数据，无须等待完整的输入到达或存储所有已经到达的数据。由于我们不存储数据，计算均值 $\hat{\boldsymbol{x}}_{t|K}$、协方差 $\boldsymbol{P}_{t|K}$ 和互协方差 $\boldsymbol{P}_{t,t-1|K}$ 是不可行的，因此我们分别用 $\hat{\boldsymbol{x}}_{t|t+\varDelta}$、$\boldsymbol{P}_{t|t+\varDelta}$和 $\boldsymbol{P}_{t,t-1|t+\varDelta}$来近似。则

$$Q_k(\boldsymbol{\gamma},\boldsymbol{\gamma}^{(k-1)}) \approx a_k - \frac{k}{2}\ln|\boldsymbol{\varGamma}| - \frac{1}{2}\operatorname{tr}\left\{\boldsymbol{\varGamma}^{-1}\boldsymbol{C}_{1|\varDelta}\right\} - \frac{1}{2}\operatorname{tr}\left\{\boldsymbol{\varGamma}^{-1}(\boldsymbol{I}-\boldsymbol{D}^{\mathrm{H}}\boldsymbol{D})^{-1}\sum_{t=2}^{k}\boldsymbol{T}_{t|t+\varDelta}\right\} \tag{7.147}$$

其中，常数 a_k 与$\boldsymbol{\gamma}$无关。

最大化$\boldsymbol{\gamma}$的 $Q(\boldsymbol{\gamma}, \boldsymbol{\gamma}^{(r-1)})$函数，我们得到以下递归：

$$\begin{aligned}\boldsymbol{\gamma}_k &= \frac{1}{k}\operatorname{diag}\left\{(\boldsymbol{I}-\boldsymbol{D}^{\mathrm{H}}\boldsymbol{D})^{-1}\sum_{t=2}^{k}\boldsymbol{T}_{t|t+\varDelta}+\boldsymbol{C}_{1|\varDelta}\right\}\\ &= \boldsymbol{\gamma}_{k-1}+\frac{1}{k}\operatorname{diag}\left\{(\boldsymbol{I}-\boldsymbol{D}^{\mathrm{H}}\boldsymbol{D})^{-1}\boldsymbol{T}_{k|k+\varDelta}-\boldsymbol{\Gamma}_{k-1}\right\}\end{aligned} \tag{7.148}$$

因此，可以用$\boldsymbol{\gamma}_{k-1}$ 和 $\boldsymbol{T}_{k|k+\varDelta}$来估计$\boldsymbol{\gamma}_k$。为了计算 $\boldsymbol{T}_{k|k+\varDelta}$，需要递归估计均值 $\hat{\boldsymbol{x}}_{k|k+\varDelta}$、自协方差 $\boldsymbol{P}_{k|k+\varDelta}$和互协方差 $\boldsymbol{P}_{k,k-1|k+\varDelta}$。

这里介绍两种实现方案，即固定滞后方案和锯齿滞后方案。

1）固定滞后方案

考虑一种状态空间模型的卡尔曼滤波，状态变量为 $\boldsymbol{x}_k$，观测变量为

$$\tilde{\boldsymbol{y}}_k = \boldsymbol{y}_{k+\varDelta} \tag{7.149}$$

由式（7.132）可知：

$$\tilde{\boldsymbol{y}}_k = \boldsymbol{A}_{k+\varDelta}\boldsymbol{D}_{\varDelta}\boldsymbol{x}_k+\boldsymbol{A}_{k+\varDelta}\sum_{i=0}^{\varDelta-1}\boldsymbol{D}^i\boldsymbol{z}_{k+\varDelta-i}+\boldsymbol{w}_{k+\varDelta}=\tilde{\boldsymbol{A}}_k\boldsymbol{x}_k+\tilde{\boldsymbol{w}}_k \tag{7.150}$$

其中，

$$\tilde{\boldsymbol{A}}_k = \boldsymbol{A}_{k+\varDelta}\boldsymbol{D}_{\varDelta} \tag{7.151}$$

由于 $\boldsymbol{z}_{k+\varDelta-i}$ 的协方差为$(\boldsymbol{I}-\boldsymbol{D}^{\mathrm{H}}\boldsymbol{D})\boldsymbol{\Gamma}$，可以证明：

$$\begin{gathered}\tilde{\boldsymbol{w}}_k \sim \mathcal{CN}(0,\tilde{\boldsymbol{R}}_k)\\ \tilde{\boldsymbol{R}}_k = \boldsymbol{A}_{k+\varDelta}(\boldsymbol{I}-\boldsymbol{D}^{2\varDelta})\boldsymbol{\Gamma}\boldsymbol{A}_{k+\varDelta}^{\mathrm{H}}+\boldsymbol{R}_{k+\varDelta}\end{gathered} \tag{7.152}$$

新的状态空间模型由式（7.132）和式（7.150）给出。新系统的卡尔曼滤波方程如下：

$$\hat{\boldsymbol{x}}_{k|k+\varDelta-1} = \boldsymbol{D}\hat{\boldsymbol{x}}_{k-1|k+\varDelta-1} \tag{7.153}$$

$$\boldsymbol{P}_{k|k+\varDelta-1} = \boldsymbol{D}\boldsymbol{P}_{k-1|k+\varDelta-1}\boldsymbol{D}^{\mathrm{H}}+(\boldsymbol{I}-\boldsymbol{D}^{\mathrm{H}}\boldsymbol{D})\boldsymbol{\Gamma} \tag{7.154}$$

$$\boldsymbol{J}_k = \boldsymbol{P}_{k|k+\varDelta-1}\tilde{\boldsymbol{A}}_k^{\mathrm{H}}(\tilde{\boldsymbol{A}}_k\boldsymbol{P}_{k|k+\varDelta-1}\tilde{\boldsymbol{A}}_k^{\mathrm{H}}+\tilde{\boldsymbol{R}}_k)^{-1} \tag{7.155}$$

$$\hat{\boldsymbol{x}}_{k|k+\varDelta} = (\boldsymbol{I}-\boldsymbol{J}_k\tilde{\boldsymbol{A}}_k)\hat{\boldsymbol{x}}_{k|k+\varDelta-1}+\boldsymbol{J}_k\boldsymbol{y}_{k+\varDelta} \tag{7.156}$$

$$\boldsymbol{P}_{k|k+\varDelta} = (\boldsymbol{I}-\boldsymbol{J}_k\tilde{\boldsymbol{A}}_k)\boldsymbol{P}_{k|k+\varDelta-1} \tag{7.157}$$

$$\boldsymbol{P}_{k,k-1|k+\varDelta-1} = (\boldsymbol{I}-\boldsymbol{J}_k\tilde{\boldsymbol{A}}_k)\boldsymbol{D}\boldsymbol{P}_{k-1|k+\varDelta-1} \tag{7.158}$$

当获得每一个观测矢量 $\boldsymbol{y}_{k+\varDelta}$时，用式（7.148）更新$\boldsymbol{\gamma}$。然后使用固定区间卡尔曼平滑器在大小为$\varDelta+1$ 的数据块上，在时刻 $t=k, k+1, \cdots, k+\varDelta$进行正向和反向递归来计算 $\boldsymbol{x}_k$ 的在线估计。注意到，当 $\boldsymbol{D}=\boldsymbol{0}$ 并且$\varDelta>0$ 时，上述方案不适用，因为 $\boldsymbol{y}_{k+\varDelta}$在这种情况下独立于 $\boldsymbol{x}_k$。此外，固定滞后方案仅使用最新的测量矢量来更新$\boldsymbol{\gamma}$，而使用所有可用的测量值可以获得更好的性能。

2）锯齿滞后方案

在该方案中，当每一个大小为$\bar{\varDelta}\leqslant\varDelta+1$的数据块到达时更新$\boldsymbol{\gamma}$，如图 7.7 所示。每个框表示索引时刻，每行对应一个更新索引。$\boldsymbol{y}$ 表示每次更新中处理的新测量集。深灰色框表示对应于已更新框上索引的状态统计信息，浅灰色框表示不需更新的状态统计数据，白色框表示尚未计算的状态统计数据。深灰色指示的处理窗口每次更新后移动$\bar{\varDelta}$。

考虑$k\in\left[k_l+1,k_l+\bar{\varDelta}\right]$，其中$k_l=(l-1)\bar{\varDelta}$，更新索引为$l=1,2,\cdots$。将固定滞后变量$\hat{\boldsymbol{x}}_{k|k+\varDelta}$、$\boldsymbol{P}_{k|k+\varDelta}$和$\boldsymbol{P}_{k,k-1|k+\varDelta}$分别替换为变量$\hat{\boldsymbol{x}}_{k|\breve{k}_l}$、$\boldsymbol{P}_{k|\breve{k}_l}$和$\boldsymbol{P}_{k,k-1|\breve{k}_l}$，其中

$$\breve{k}_l=k_l+\varDelta+1 \tag{7.159}$$

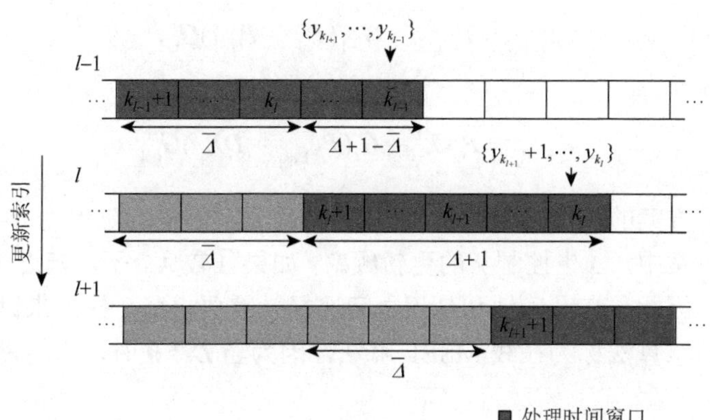

图 7.7　锯齿滞后方案示意图

使用先前更新中获得的$\boldsymbol{\gamma}$估计值$\boldsymbol{\gamma}_{l-1}$计算这些变量。对于第 l 次更新，式（7.148）修改为

$$\begin{aligned}\boldsymbol{\gamma}_l&=\frac{1}{k_{l+1}}\operatorname{diag}\left\{(\boldsymbol{I}-\boldsymbol{D}^{\mathrm{H}}\boldsymbol{D})^{-1}\sum_{i=1}^{l}\sum_{\substack{t=k_i+1,\\t\neq1}}^{k_{i+1}}\boldsymbol{T}_{t|\breve{k}_l}+\boldsymbol{C}_{1|\varDelta}\right\}\\&=\boldsymbol{\gamma}_{l-1}+\frac{1}{k_{l+1}}\sum_{t=k_l+1}^{k_{l+1}}\operatorname{diag}\left\{(\boldsymbol{I}-\boldsymbol{D}^{\mathrm{H}}\boldsymbol{D})^{-1}\boldsymbol{T}_{t|\breve{k}_l}-\boldsymbol{\varGamma}_{l-1}\right\}\end{aligned} \tag{7.160}$$

为了计算$\boldsymbol{T}_{t|\breve{k}_l}$，在大小为$\varDelta+1$的重叠数据块上运行固定区间卡尔曼平滑算法，并丢弃每块最后$\varDelta+1-\bar{\varDelta}$的值，称为锯齿滞后平滑[6]。处理窗口每次更新后移动$\bar{\varDelta}$。更新方程由正向递归和反向递归组成。在正向递归中，使用卡尔曼滤波器估计$\hat{\boldsymbol{x}}_{t|t}$和$\boldsymbol{P}_{t|t}(t=k_l+1,\cdots,\breve{k}_l)$：

$$\hat{\boldsymbol{x}}_{t|t-1}=\boldsymbol{D}\hat{\boldsymbol{x}}_{t-1|t-1} \tag{7.161}$$

$$P_{t|t-1} = DP_{t-1|t-1}D^{\mathrm{H}} + (I - D^{\mathrm{H}}D)\Gamma \tag{7.162}$$

$$J_t = P_{t|t-1}A_t^{\mathrm{H}}(A_tP_{t|t-1}A_t^{\mathrm{H}} + R_t)^{-1} \tag{7.163}$$

$$\hat{x}_{t|t} = (I - J_tA_t)\hat{x}_{t|t-1} + J_ty_t \tag{7.164}$$

$$P_{t|t} = (I - J_tA_t)P_{t|t-1} \tag{7.165}$$

$$P_{\breve{k}_l,\breve{k}_l-1|\breve{k}_l} = (I - J_{\breve{k}_l}A_{\breve{k}_l})DP_{\breve{k}_l-1|\breve{k}_l-1} \tag{7.166}$$

在反向递归中，以相反的顺序估计 $\hat{x}_{k|\breve{k}_l}$ 、$P_{k|\breve{k}_l}$ 和 $P_{k,k-1|\breve{k}_l}$ 。对于 $t=\breve{k}_l,\breve{k}_l-1,\cdots,k_l+2$，我们得到以下平滑方程：

$$G_{t-1} = P_{t-1|t-1}DP_{t|t-1}^{-1} \tag{7.167}$$

$$\hat{x}_{t-1|\breve{k}_l} = \hat{x}_{t-1|t-1} + G_{t-1}(\hat{x}_{t|\breve{k}_l} - \hat{x}_{t|t-1}) \tag{7.168}$$

$$P_{t-1|\breve{k}_l} = P_{t-1|t-1} + G_{t-1}(P_{t|\breve{k}_l} - P_{t|t-1})G_{t-1}^{\mathrm{H}} \tag{7.169}$$

对于 $t \neq \breve{k}_l$ ，有

$$P_{t,t-1|\breve{k}_l} = P_{t|t}G_{t-1}^{\mathrm{H}} + G_t(P_{t+1,t|\breve{k}_l} - DP_{t|t})G_{t-1}^{\mathrm{H}} \tag{7.170}$$

固定滞后方案的平均延迟为$\varDelta$，而锯齿滞后方案的平均延迟为$\varDelta-(\bar{\varDelta}-1)/2$，在锯齿滞后方案中，$\bar{\varDelta}$也控制$\gamma$的更新频率。如果$\bar{\varDelta}$较大，平均延迟降低，但$\gamma$更新速度较慢。因此，在准确性和延迟之间选择$\bar{\varDelta}$需要权衡。接下来讨论 $D=0$ 的特殊情况。将该算法称为在线 MSBL 算法，因为当 $D=0$ 时，卡尔曼滤波没有起作用。

同理，β可以通过式（7.171）迭代计算：

$$\beta_l = \beta_{l-1} + \frac{1}{mk_{l+1}}\sum_{t=k_l+1}^{k_{l+1}}\left\|y_t - A\hat{x}_{t|\breve{k}_l}\right\|_2^2 + \mathrm{tr}[P_{t|\breve{k}_l}A^{\mathrm{H}}A] - m\beta_{l-1} \tag{7.171}$$

2. *在线 MSBL 算法*

当稀疏矢量不相关，即 $D=0$ 时，式（7.160）简化为以下递归：

$$\gamma_l = \gamma_{l-1} + \frac{1}{k_{l+1}}\sum_{t=k_l+1}^{k_{l+1}}\mathrm{diag}\left\{P_t(\gamma_{l-1}) + \hat{x}_t(y_t,\gamma_{l-1})\hat{x}_t^{\mathrm{H}}(y_t,\gamma_{l-1}) - \Gamma_{l-1}\right\} \tag{7.172}$$

$$\beta_l = \beta_{l-1} + \frac{1}{mk_{l+1}}\sum_{t=k_l+1}^{k_{l+1}}\left\|y_t - A\hat{x}_t\right\|_2^2 + \mathrm{tr}[P_tA^{\mathrm{H}}A] - m\beta_{l-1} \tag{7.173}$$

其中，

$$P_t(\gamma) \overset{\mathrm{def}}{=} \Gamma - \Gamma A_t^{\mathrm{H}}(A_t\Gamma A_t^{\mathrm{H}} + R_t)^{-1}A_t\Gamma \tag{7.174}$$

$$\hat{x}_t(y,\gamma) \overset{\mathrm{def}}{=} P_t(\gamma)A_t^{\mathrm{H}}R_t^{-1}y \tag{7.175}$$

注意到在线 MSBL 算法仅取决于 $\bar{\varDelta}$ ，而不是$\varDelta$，因为 $y_t(t=k_{l+1}+1,\cdots,\breve{k}_l)$ 和

$\boldsymbol{x}_t(t=k_l+1,\cdots,k_{l+1})$ 是独立的。接下来我们讨论算法的初始化和几种特殊情况。

初始化：$\boldsymbol{\gamma}$ 的初始估计值可使用离线 KSBL 算法最开始的$\varDelta+1$ 个输入测量矢量得到。离线 KSBL 算法初始化估计后，使用$\boldsymbol{\gamma}$ 的递归更新跟踪参数变化。事实上，如果$\boldsymbol{\gamma}$ 随时间缓慢变化，则递归更新步骤式（7.172）可以跟踪其时间变化。

特殊情况：

（1）当 $\boldsymbol{D}=\boldsymbol{0}$ 时，稀疏矢量是不相关的，于是得到 $\hat{\boldsymbol{x}}_{t|K}=\hat{\boldsymbol{x}}_{t|t+\varDelta}$，$\boldsymbol{P}_{t|K}=\boldsymbol{P}_{t|t+\varDelta}$ 和 $\boldsymbol{P}_{t,t-1|K}=\boldsymbol{P}_{t,t-1|t+\varDelta}$。因此，式（7.147）的近似不存在。另外，随着相关系数增加，式（7.147）中的近似值趋向于松弛。

（2）当 $\boldsymbol{D}=\boldsymbol{0}$ 且$\varDelta=0$ 时，固定滞后和锯齿滞后方案一致。

（3）当$\varDelta=0$ 时，修正状态空间的滤波器简化为原始卡尔曼滤波器方程。

（4）当 $\bar{\varDelta}=1$ 时，所有稀疏矢量锯齿滞后方案的延迟等于$\varDelta$，类似于固定滞后方案。尽管如此，由于锯齿滞后方案中的正向递归和反向递归，这两种方案是不同的。

3. 改进策略

在式（7.160）中，可以取不同的学习速率来代替 $1/k$，只要满足以下条件，递归算法中可以使用任何正数序列 b_k：

$$0\leqslant b_k\leqslant 1,\quad \sum_{k=1}^{\infty} b_k=\infty,\quad \sum_{k=1}^{\infty} b_k^2<\infty \tag{7.176}$$

则修正算法由式（7.177）给出：

$$\boldsymbol{\gamma}_k=\boldsymbol{\gamma}_{k-1}+b_k\operatorname{diag}\{(\boldsymbol{I}-\boldsymbol{D}^{\mathrm{H}}\boldsymbol{D})^{-1}\boldsymbol{T}_{k|k+\varDelta}-\boldsymbol{\varGamma}_{k-1}\} \tag{7.177}$$

序列的一种合适的选择是

$$b_k=\frac{1}{k^{\alpha}},\quad \frac{1}{2}<\alpha<1 \tag{7.178}$$

因为当$\alpha>1$ 时，$\sum_{k=1}^{\infty} 1/k^{\alpha}$ 收敛，反之发散。经验证明，修改后的算法比原始版本收敛更快。

另外，我们注意到式（7.172）中的在线 MSBL 算法不使用观测值 $\boldsymbol{y}_t(t=k_{l+1}+1,\cdots,\breve{k}_l)$，即使在 k_{l+1} 时刻已经取得这些观测值。因此，需要修改式（7.172）中的更新步骤，使用所有可用测量矢量 $\boldsymbol{y}^{\breve{k}_l}$ 来更新$\boldsymbol{\gamma}$，估计稀疏矢量 $\hat{\boldsymbol{x}}_{k_l+1}$ 至 $\hat{\boldsymbol{x}}_{k_{l+1}}$，按照下述方法：

$$\boldsymbol{\gamma}_l=\boldsymbol{\gamma}_{l-1}+\frac{1}{\breve{k}_l}\sum_{t=\breve{k}_l-\bar{\varDelta}+1}^{\breve{k}_l}\operatorname{diag}\left\{\boldsymbol{P}_t(\gamma_{l-1})+\hat{\boldsymbol{x}}_t(y_t,\gamma_{l-1})\hat{\boldsymbol{x}}_t^{\mathrm{H}}(y_t,\gamma_{l-1})-\boldsymbol{\varGamma}_{l-1}\right\} \tag{7.179}$$

因此，每次更新我们只使用最新的长度为$\varDelta$的可用数据块，而不是已经使用的过去值。在这种情况下，我们不需要存储任何过去的测量数据或稀疏矢量估计。

4. 复杂度分析

下面简要讨论各算法的计算复杂度和内存需求。

首先，在计算量方面，假设 $p\times q$ 矩阵与 $q\times r$ 矩阵相乘需要 $O(pqr)$浮点运算，$p\times p$ 正定矩阵的逆运算需要 $O(p^3)$计算量[7]。

注意到，在线算法中每次更新 $\boldsymbol{\gamma}$ 的计算成本仅取决于$\Delta(\ll K)$，尽管总体计算复杂度与稀疏度 K 的大小有关。然而，仿真结果表明，与离线算法相比，在线算法的总体计算时间随着 K 的增加而缓慢增长。在线 MSBL 算法的阶次复杂度类似于在线 KSBL 固定滞后方案，但其计算时间比在线 KSBL 固定滞后方案小得多，因为它不涉及卡尔曼滤波或平滑。离线算法的计算量对应于单次迭代的复杂度，而在线算法的计算量对应于整体复杂度，因为它本质上是非迭代的。

在内存需求方面，基于离线 KSBL 算法需要保存所有观测矢量，因此，内存需求随 K 线性增长。基于在线 KSBL 算法只需要保存处理时间段内大小为Δ的数据。因此，在线方案的内存需求取决于Δ。在线 KSBL 算法需要存储的变量是量级为 N^2 的稀疏矢量的统计信息，包括平均值和协方差。

当稀疏矢量不相关时，在线 MSBL 算法只需要存储价值量级为 $M\ll N^2$ 的观测矢量，而不需要存储过去稀疏矢量的统计数据。此外，对于超参数 $\boldsymbol{\gamma}$ 的更新，需要 N^2 阶的额外内存来计算协方差矩阵 $\boldsymbol{P}_k$。因此，离线 MSBL 算法的总内存需求为 $Km+N^2$ 阶，而在线 KSBL 算法的总内存需求为$\Delta m+N^2$ 阶。表 7.1 总结了三种方案的计算量和占用内存。

表 7.1　对于 $\boldsymbol{K}$ 个观测值，在线算法与离线算法的比较

算法	计算量	占用内存
离线 KSBL	$\mathcal{O}(KN^3)$	$\mathcal{O}(KN^2)$
在线 KSBL 固定滞后	$\mathcal{O}(KN^2m)$	$\mathcal{O}(\Delta N^2)$
在线 KSBL 锯齿滞后	$\mathcal{O}(KN^3)$	$\mathcal{O}(\Delta N^2)$
离线 MSBL	$\mathcal{O}(KN^2m)$	$\mathcal{O}(Km+N^2)$
在线 MSBL	$\mathcal{O}(KN^2m)$	$\mathcal{O}(\Delta m+N^2)$

7.4　收敛性分析

本节研究在下述假设下在线算法的收敛性。

（1）测量矩阵时不变，即 $\boldsymbol{A}_k=\boldsymbol{A}, \forall k$，并且不失一般性地，$\mathrm{rank}(\boldsymbol{A})=m$。

（2）噪声协方差矩阵对于所有测量都是相同的，即 $\boldsymbol{R}_k=\boldsymbol{R}, \forall k$。

（3）稀疏矢量是不相关的，即 $\boldsymbol{D}=\boldsymbol{0}$。

上述假设是多快拍方法相关文献中的标准假设，被称为联合稀疏模型-2（JSM-2）[8]。这些假设简化了递归算法和分析过程。由于 $\boldsymbol{D}=\boldsymbol{0}$，固定滞后方案不适用，我们将重点分析锯齿滞后方案。从 $\bar{\varDelta}=1$ 的情况开始，$\bar{\varDelta}<1$ 的情况分析类似。

当 $\boldsymbol{A}_k=\boldsymbol{A}$ 和 $\boldsymbol{R}_k=\boldsymbol{R}$ 时，式（7.172）～式（7.175）简化为

$$\boldsymbol{\gamma}_k=\boldsymbol{\gamma}_{k-1}+\frac{1}{k}\mathrm{diag}\left\{\boldsymbol{P}(\boldsymbol{\gamma}_{k-1})\right\}+\frac{1}{k}\mathrm{diag}\left\{\hat{\boldsymbol{x}}(\boldsymbol{y}_k,\boldsymbol{\gamma}_{k-1})\hat{\boldsymbol{x}}^{\mathrm{H}}(\boldsymbol{y}_k,\boldsymbol{\gamma}_{k-1})-\boldsymbol{\varGamma}_{k-1}\right\} \tag{7.180}$$

其中，$\boldsymbol{P}(\boldsymbol{\gamma})$ 和 $\hat{\boldsymbol{x}}(\boldsymbol{y},\boldsymbol{\gamma})$ 如式（7.174）和式（7.175）中所定义，$\boldsymbol{A}_k$ 和 $\boldsymbol{R}_k$ 分别由 $\boldsymbol{A}$ 和 $\boldsymbol{R}$ 代替。可以将式（7.180）重写为如下的随机近似递归：

$$\boldsymbol{\gamma}_k=\boldsymbol{\gamma}_{k-1}+\frac{1}{k}\boldsymbol{f}(\boldsymbol{\gamma}_{k-1})+\frac{1}{k}\boldsymbol{e}_k \tag{7.181}$$

其中，$\boldsymbol{f}(\boldsymbol{\gamma})$ 为平均场函数，表示为

$$\boldsymbol{f}(\boldsymbol{\gamma})\overset{\mathrm{def}}{=}\mathrm{diag}\left\{\boldsymbol{P}(\boldsymbol{\gamma})+\boldsymbol{P}(\boldsymbol{\gamma})\boldsymbol{A}^{\mathrm{H}}\boldsymbol{R}^{-1}E\left\{\boldsymbol{y}\boldsymbol{y}^{\mathrm{H}}\right\}\boldsymbol{R}^{-1}\boldsymbol{A}\boldsymbol{P}(\boldsymbol{\gamma})\right\}-\boldsymbol{\gamma} \tag{7.182}$$

其中，E 为关于 $\boldsymbol{y}$ 的期望值；$\boldsymbol{e}_k$ 定义式为

$$\boldsymbol{e}_k\overset{\mathrm{def}}{=}\mathrm{diag}\left\{\boldsymbol{P}(\boldsymbol{\gamma}_{k-1})+\hat{\boldsymbol{x}}(\boldsymbol{y}_k,\boldsymbol{\gamma}_{k-1})\hat{\boldsymbol{x}}^{\mathrm{H}}(\boldsymbol{y}_k,\boldsymbol{\gamma}_{k-1})-\boldsymbol{\gamma}_{k-1}-\boldsymbol{f}(\boldsymbol{\gamma}_{k-1})\right\} \tag{7.183}$$

利用式（7.174）中的 $\boldsymbol{P}(\boldsymbol{\gamma})$ 表达式：

$$\boldsymbol{P}(\boldsymbol{\gamma})-\boldsymbol{\varGamma}=-\boldsymbol{\varGamma}\boldsymbol{A}^{\mathrm{H}}(\boldsymbol{A}\boldsymbol{\varGamma}\boldsymbol{A}^{\mathrm{H}}+\boldsymbol{R})^{-1}\boldsymbol{A}\boldsymbol{\varGamma} \tag{7.184}$$

$$\boldsymbol{P}(\boldsymbol{\gamma})\boldsymbol{A}^{\mathrm{H}}\boldsymbol{R}^{-1}=\boldsymbol{\varGamma}\boldsymbol{A}^{\mathrm{H}}(\boldsymbol{A}\boldsymbol{\varGamma}\boldsymbol{A}^{\mathrm{H}}+\boldsymbol{R})^{-1} \tag{7.185}$$

因此，可以得到

$$\boldsymbol{f}(\boldsymbol{\gamma})\overset{\mathrm{def}}{=}\mathrm{diag}\left\{\boldsymbol{\varGamma}\boldsymbol{A}^{\mathrm{H}}(\boldsymbol{A}\boldsymbol{\varGamma}\boldsymbol{A}^{\mathrm{H}}+\boldsymbol{R})^{-1}\left(E\left\{\boldsymbol{y}\boldsymbol{y}^{\mathrm{H}}\right\}-\boldsymbol{A}\boldsymbol{\varGamma}\boldsymbol{A}^{\mathrm{H}}-\boldsymbol{R}\right)(\boldsymbol{A}\boldsymbol{\varGamma}\boldsymbol{A}^{\mathrm{H}}+\boldsymbol{R})^{-1}\boldsymbol{A}\boldsymbol{\varGamma}\right\} \tag{7.186}$$

$$\boldsymbol{e}_k\overset{\mathrm{def}}{=}\mathrm{diag}\left\{\boldsymbol{\varGamma}_{k-1}\boldsymbol{A}^{\mathrm{H}}(\boldsymbol{A}\boldsymbol{\varGamma}_{k-1}\boldsymbol{A}^{\mathrm{H}}+\boldsymbol{R})^{-1}\left(\boldsymbol{y}_k\boldsymbol{y}_k^{\mathrm{H}}-E\left\{\boldsymbol{y}\boldsymbol{y}^{\mathrm{H}}\right\}\right)(\boldsymbol{A}\boldsymbol{\varGamma}_{k-1}\boldsymbol{A}^{\mathrm{H}}+\boldsymbol{R})^{-1}\boldsymbol{A}\boldsymbol{\varGamma}_{k-1}\right\} \tag{7.187}$$

接下来从命题 7.1 开始讲述，该命题表明由所提出的算法生成的序列 $\boldsymbol{\gamma}_k$ 是有界的。

命题 7.1　如果 $\boldsymbol{\gamma}_0$ 是一个非负矢量，则由式（7.180）生成的序列 $\boldsymbol{\gamma}_k$ 几乎必定保持在 $\mathbb{R}_+^N$ 的紧子集中。

为证明命题 7.1，需要先证明引理 7.3，表明噪声项 $\boldsymbol{e}_k$ 是有界的，以便证明所需的结果。

引理 7.3　在式（7.181）给出的在线算法中，$\lim\limits_{k\to\infty}\sum\limits_{t=1}^{k}\frac{1}{t}\boldsymbol{e}_t$ 存在且有限。

证明　定义 $\boldsymbol{l}_k=\sum\limits_{t=1}^{k}\frac{1}{t}\boldsymbol{e}_t$，$\mathcal{F}_k$ 为由 $\boldsymbol{y}_k$ 生成的 α-代数，则

$$E\left\{\boldsymbol{l}_k\mid\mathcal{F}_{k-1}\right\}=E\left\{\boldsymbol{l}_{k-1}\mid\mathcal{F}_{k-1}\right\}+\frac{1}{k}E\left\{\boldsymbol{e}_k\mid\mathcal{F}_{k-1}\right\}=\boldsymbol{l}_{k-1} \tag{7.188}$$

因此，$\boldsymbol{l}_{k-1}$ 是鞅。进一步，利用鞅的正交性[9]，得到

$$E\left\{\left\|\boldsymbol{l}_k\right\|^2\right\}=\sum_{t=1}^{k}E\left\{\left\|\boldsymbol{l}_t-\boldsymbol{l}_{t-1}\right\|^2\right\}=\sum_{t=1}^{k}\frac{1}{t^2}E\left\{\left\|\boldsymbol{e}_t\right\|^2\right\} \tag{7.189}$$

注意到$\|\boldsymbol{y}\|_\infty<\infty$，因此式（7.187）表明，如果$\|\boldsymbol{\gamma}_{k-1}\|_\infty<\infty$，则$\|\boldsymbol{e}_t\|<\infty$。当$\|\boldsymbol{\gamma}_{k-1}\|_\infty\to\infty$时，在式（7.186）中的项：

$$\lim_{\|\boldsymbol{\gamma}\|_\infty\to\infty}\boldsymbol{\Gamma}\boldsymbol{A}^{\mathrm{H}}(\boldsymbol{A}\boldsymbol{\Gamma}\boldsymbol{A}^{\mathrm{H}}+\boldsymbol{R})^{-1}=\lim_{\|\boldsymbol{\gamma}\|_\infty\to\infty}\|\boldsymbol{\gamma}\|_\infty^{-\frac{1}{2}}\boldsymbol{\Gamma}^{\frac{1}{2}}\left[\boldsymbol{R}^{-\frac{1}{2}}\boldsymbol{A}(\|\boldsymbol{\gamma}\|_\infty^{-1}\boldsymbol{\Gamma})\boldsymbol{A}^{\mathrm{H}}\boldsymbol{R}^{-\frac{1}{2}}\right]^{\dagger}\boldsymbol{R}^{-\frac{1}{2}} \tag{7.190}$$

$\lim\limits_{\|\boldsymbol{\gamma}\|_\infty\to\infty}\boldsymbol{\Gamma}\boldsymbol{A}^{\mathrm{H}}(\boldsymbol{A}\boldsymbol{\Gamma}\boldsymbol{A}^{\mathrm{H}}+\boldsymbol{R})^{-1}$的所有项都是有限的，且以概率 1 保证$\|\boldsymbol{e}_t\|<\infty$。因此，$E[\|\boldsymbol{e}_t\|^2]$有界，而且由 Jensen 不等式和式（7.189），可知鞅在$\mathcal{L}^1$中有界。将 Doob 的前向收敛定理[9]应用于鞅的每个元素 $\boldsymbol{l}_{k-1}[i], i=1,2,\cdots,N$，极限 $\lim\limits_{k\to\infty}\sum_{t=1}^{k}\frac{1}{t}\boldsymbol{e}_t$ 存在且有限。

下面正式证明命题 7.1。

证明 由式（7.181），得到

$$\boldsymbol{\gamma}_k=\frac{k-1}{k}\boldsymbol{\gamma}_{k-1}+\frac{1}{k}\mathrm{diag}\left\{\boldsymbol{P}(\boldsymbol{\gamma}_{k-1})+\hat{\boldsymbol{x}}(\boldsymbol{y}_k,\boldsymbol{\gamma}_{k-1})\hat{\boldsymbol{x}}^{\mathrm{H}}(\boldsymbol{y}_k,\boldsymbol{\gamma}_{k-1})\right\} \tag{7.191}$$

其中，$\mathrm{diag}\left\{\boldsymbol{P}(\boldsymbol{\gamma}_{k-1})+\hat{\boldsymbol{x}}(\boldsymbol{y}_k,\boldsymbol{\gamma}_{k-1})\hat{\boldsymbol{x}}^{\mathrm{H}}(\boldsymbol{y}_k,\boldsymbol{\gamma}_{k-1})\right\}$的所有项都是非负的，如果$\boldsymbol{\gamma}_0$是非负矢量，则确保了所有元素$\boldsymbol{\gamma}_{k-1}[i]\geqslant 0, i=1,2,\cdots,N$，因此序列$\boldsymbol{\gamma}_k$有下界。

我们看到，既然序列是有界的，那么根据文献[10]中的定理 7 可以证明，它属于紧集。为此，需要考察以下条件是否适用于这里的情况。

（1）函数$\boldsymbol{f}$是 Lipschitz 的；

（2）$\lim\limits_{k\to\infty}\sum_{t=1}^{k}\frac{1}{t}\boldsymbol{e}_t$ 存在；

（3）函数$\boldsymbol{f}_\infty(\boldsymbol{\gamma})=\lim\limits_{c\to\infty}\boldsymbol{f}(c\boldsymbol{\gamma})/c$是连续的，而且以常微分方程（ordinary differential equation，ODE）的唯一全局渐近稳定平衡点为原点：

$$\frac{\mathrm{d}}{\mathrm{d}t}\boldsymbol{\gamma}(t)=\boldsymbol{f}_\infty(\boldsymbol{\gamma}(t)) \tag{7.192}$$

考虑到 $\boldsymbol{P}(\boldsymbol{\gamma})$ 和 $\boldsymbol{\Gamma}\boldsymbol{A}^{\mathrm{H}}(\boldsymbol{A}\boldsymbol{\Gamma}\boldsymbol{A}^{\mathrm{H}}+\boldsymbol{R})^{-1}\boldsymbol{A}\boldsymbol{\Gamma}$ 半正定，所有对角线元素都是非负的。因此，由式（7.186）可知：

$$\boldsymbol{f}(\boldsymbol{\gamma})\geqslant-\boldsymbol{\gamma}+\mathrm{diag}\left\{\boldsymbol{P}(\boldsymbol{\gamma})\boldsymbol{A}^{\mathrm{H}}\boldsymbol{R}^{-1}E\{\boldsymbol{y}\boldsymbol{y}^{\mathrm{H}}\}\boldsymbol{R}^{-1}\boldsymbol{A}\boldsymbol{P}(\boldsymbol{\gamma})\right\}\geqslant-\boldsymbol{\gamma} \tag{7.193}$$

其中，$\boldsymbol{a}\geqslant\boldsymbol{b}$表示$\boldsymbol{a}$的每个元素都大于或等于$\boldsymbol{b}$的对应位置元素。此外，由于矩阵$\boldsymbol{\Gamma}\boldsymbol{A}^{\mathrm{H}}(\boldsymbol{A}\boldsymbol{\Gamma}\boldsymbol{A}^{\mathrm{H}}+\boldsymbol{R})^{-1}\boldsymbol{A}\boldsymbol{\Gamma}$ 是半正定的，

$$\boldsymbol{P}(\boldsymbol{\gamma})=\boldsymbol{\Gamma}-\boldsymbol{\Gamma}\boldsymbol{A}^{\mathrm{H}}(\boldsymbol{A}\boldsymbol{\Gamma}\boldsymbol{A}^{\mathrm{H}}+\boldsymbol{R})^{-1}\boldsymbol{A}\boldsymbol{\Gamma} \tag{7.194}$$

的每个对角元素都小于$\boldsymbol{\Gamma}$的对角元素。因此，我们得到

$$\begin{aligned}\boldsymbol{f}(\boldsymbol{\gamma}) &\leqslant \operatorname{diag}\left\{\boldsymbol{P}(\boldsymbol{\gamma})\boldsymbol{A}^{\mathrm{H}}\boldsymbol{R}^{-1}E\left[\boldsymbol{y}\boldsymbol{y}^{\mathrm{H}}\right]\boldsymbol{R}^{-1}\boldsymbol{A}\boldsymbol{P}(\boldsymbol{\gamma})\right\} \\ &\leqslant \lambda\operatorname{diag}\left\{\boldsymbol{P}(\boldsymbol{\gamma})\boldsymbol{A}^{\mathrm{H}}\boldsymbol{R}^{-2}\boldsymbol{A}\boldsymbol{P}(\boldsymbol{\gamma})\right\}\end{aligned} \tag{7.195}$$

其中，半正定矩阵 $E[\boldsymbol{y}\boldsymbol{y}^{\mathrm{H}}]$的最大特征值为$\lambda$。因此

$$-\gamma[i] \leqslant \boldsymbol{f}(\boldsymbol{\gamma})[i] \leqslant \lambda\operatorname{diag}\{\boldsymbol{P}(\boldsymbol{\gamma})\boldsymbol{A}^{\mathrm{H}}\boldsymbol{R}^{-2}\boldsymbol{A}\boldsymbol{P}(\boldsymbol{\gamma})\}[i] \tag{7.196}$$

其中，$i=1,2,\cdots,N$。

为了进一步约束不等式的最后一项，使用式（7.185）得到

$$\boldsymbol{P}(\boldsymbol{\gamma})\boldsymbol{A}^{\mathrm{H}}\boldsymbol{R}^{-2}\boldsymbol{A}\boldsymbol{P}(\boldsymbol{\gamma}) = \boldsymbol{\Gamma}^{\frac{1}{2}}\boldsymbol{B}(\boldsymbol{A}\boldsymbol{\Gamma}\boldsymbol{A}^{\mathrm{H}}+\boldsymbol{R})^{-1}\boldsymbol{B}^{\mathrm{H}}\boldsymbol{\Gamma}^{\frac{1}{2}} \tag{7.197}$$

其中，

$$\boldsymbol{B} \stackrel{\text{def}}{=} \boldsymbol{\Gamma}^{\frac{1}{2}}\boldsymbol{A}^{\mathrm{H}}(\boldsymbol{A}\boldsymbol{\Gamma}\boldsymbol{A}^{\mathrm{H}}+\boldsymbol{R})^{-\frac{1}{2}} \tag{7.198}$$

这表明

$$\begin{aligned}\operatorname{diag}\{\boldsymbol{P}(\boldsymbol{\gamma})\boldsymbol{A}^{\mathrm{H}}\boldsymbol{R}^{-2}\boldsymbol{A}\boldsymbol{P}(\boldsymbol{\gamma})\}[i] &= \gamma[i]\boldsymbol{B}^{\mathrm{H}}[i](\boldsymbol{A}\boldsymbol{\Gamma}\boldsymbol{A}^{\mathrm{H}}+\boldsymbol{R})^{-1} \\ &\leqslant \gamma[i]\boldsymbol{B}^{\mathrm{H}}[i]\boldsymbol{R}^{-1}\boldsymbol{B}[i]\end{aligned} \tag{7.199}$$

其中，$\boldsymbol{B}[i]\in\mathbb{R}^{N}$ 是 $\boldsymbol{B}^{\mathrm{T}}$ 的第 i 列。则我们有

$$\begin{aligned}\boldsymbol{B}\boldsymbol{B}^{\mathrm{H}} &\stackrel{\text{def}}{=} \boldsymbol{\Gamma}^{\frac{1}{2}}\boldsymbol{A}^{\mathrm{H}}(\boldsymbol{A}\boldsymbol{\Gamma}\boldsymbol{A}^{\mathrm{H}}+\boldsymbol{R})^{-1}\boldsymbol{A}\boldsymbol{\Gamma}^{\frac{1}{2}} \\ &= \boldsymbol{I}-\left(\boldsymbol{I}+\boldsymbol{\Gamma}^{\frac{1}{2}}\boldsymbol{A}^{\mathrm{H}}\boldsymbol{R}^{-1}\boldsymbol{A}\boldsymbol{\Gamma}^{\frac{1}{2}}\right)^{-1}\end{aligned} \tag{7.200}$$

这表明 $\boldsymbol{I}-\boldsymbol{B}\boldsymbol{B}^{\mathrm{H}}$ 是半正定矩阵，而且其对角元素都非负，因此 $\boldsymbol{B}[i]\boldsymbol{B}^{\mathrm{H}}[i]\leqslant 1$（$i=1,2,\cdots,N$）。

因此得到

$$\operatorname{diag}\{\boldsymbol{P}(\boldsymbol{\gamma})\boldsymbol{A}^{\mathrm{H}}\boldsymbol{R}^{-2}\boldsymbol{A}\boldsymbol{P}(\boldsymbol{\gamma})\}[i] \leqslant \bar{\lambda}\gamma[i] \tag{7.201}$$

其中，$\bar{\lambda}$ 是 $\boldsymbol{R}^{-1}$ 的最大特征值，将此关系代入式（7.196），得到

$$-\gamma[i] \leqslant \boldsymbol{f}(\boldsymbol{\gamma})[i] \leqslant \lambda\bar{\lambda}\gamma[i] \tag{7.202}$$

因此，条件（1）是满足的。引理 7.3 保证了条件（2）是正确的。为了检验条件（3），根据式（7.186），有

$$\begin{aligned}\boldsymbol{f}_{\infty}(\boldsymbol{\gamma}) &= \lim_{c\to\infty}\frac{1}{c}\operatorname{diag}\left\{c^{2}\boldsymbol{\Gamma}\boldsymbol{A}^{\mathrm{H}}(c\boldsymbol{A}\boldsymbol{\Gamma}\boldsymbol{A}^{\mathrm{H}}+\boldsymbol{R})^{-1}\left(E\left\{\boldsymbol{y}\boldsymbol{y}^{\mathrm{H}}\right\}-c\boldsymbol{A}\boldsymbol{\Gamma}\boldsymbol{A}^{\mathrm{H}}-\boldsymbol{R}\right)\right. \\ &\quad \left.\cdot(c\boldsymbol{A}\boldsymbol{\Gamma}\boldsymbol{A}^{\mathrm{H}}+\boldsymbol{R})^{-1}\ \boldsymbol{A}\boldsymbol{\Gamma}\right\} \\ &= -\lim_{c\to\infty}\operatorname{diag}\left\{\boldsymbol{\Gamma}\left(\boldsymbol{R}^{-\frac{1}{2}}\boldsymbol{A}\boldsymbol{\Gamma}^{-\frac{1}{2}}\right)^{\mathrm{H}}\left[\boldsymbol{R}^{-\frac{1}{2}}\boldsymbol{A}\boldsymbol{\Gamma}^{-\frac{1}{2}}\left(\boldsymbol{R}^{-\frac{1}{2}}\boldsymbol{A}\boldsymbol{\Gamma}^{-\frac{1}{2}}\right)^{\mathrm{H}}+\boldsymbol{I}/c\right]^{-1}\boldsymbol{R}^{-\frac{1}{2}}\boldsymbol{A}\boldsymbol{\Gamma}^{-\frac{1}{2}}\right\} \\ &= -\operatorname{diag}\left\{\boldsymbol{\Gamma}\left(\boldsymbol{R}^{-\frac{1}{2}}\boldsymbol{A}\boldsymbol{\Gamma}^{-\frac{1}{2}}\right)^{\dagger}\left(\boldsymbol{R}^{-\frac{1}{2}}\boldsymbol{A}\boldsymbol{\Gamma}^{-\frac{1}{2}}\right)\right\}\end{aligned} \tag{7.203}$$

注意到

$$\mathrm{rank}\left\{\boldsymbol{R}^{-\frac{1}{2}}\boldsymbol{A}\boldsymbol{\Gamma}^{-\frac{1}{2}}\right\}=\min\{\mathrm{rank}\{\boldsymbol{\Gamma}\},m\} \tag{7.204}$$

当 $\mathrm{rank}\left\{\boldsymbol{R}^{-\frac{1}{2}}\boldsymbol{A}\boldsymbol{\Gamma}^{-\frac{1}{2}}\right\}=\mathrm{rank}\{\boldsymbol{\Gamma}\}$ 时，有

$$\boldsymbol{f}_{\infty}(\boldsymbol{\gamma})=-\boldsymbol{\gamma} \tag{7.205}$$

因为 0 是 $\frac{\mathrm{d}}{\mathrm{d}t}\boldsymbol{\gamma}(t)=-\boldsymbol{\gamma}(t)$ 的唯一全局渐近稳定平衡点，条件（3）成立。当 $\mathrm{rank}\left\{\boldsymbol{R}^{-\frac{1}{2}}\boldsymbol{A}\boldsymbol{\Gamma}^{-\frac{1}{2}}\right\}=m$ 时，有

$$\left(\boldsymbol{R}^{-\frac{1}{2}}\boldsymbol{A}\boldsymbol{\Gamma}^{-\frac{1}{2}}\right)^{\dagger}=\boldsymbol{\Gamma}^{-\frac{1}{2}}\boldsymbol{A}^{\mathrm{H}}\boldsymbol{R}^{-\frac{1}{2}}\left(\boldsymbol{R}^{-\frac{1}{2}}\boldsymbol{A}\boldsymbol{\Gamma}\boldsymbol{A}^{\mathrm{H}}\boldsymbol{R}^{-\frac{1}{2}}\right)^{-1} \tag{7.206}$$

这表明

$$\left(\boldsymbol{R}^{-\frac{1}{2}}\boldsymbol{A}\boldsymbol{\Gamma}^{-\frac{1}{2}}\right)^{\dagger}\left(\boldsymbol{R}^{-\frac{1}{2}}\boldsymbol{A}\boldsymbol{\Gamma}^{-\frac{1}{2}}\right)=\boldsymbol{\Gamma}^{-\frac{1}{2}}\boldsymbol{A}^{\mathrm{H}}(\boldsymbol{A}\boldsymbol{\Gamma}\boldsymbol{A}^{\mathrm{H}})^{-1}\boldsymbol{A}\boldsymbol{\Gamma}^{\frac{1}{2}} \tag{7.207}$$

由于 $\boldsymbol{A}^{\mathrm{H}}(\boldsymbol{A}\boldsymbol{\Gamma}\boldsymbol{A}^{\mathrm{H}})^{-1}\boldsymbol{A}$ 的对角元素是正的，ODE 唯一可能的平衡点是 0。但是当 $\boldsymbol{\gamma}=\boldsymbol{0}$ 时，与

$$\mathrm{rank}\left\{\boldsymbol{R}^{-\frac{1}{2}}\boldsymbol{A}\boldsymbol{\Gamma}^{-\frac{1}{2}}\right\}=m \tag{7.208}$$

是矛盾的。因此，$\mathrm{rank}\left\{\boldsymbol{R}^{-\frac{1}{2}}\boldsymbol{A}\boldsymbol{\Gamma}^{-\frac{1}{2}}\right\}=m$ 时没有平衡点。由此，条件（3）成立，证毕。

以此为基础，下一个要回答的问题是序列 $\boldsymbol{\gamma}_k$ 到底可以收敛到什么样的值。定理 7.4 描述了算法的渐近特征。

定理 7.4 假设 $\boldsymbol{x}$ 的非零项是正交的，并且 $\boldsymbol{\Gamma}_{\mathrm{opt}}=E\{\boldsymbol{x}\boldsymbol{x}^{\mathrm{H}}\}$ 为对角阵。如果 $\boldsymbol{\gamma}_0$ 是非负矢量，则由式（7.180）给出的在线 MSBL 算法的序列 $\boldsymbol{\gamma}_k$ 收敛到集合 $\{0\}\cup\{\boldsymbol{\gamma}\in\mathbb{R}_+^N:\boldsymbol{A}(\boldsymbol{\Gamma}-\boldsymbol{\Gamma}_{\mathrm{opt}})\boldsymbol{A}^{\mathrm{H}}=0\}$。此外，如果 $\mathrm{rank}[\boldsymbol{A}\odot\boldsymbol{A}]=N$，序列 $\boldsymbol{\gamma}_k$ 收敛到二元集合 $\{0,\boldsymbol{\gamma}_{\mathrm{opt}}\}$ 中的一点。

在证明定理 7.4 之前，先介绍引理 7.4 和引理 7.5。

引理 7.4 当 $E[\boldsymbol{y}\boldsymbol{y}^{\mathrm{H}}]=\boldsymbol{A}\boldsymbol{\Gamma}_{\mathrm{opt}}\boldsymbol{A}^{\mathrm{H}}+\boldsymbol{R}$ 时，

$$\boldsymbol{f}(\boldsymbol{\gamma})=\boldsymbol{0} \tag{7.209}$$

的解集为 $\{0\}\cup\{\boldsymbol{\gamma}\in\mathbb{R}_+^N:\boldsymbol{A}(\boldsymbol{\Gamma}-\boldsymbol{\Gamma}_{\mathrm{opt}})\boldsymbol{A}^{\mathrm{H}}=0\}$。

证明 由式（7.186）得到

$$f(\boldsymbol{\gamma}) \stackrel{\text{def}}{=} \operatorname{diag}\left\{\boldsymbol{\Gamma}\boldsymbol{A}^{\mathrm{H}}(\boldsymbol{A}\boldsymbol{\Gamma}\boldsymbol{A}^{\mathrm{H}}+\boldsymbol{R})^{-1}\boldsymbol{A}(\boldsymbol{\Gamma}_{\text{opt}}-\boldsymbol{\Gamma})\boldsymbol{A}^{\mathrm{H}}(\boldsymbol{A}\boldsymbol{\Gamma}\boldsymbol{A}^{\mathrm{H}}+\boldsymbol{R})^{-1}\boldsymbol{A}\boldsymbol{\Gamma}\right\} \tag{7.210}$$

显然，$\boldsymbol{\gamma}=\mathbf{0}$ 是 $\boldsymbol{f}(\boldsymbol{\gamma})$的零点。我们考虑解的支持域索引为矢量 $\boldsymbol{s}\in\{0, 1\}^N$, $\boldsymbol{s}\neq\mathbf{0}$，令 s 表示 $\boldsymbol{s}$ 中非零项的数量。所有可能解的支持域并集给出了解集。令$\boldsymbol{\gamma}_s\in\mathbb{R}^s$ 为$\boldsymbol{\gamma}$非零元素组成的矢量，$\boldsymbol{A}_s\in\mathbb{R}^{m\times s}$ 为 $\boldsymbol{A}$ 中对应于支持域 $\boldsymbol{s}$ 的列构建的新矩阵。令

$$\boldsymbol{B}_s=(\boldsymbol{A}\boldsymbol{\Gamma}\boldsymbol{A}^{\mathrm{H}}+\boldsymbol{R})^{-\frac{1}{2}}\boldsymbol{A}_s\in\mathbb{R}^{m\times s} \tag{7.211}$$

$$\boldsymbol{B}=(\boldsymbol{A}\boldsymbol{\Gamma}\boldsymbol{A}^{\mathrm{H}}+\boldsymbol{R})^{-\frac{1}{2}}\boldsymbol{A}\in\mathbb{R}^{m\times N} \tag{7.212}$$

则对应于 $\boldsymbol{f}(\boldsymbol{\gamma})=\mathbf{0}$ 的简化方程组由式（7.213）给出：

$$\operatorname{diag}\left\{\boldsymbol{B}_s^{\mathrm{H}}\boldsymbol{B}_s\boldsymbol{\Gamma}_s\boldsymbol{B}_s^{\mathrm{H}}\boldsymbol{B}_s\right\}=\operatorname{diag}\left\{\boldsymbol{B}_s^{\mathrm{H}}\boldsymbol{B}\boldsymbol{\Gamma}_{\text{opt}}\boldsymbol{B}^{\mathrm{H}}\boldsymbol{B}_s\right\} \tag{7.213}$$

其中，$\boldsymbol{\Gamma}_s=\operatorname{diag}\{\boldsymbol{\gamma}_s\}$ 为可逆阵。

我们注意到，对于任意给定的矩阵 $\boldsymbol{B}_s$ 和 $\boldsymbol{B}$，式（7.213）关于矢量$\boldsymbol{\gamma}_s$ 是线性的，并且有

$$\operatorname{diag}\left\{\boldsymbol{B}_s^{\mathrm{H}}\boldsymbol{B}_s\boldsymbol{\Gamma}_s\boldsymbol{B}_s^{\mathrm{H}}\boldsymbol{B}_s\right\}=\left(\boldsymbol{B}_s^{\mathrm{H}}\boldsymbol{B}_s\right)\odot\left(\boldsymbol{B}_s^{\mathrm{H}}\boldsymbol{B}_s\right)\boldsymbol{\gamma}_s \tag{7.214}$$

因此，方程组的解集是一个仿射空间$\mathbb{U}_s$，其维度为

$$\begin{aligned}\dim(\mathbb{U}_s)&=s-\operatorname{rank}\{\left(\boldsymbol{B}_s^{\mathrm{H}}\boldsymbol{B}_s\right)\odot\left(\boldsymbol{B}_s^{\mathrm{H}}\boldsymbol{B}_s\right)\}\\&=s-\operatorname{rank}\{(\boldsymbol{B}_s\odot\boldsymbol{B}_s)^{\mathrm{H}}(\boldsymbol{B}_s\odot\boldsymbol{B}_s)\}\\&=s-\operatorname{rank}\{(\boldsymbol{B}_s\odot\boldsymbol{B}_s)\}\end{aligned} \tag{7.215}$$

现在考虑另一个维度为 $s-\operatorname{rank}\{\boldsymbol{B}_s\odot\boldsymbol{B}_s\}$ 的仿射空间 $\mathbb{W}_s$，由满足式（7.216）的$\boldsymbol{\gamma}_s$ 集合给出：

$$\operatorname{vec}\{\boldsymbol{B}_s\boldsymbol{\Gamma}_s\boldsymbol{B}_s^{\mathrm{H}}\}=(\boldsymbol{B}_s\odot\boldsymbol{B}_s)\boldsymbol{\gamma}_s=\operatorname{vec}\{\boldsymbol{B}\boldsymbol{\Gamma}_{\text{opt}}\boldsymbol{B}^{\mathrm{H}}\} \tag{7.216}$$

容易看出 $\mathbb{W}_s\subseteq\mathbb{U}_s$，$\dim(\mathbb{U}_s)=\dim(\mathbb{W}_s)$。这意味着 $\mathbb{W}_s=\mathbb{U}_s$。通过重新整理，得到对于$\boldsymbol{\gamma}_s\in\mathbb{U}_s$，有

$$(\boldsymbol{A}\boldsymbol{\Gamma}\boldsymbol{A}^{\mathrm{H}}+\boldsymbol{R})^{-\frac{1}{2}}\boldsymbol{A}_s\boldsymbol{\Gamma}_s\boldsymbol{A}_s^{\mathrm{H}}(\boldsymbol{A}\boldsymbol{\Gamma}\boldsymbol{A}^{\mathrm{H}}+\boldsymbol{R})^{-\frac{1}{2}}=(\boldsymbol{A}\boldsymbol{\Gamma}\boldsymbol{A}^{\mathrm{H}}+\boldsymbol{R})^{-\frac{1}{2}}\boldsymbol{A}\boldsymbol{\Gamma}_{\text{opt}}\boldsymbol{A}^{\mathrm{H}}(\boldsymbol{A}\boldsymbol{\Gamma}\boldsymbol{A}^{\mathrm{H}}+\boldsymbol{R})^{-\frac{1}{2}} \tag{7.217}$$

因此得到

$$\boldsymbol{A}\boldsymbol{\Gamma}\boldsymbol{A}^{\mathrm{H}}=\boldsymbol{A}_s\boldsymbol{\Gamma}_s\boldsymbol{A}_s^{\mathrm{H}}=\boldsymbol{A}\boldsymbol{\Gamma}_{\text{opt}}\boldsymbol{A}^{\mathrm{H}} \tag{7.218}$$

而且对于所有支持域的集合 $\boldsymbol{s}\neq\mathbf{0}$，$\mathbb{U}_s\subseteq\{\boldsymbol{\gamma}:\boldsymbol{A}\boldsymbol{\Gamma}\boldsymbol{A}^{\mathrm{H}}=\boldsymbol{A}\boldsymbol{\Gamma}_{\text{opt}}\boldsymbol{A}^{\mathrm{H}}\}$。从式（7.210）中容易看出，集合 $\{0\}\cup\{\boldsymbol{\gamma}\in\mathbb{R}_+^N:\boldsymbol{A}(\boldsymbol{\Gamma}-\boldsymbol{\Gamma}_{\text{opt}})\boldsymbol{A}^{\mathrm{H}}=0\}$ 满足 $\boldsymbol{f}(\boldsymbol{\gamma})=\mathbf{0}$。因此

$$\bigcup_{\boldsymbol{s}\in\{0,1\}^N\setminus\{0\}}\mathbb{U}_s=\left\{\boldsymbol{\gamma}:\boldsymbol{A}\boldsymbol{\Gamma}\boldsymbol{A}^{\mathrm{H}}=\boldsymbol{A}\boldsymbol{\Gamma}_{\text{opt}}\boldsymbol{A}^{\mathrm{H}}\right\} \tag{7.219}$$

我们得到 $\boldsymbol{f}(\boldsymbol{\gamma})=\mathbf{0}$ 的解集为 $\left\{0\right\}\cup\{\boldsymbol{\gamma}\in\mathbb{R}_+^N:\boldsymbol{A}(\boldsymbol{\Gamma}-\boldsymbol{\Gamma}_{\text{opt}})\boldsymbol{A}^{\mathrm{H}}=0\}$。

为便于叙述下一个引理，先定义一些符号。符号 $\boldsymbol{X}>\mathbf{0}$ 表示 $\boldsymbol{X}$ 是一个正定矩阵，$\boldsymbol{X}\geqslant 0$ 表示 $\boldsymbol{X}$ 是一个半正定矩阵。

引理 7.5 集合 $\mathbb{O}=\{\boldsymbol{\gamma}\in\mathbb{R}^N:\boldsymbol{A\Gamma A}^{\mathrm{H}}>0\}$ 是一个开集，而且其闭包为 $\{\boldsymbol{\gamma}\in\mathbb{R}^N:\boldsymbol{A\Gamma A}^{\mathrm{H}}\geqslant 0\}$。

证明 令 $\boldsymbol{\gamma}\in\mathbb{O}$，则

$$\boldsymbol{u}^{\mathrm{H}}(\boldsymbol{A\Gamma A}^{\mathrm{H}}+\boldsymbol{R})\boldsymbol{u}>0,\quad \forall\boldsymbol{u}\in\mathbb{C}^m\setminus\{0\} \tag{7.220}$$

考虑到 $\boldsymbol{A\Gamma A}^{\mathrm{H}}+\boldsymbol{R}$ 的最小特征值严格大于值 $\beta>0$。需要证明存在 $\varepsilon>0$，使得对于 $\boldsymbol{\gamma}$ 邻域中的所有 $\tilde{\boldsymbol{\gamma}}(\|\boldsymbol{\gamma}-\tilde{\boldsymbol{\gamma}}\|<\varepsilon)$，都满足 $\boldsymbol{A\tilde{\Gamma}A}^{\mathrm{H}}+\boldsymbol{R}$ 是正定的。

对于一个给定的 $\boldsymbol{u}\in\mathbb{C}^m\setminus\{0\}$，若满足

$$\boldsymbol{u}^{\mathrm{H}}(\boldsymbol{A\Gamma A}^{\mathrm{H}}+\boldsymbol{R})\boldsymbol{u}\geqslant\boldsymbol{u}^{\mathrm{H}}(\boldsymbol{A\tilde{\Gamma}A}^{\mathrm{H}}+\boldsymbol{R})\boldsymbol{u} \tag{7.221}$$

则

$$\boldsymbol{u}^{\mathrm{H}}(\boldsymbol{A\tilde{\Gamma}A}^{\mathrm{H}}+\boldsymbol{R})\boldsymbol{u}>0 \tag{7.222}$$

反之，有

$$\begin{aligned}\boldsymbol{u}^{\mathrm{H}}(\boldsymbol{A\tilde{\Gamma}A}^{\mathrm{H}}+\boldsymbol{R})\boldsymbol{u}&=\boldsymbol{u}^{\mathrm{H}}(\boldsymbol{A\Gamma A}^{\mathrm{H}}+\boldsymbol{R})\boldsymbol{u}-\left|\boldsymbol{u}^{\mathrm{H}}\boldsymbol{A}(\boldsymbol{\Gamma}-\tilde{\boldsymbol{\Gamma}})\boldsymbol{A}^{\mathrm{H}}\boldsymbol{u}\right|\\&\geqslant\left(\beta-\|\boldsymbol{\Gamma}-\tilde{\boldsymbol{\Gamma}}\|_2\|\boldsymbol{A}\|_2^2\right)\|\boldsymbol{u}\|^2\\&\geqslant\left(\beta-\varepsilon\|\boldsymbol{A}\|_2^2\right)\|\boldsymbol{u}\|_2\end{aligned} \tag{7.223}$$

我们总能找到一个 $\varepsilon>0$，使得 $\beta-\varepsilon\|\boldsymbol{A}\|_2^2>0$。对于 $\forall\boldsymbol{u}\in\mathbb{C}^m\setminus\{0\}$，都有 $\boldsymbol{u}^{\mathrm{H}}(\boldsymbol{A\tilde{\Gamma}A}^{\mathrm{H}}+\boldsymbol{R})\boldsymbol{u}>0$，因此 $\mathbb{O}$ 是一个开集。

为了证明引理的第二部分，假设序列 $\boldsymbol{\gamma}_k\in\mathbb{O}$ 收敛于 $\boldsymbol{\gamma}$，则对于任意矢量 $\boldsymbol{u}\in\mathbb{C}^m\setminus\{0\}$，由函数的连续性都有 $\boldsymbol{u}^{\mathrm{H}}(\boldsymbol{A\Gamma}_k\boldsymbol{A}^{\mathrm{H}}+\boldsymbol{R})\boldsymbol{u}$ 收敛到 $\boldsymbol{u}^{\mathrm{H}}(\boldsymbol{A\Gamma A}^{\mathrm{H}}+\boldsymbol{R})\boldsymbol{u}$。因此，当 $\boldsymbol{u}^{\mathrm{H}}(\boldsymbol{A\Gamma}_k\boldsymbol{A}^{\mathrm{H}}+\boldsymbol{R})\boldsymbol{u}>0$ 时，有 $\boldsymbol{u}^{\mathrm{H}}(\boldsymbol{A\Gamma A}^{\mathrm{H}}+\boldsymbol{R})\boldsymbol{u}\geqslant 0$，则 $\boldsymbol{A\Gamma A}^{\mathrm{H}}+\boldsymbol{R}\geqslant 0$；反之，若存在一个 $\boldsymbol{\gamma}\in\mathbb{R}^N$，使得 $\boldsymbol{A\Gamma A}^{\mathrm{H}}+\boldsymbol{R}\geqslant 0$，则构建序列 $\boldsymbol{\gamma}_k=\boldsymbol{\gamma}+(1/k)\mathbf{1}$ 收敛到 $\boldsymbol{\gamma}$。我们也注意到，当 $\boldsymbol{A}$ 行满秩时，有

$$\boldsymbol{A\Gamma}_k\boldsymbol{A}^{\mathrm{H}}+\boldsymbol{R}=\boldsymbol{A\Gamma A}^{\mathrm{H}}+\boldsymbol{R}+(1/k)\boldsymbol{AA}^{\mathrm{H}}>0 \tag{7.224}$$

因此，必定存在一个序列 $\boldsymbol{\gamma}_k\in\mathbb{O}$ 收敛到 $\boldsymbol{\gamma}$。证毕。

下面就可以开始证明定理 7.4。引入文献[11]中的定理 2 来证明收敛性：假设 $\boldsymbol{f}(\cdot)$ 是定义在开集 $\mathbb{O}$ 上的连续矢量场，使得 $\mathbb{G}=\{\boldsymbol{\gamma}\in\mathbb{O}:\boldsymbol{f}(\boldsymbol{\gamma})=0\}$ 是 $\mathbb{O}$ 的一个紧子集，则式（7.181）给出的序列 $\boldsymbol{\gamma}_k$ 到集合 $\mathbb{G}$ 的距离几乎必定收敛到 0，前提如下。

（1）存在一个 $\mathcal{C}^1$ 函数 V：$\mathbb{O}\to\mathbb{R}_+$，使：①当 $\boldsymbol{\gamma}\to\mathbb{O}$ 的边界或 $\|\boldsymbol{\gamma}\|\to\infty$ 时，$V(\boldsymbol{\gamma})\to\infty$；②对于任意 $\boldsymbol{\gamma}\notin\mathbb{G}$，$\left\langle\nabla_{\boldsymbol{\gamma}}V(\boldsymbol{\gamma}),\boldsymbol{f}(\boldsymbol{\gamma})\right\rangle<0$。

（2）$\boldsymbol{\gamma}_k$ 是属于 $\mathbb{O}$ 的一个紧集。

（3）$\lim\limits_{k\to\infty}\sum\limits_{t=1}^{k}\frac{1}{t}\boldsymbol{e}_t$ 存在且有限。

为了验证条件（1）～（3）是否成立，定义集合：

$$\mathbb{O} = \{\boldsymbol{\gamma} \in \mathbb{R}^N: \operatorname{rank}\{\boldsymbol{A}\boldsymbol{\Gamma}\boldsymbol{A}^{\mathrm{H}} + \boldsymbol{R}\} = m\} \tag{7.225}$$

由引理 7.5 可知，集合$\mathbb{O}$是一个开集。注意$\boldsymbol{f}$是$\boldsymbol{\gamma}$的连续函数。此外，由$\boldsymbol{f}(\boldsymbol{\gamma})$到紧集$\{0\}$的逆映射是紧集，因此$\mathbb{G}$是$\mathbb{O}$的紧子集。

定义条件（1）中的$\mathcal{C}^1$函数如下：

$$V(\boldsymbol{\gamma}) = \operatorname{tr}\left\{(\boldsymbol{A}\boldsymbol{\Gamma}\boldsymbol{A}^{\mathrm{H}} + \boldsymbol{R})^{-1}(\boldsymbol{A}\boldsymbol{\Gamma}_{\mathrm{opt}}\boldsymbol{A}^{\mathrm{H}} + \boldsymbol{R})\right\} - \ln\left|(\boldsymbol{A}\boldsymbol{\Gamma}\boldsymbol{A}^{\mathrm{H}} + \boldsymbol{R})^{-1}(\boldsymbol{A}\boldsymbol{\Gamma}_{\mathrm{opt}}\boldsymbol{A}^{\mathrm{H}} + \boldsymbol{R})\right| \tag{7.226}$$

注意到，$V(\boldsymbol{\gamma})-m$给出了$\mathcal{CN}(0, \boldsymbol{A}\boldsymbol{\Gamma}\boldsymbol{A}^{\mathrm{H}} + \boldsymbol{R})$和$\mathcal{CN}(0, \boldsymbol{A}\boldsymbol{\Gamma}_{\mathrm{opt}}\boldsymbol{A}^{\mathrm{H}} + \boldsymbol{R})$之间的KL散度。因此$V(\boldsymbol{\gamma}) \geqslant m > 0$。由引理 7.5，如果$\boldsymbol{\gamma}$在$\mathbb{O}$的边界上，$\boldsymbol{A}\boldsymbol{\Gamma}\boldsymbol{A}^{\mathrm{H}} + \boldsymbol{R}$至少有一个特征值为 0。因此，条件（1）的①满足。$V(\boldsymbol{\gamma})$的梯度由式（7.227）给出：

$$\begin{aligned}\nabla_{\gamma} V(\boldsymbol{\gamma}) &= \operatorname{diag}\left\{\boldsymbol{A}^{\mathrm{H}}\nabla_{\boldsymbol{A}\boldsymbol{\Gamma}\boldsymbol{A}^{\mathrm{H}}+\boldsymbol{R}} V(\boldsymbol{A}\boldsymbol{\Gamma}\boldsymbol{A}^{\mathrm{H}} + \boldsymbol{R})\boldsymbol{A}\right\} \\ &= \operatorname{diag}\left\{\boldsymbol{A}^{\mathrm{H}}(\boldsymbol{A}\boldsymbol{\Gamma}\boldsymbol{A}^{\mathrm{H}} + \boldsymbol{R})^{-1}\boldsymbol{A}(\boldsymbol{\Gamma} - \boldsymbol{\Gamma}_{\mathrm{opt}})\boldsymbol{A}^{\mathrm{H}}(\boldsymbol{A}\boldsymbol{\Gamma}\boldsymbol{A}^{\mathrm{H}} + \boldsymbol{R})^{-1}\boldsymbol{A}\right\}\end{aligned} \tag{7.227}$$

将式（7.186）代入$\boldsymbol{f}(\boldsymbol{\gamma}) = -\boldsymbol{\Gamma}^2\nabla_{\gamma}V(\boldsymbol{\gamma})$，对于$\boldsymbol{\gamma} \in \mathbb{O}\backslash\mathbb{G}$，有$\left\langle\nabla_{\gamma}V(\boldsymbol{\gamma}), \boldsymbol{f}(\boldsymbol{\gamma})\right\rangle < 0$。因此，条件（1）的②满足。

由命题 7.1 和引理 7.3，假设条件（2）和（3）均成立。因此，$\boldsymbol{\gamma}_k$收敛到集合$\mathbb{G}$。此外，命题 7.1 表明$\boldsymbol{\gamma}_k \geqslant 0$，得到$\boldsymbol{\gamma}_k$收敛到集合$\{0\} \cup \{\boldsymbol{\gamma} \in \mathbb{R}_+^N: \boldsymbol{A}(\boldsymbol{\Gamma} - \boldsymbol{\Gamma}_{\mathrm{opt}})\boldsymbol{A}^{\mathrm{H}} = 0\}$。最后，如果$\operatorname{rank}[\boldsymbol{A} \odot \boldsymbol{A}] = N$，则$\{\boldsymbol{\gamma} \in \mathbb{R}_+^N: \boldsymbol{A}(\boldsymbol{\Gamma} - \boldsymbol{\Gamma}_{\mathrm{opt}})\boldsymbol{A}^{\mathrm{H}} = 0\} = \{\boldsymbol{\gamma}_{\mathrm{opt}}\}$。证毕。

从定理 7.4 中得出，在线 MSBL 算法的收敛结果与以下参数无关。

（1）矢量$\boldsymbol{x}$的稀疏度。

（2）算法的初始化方式：只要满足$\boldsymbol{\gamma}_0$的所有元素为正实数。

（3）稀疏矢量的分布：即使算法中假设为高斯分布，但是只要满足非零元素正交即可。

（4）$\boldsymbol{A}$的性质：如等距常数或互相关等限制。

（5）$\boldsymbol{A}$的生成方式：它可以是确定性的或随机的，具有规范化或非规范化的列。

在文献[12]中，原始 MSBL 算法仅在无噪声情况下证明收敛。然而，我们的广义结果同时适用于噪声存在和不存在两种情况。因此，该结果实际上更有意义。

$\boldsymbol{x}$的非零元素正交的条件类似于无噪声情况下原始 MSBL 算法保证收敛所需的正交性条件[12]。事实上，文献[12]中的正交性条件很难实现，因为要估计的稀疏矢量的数量是有限的。从这个意义上说，我们的非零元素正交假设更为合理。

MSBL 的代价函数[12]定义为

$$\begin{aligned}V_{\mathrm{MSBL}}(\boldsymbol{\gamma})&=\lim_{k\to\infty}\left[\frac{1}{k}\sum_{t=1}^{k}\boldsymbol{y}_t^{\mathrm{H}}(\boldsymbol{A\Gamma A}^{\mathrm{H}}+\boldsymbol{R})^{-1}\boldsymbol{y}_t+\ln\left|\boldsymbol{A\Gamma A}^{\mathrm{H}}+\boldsymbol{R}\right|\right]\\&=\mathrm{tr}\left\{\left(\boldsymbol{A\Gamma A}^{\mathrm{H}}+\boldsymbol{R}\right)^{-1}\left(\boldsymbol{A\Gamma}_{\mathrm{opt}}\boldsymbol{A}^{\mathrm{H}}+\boldsymbol{R}\right)\right\}-\ln\left|\left(\boldsymbol{A\Gamma A}^{\mathrm{H}}+\boldsymbol{R}\right)^{-1}\right|\end{aligned}\tag{7.228}$$

注意到，$V_{\mathrm{MSBL}}(\boldsymbol{\gamma})-\ln\left|\boldsymbol{A\Gamma}_{\mathrm{opt}}\boldsymbol{A}^{\mathrm{H}}+\boldsymbol{R}\right|-m$ 是两个高斯分布$\mathcal{CN}(0,\boldsymbol{A\Gamma A}^{\mathrm{H}}+\boldsymbol{R})$和$\mathcal{CN}(0,\boldsymbol{A\Gamma}_{\mathrm{opt}}\boldsymbol{A}^{\mathrm{H}}+\boldsymbol{R})$之间的 KL 散度。$V_{\mathrm{MSBL}}(\boldsymbol{\gamma})$的全局最小值因此表示为$\{\boldsymbol{\gamma}\in\mathbb{R}_+^N:\boldsymbol{A}(\boldsymbol{\Gamma}-\boldsymbol{\Gamma}_{\mathrm{opt}})\boldsymbol{A}^{\mathrm{H}}=0\}$。可见在线 MSBL 算法收敛到的集合包含达到 $V_{\mathrm{MSBL}}(\boldsymbol{\gamma})$全局最小值的所有点。

因为 $V_{\mathrm{MSBL}}(\boldsymbol{\gamma})$是 $\boldsymbol{A\Gamma A}^{\mathrm{H}}$ 的函数，MSBL 可以收敛到的最小集合是$\{\boldsymbol{\gamma}\in\mathbb{R}_+^N:\boldsymbol{A}(\boldsymbol{\Gamma}-\boldsymbol{\Gamma}_{\mathrm{opt}})\boldsymbol{A}^{\mathrm{H}}=0\}$。算法 MSBL 输出的$\boldsymbol{\gamma}_k$收敛于该集合与 0 的并集。

可以证明，本算法保证收敛到稀疏解。其中，稀疏解是指不超过 m 个非零元素的解。给定任何 s 稀疏矢量$\boldsymbol{\gamma}_{\mathrm{opt}}$和测量矩阵 $\boldsymbol{A}$，总是可以构造一对（$\boldsymbol{x}_c, \boldsymbol{y}_c$），满足 $\boldsymbol{y}_c=\boldsymbol{A}\boldsymbol{x}_c$ 和 $\boldsymbol{x}_c=\boldsymbol{\Gamma}_{\mathrm{opt}}^{1/2}(\boldsymbol{A}\ \boldsymbol{\Gamma}_{\mathrm{opt}}^{1/2})^{\dagger}\boldsymbol{y}_c$。根据文献[13]中的定理 1，$\boldsymbol{\gamma}_{\mathrm{opt}}$ 是在使用 $\boldsymbol{y}_c$ 和 $\boldsymbol{A}$ 的无噪声测量模型下构造的 SBL 代价函数的全局最小值。此外，根据文献[13]中的定理 2，已知 SBL 代价函数的每个局部最小值一定对应稀疏解，即使存在噪声也是如此。SBL 代价函数是通过 $\boldsymbol{A\Gamma A}^{\mathrm{H}}$ 得到$\boldsymbol{\Gamma}$函数。因此，集合$\{\boldsymbol{\gamma}\in\mathbb{R}_+^N:\boldsymbol{A}(\boldsymbol{\Gamma}-\boldsymbol{\Gamma}_{\mathrm{opt}})\boldsymbol{A}^{\mathrm{H}}=0\}$由该 SBL 代价函数的局部极小值组成，也就是说集合的元素都是稀疏的。因此，该算法保证收敛到稀疏解。

可以使用推论 7.1 将上述收敛结果推广到式（7.177）给出的修正算法。

推论 7.1 考虑由式（7.177）给出的改进的在线 MSBL 算法，其学习率满足式（7.176）。在定理 7.4 的假设下，序列$\boldsymbol{\gamma}_k$收敛到集合$\{0\}\cup\{\boldsymbol{\gamma}\in\mathbb{R}_+^N:\boldsymbol{A}(\boldsymbol{\Gamma}-\boldsymbol{\Gamma}_{\mathrm{opt}})\boldsymbol{A}^{\mathrm{H}}=0\}$中的一点。此外，如果$\mathrm{rank}[\boldsymbol{A}\odot\boldsymbol{A}]=N$，序列$\boldsymbol{\gamma}_k$收敛到二元集合$\{0,\boldsymbol{\gamma}_{\mathrm{opt}}\}$中的一点。

上述证明类似于定理 7.4。现在考虑更一般的情况$\bar{\varDelta}\geqslant 1$。与前面的情况类似，该算法可以重写为随机近似递归，如式（7.229）所示：

$$\boldsymbol{\gamma}_l=\boldsymbol{\gamma}_{l-1}+\frac{1}{l}\boldsymbol{f}(\boldsymbol{\gamma}_{l-1})+\frac{1}{l}\tilde{\boldsymbol{e}}_l\tag{7.229}$$

其中，$\boldsymbol{f}(\boldsymbol{\gamma})$如式（7.182）中所定义，且

$$\tilde{\boldsymbol{e}}_l\stackrel{\mathrm{def}}{=}-\boldsymbol{f}(\boldsymbol{\gamma}_{l-1})+\frac{1}{\varDelta}\sum_{t=k_l+1}^{k_l+\varDelta}\mathrm{diag}\left\{\boldsymbol{P}(\boldsymbol{\gamma}_{l-1})+\hat{\boldsymbol{x}}(\boldsymbol{y}_t,\boldsymbol{\gamma}_{l-1})\hat{\boldsymbol{x}}^{\mathrm{H}}(\boldsymbol{y}_t,\boldsymbol{\gamma}_{l-1})\right\}\tag{7.230}$$

定理 7.5 描述了在线 MSBL 算法的渐近性质。利用该定理，还可以推导出类似于推论 7.1 的推论。然而，为了避免重复，我们不做进一步论述。

定理 7.5 在定理 7.4 的假设下，由式（7.229）给出的在线 MSBL 算法的输出

序列$\boldsymbol{\gamma}_l$收敛到集合$\{0\}\cup\{\boldsymbol{\gamma}\in\mathbb{R}_{+}^{N}:\boldsymbol{A}(\boldsymbol{\Gamma}-\boldsymbol{\Gamma}_{\text{opt}})\boldsymbol{A}^{\text{H}}=0\}$。此外，如果$\text{rank}[\boldsymbol{A}\odot\boldsymbol{A}]=N$，序列$\boldsymbol{\gamma}_l$收敛到集合$\{0,\boldsymbol{\gamma}_{\text{opt}}\}$中的一点。

证明　式（7.229）给出的算法仅最后一项与式（7.181）给出的不同。因此，只要证明$\lim\limits_{l\to\infty}\sum\limits_{i=1}^{l}\dfrac{1}{i}\tilde{\boldsymbol{e}}_i$存在且是有限的即可。由式（7.230）得到

$$\begin{aligned}\tilde{\boldsymbol{e}}_l=\text{diag}\Big\{&\boldsymbol{\Gamma}_{l-1}\boldsymbol{A}^{\text{H}}(\boldsymbol{A}\boldsymbol{\Gamma}_{l-1}\boldsymbol{A}^{\text{H}}+\boldsymbol{R})^{-1}\\&\cdot\left(E\{\boldsymbol{y}\boldsymbol{y}^{\text{H}}\}-\frac{1}{\varDelta}\sum_{t=k_l+1}^{k_{l+1}}\boldsymbol{y}_t\boldsymbol{y}_t^{\text{H}}\right)(\boldsymbol{A}\boldsymbol{\Gamma}_{l-1}\boldsymbol{A}^{\text{H}}+\boldsymbol{R})^{-1}\boldsymbol{A}\boldsymbol{\Gamma}_{l-1}\Big\}\end{aligned}\tag{7.231}$$

现在，将引理 7.3 证明中的$\boldsymbol{e}_k$替换为$\tilde{\boldsymbol{e}}_l$，就可以证明式（7.231）。

对于式（7.179）给出的改进 MSBL 算法，也可以得到类似的收敛结果，如推论 7.2 所示。

推论 7.2　在定理 7.4 的假设下，由式（7.179）给出的改进的在线 MSBL 算法的输出序列$\boldsymbol{\gamma}_l$收敛到集合$\{0\}\cup\{\boldsymbol{\gamma}\in\mathbb{R}_{+}^{N}:\boldsymbol{A}(\boldsymbol{\Gamma}-\boldsymbol{\Gamma}_{\text{opt}})\boldsymbol{A}^{\text{H}}=0\}$。此外，如果$\text{rank}[\boldsymbol{A}\odot\boldsymbol{A}]=N$，序列$\boldsymbol{\gamma}_l$收敛到集合$\{0,\boldsymbol{\gamma}_{\text{opt}}\}$中的一点。

证明　在定理 7.4 的假设下，式（7.179）给出的改进在线算法与式（7.172）给出的原始算法等价，但是它使用$\bar{\varDelta}$个测量矢量$\boldsymbol{y}_t(t=\breve{k}_l-\bar{\varDelta}+1,\cdots,\breve{k}_l)$，而不是由原版本使用的$\bar{\varDelta}$个测量值$\boldsymbol{y}_t(t=k_l+1,\cdots,k_{l+1})$。由于测量矢量是独立等分布的，其余的证明与定理 7.4 相同。

定理 7.6　假设β的最佳估计$\beta_{\text{opt}}=E\{\beta\}$，若初始化为正实数$\beta_0>0$，则由式（7.173）产生的序列$\beta_l$渐近收敛于集合$\{0,\beta_{\text{opt}}\}$。

定理 7.6 的证明与定理 7.4 类似，本书不再重复推导，可参考文献[14]。

7.5　性能验证

本节首先通过例证证明所提算法在参数估计时的收敛性，并从恢复精度和计算效率两方面定量地验证其性能。

1. 收敛性

采用式（2.171）～式（2.176）生成多快拍复信号，分别在不相关（相关系数$\rho=0$）和相关（$\rho=0.9$）两种情况下验证在线 MSBL 和在线 KSBL 的收敛性。初始参数定义为固定值，$\boldsymbol{\gamma}=\boldsymbol{1}$，$\beta=\text{std}(\boldsymbol{y}_t)$，$\boldsymbol{d}=0.5\times\boldsymbol{1}$，其中 $\boldsymbol{1}$ 是全一矢量，$\text{std}(\cdot)$是标准偏差运算符。算例参数配置如表 7.2 所示。

表 7.2 算例参数配置

参数	数值
阵元数目 N	60
预成波束数目 M	256
快拍数目 L	300
角度范围	–80°～80°
状态更新块长度 $\bar{\varDelta}$	[3, 5, 7]
观测数据块长度$\varDelta$	10
稀疏度 K	12
转移矩阵 $\boldsymbol{D}$	$\boldsymbol{D}=\rho\cdot\boldsymbol{I}$
SNR	30dB

众所周知，优化初始化将显著加快收敛速度，例如，使用 MSBL 算法估计的超参数作为初始值。因此，这里只考虑固定初始化的情况。

1）不相关情况

根据在线 MSBL 的流程，观测数据块长度$\varDelta$未使用。源矢量是随机生成的，包括复振幅和 DOA，其稀疏度见表 7.2。当 $\bar{\varDelta}=3$、5 和 7 时，稀疏超参数$\boldsymbol{\gamma}$和噪声不确定性β相对于快拍数目的收敛性 MSE 如图 7.8 所示。在不同的$\bar{\varDelta}$下，收敛速度似乎相差不大，因此由式（7.172）和式（7.173）估计的超参数的收敛趋势可以得到验证。

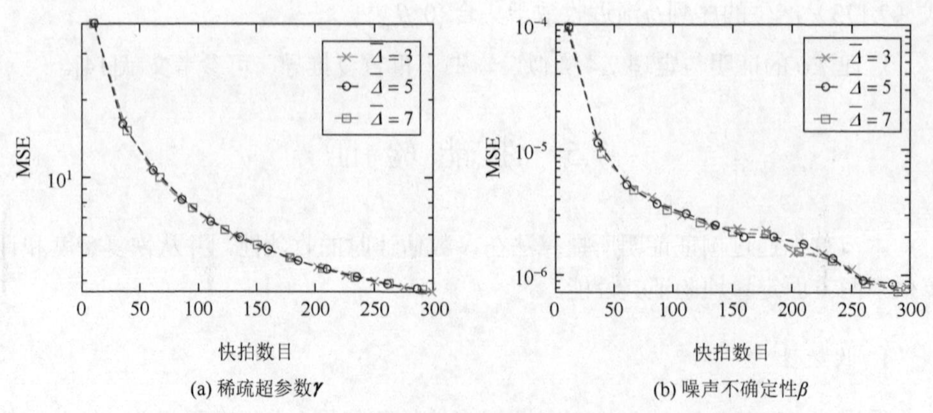

(a) 稀疏超参数$\boldsymbol{\gamma}$ (b) 噪声不确定性β

图 7.8 稀疏超参数$\boldsymbol{\gamma}$和噪声不确定性β相对于快拍数目的收敛性

2）相关情况

为了便于讨论而不失一般性，将转换矩阵简化为 $\boldsymbol{D}=\rho\boldsymbol{I}$，其中$\rho$是相关系数的标量。我们验证一个强相关情况，即如表 7.2 所示，考虑$\rho=0.9$。参数的收敛性如图 7.9 所示。根据条件 $\bar{\Delta}=3$、5 和 7 下的拟合曲线，可以保证在经历了足够的测量时序后，式（7.160）和式（7.171）的参数估计具有收敛性。此外，在这种情况下，偏差更明显。如果增加 $\bar{\Delta}$，参数将更频繁地更新来跟踪参数真值，从而实现加速收敛。

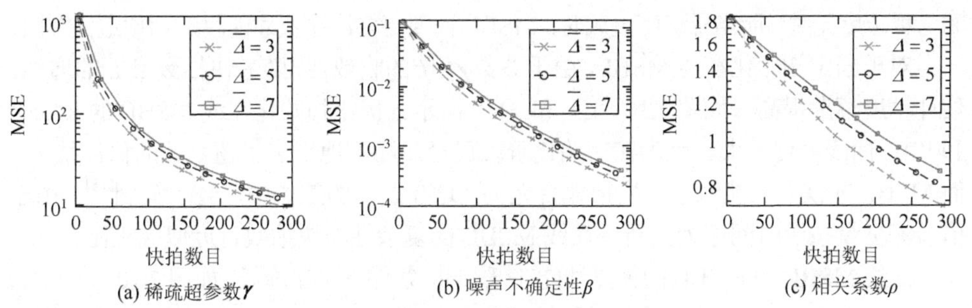

图 7.9　稀疏超参数γ、噪声不确定性β和相关系数ρ相对于快拍数目的收敛性

2. 重构性能

这部分仿真中考虑了 DOA 支持域和信号的重构精度，并仍然使用以下指标进行评估：支持域恢复率 SRR 和相对均方误差 RMSE。考虑到计算机数值精度和噪声，$\mathcal{L}_0$ 范数是通过预先定义的阈值 η 判断近似的式（2.180），并且在模拟中设置 $\eta=10^{-2}$。根据定义式（2.178），SRR 是与角度精度有关的信号支持域的恢复准确率。当 SRR=1 时，DOA 都能被很好地识别出来。信号的估计误差用 RMSE 描述。此外，本节还记录了计算时间，以衡量算法的相对复杂度。所有算法重复 100 次实验，取平均值作为最终结果。

模拟中采用了两种初始化方案，即优化初始化方案和固定初始化方案。优化初始化方案是使用 MSBL 估计的超参数执行，使用第一组$\Delta+1$ 个观测值，并不包括转移矩阵 $\boldsymbol{D}$；固定初始化方案使用固定的矢量或标量对估计超参数进行初始化，收敛性讨论中采用的即固定初始化。

1）不相关情况

在不相关的情况下，假设$\rho=0$。以周期更新的方式来调用 MSBL 算法作为对比方法。注意到，为了便于比较，MSBL 算法的更新周期为 $\bar{\Delta}$，这样 MSBL 算法的更新速度与在线 MSBL 算法同步。仿真中采用的其他参数如表 7.2 所示。

图 7.10 从 RMSE、SRR 和计算时间三方面验证算法的信号重构性能。随着阵列阵元数目 N 增加，所有方法的恢复性能（指 RMSE 和 SRR）都得到了增强。这

一关系由稀疏信号重构的基本规律可以理解。另外，从卡尔曼滤波的复杂度考虑，在线 MSBL 的计算时间与阵元数目呈正相关。值得注意的是，似乎 MSBL 的计算时间曲线呈现一种反常的情况。这可以解释为，即使单次迭代的计算量更高，但它在较大的 N 的情况下收敛速度变得更快。

如图 7.10（d）～（f）所示，信号的稀疏度关系曲线基本符合预期。在线 MSBL 和 MSBL 的性能随着稀疏度的增加而恶化。由于在线 MSBL 的非迭代特性，其计算时间与稀疏度无关。而当稀疏度更大时，MSBL 需要更多次迭代才能收敛到预定义容限。

对于固定初始化在线 MSBL，由于参数γ和β的收敛性，随着快拍数目 L 的增加，估计精度逐渐提高，如图 7.10（g）和（h）所示。优化初始化在线 MSBL 的 RMSE 和 SRR 曲线变化不大，因为在初始化阶段已经高精度地给出了超参数的估计结果。而 MSBL 的恢复性能似乎与快拍数目无关，这在之前的工作中已经了解到[15]。由于信号源矢量按照时间序列更新，在线 MSBL 的复杂性与快拍数目近似成正比。

在线 MSBL 和 MSBL 的恢复性能在低 SNR 条件下明显降低，如图 7.10（j）～（l）所示。由于低 SNR 情况下需要增加迭代次数达到收敛，MSBL 的计算量显著提高。然而，在线 MSBL 的计算时间与 SNR 无关，显示了非迭代特性的优势。

最后，可以从图 7.10 中得出一些关于不相关情况的常见结论。优化初始化在线 MSBL 的恢复性能优于 MSBL，而固定初始化在线 MSBL 在计算方面更高效。使用较小的$\bar{\Delta}$时，在线 MSBL 更新更频繁，因此在恢复准确性方面是有利的。在线 MSBL 的复杂度仅与快拍数目 L 成正比，而 MSBL 的计算复杂度取决于问题本身和信号源矢量，具有不可预测性和较高的计算量。

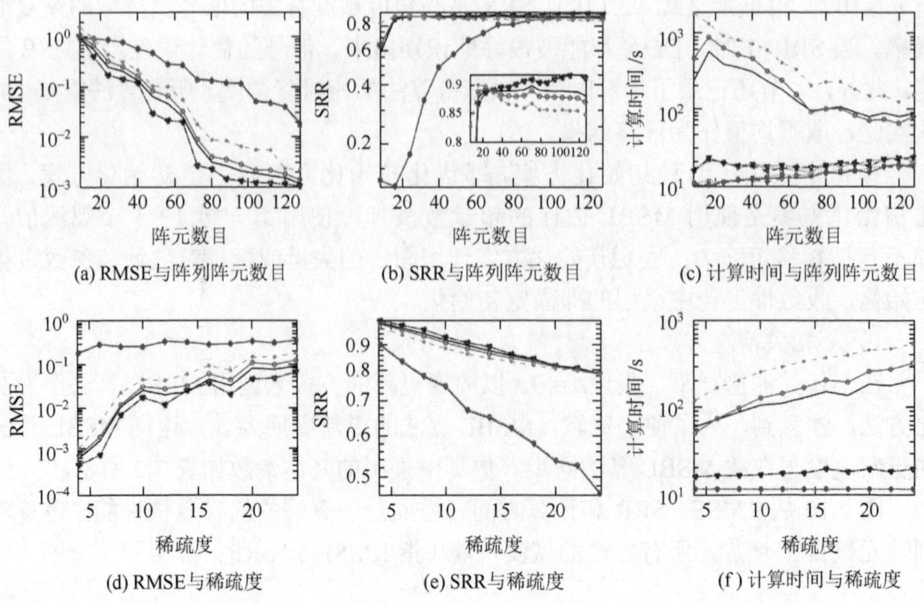

(a) RMSE与阵列阵元数目　(b) SRR与阵列阵元数目　(c) 计算时间与阵列阵元数目

(d) RMSE与稀疏度　(e) SRR与稀疏度　(f) 计算时间与稀疏度

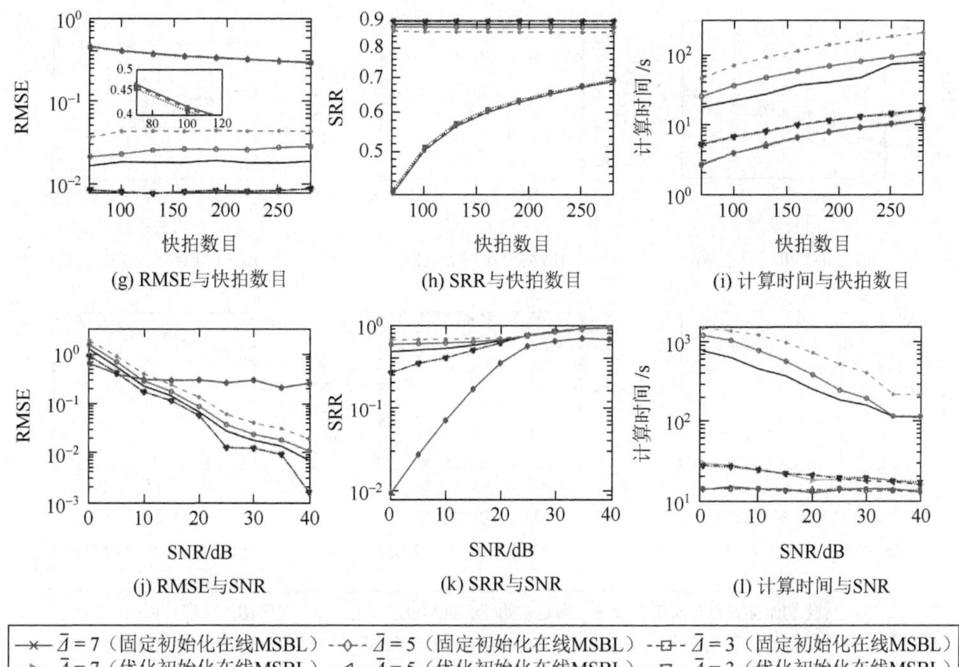

图 7.10　在线 MSBL 的信号重构性能与阵列阵元数目、稀疏度、快拍数目以及 SNR 条件的关系曲线

2）强相关情况

在本节中，根据转移矩阵 $\boldsymbol{D}$ 的知悉情况，探讨了以下三种方法。

（1）在线 KSBL(D)：转移矩阵 D 已知的在线 KSBL。

（2）在线 KSBL(ND)：转移矩阵 D 未知的在线 KSBL[14]。

（3）在线 MSBL：不相关情况下的在线 MSBL，也不需要知晓转移矩阵 $\boldsymbol{D}$。

对于大多数现有的声学成像系统，在使用压缩波束形成时，快拍之间的关系很少受到关注。因此，本节通过与在线 KSBL 进行比较，讨论在线 MSBL 在处理相关场景时的信号重构性能。

根据图 7.11（a）和（b）的结果，当相关系数增加时，优化初始化方法的恢复精度明显提升。当参数采用优化初始化时，在线 MSBL 与在线 KSBL 性能相当，甚至比用固定初始化的在线 KSBL 更好。这是因为在线 MSBL 估计参数收敛更快。并且对于稀疏信号，转换矩阵和相关系数ρ的影响不大，因此在波束形成模型中可以忽略。

在线 MSBL 与观测数据块长度Δ无关，图 7.11（d）～（f）中的相关曲线是不变的。随着观测数据块长度的增大，对于更高的观测数据块长度Δ，在线 KSBL

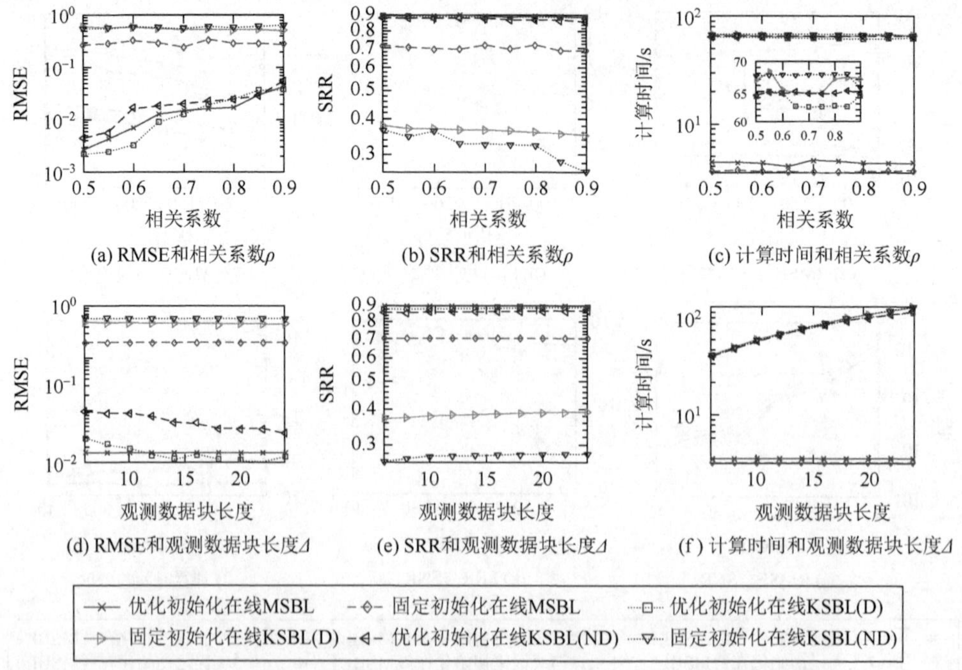

图 7.11 算法的稀疏重构性能与相关系数ρ和观测数据块长度$\varDelta$的关系曲线

的信号重构精度提高，与此同时复杂度提升。通常，在线 MSBL 是相关情况下的替代方案，用于求解波束形成模型时，与在线 KSBL 性能一样好，而且计算效率更高。

3. 与其他信号重构方法的性能比较

在本节中，对三种利用各快拍时间相关性结构的 CS 算法与在线算法进行比较，包括 TMSBL[16]、DSC[17]和 KSBL[5]。事实上，我们提出的在线 KSBL 可视为 KSBL 的近似非迭代版本。因此，与在线方法相比，KSBL 以更高的复杂度实现了最佳重构质量，如图 7.12 所示。作为稀疏编码方法的直接扩展，DSC 在计算上更高效，但是其重构精度不如 KSBL 和在线 KSBL。最后，为了解决波束形成问题，TMSBL 需要更多次的迭代才能达到收敛，并且由于其缺乏非局部结构特性，因此性能不如包含 $\bar{\varDelta}$ 个快拍的其他方法。

4. 实验结果

在本节中，通过多波束测深仪采集的水下实验数据验证几种算法的目标重构性能。多波束测深仪的配置参数如表 7.3 所示。实验是在一个湖泊中进行的，其图像轮廓是逐帧绘制的。回波数据的一个帧由 430 个快拍组成。

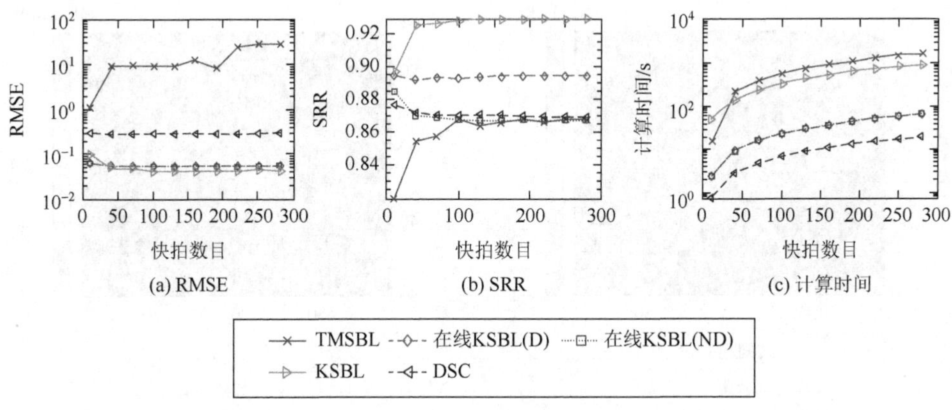

(a) RMSE　(b) SRR　(c) 计算时间

图 7.12　几种对比算法的 RMSE、SRR 和计算时间

表 7.3　多波束测深仪的配置参数

参数	数值
阵元数目	64
预定义波束数目	256
波形	脉冲连续波
角度范围	−80°～80°
频率/脉冲宽度	300kHz/0.1ms
采样频率	48kHz

在实验中，两个直径为 20cm 的球形聚乙烯目标分别固定在约 27m 和 28m 的深度。几种比较算法的目标重构结果如图 7.13 所示。当处理回波数据时，所有成像方法均以状态更新块长度 $\bar{\Delta}$ 进行周期性更新。具体来说，实验中设置为 $\bar{\Delta}=3$ 和 $\Delta=150$。值得注意的是，观测数据块长度 Δ 比仿真中采用的要大得多。从结果图中可以找到原因。我们发现，重构图像包括人工投掷的球目标和湖床剖面，在不包含任何目标的情况下，快拍是无法准确估计和跟踪超参数的。因此，Δ 必须设置得足够大才能准确推断参数。

为了便于展示算法性能，引入传统波束形成结果作为参考比较。对于 MSBL，目标矢量以 $\bar{\Delta}$ 个快拍重建，且超参数估计在 $\bar{\Delta}$ 测量数据之外是彼此独立的。因此，重构结果是分层的，并且噪声更高一点。DSC 重建的剖面为粒状纹理，并且噪声更明显。然而，TMSBL 几乎无法重构点目标的目标轮廓。通过比较，结果显示在线 MSBL 和在线 KSBL 在成像质量方面是最好的。

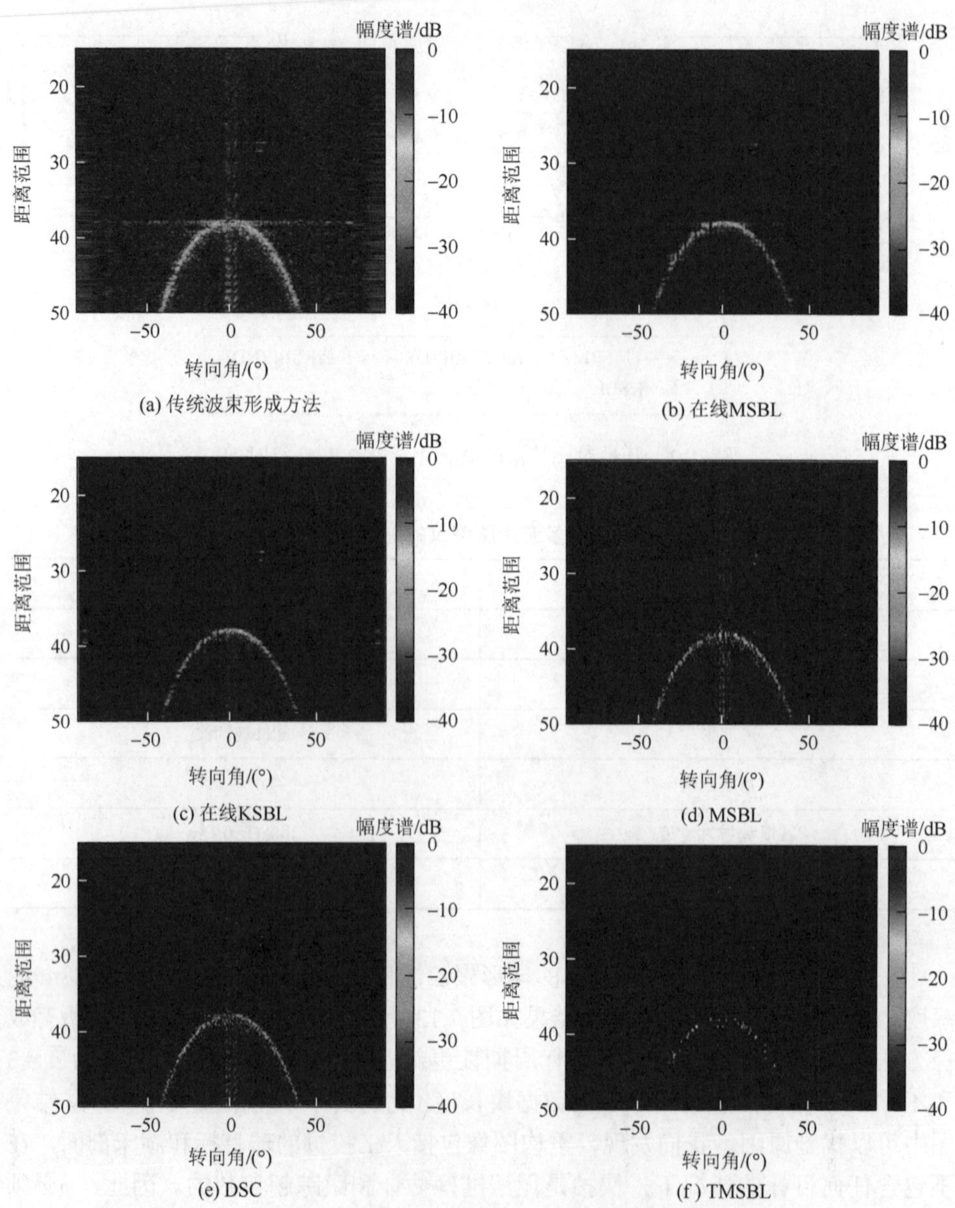

(a) 传统波束形成方法
(b) 在线MSBL
(c) 在线KSBL
(d) MSBL
(e) DSC
(f) TMSBL

图 7.13　采用不同算法的目标重构结果

参 考 文 献

[1] Särkkä S，Svensson L. Bayesian Filtering and Smoothing[M]. Cambridge：Cambridge University Press，2023.

[2] Tipping M E. Sparse Bayesian learning and the relevance vector machine[J]. Journal of Machine Learning Research，2001，1：211-244.

[3] Joseph G，Murthy C R. A noniterative online Bayesian algorithm for the recovery of temporally correlated sparse vectors[J]. IEEE Transactions on Signal Processing，2017，65（20）：5510-5525.

[4] Anderson B D，Moore J B. Optimal Filtering[M]. Englewood Cliffs：Courier Corporation，2012.

[5] Prasad R，Murthy C R，Rao B D. Joint approximately sparse channel estimation and data detection in OFDM systems using sparse Bayesian learning[J]. IEEE Transactions on Signal Processing，2014，62（14）：3591-3603.

[6] Krishnamurthy V，Moore J B. On-line estimation of hidden Markov model parameters based on the Kullback-Leibler information measure[J]. IEEE Transactions on Signal Processing，1993，41（8）：2557-2573.

[7] Hunger R. Floating Point Operations in Matrix-Vector Calculus[R]. Munich：Technical University of Munich，2005.

[8] Cotter S F，Rao B D，Engan K，et al. Sparse solutions to linear inverse problems with multiple measurement vectors[J]. IEEE Transactions on Signal Processing，2005，53（7）：2477-2488.

[9] Williams D. Probability with Martingales[M]. Cambridge：Cambridge University Press，1991.

[10] Borkar V S. Stochastic Approximation：A Dynamical Systems Viewpoint[M]. Gurgaon：Hindustan Book Agency Gurgaon，2009.

[11] Delyon B. General results on the convergence of stochastic algorithms[J]. IEEE Transactions on Automatic Control，1996，41（9）：1245-1255.

[12] Wipf D P，Rao B D. An empirical Bayesian strategy for solving the simultaneous sparse approximation problem[J]. IEEE Transactions on Signal Processing，2007，55（7）：3704-3716.

[13] Wipf D P，Rao B D. Sparse Bayesian learning for basis selection[J]. IEEE Transactions on Signal Processing，2004，52（8）：2153-2164.

[14] Guo Q J，Yang S Y，Zhou T，et al. Underwater acoustic imaging via online Bayesian compressive beamforming[J]. IEEE Geoscience and Remote Sensing Letters，2022，19：1-5.

[15] Li C，Zhou T，Guo Q J，et al. Compressive beamforming based on multiconstraint Bayesian framework[J]. IEEE Transactions on Geoscience and Remote Sensing，2021，59（11）：9209-9223.

[16] Zhang Z L，Rao B D. Sparse signal recovery with temporally correlated source vectors using sparse Bayesian learning[J]. IEEE Journal of Selected Topics in Signal Processing，2011，5（5）：912-926.

[17] Chalasani R，Principe J C. Dynamic sparse coding with smoothing proximal gradient method[C]. 2014 IEEE International Conference on Acoustics，Speech and Signal Processing，Florence，2014：7188-7192.

[1] [illegible] Communication [illegible] for the [illegible]
[illegible]
[2] [illegible] Morrell [illegible]
[3] [illegible]
[illegible]
[4] [illegible]
[5] [illegible]
[6] [illegible]
[7] [illegible] Chen [illegible]
[illegible] Signal Processing [illegible]
[8] [illegible]
[9] [illegible]
[illegible]
[10] [illegible] Image Processing [illegible]
[illegible]
[11] [illegible]
[illegible] IEEE Transactions on Signal Processing [illegible]
[12] [illegible]
[illegible]
[13] [illegible] Zhang [illegible]
[illegible]
[14] [illegible]
[illegible] 2022 [illegible]
[15] [illegible] Zhang [illegible]
[illegible]
[16] [illegible] IEEE International Conference on Acoustics, Speech and Signal Processing [illegible]